FORSCHUNGSBERICHTE
DES WIRTSCHAFTS- UND VERKEHRSMINISTERIUMS
NORDRHEIN-WESTFALEN

Herausgegeben von Staatssekretär Prof. Dr. h. c. Dr. E. h. Leo Brandt

Nr. 476

Dipl.-Ing. Hermann Schmidt-Stiebitz

Versuchsanstalt für Binnenschiffbau e. V., Duisburg

Leiter: Professor Dipl.-Ing. Wilhelm Sturtzel

Einfluß der Hinterschiffsform auf das Manövrieren
von Schiffen auf flachem Wasser

Als Manuskript gedruckt

WESTDEUTSCHER VERLAG / KÖLN UND OPLADEN

1958

ISBN 978-3-663-03585-5　　ISBN 978-3-663-04774-2 (eBook)
DOI 10.1007/978-3-663-04774-2

Forschungsberichte des Wirtschafts- und Verkehrsministeriums Nordrhein-Westfalen

Gliederung

Planung der Versuche . . . . S. 5

1. Durchführung der Versuche . . . . S. 7
    1.1 Modellausführung . . . . S. 7
        1.11 Schiffskörper . . . . S. 7
        1.12 Ruder . . . . S. 7
        1.13 Antrieb . . . . S. 8
            1.131 Propeller . . . . S. 8
            1.132 Motor . . . . S. 8
            1.133 Energiequelle . . . . S. 8
        1.14 Kommandogabe . . . . S. 8
        1.15 Fernsteuerung . . . . S. 9
            1.151 Sender . . . . S. 9
            1.152 Empfänger . . . . S. 9
    1.2 Versuchsfolge . . . . S. 10
        1.21 Widerstandsversuche . . . . S. 10
        1.22 Drehkreisversuche . . . . S. 10
        1.23 Schrägschlepp . . . . S. 11
        1.24 Schlängelfahrten . . . . S. 12

2. Ergebnisse . . . . S. 13
    2.1 Ergebnisse der einzelnen Versuchsreihen . . . . S. 13
        2.11 Widerstandsversuche mit laufender Schraube . . . S. 13
        2.12 Drehkreise . . . . S. 14
        2.13 Schrägschlepp . . . . S. 15
        2.14 Schlängelfahrten . . . . S. 16
    2.2 Vergleich der verschiedenen Hinterschiffsformen . . . S. 16
        2.21 Vergleichsmaßstab . . . . S. 17
            2.211 Tunnelheck: Form A . . . . S. 17
            2.212 Gerundetes Heck mit ovalen Spanten: Form B S. 19
            2.213 Gerundetes Heck mit flachen Spanten: Form C S. 20
            2.214 Aus Form C entwickeltes Spiegelheck: Form D S. 21
            2.215 Flaches Heck mit Knickspanten, im hinteren
                  Teil übergehend in Spiegelheck und Tot-
                  holz: Form E . . . . S. 23
            2.216 Heck wie Form E, aber ohne Totholz: Form F S. 24

2.3 Allgemeine Erkenntnisse . . . . S. 24
    2.31 Driftwinkel im Drehkreis . . . . S. 25
    2.32 Geschwindigkeit beim Ausschwenken in den Drehkreis . . . . S. 26
    2.33 Tragflügelvergleich . . . . S. 27
    2.34 Abwärts gerichtete Kräfte . . . . S. 29
    2.35 Pendelungen des Driftwinkels . . . . S. 30
    2.36 Verschwindende Querkraft . . . . S. 32
    2.37 Ausschwenken in den Drehkreis . . . . S. 34
    2.38 Bug- und Heckwellen . . . . S. 36

3. Zusammenfassung . . . . S. 37
4. Literaturverzeichnis . . . . S. 39
5. Anhang . . . . S. 41

Forschungsberichte des Wirtschafts- und Verkehrsministeriums Nordrhein-Westfalen

Planung der Versuche

	konstant	veränderlich	Werte
Modell	Vorschiff Schiffslänge Schiffsbreite	6 Hinterschiffs- formen	Form A,B,C,D,E,F L = 5,0 m B = 0,6 m
Turbulenzerzeuger	keine		
Anhänge	Doppelruder Größe u. Anordnung		$F = 2 \times 160$ cm^2
	Propeller bei Heckform A,B,C,D, E_2,F		z=4 rechts- drehend D=114 mm H/D=0,998 mm Fa/F=0,575 mm
	Propeller bei Heckform E_1		z=4 rechtsdr. D=121,4 mm H/D=0,8 mm Fa/F=0,56 mm
Antrieb	E-Motor-Batterie		6 Volt
Leistung	Drehzahl bei allen Versuchen		n = 800 U/min
Flachwasser- verhältnis	je Wasserhöhe	3 Wasserhöhen 3 Tiefgänge	270,500,840mm 100,125,145mm
1. <u>Widerstands- versuche</u> mit laufender Schraube im 10 m breiten Kanal nur Form A	n = 800 U/min Regelung während der Fahrt	v = 0,6, 0,8 und 1,0 m/s	Meßwerte: Widerstand Trimm und Absenkung
2. <u>Drehkreisfahrten</u> aus dem 3 m brei- ten Kanal in den Manövrierteich 25 x 25 m um Mittelsäule herum mit Form A,B,C,D,E_1,E_2,F	freie Geradeaus- fahrt Ruderlegen durch FT-Fernsteueran- lage 1 Drehkreis n= 800 U/min vor der Fahrt eingeregelt	$v_{Anfang} \sim$ 0,8 m/s	ß = 0 ÷ 30° backb. von 2 Seiten alle 5 sec. zum Aufzeich- nen der Fahrtkurve an- gepeilt

	konstant	veränderlich	Werte
3. <u>Schrägschlepp</u> im 10 m breiten Kanal mit Form A,B,C,D,E_2,F	Ruderlage ß=30° n = 800 U/min Regelung während der Fahrt	Driftwinkel v = 0,6, 0,8 und 1,0 m/s	ß = 0 ÷ 30° α = 0 bis zum Erreichen von Q = 0 Meßwerte: Schub bzw. Widerstand und Querkraft und Drehmoment um die Hochachse Trimm und Absenkung
4. <u>Schlängelfahrten</u> im 10 m breiten Kanal mit Form A,B,C,D	Ruderausgangswinkel ß = 0° Freifahrt vor dem Meßwagen Gegenruder im Augenblick, wenn α = 10° n = 800 U/min Regelung während der Fahrt Stromzuleitung über Angel	v_{Anfang} ~ 0,8 m/s	ß = ± 10° Meßwerte: Aufzeichnung der Fahrtkurve

1. Durchführung der Versuche

1.1 Modellausführung

1.11 Schiffskörper

Die Untersuchungen sollten auftragsgemäß an 3 verschiedenen Hinterschiffsformen durchgeführt werden. Es wurden dafür ausgewählt:
1) ein Tunnelheck, in der Folge mit Form A bezeichnet, (Abb. 1)
2) ein gerundetes Heck mit ovalen Spanten, Form B, (Abb. 2)
3) ein gerundetes Heck mit flachen Spanten, Form C, (Abb. 3)
4) ein aus Form C entwickeltes Spiegelheck, Form D, (Abb. 4)
   Form D wurde durch Abschneiden des Heckendes bei Form C gewonnen; zur Verbreiterung des Spiegels und als Ersatz der verlorenen Verdrängung wurde der achtere Teil der Kimm mit Plastilin aufgefüttert.

Die bei der Planung angewandte Systematik der Untersuchungen konnte dank der straffen Versuchsdurchführung auf 2 weitere Heckformen ausgedehnt werden. So entstanden
5) ein flaches Heck mit Knickspanten im hinteren Teil, übergehend in ein Spiegelheck und Totholz, Form E (Abb. 5) und
6) dasselbe Heck ohne Totholz, Form F, (Abb. 5).

Die Vorschiffsform (Abb. 6) war bei allen Versuchen die gleiche. Sie war zunächst mit der Heckform A zusammen in einem ganzen Modell gefertigt worden und wurde nach Durchfahren der 4 verschiedenartigen Versuchsfolgen am Spant 4 getrennt und anschließend der Reihe nach mit den kostensparenden Teilmodellen der anderen Heckformen durch Bolzen verbunden.

1.12 Ruder

Für die Steuerung wurde ein Doppelruder (Abb. 7) mit 25 %igem Ausgleich eingebaut, das in Form und Größe dem Modell angepaßt war, und dessen Einbauverhältnisse bei den 6 verschiedenen Hecks konstant gehalten wurden. Die Drehachsebene lag um einen Schraubendurchmesser hinter der Schraubenebene. Der Drehachsabstand beider Ruder voneinander betrug 86 % des Schraubendurchmessers. Der obere Balanceteil war so abgeschnitten, daß er eine Auslenkung von $30°$ nach jeder Seite zuließ. Zur Ruderbetätigung diente eine in der HSVA entwickelte Rudermaschine.

1.13 Antrieb

1.131 Propeller

Der Propellerdurchmesser von 114 mm war dem Tunnel (Form A) angepaßt. Eine 4blättrige, rechtsdrehende Schraube mit einer Steigung $H/_D = 0,998$ und einem Flächenverhältnis $Fa/_F = 0,575$ zeigte bei einer Drehzahl von n = 800 U/min im Freifahrtgeschwindigkeitsbereich die günstigsten Vortriebsverhältnisse, wie im ersten Widerstandsversuch nachgewiesen wurde. Die gleiche Schraube wurde mit derselben Drehzahl auch bei den übrigen Heckformen benutzt. Während die Drehzahl bei den Versuchsreihen mit vom Meßwagen oder durch die Angel geführtem Modell mit einem außerhalb des Modells befindlichen Schiebewiderstand eingeregelt werden konnte, wurde bei der ferngesteuerten Versuchsreihe die Drehzahl durch Geradeausprobefahrten mit dem im Modell befindlichen Schiebewiderstand im voraus eingeregelt. Bei der Heckform E wurde gleichzeitig der Einfluß verminderten Schraubenschubs untersucht. Dabei wurde als Variante E_1 ein 4flügliger Propeller von D=121,4 mm, einem Steigungsverhältnis von $H/_D=0,8$ und einem Flächenverhältnis von $Fa/_F=0,56$ verwendet.

1.132 Motor

Die Schraubenwelle wurde über Eckelt-Gelenk von einer Auto-Lichtmaschine angetrieben, die im Modell fest montiert war.

1.133 Energiequelle

2 bis 4 normale Autobatterien, die mit Ausnahme der Versuchsreihe mit Angelzuleitung im Modell angeordnet waren, lieferten den Strom, dessen Spannungsstufung von 2 zu 2 Volt mit einem Schiebewiderstand feiner gestaltet werden konnte, so daß immer die gleiche Drehzahl von 800 U/min einzuhalten war.

1.14 Kommandogabe

Für die Drehkreisversuche im Manövrierteich kam es auf die Ausschaltung jeglicher äußeren und hydrodynamischen Beeinflussung des Modells an. Es wurde deswegen eine dafür in eigener Werkstatt entwickelte drahtlose Fernsteuerung eingebaut.

Bei den Schlängelfahrten im 10 m breiten Kanal wurde das freifahrende Modell mit dem Meßwagen verfolgt und ihm zunächst aus terminlichen Gründen Strom und Kommandogabe über Draht mit der Angel zugeleitet. Der Fortfall der Angelzuführung durch Anwendung der Fernsteuerung für die Schlängelfahrten läßt für diese in Zukunft noch genauere Ergebnisse erwarten.

1.15 Fernsteuerung

Die Fernsteuerung besteht aus Sender und Empfänger

1.151 S e n d e r

Der Sender arbeitet mit einer Trägerfrequenz von 27,12 MHz und wird mit den Frequenzen 50 und 4500 Hz oberwellenfrei amplitudenmoduliert.

Die 50 Hz Modulation wird aus der gegebenen Lichtnetzfrequenz (220 V 50 Hz) entnommen. Die 50 Hz werden mittels einer Drucktaste kurzzeitig auf die Trägerwelle moduliert, um dann im Empfänger einen Schrittwähler, der für den Rudermaschinenantrieb vorgesehen ist, zu betreiben.

Die 4.500 Hz werden mit Hilfe eines Multi-Vibrators in einer bestimmten Impulsform, die sich mit Hilfe eines Reglers in die gewünschte Stellung verändern läßt, auf die Trägerwelle moduliert. Mit Hilfe der 4.500 Hz und der kontinuierlichen Veränderung der Impulslänge wird im Empfänger ein Relais betätigt, welches zur Umsteuerung der Antriebsmaschine des Schiffes dient. Überschreitet der Empfänger den räumlichen Wirkungsbereich des Senders, so zieht ein Relais selbsttätig an, das sämtliche im Betrieb befindlichen Maschinen abschaltet. Dasselbe kann durch Abschalten der Trägerwelle (27,12 MHz) auch vom Sender manuell erreicht werden.
Röhrenbestückung des Senders:
AZ 41, ECH 41, EF 42, ECC 40, EF 80 (2 x)

1.152 E m p f ä n g e r

Der Empfänger ist ein mit Batteriespannung betriebenes Röhrengerät, welches in seinem Oszillatorteil eine Frequenz von 27,12 MHz erzeugt, wodurch bei Überlagerung eine Zwischenfrequenz von 1000 KHz erhalten wird, die durch eine Detektionsdiode gleich gerichtet wird. Die empfangenen Modulations-Signale werden dann zu dem Verstärkerteil und den Relais weitergeleitet.

Das 50 Hz-Relais betätigt einen 9-stufigen Schrittwähler, auf den die jeweils gewünschten Ruderbetätigungen eingestellt werden können.

Bei den vorliegenden Drehkreisfahrten sind nur zwei Endstellungen, "Mittelstellung" und "Hartruder backbord" verwendet worden.

Röhrenbestückung: DK 40, DL 41 (2 x), DAF 91 (3 x), DF 96, DL 92 (2 x).

1.2 Versuchsfolge

Für die Versuchsfolge war der geringste Zeit- und Arbeitsaufwand für Änderung der Wasserspiegelhöhe und der Modellabladung bestimmend.

1.21 Widerstandsversuche

Schub- bzw. Widerstandsmessungen wurden lediglich mit Form A vorgenommen, um die Richtigkeit der getroffenen Schraubenwahl zu überprüfen. Um die Zahl der veränderlichen Größen auf ein wirtschaftliches Mindestmaß zu beschränken, wurde dieselbe Schraube (mit der gleichen Drehzahl) für die restlichen Hinterschiffsformen beibehalten.

Bei allen Versuchen wurde die durch die zeitlich dichte Versuchsfolge einerseits und die durch die Bewegung des Modells und der Schraube andererseits im Wasser des Versuchsbeckens vorhandene Turbulenz als ausreichend angesehen und es deswegen für überflüssig gehalten, besondere Turbulenzerzeuger in Form von Stolperdrähten anzubringen.

1.22 Drehkreisversuche

Zur Untersuchung des Ausschwenkens in den Drehkreis gehört die Kenntnis des Driftwinkelverlaufs. Mit der für normale Drehkreisversuche ausreichenden Methode, nur die Tangenten an den Drehkreis von zwei im rechten Winkel zueinander stehenden Seiten anzupeilen, war diese Ermittlung nicht möglich. Es wurde deswegen ein einfaches Verfahren (Abb. 8) angewendet, aus 2 Ecken des Grundrißquadrats des Manövrierteiches wechselweise den vorderen und hinteren in der Modell-Mittelebene montierten Mast gleichzeitig in Abständen von 5 Sekunden anzuvisieren und die Peilung mit einem kurzen Strich (Abb. 9 und 10) aufzuzeichnen und zu benummern. Durch maßstabgerechtes Aufeinanderlegen der einen auf Transparentpapier vorgenommenen Aufzeichnung auf die andere und durch Zumschnittbringen zusammengehöriger Peilungen wurden Punkte eines inneren und eines äußeren

Drehkreises des vorderen bzw. hinteren Mastes (Abb. 11) festgehalten. Die Punkte ließen sich einwandfrei zu Kurvenzügen verbinden, aus denen man durch Einzeichnen der maßstabgerechten Verbindungslänge zwischen den 2 Masten die jeweilige Schiffsstellung im Augenblick der gegebenen Zeitmarken (Abb. 12) erhielt. Daraus konnte der zeitliche Ablauf 1. des Driftwinkels, 2. der Geschwindigkeit, 3. der Winkelgeschwindigkeit und 4. des augenblicklichen Drehkreisradius aus den Schnittpunkten der Normalen auf den Drehkreis abgelesen werden. Die Genauigkeit dieses Verfahrens stand der des üblichen nicht nach. Es wurde jede Variante dreimal gefahren, um Fehlerquellen weitgehend auszuschalten. Die teilweise vollständige Übereinstimmung solcher Wiederholungsfahrten bestätigte die Verläßlichkeit der durchgeführten Messungen. Das Modell wurde zu jedem Versuch mit Ruder in Mittelstellung in das in den Manövrierteich mündende Ende des 3 m breiten Kanals (Abb. 8) so gebracht, daß der zu erwartende Drehkreis um die Mittelsäule des Manövrierteiches als ungefähren Mittelpunkt des Kreises verlief. Dadurch war der denkbar größte Wandabstand des Modells von allen Wänden wie von der Säule gewährleistet. Die Zeitzeichen begannen erst, nachdem das Modell in Geradeausfahrt den stationären Fahrtzustand erreicht hatte. Der Augenblick des Ruderlegens wurde vom Zeitgeber registriert. Um eine Strömungsbeeinflussung zu vermeiden und die Aufzeichnung der Marken nicht zu verwirren, wurde der Versuch abgebrochen, wenn das Modell nach einem Umlauf die Stelle des Einlaufs in den Drehkreis (Abb. 11) erreicht hatte.

1.23 Schrägschlepp

Die Schrägschleppversuche sollten der Verbreiterung und Untermauerung der Ergebnisse aus den Drehkreisfahrten dienen. Der Querkraftanstieg wie auch die Druckpunktwanderung, d.h. die Auswanderung des Angriffspunkts der Querkraft in der Schiffssymmetrieebene müssen eine maßgebende Rolle bei dem Ausschwenken zum Drehkreis spielen. Zu ihrer Ermittlung muß sowohl die Querkraft als auch das Drehmoment des Modells um die Hochachse bei verschiedenen Driftwinkeln gemessen werden. Der Versuch wurde mit geradem symmetrischem Modell im geraden, 10 m breiten Kanal ausgeführt, weil eine Nachahmung der im Drehkreis vorhandenen, gekrümmten Stromlinien zur grundsätzlichen Klärung der hier erörterten Zusammenhänge für überflüssig angesehen wurde. Die gewonnenen Ergebnisse bestätigen die Richtigkeit dieser Anschauung.

Ähnlich den Widerstandsmessungen wurden über Rollen geleitete Gewichtszüge (Abb. 8) an einem senkrechten Stab im Modellschwerpunkt in 4 in waagerechter Ebene senkrecht zueinander stehenden Richtungen angebracht, um Schub oder Widerstand und die Querkraft in der augenblicklich wirkenden Richtung messen zu können. Zur Messung des Drehmoments um die Hochachse wurde ein mit dem einen Ende am Hinterschiff backbord und mit dem anderen Ende am Vorschiff steuerbord mit gleichen Abständen vom Schiffsschwerpunkt angreifender Faden benutzt, der auf je einer dem Angriffspunkt gegenüber an den Meßwagenbühnen befestigten Rolle umgelenkt wurde, so daß er zwischen den Rollen etwa über dem Modellschwerpunkt verlief. In diesen Faden, der durch entsprechende Längenänderung dem augenblicklich gewünschten Driftwinkel angepaßt wurde, war eine auf 3 kg begrenzte Federwaage eingehängt. Nacheichungen der Feder ergaben volle Übereinstimmung mit den Anfangswerten, so daß auch diese vereinfachte Meßmethode als hinreichend genau bezeichnet werden muß. Da außerdem noch Driftwinkel, Krängungswinkel, Trimm und Absenkung abzulesen waren, wurde die Messung des Kräftepaares um die Hochachse durch selbsttätiges Einspielen einer Feder und Ablesen einer Skala als angenehm empfunden. Die Gewichtsveränderung an den 4 Fäden für Widerstands- und Querkraftmessung zur Einspielung des Schiffsschwerpunktes unter den Eichpunkt beschränkte sich im wesentlichen auf das Tarieren von 2 Zügen und konnte von einer Person besorgt werden. Für den Fall, daß die Querkraft ihre Richtung wechselte, befand sich auf der Backbordbühne eine Hilfsperson. Bei der Rückfahrt wurde das sonst nicht gefesselte Modell mit zwei Federn an den Meßbühnen verankert, mit denen der Momentenmeßfaden gespannt wurde. Da bei den Hinterschiffsformen A und B die Querkraftwerte bei kleinen Driftwinkeln ähnlichen Charakter hatten, wurde bei den Formen C, D und E im wesentlichen nur noch der Bereich, in dem die Querkraft das Vorzeichen wechselte, für interessant gehalten und gemessen.

1.24 Schlängelfahrten

Für die Schlängelfahrten (Abb. 13) wurde die bisher entwickelte Methode beibehalten und auch die Rudergrenzlagen von $\pm 10°$ eingehalten. Das Modell lag mit Ruder in Mittellage vor dem Meßwagen. Nach dem Einschalten des Fahrmotors über die Angelzuführung wurde die Verfolgung des Modells mit dem Meßwagen aufgenommen. Es wurde dabei genau darauf geachtet, daß bei der anfänglich manuellen Geradführung des Modells keine Vortriebskraft ausgeübt wurde, da sonst keine vergleichbaren Meßergebnisse zu erhalten waren. Gleichzeitig wurde dadurch die Gefahr der Kollision mit der Tankwand herabgesetzt. Die seitliche Schwerpunktauswanderung des Modells wurde laufend auf dem verfolgenden Meßwagen mittels einer Visiereinrichtung auf einem Trommelschrieb aufgenommen, wobei das Durchlaufen einzelner von $10°$ zu $10°$ gestufter Kurswinkelgrenzen durch Kontaktgeber mitvermerkt wurde. Gegenruder wurde jeweils bei Erreichen des Kurswinkels von $10°$ gegeben. Zur Auswertung wurden unter Annahme einer mittleren Wagengeschwindigkeit die Kurven für Weg, Kurswinkel und Ruderausschlag über der Kanallänge aufgetragen und das "Ausweichen", die erste halbe Schwingweite des Modellschwerpunktes in Metern, und die "Stützweite" vom ersten Gegenrudergeben bis zum Erreichen des maximalen Kurswinkels in Metern ausgewertet. Die benutzte Meßmethode war hauptsächlich für qualitative Aussagen über das Verhalten bei Rückwärtsfahrt entwickelt worden. Da ihre Genauigkeit nicht ausreicht, um etwa bei Vorwärtsfahrt aus der Differenz zwischen der Differentialkurve des Schwerpunktweges und dem Kurswinkelverlauf den zeitlichen Verlauf des Driftwinkels zu erhalten, wurde bei den Schlängelfahrten auf Ermittlung des Driftwinkels verzichtet.

2. Ergebnisse

2.1 Ergebnisse der einzelnen Versuchsreihen

2.11 Widerstandsversuche mit laufender Schraube

Der Propeller ist entsprechend dem Schiffstyp ausgewählt und sein Durchmesser den günstigsten Arbeitsverhältnissen im Tunnel angepaßt worden. Kontrollversuche im Geradeausschlepp mit Ruder in Mittellage und angetriebener Schraube (Abb. 14) für den zu erwartenden Geschwindigkeitsbereich ergeben besonders günstige Antriebsverhältnisse bei einer Geschwindigkeit um 0,8 m/s und einer Abladung auf 125 mm, während die Widerstandskurven bei Abladungen auf 100 und 145 mm einen gleichmäßigen Anstieg zeigen. Die Geschwindigkeit von 0,8 m/s erreicht das Modell in Geradeaus-Freifahrt mit der gewählten Schraubendrehzahl n = 800 U/min. Sie wird bei Drehmanövern noch kleiner. Die Froude'sche Zahl von $f = 0,114$ für das geradeausfahrende Schiff ist so niedrig gewählt worden, weil beabsichtigte Drehmanöver im allgemeinen mit diesen Schiffstypen auf Binnengewässern, deren Grundprofile nicht immer bekannt sind, nicht aus der höchsten Fahrtstufe heraus eingeleitet werden. Bei der Abladung des Tunnelschiffs Form A auf 100 mm haben stärkere Geräusche im niedrigen Geschwindigkeitsbereich verraten, daß der Propeller zeitweilig Luft ansaugt, also schon ungünstige Propulsionsverhältnisse vorliegen. Die einmal für Form A getroffene Schraubenauswahl und Drehzahlfestlegung ist zur vernünftigen Begrenzung des Aufgaben- und Variationsumfanges bei den restlichen Formen unverändert beibehalten worden. Die kleine Abladung hatte nicht bei allen Hinterschiffsformen Luftansaugegeräusche zur Folge.

2.12 Drehkreise

Durch Eintragen der Mastentfernung zwischen den beiden zusammengehörigen Drehkreiskurven jeweils von den vorderen Mastpunkten zur äußeren Kurve und von den hinteren Mastpunkten zur inneren Kurve erhält man die Ortslagen der Schiffsmittellinie in Abständen von 5 sec (Abb. 12, 15 bis 20). Nach dem Einzeichnen der Schwerpunktskurve und ihrer Normalen in den Zeitmarken werden die Werte für Modellgeschwindigkeit, Kurswinkelgeschwindigkeit, Driftwinkel und für den örtlichen Drehkreisradius abgelesen. Die in die Drehkreise eingezeichneten Evoluten (wegen besserer Übersichtlichkeit wurden die Normalenschnittpunkte miteinander verbunden) führen fast durchweg in einem weiten Bogen nicht auf einen Mittelpunkt, sondern auf einen mehr oder weniger großen Stern, der meistens dreieckförmig aussieht und deswegen von der quadratischen Tankbegrenzung unbeeinflußt zu sein scheint. So wie der örtliche Drehkreisradius Schwankungen unterworfen ist, sind es etwa im gleichen Maße die übrigen aufgetragenen Werte (Abb. 21 bis 41). Für den Driftwinkel deckt sich die Beobachtung mit früheren Messungen [1]. Nicht mit aufgetragen ist wegen der schwierigen Meßbarkeit der Krängungswinkel, für den aber nach der einfachen Augenbeobachtung zu urteilen, das gleiche zutrifft. Von den Schwankungen abgesehen, ist immer ein im Mittel großer Driftwinkel mit einem kleinen Drehkreisradius (Abb. 42) und umgekehrt verknüpft. Man kann feststellen, daß die Drehkreisradien mit flacher werdendem Fahrwasser zunehmen. Da gleichzeitig der Driftwinkel abnimmt, wird der sich den gekrümmten Stromlinien darbietende Schnitt durch den Schiffskörper hierbei länger. Bei dem Vergleich mit einem umströmten elliptischen Zylinder (Abb. 42) wird eine bestimmte Übergeschwindigkeit quer neben dem Zylinder gegenüber der unbeeinflußten Geschwindigkeit in um so kleinerer Entfernung vom Zylinder zu messen sein, je kleiner das Verhältnis seiner Querachs- zur Längsachsabmessung ist. Bei vorgegebenem Verhältnis von Tiefgang des umströmten Schiffes zur Fahrwasserhöhe wird sich also das Achsenverhältnis des Schnittes vom frei drehbaren Schiff dem erzwungenen Geschwindigkeitsverhältnis anpassen.

2.13 Schrägschlepp

Der Querkraftanstieg über dem durch Fadenlänge eingestellten Driftwinkel im Schrägschlepp mit auf $\beta = 30°$ ausgeschlagenem Ruder zeigt abweichend von bisherigen Darstellungen mehrere Instabilitätspunkte (Abb. 43 bis 85). Bereits bei der Meßfahrt fällt besonders die Instabilität im Bereich desjenigen Driftwinkels auf, bei dem die Querkraft ihr Vorzeichen wechselt. Der Vergleich mit den vielen Variationsmessungen wie auch mit den Widerstandsauftragungen läßt die Erscheinung nicht etwa als eine Zufälligkeit mit anzweifelbarer Meßgenauigkeit, sondern als einen sich in ähnlicher Weise immer wiederholenden Vorgang erkennen. Der Querkraftanstieg wird, wenn man durch die örtlichen Schwankungen eine Mittellinie zieht, mit flacher werdendem Fahrwasser steiler und damit werden auch die Driftwinkel, bei denen die Querkraft das Vorzeichen wechselt, kleiner. Mit dieser Feststellung gleicher Tendenzen ist bereits ein gewisser Zusammenhang mit den Meßergebnissen der Drehkreise zu verzeichnen. Die Driftwinkel bei verschwindender Querkraft sind kleiner als die im Drehkreis gemessenen, da beim Ausschwenken in den Drehkreis dieser Zustand schnell durchlaufen wird und sich erst ein Gleichgewichtszustand zwischen der durch die Kreisbewegung erzeugten Massen-Zentrifugalkraft und der Querkraft einspielt. Wie auf Abbildung 86 gezeigt, läßt sich mit den Daten der zugehörigen Drehkreisfahrten wie Geschwindigkeit, Radius und Masse die Zentrifugalkraft errechnen. Entsprechend dem im Schrägschlepp gemessenen Driftwinkel für verschwindende Querkraft und dem Querkraftanstieg läßt sich Gleichgewicht zwischen Zentrifugal- und Querkraft bei dem im Drehkreis gemessenen Driftwinkel feststellen. Die Übereinstimmung liegt für größere Wasserhöhen im Streubereich der Meßwerte. Für kleinere Wasserhöhen bedarf es zur Erzielung ähnlicher Resultate weiterer Untersuchungen.

Der Angriffspunkt der Querkraft in Schiffsymmetrieebene (Abb. 87 bis 101), der sich aus der Querkraftgröße und dem Drehmoment um die Hochachse errechnen läßt, wandert vom Schiffsheck mit zunehmendem Driftwinkel immer weiter rückwärts, um bei verschwindender Querkraft ins Unendliche zu laufen und bei weiterer Schrägstellung sich aus dem Unendlichen wieder dem Schiffsbug zu nähern, was nicht im Schaubild eingetragen ist. Bei dem im Drehkreis gemessenen Driftwinkel erreicht die Querkraft entsprechend der obigen Gleichgewichtsbetrachtung den Schiffsschwerpunkt. Auch diese Druckpunktskurven zeigen im nach unendlich aufsteigenden Ast einige Instabilitäten bei ganz bestimmten Driftwinkeln. Sie vermitteln im übrigen eine Vorstellung von der Schnelligkeit, mit der eine einmal eingeleitete Drehbewegung bis zum Erreichen des Gleichgewichtszustandes abläuft. Die ins Unendliche laufenden Kurvenäste lassen außerdem den Einfluß flacher werdenden Wassers und größeren Tiefganges deutlich werden.

2.14 Schlängelfahrten

Bei den Schlängelfahrten wird eine einmal eingeleitete Drehbewegung durch Gegenrudergeben abgebremst und umgekehrt. Von den im allgemeinen üblichen Meßwerten wurden hier nur das "Ausweichen" und das "Stützen" benutzt. Die Kleinheit der Ruderausschläge wie die Feststellung des Zeitpunktes für das Gegenrudergeben lassen das Modell nie einen Gleichgewichtszustand erreichen, sondern nur zwischen verschiedenen Zuständen hin- und herpendeln. Bei dieser Charakteristik erklären sich etwaige Streuungen durch die infolge Zusammenarbeit von 3 Personen möglichen Fehler. Immerhin ergaben sich Kurventendenzen durch Variation der Wasserhöhe und des Tiefganges, die mit denen aus den anderen Versuchen gewonnenen in gewisser Weise vergleichbar sind. Ein weiterer Streueffekt ist bei den gewählten Abmessungen auf die unterschiedliche Annäherung an die Kanalwandung, die aus einem schwimmenden, künstlichen Strand bestand, zurückzuführen.

2.2. Vergleich der verschiedenen Hinterschiffsformen

Die aus der Praxis des Binnenschiffbaus ausgewählten Hinterschiffsformen sind hinsichtlich ihrer Manövriereigenschaften untersucht worden. Es sind dabei sowohl die Wasserhöhen als auch die Tiefgänge verändert worden, um ein möglichst großes Einflußgebiet zu überstreichen und beide Einflüsse bei verschiedenen Formparametern zu eliminieren.

2.21 Vergleichsmaßstab

Die Schwierigkeit eines jeden Vergleichs liegt darin, den bestgeeigneten Vergleichsmaßstab zu finden. Eine anfängliche Auftragung über der absoluten Wasserhöhe zeigt starke Veränderungen der Versuchswerte bei der kleinen Höhe von 270 mm. Übersichtlicher noch gestaltet das Verhältnis von Wasserhöhe zu Tiefgang als Abszisse das Ergebnis, das sich an die Ordinate im Schaubild über den Widerstandsanstieg auf flachem Wasser anlehnt [2] (Abb. 102). Es erlaubt, die 9 Versuchsvarianten in eine kontinuierliche Folge von Werten (Abb. 103 bis 108) einzuordnen. Eingehende Betrachtungen über die Energieumsetzung in der Strömung unter dem Schiff, wie sie weiter oben schon angedeutet und unter [3] näher ausgeführt worden sind, haben das Maß der Geschwindigkeitserhöhung unter dem Schiffsboden als wichtige Bezugsgröße für fast alle hier aufgeführten Meßergebnisse erkennen lassen. Es wird deshalb in weiteren Auftragungen das Verhältnis von Wasserhöhe zu der um den Tiefgang verminderten Wasserhöhe (Abb. 109 bis 114), das dieser Geschwindigkeitserhöhung proportional ist, als Abszisse verwendet, wobei die Skalenorientierung der vorgenannten Skala beibehalten wird. Um dem Vergleich mit den hier gefundenen Meßergebnissen zu dienen, ist der unter [2] zu findende Widerstandsanstieg von Flachwasserfahrzeugen (Abb. 102) ebenfalls auf den eben abgeleiteten Maßstab umgezeichnet worden. Auf Einzelheiten des Widerstandsproblems soll hier aber nicht eingegangen werden.

2.211 Tunnelheck: Form A

Die über der Abszisse: Wasserhöhe zu Tiefgang aufgetragenen, auf die Schiffslänge bezogenen Drehkreisradien (Abb. 103) weisen beim Tunnelheck bedeutend größere Unterschiede auf als bei den anderen Heckformen. Die bereits besprochene Zunahme des Drehkreisradius bei flacher werdendem Wasser ist für jeden der drei Tiefgänge (gestrichelte Linien) sehr groß und erreicht bei 145 mm Tiefgang und einer Wasserhöhenänderung von 840 auf 270 mm 110 % (Abb. 86). Dagegen zeigt bei gleichbleibender Wasserhöhe beispielsweise bei 500 mm die größere Abladung (ausgezogene Linien), die einem Abnehmen der lichten Durchflußhöhe unter Schiffsboden entspricht, eine gegenläufige Tendenz mit Zunahme von 100 auf 145 mm Tiefgang, und zwar eine Abnahme des Radius um etwa 48 %. Hierfür kann vielleicht zum Teil der durch die ausgeschlagenen Ruder abgelenkte Schraubenstrahl verantwortlich gemacht werden, der mit größerem Tiefgang größere Massen beschleunigt. Unterstützt wird diese Ansicht durch das beobachtete Luftansaugen beim kleinen Tiefgang, das wegen Beeinträchtigung der Zu- und Abstromverhältnisse gleichbedeutend mit herabgesetzter Schubwirkung ist. Der Schraubenstrahleinfluß ist bei Form E näher untersucht und erörtert worden. Die Linie der Meßpunkte für eine Wasserhöhe von 270 mm erfährt von einem Verhältnis ab $H_w/T_g = 2$ zu kleineren Werten hin einen Knick zu gegenläufiger Kurventendenz. Will man für die im Drehkreis gemessenen Driftwinkel einen ähnlichen Kurvenverlauf erhalten, so muß man ihre Ordinatenachse abwärts richten. Wenn man von dem einen herausgefallenen Punkt bei $H_W = 500$ und $T_g = 145$, der ausnahmsweise nur durch eine Messung belegt ist, absieht, so gilt für die beiden besprochenen Parameter Hw und Tg das gleiche wie bei den Radien. Entgegen den aus der Literatur bekannten Driftwinkeln auf tiefem Wasser nehmen hier die Driftwinkel mit einem Bereich zwischen $8°$ und $35°$ sehr große Werte an, wobei diesen größten Zuwachs von 340 % die Form A als Maximum erreicht.

Die Verläufe der Driftwinkel im Schrägschlepp bei verschwindender Querkraft sind bei entsprechender Abminderung, wie oben ausgeführt denen der Driftwinkel im Drehkreis praktisch gleich. Sie sind für 3 verschiedene Geschwindigkeiten gemessen worden, und zeigen keinen funktionellen Zusammenhang mit der Geschwindigkeit.

Dagegen ergeben die Querkraftanstiege (Abb. 115, 116) über dem Driftwinkel im Schrägschlepp wieder bei ähnlichem Kurvencharakter eine deutliche Proportionalität zum Geschwindigkeitsquadrat.

Die im Drehkreis beobachteten Driftwinkel bei flacher werdender Wasserhöhe wirken sich in der Schlängelfahrt auf das "Ausweichen" (Abb. 13) günstiger aus, wenn man zunächst H_w/T_g-Werte unter 2 außer Betracht läßt. Auch hier zeigt das Tunnelheck im Gegensatz zu den anderen Heckformen diese Tendenz in ganz ausgeprägter Form. Bei ihm haben die Kurven gleichen Tiefgangs (gestrichelt) bei verschiedener Wasserhöhe die stärkste Neigung. Die Wirkung des Tiefganges bei jeweils einer Wasserhöhe (ausgezogen) und damit auch des Schraubenstrahls ist kaum spürbar. Das bedeutet ein Überwiegen der Strömungskräfte um den Schiffskörper. Die Wirkung ein- und derselben Erscheinung hat bei 2 verschiedenen Manövern umgekehrte Vorzeichen. Während beim Drehkreis der Gleichgewichtszustand mit kleinem Driftwinkel einen großen Radius ergibt, bewirkt beim Schlängeln die geringere Auslenkung aus der Geraden durch den kleineren Driftwinkel beim Gegensteuern die schnellere bzw. kürzere Rückkehr in die Gerade und verbessert damit die Manövrierfähigkeit beim Ausweichen. Dasselbe drückt sich in der Auftragung der Stützlängen (Abb. 13) aus; d.h., der Fahrweg vom Augenblick des Gegenrudergebens bis zum Erreichen des maximalen Kurswinkels wird bei flacherem Wasser kleiner. Betrachtet man die Absenkung des Wasserspiegels (Abb. 117) um das Modell im Augenblick verschwindender Querkraft beim Schrägschlepp über der gleichen Abszisse aufgetragen, so fällt wieder die Übereinstimmung mit den besprochenen Kurventendenzen auf, außerdem im Mittel eine Proportionalität zum Quadrat des Verhältnisses ($\frac{Hw}{Hw-Tg}$). Wegen der Bedeutung dieses Ausdruckes bei den Energieumsetzungsbetrachtungen wurden alle Meßpunkte noch einmal auf diese Abszisse $\frac{Hw}{Hw-Tg}$ umgezeichnet (Abb. 109).

Besonders auffällig geraden Verlauf zeigen die Werte für den Querkraftanstieg und die Driftwinkel bei verschwindender Querkraft im Schrägschlepp bei kleinen Geschwindigkeiten. Bei den größeren Geschwindigkeiten treten in den Verläufen für gleiche Wasserhöhe je nach Abszissenabstand verschieden gerichtete Knicke auf, die in der vorher betrachteten Auftragung nicht deutbar gewesen sind, jetzt aber im Vergleich mit der gleichartigen Darstellung des Widerstandszuwachses einen Sinn erhalten. Wie auch beim Widerstandszuwachs (Abb. 102) haben diese Kurven häufig ganz bestimmte Fluchtpunkte, die noch andererorts näher zu erklären wären.

2.212 Gerundetes Heck mit ovalen Spanten: Form B

In der Darstellung des Drehkreisradius über dem Verhältnis Hw/Tg (Abb. 104) sinkt der Flachwassereffekt auf ein Minimum gegenüber allen untersuchten Heckformen herab. Verfolgt man einen Tiefgang über verschiedene, kleiner werdende Wasserhöhen (gestrichelt), so ist noch ein kaum merklicher Anstieg des Radius zu spüren. Der kleinste Radius wird vom größten nur um 22 % übertroffen (Abb. 86). Der Schraubenstrahl übt tendenzmäßig die gleiche Wirkung aus wie beim Tunnelheck, nur ist sie durch die divergierende Heckform gegenüber dem stark konvergent gebündelten Strahl des Tunnels auf ein Minimum herabgemindert. Bei der Wasserhöhe von Hw =

500 mm ist der Radiusunterschied zwischen dem Tiefgang von 100 und 145 mm nur noch 8 %.

Die Driftwinkel im Drehkreis nehmen von 8° auf 30° zu, d.s. 275 % Zuwachs. Ihr Verlauf ähnelt dem der Form A. Entsprechend ähnlichen Verlauf und ähnliche Größenordnung haben die Querkraftanstiege (Abb. 115) und die Driftwinkel bei verschwindender Querkraft im Schrägschlepp, für die die gleiche Abhängigkeit von der Geschwindigkeit gilt.

Die gleiche Abschwächung der Flachwasserwirkungen wie beim Drehkreis ist auch bei der Schlängelfahrt festzustellen, aus der eigentlich keine eindeutige Tendenz mehr ablesbar zu sein scheint.

Das gerundete Normalheck kann deswegen als diejenige Heckform bezeichnet werden, mit der man beim Manövrieren auf veränderlicher Wasserhöhe sowohl im Drehkreis wie beim Ausweichen die geringsten Überraschungen erwarten kann. Damit bestätigen sich die Erfahrungen, die aus der Entwicklung dieser Normalform sprechen. Mit der Darstellung über $\frac{Hw}{Hw-Tg}$ (Abb. 110) heben sich die Parameterkurven der Driftwinkel bei verschwindender Querkraft im Schrägschlepp für verschiedene Wasserhöhen und verschiedene Tiefgänge zu klaren Bündeln heraus. Die Driftwinkel im Drehkreis verlaufen ebenfalls in einem engen Bereich mit etwa gleicher Neigung. Die Drehkreisradien scheinen für verschiedene Wasserhöhen auf einen Punkt zu konvergieren, der wie bei Form A auf der Ordinate $\frac{Hw}{Hw-Tg} = 1,087$ liegt. Diesem Wert entspricht ein Verhältnis $\frac{Hw}{Tg} = 12,5$, das in [5] auch aus anderen Betrachtungen heraus als Grenze des Flachwassereinflusses erkannt worden ist.

2.213 Gerundetes Heck mit flachen Spanten : Form C

Das gerundete Heck mit flachen Spanten ist in der Praxis weniger gebräuchlich und ist hier mit untersucht worden, weil es den Übergang zum Spiegelheck darstellt, dem zwar andere Geschwindigkeitsbereiche vorbehalten sind, mit dessen Vermessung aber allgemein gültige Aussagen zu erwarten sind. Zunächst erst wieder über dem Maßstab Hw/Tg (Abb. 105) betrachtet zeigen die Drehkreisradien einen größeren Spielraum als bei ovalen Spanten. Sie übersteigen den Minimalwert um 40 % (Abb. 86), wobei der Einfluß kleiner werdender Wasserhöhe bei gleichem Tiefgang oberhalb

Forschungsberichte des Wirtschafts- und Verkehrsministeriums Nordrhein-Westfalen

$Hw/_{Tg}$ = 2 kaum zu bemerken ist. Der Schraubenstrahl hat bei verschiedenem Tiefgang eine stärkere Wirkung als bei den ovalen Spanten, was vielleicht mit der eindimensionalen Divergenz der Heckströmung gegenüber der zweidimensionalen bei ovalen Spanten zu erklären ist. Bei Hw = 500 mm Wasserhöhe wirkt sich eine Tiefgangszunahme von 100 auf 145 mm in einer 19 %igen Radiusverkleinerung aus.

Die Driftwinkel im Drehkreis liegen etwa in der Größenordnung wie bei ovalen Spanten. Sie nehmen von 10 auf 29° zu, d.s. 190 % Zunahme. Der Verlauf ähnelt dem der anderen Heckformen. Deswegen sind auch die Kurven für den Querkraftanstieg (Abb. 115) und für den Driftwinkel bei verschwindender Querkraft im Schrägschlepp fast gleichartig wie die bereits beschriebenen der Formen A und B. Bei der Schlängelfahrt ist der Flachwassereinfluß noch etwas geringer als bei der ovalen Form, wofür zunächst schwer eine Erklärung zu finden ist. Vielleicht kann die Ruderanordnung gerade für diese Heckform als besonders gelungen angesehen werden. Die Absenkung des Wasserspiegels (Abb. 117) um das Modell der Form C ist der um Form A in der Größe am ähnlichsten. Über dem Verhältnis $\frac{Hw}{Hw-Tg}$ (Abb. 111) aufgetragen ergeben die Driftwinkel im Drehkreis etwa den gleichen Kurvencharakter wie die bei Form B. Die Drehkreisradien haben einwandfreie Fluchtlinien. Und auch der Stützvorgang läßt fluchtende Wasserhöhenkurven erkennen. Bei den Querkraftanstiegen (Abb. 115) und den Driftwinkeln bei verschwindender Querkraft im Schrägschlepp führen die größeren Geschwindigkeiten zu einem stärkeren Auseinanderführen der Parameterkurven. Gerade die Knicke der Wasserhöhenzüge bei kleinen und großen Geschwindigkeiten sind in ähnlicher Weise bei denselben Abszissenwerten in der Darstellung des Widerstandszuwachses (Abb. 102) wiederzufinden.

2.214 Aus Form C entwickeltes Spiegelheck: Form D

Obgleich das Spiegelheck nur schnelleren Fahrzeugen Vorteile bietet, ist es hier vollständigkeitshalber auch untersucht worden. Deswegen ist im Schrägschlepp auch die kleinere Geschwindigkeit von 0,6 m/s weggelassen worden. Bei dem Vergleich ist zu bedenken, daß die Spiegelbasis durch Auffüttern der Kimm gegenüber Form C verbreitert worden ist. Zunächst in der Betrachtung der Werte über der Abszisse $Hw/_{Tg}$ (Abb. 106) zeigen die

Seite 21

Drehkreisradien bei gleichem Kurvenverlauf ein Wachstum von 34 % (Abb. 86), d.h. einen 6 % kleineren Wert. Der Schraubenstrahleinfluß ist bei der Vergleichswasserhöhe Hw = 500 mm und der Tiefgangszunahme von 100 auf 145 mm mit 27 % noch stärker als bei Form C, was vielleicht damit zu erklären ist, daß die eindimensionale Strahldivergenz durch den Abreißvorgang am Spiegelheck auf bestimmte Werte eingeengt und begrenzt bleibt Der Einfluß kleiner werdender Wasserhöhe bei gleichgehaltenem Tiefgang ist wie bei Form C mit Ausnahme der $\frac{Hw}{Tg}$ -Werte um und unter 2 praktisch nicht vorhanden: Die Driftwinkel im Drehkreis fallen bei extremen Tiefgängen aus dem von Form C her bekannten Verlauf in gleicher Richtung heraus. Das bedeutet wohl, daß es zu einem Spiegelheck auch bei kleinen Geschwindigkeiten nur eine günstige Schwimmlage bzw. günstigsten Tiefgang gibt.

Die Querkraftanstiege im Schrägschlepp (Abb. 116) weichen deswegen besonders bei der größeren Geschwindigkeit von denen bei Form C ab. Die Driftwinkel bei verschwindender Querkraft im Schrägschlepp zeigen offensichtlich wegen der eindeutigen Abreißkante einen klareren Verlauf als die der Form C.

In der Schlängelfahrt, besonders beim Stützen, erweist sich selbst bei den kleinen Geschwindigkeiten das Spiegelheck seiner Ausgangsform C gegenüber als überlegen. Gegenüber der Formen A und B besteht eine Überlegenheit im Stützvorgang nur bei der größten Wasserhöhe. Bei flacherem Wasser ist außerdem entgegen dem Verhalten des Tunnelhecks eine geringfügige Tendenz zu größeren Ausweichstrecken zu vermerken. Die Erklärung dafür dürfte in der größeren Annäherung an die Stauwellengeschwindigkeit und damit an Sprung- und Gleitvorgänge zu suchen sein, wodurch das Ausscheren aus der Geraden und die Kurspendelungen größer werden.

Das Absinken des Wasserspiegels (Abb. 117) hält sich in der gleichen Größenordnung wie bei Form C.

Die Auftragung über der Abszisse $\frac{Hw}{Hw-Tg}$ (Abb. 112) zeigt fast durchweg noch klarere Fluchtlinien der Paramterkurven als bei Form C.

2.215 Flaches Heck mit Knickspanten im hinteren Teil übergehend in Spiegelheck und Totholz: Form E

Als in der Praxis vorkommende Variante des Spiegelhecks wurden auch Knickspanten mit und ohne Totholz untersucht, um deren Einflüsse zu bestimmen. Zunächst Form E mit Totholz in der Darstellung über Hw/Tg (Abb. 107) zeigt eine Gesamtzunahme des Drehkreisradius um 37 % (Abb. 86). Der Schraubenstrahleinfluß bei der Vergleichswasserhöhe von 500 mm und einer Tiefgangszunahme von 100 auf 145 mm bringt eine Drehkreisabnahme um 17 % und ähnelt stark entsprechend ähnlicher Strahldivergenz der der Form C. Zur genaueren Betrachtung des Schraubenstrahleinflusses wurde als Variante E_1 ein Propeller mit 20 % kleinerer Steigung aber 6,5 % größerem Durchmesser bei gleicher Drehzahl gefahren. Gegenüber den Versuchen E_2 (Propeller wie bei den übrigen Heckformen) ergab ein Tiefgang von 145 mm auf allen drei Wasserhöhen einen 5,5 % größeren, ein Tiefgang von 125 mm den gleichen und ein Tiefgang von 100 mm einen 6 % kleineren Drehkreisradius. Die zugehörigen Driftwinkel zeigen bei den Wasserhöhen 840 und 500 mm ein sinngemäßes Verhältnis, während sie bei der kleinen Wasserhöhe von 270 mm für alle 3 Tiefgänge über den E_2-Werten liegen.

Der Driftwinkelverlauf für den normalen Propeller (E_2) zeigt für Wasserhöhen- und Tiefgangsveränderung einen nahezu einheitlichen Kurvenverlauf, bei dem der Höchstwert um 210 % über dem kleinsten liegt und auch damit dem Wert der Form C am nächsten kommt.

Aus der Auftragung über $\frac{Hw}{Hw-Tg}$ (Abb. 113) läßt sich für die Drehkreisradier eine ähnliche Tendenz ablesen, wie sie der Propellervergleich ergab, daß nämlich die Wasserhöhen 840 und 500 mm in auch bei anderen Schaubildern wiederkehrender Weise nach einem gemeinsamen Punkt fluchten, während die Gerade der Wasserhöhe 270 mm eine abweichende Richtung aufweist.

Auffällig im Vergleich mit den Varianten ohne Knickspanten ist trotz größenordnungsmäßiger Übereinstimmung der Driftwinkel ein allgemein um 20 bis 25 % kleinerer Drehkreisradius.

Schlängelfahrten wurden mit der Form E nicht durchgeführt.

2.216 Heck wie Form E, aber ohne Totholz: Form F

Zum Schluß sei noch das Ergebnis für das letztbesprochene Heck ohne Totholz mitgeteilt. Der Drehkreisradius (Abb. 108) wird bei dieser Variante praktisch unempfindlich gegen Flachwassereinflüsse. Es ist lediglich eine gleichmäßige Abnahme des Drehkreisradius mit zunehmender Abladung festzustellen. Sie liegt für 500 mm Wasserhöhe und für Tiefgänge zwischen 100 und 145 mm bei 18 % (Abb. 86), wie bei Form E und C. Der Unterschied zwischen größtem und kleinstem Drehkreisradius im Bereich aller untersuchten Wasserhöhen beträgt 25 % und kommt damit dem Wert der Form B am nächsten. Die größte Driftwinkelzunahme beträgt nur 94 % und ist damit die kleinste unter allen untersuchten Formen.

Für die Darstellung mit der Abszisse $\frac{Hw}{Hw-Tg}$ (Abb. 114) gilt die unter E gemachte Bemerkung.

Beim Schrägschlepp zeigen die Driftwinkel bei verschwindender Querkraft für gleiche Tiefgänge etwa die Kurvencharakteristik wie die vergleichsweise gezeigten Quadratwerte der Abszisse. Die Krümmung der Kurven nimmt mit wachsender Geschwindigkeit zu, während der Parallellauf der Kurvenschar für die einzelnen Tiefgänge erhalten bleibt.

Der Wegfall des Totholzes hat also gegenüber Form E zusätzlich eine Vergrößerung der Driftwinkel und eine Verkleinerung der Drehkreisradien bei der kleinen Wasserhöhe von 270 mm erbracht und damit die im allgemeinen als unangenehm empfundenen Flachwassereinflüsse weitestgehend beseitigt.

2.3 Allgemeine Erkenntnisse

Über den im Auftrag enthaltenen Vergleich verschiedener Hinterschiffsformen hinaus lassen sich aus den Versuchen noch eine Menge allgemeiner Erkenntnisse über das Manövrieren und insbesondere auf flachem Wasser gewinnen.

Bezüglich des Manövrierens auf tiefem Wasser sei insbesondere auf die Arbeiten von THIEME [4] hingewiesen, die auch ein wohl lückenloses Schrifttumsverzeichnis enthalten. Gerade die starken Energieumsetzungen auf flachem Wasser lassen das Augenmerk auf Erscheinungen fallen, die in den bisherigen Untersuchungen auf unbeschränktem Wasser wahrscheinlich wegen geringerer Ausprägung unbemerkt blieben. Die Bezeichnungsweise der einzelnen Größen ist der Einfachheit halber der THIEMEschen Arbeit angepaßt worden.

2.31 Driftwinkel im Drehkreis

Das Absinken des Wasserspiegels um ein geradeaus fahrendes Flachwasserschiff wird durch die Geschwindigkeitserhöhung der Strömung unter dem Schiff hervorgerufen, wie unter [3] näher erläutert worden ist. Die dort beschriebene Energieumsetzung von der ungestörten zur gestörten Strömung wird ebenso für die Änderung des Driftwinkels im Drehkreis auf verschiedenen Wasserhöhen maßgebend. Unter den Ergebnissen der einzelnen Versuchsreihen, Abs. 1.22 (Drehkreise) ist schon der angeströmte, elliptische Zylinder verschiedenen Schlankheitsgrades (Abb. 42) auf die von ihm hervorgerufene Geschwindigkeitserhöhung hin betrachtet worden. Für gleiche Geschwindigkeitserhöhung am Kanalboden wird der weniger schlanke Zylinder einen tieferen Kanal benötigen. Das unter dem Schiffsboden hindurchtretende Wasser wird einer größeren Energieumsetzung einen erhöhten Widerstand entgegensetzen. Da nun das freischwimmende Schiff einen Freiheitsgrad um die Hochachse besitzt, wird die durch das Verhältnis der lichten Durchtrittshöhe unter Schiffsboden zur Wasserhöhe erzwungene Geschwindigkeitserhöhung auch die Schnelligkeit der Energieumsetzung dadurch zu beeinflussen suchen, daß sich das den Stromfäden darbietende Schlankheitsverhältnis des Schiffsschrägschnittes durch Drehung des Schiffes um die Hochachse dem Widerstand des Wassers gegen die Energieumsetzung anpaßt und den Driftwinkel reguliert. Anschaulich wird der Vorgang, wenn man an die Oberflächendelle über einer Bodenschwelle im Kanalstrom denkt. Im Falle des Schiffes wird nach dieser Anschauungsweise der freibeweglich schwimmende Störkörper in die Delle, deren Länge durch die Größe der Energieumsetzung bedingt ist, hineingesaugt. Am deutlichsten wird die Umsetzung in dem in der Hydraulik gebräuchlichen Schaubild (Abb. 118) der Energiehöhe über der Wasserhöhe, das außer für kritische auch für unterkritische Geschwindigkeiten gilt. Der Wechsel von der Energiehöhe der ungestörten Strömung, die in dem Schaubild durch den "strömenden" Zustand gekennzeichnet ist, zur gleichen Energiehöhe der gestörten Strömung als "schießender" Zustand gekennzeichnet, wird nach dem Durchgang durch das Energieminimum um so weniger Zeit und damit auch eine um so kleinere Strecke benötigen, je kleiner das Wasserhöhenverhältnis beider Zustände ist, d.h. je höher das Fahrwasser für einen bestimmten Schiffstiefgang ist. Der Energiedurchlauf von Punkt 1 nach Punkt 2 im Schaubild entspricht einem großen $\frac{Hw}{Tg}$-Verhältnis hier $\frac{1,74}{0,8}$ der Abszisse, während der Durchlauf von 1' nach 2' einem kleinen $\frac{Hw}{Tg}$-Verhältnis hier $\frac{2,43}{1,69}$ gleichkommt. Je kleiner nun die Umsetzungsstrecke infolge kleiner Geschwindigkeitserhöhung ist, um so schräger schneiden die Stromlinien den Schiffskörper, um so größer ist also der Driftwinkel. Ein großer Driftwinkel setzt den Drehkreisradius herab, wie es die Versuche bei großer Wasserhöhe bestätigen. Zum Nachweis dieser Anschauung ist die im Drehkreis gemessene Schrägschnittlänge (Abb. 119), d.h. der Einfachheit halber der Ausdruck Schiffsbreite geteilt durch den Sinus des Driftwinkels, über dem Quadrat des der Strömungsgeschwindigkeit unter Schiffsboden proportionalen Ausdrucks $\frac{Hw}{Hw-Tg-T}$ aufgetragen worden, worin als T die Absenkung des bei Q = 0 schräggeschleppten Modells in Ermangelung des entsprechenden Meßwertes aus dem Drehkreis eingesetzt ist. Aus dem verschiedenen Anstieg der Geraden für die untersuchten Modellformen leitet sich eine Veränderung der Konstanten in der Bernoullischen Gleichung zwischen den Heckformen ab, was einer Formabhängigkeit der Durchflußziffer unter dem Boden des schiebenden Schiffes gleichkommt. Eine damit vergleichbare Abhängigkeit der Durchflußmenge von der Schiffsform unter dem geradeausfahrenden Schiff ist in [5] festgestellt worden.

2.32 Geschwindigkeit beim Ausschwenken in den Drehkreis

Obwohl die Drehkreisaufzeichnungen erst in der stationären Geradeausfahrt des Modells beginnen, ist jeweils nach dem Ruderlegen eine kurzzeitige Geschwindigkeitszunahme zu bemerken, bevor das Modell durch den höheren Widerstand bei Schräganströmung, wie bekannt, Fahrt verliert. Weil bei den Meßergebnissen der Formen A bis D (Abb. 21 bis 30) wegen der gleichzeitigen Auftragung der anderen Werte die Geschwindigkeitskurven nicht so unmittelbar ins Auge fallen, wurden sie bei den Formen E und F (Abb. 37 bis 41) gesondert gezeichnet. Da andere Energiequellen nicht vorhanden sind und die einzige zusätzliche Leistung während der Zeit von der Rudermaschine ausgeübt wird, kann die Geschwindigkeitssteigerung nur vom Ruder bewirkt werden. Beim Legen des Doppelruders wird der impulsbehaftete Schraubenstrahl zwischen den beiden Ruderflächen entsprechend dem durch den Winkelausschlag abnehmenden Abstand zueinander zusammengedrückt und erzeugt dadurch zusätzlichen Vortrieb. Das gemessene Geschwindigkeitsverhältnis vor und nach dem Ruderlegen deckt sich mit dieser Annahme

$$\frac{V_2}{V_1} = \frac{1}{\cos 30°} = 1,155.$$

Mit der Geschwindigkeitserhöhung ist sicherlich auch eine erhöhte Drehgeschwindigkeit und damit verbesserte Manövrierfähigkeit verbunden, die offensichtlich die Entwicklung dieser Ruderanordnung begünstigt hat. Es besteht die Möglichkeit, daß auch beim Legen des Einfachruders eine ähnliche, wenn auch geringere Vortriebswirkung erzielt wird und dem Mechanismus des Wrickens ähnelt. Der Einfluß dieser Erscheinung auf Schlängelfahrten ist vorstellbar und bedarf weiterer Untersuchungen.

2.33 Tragflügelvergleich

Das fahrende Schiff ist in der Draufsicht mit einem umströmten symmetrischen Flügelprofil mit angelenkter Klappe vergleichbar. In der symmetrischen Umströmung des mit nicht ausgeschlagenem Ruder geradeausfahrenden Schiffes stellt sich bei einsetzendem Ruderausschlag eine Zirkulation ein, die einen Vergleich mit gewölbten Profilen erlaubt. Für Kreisbogenprofile verschiedener Wölbung ist bei veränderlichem Anblaswinkel die Wanderung des Druckpunktes (Abb. 120), die sich aus Überlagerung von Zirkulations- und Translationsströmung ergibt, theoretisch [6] wie praktisch ermittelt worden. Der Druckpunkt läuft bei kleinen negativen Anstellwinkeln nach achtern ins Unendliche und wandert bei stärkerer negativer Anstellung aus dem Unendlichen von der Vorderkante zum Neutralpunkt. Die Anstellwinkel beim Wechselsprung von + Unendlich nach - Unendlich nehmen mit größer werdender Profilwölbung größere negative Werte an. Einen fast gleichen Verlauf haben die Querkrafthebelarme (Druckpunktlage) in Schiffssymmetrieebene bei wachsendem Driftwinkel (Abb. 120 und 87 bis 101). Dieselbe Tendenz wie vergrößerte Profilwölbung am Flügel weisen beim Schiff 1. größere Wasserhöhe und 2. kleinerer Tiefgang auf (Abb. 121). Auch dieses Ergebnis ist in Einklang mit der Tragflächentheorie zu bringen.

Verständlicher wird der ins Extreme getriebene umgekehrte Vorgang, wenn nämlich bei abnehmender Wasserhöhe, oder, was gleichbedeutend ist, mit Annäherung des Schiffsboden an den Kanalgrund die Wölbung der Stromfäden und damit die Zirkulation kleiner wird. Stößt der als Flügelgrundriß nachempfundene Schiffslängsschnitt an den Kanalboden an, so entspräche das dem Verschwinden jeglicnen induzierten Widerstandes, der der Zirkulation proportional ist, wie beim Flügel mit unendlich großem Seitenverhältnis.

Es wird noch ein hydrodynamisch interessanter Vorgang, der Wechselsprung des Querkraft-Druckpunktes, betrachtet. In dem Augenblick des Sprunges (Abb. 122 bis 123) wechselt die Querkraft das Vorzeichen. In bezug auf ein Profil bedeutet aber der Wechsel von Auf- zu Abtrieb, die Umkehrung der Zirkulation durch Wechsel des Staupunktes von der Unter- zur Oberseite. Wenn es aber einen bestimmten Anstell- bzw. Driftwinkel gibt, bei dem weder eine rechts- noch linksdrehende Zirkulation um den Schiffskörper herrscht, so muß offensichtlich einen Augenblick lang das ganze Schiff in einer Translationsströmung liegen, d.h. die beiden Bug und Heck umströmenden Teilstromfäden müssen sich druckverteilungsmäßig völlig im Gleichgewicht befinden, so daß man auch für die Aufteilung der an den Seiten und unter dem Boden fließenden Stromfäden ein ähnliches Gleichgewicht vermuten kann. Dieses Gleichgewicht ist aber, wie man sich denken und auch beobachten kann, ein sehr labiles. Eine mögliche Vorstellung von der Teilung der Stromfäden für diesen Übergang würde die sein, daß jede seitliche Krümmung in die senkrechte Ebene einschwenkt, wodurch die gesamte von Bug bis Heck reichende Stromfadenbreite im überkritischen Zustand unter dem Schiffsboden durchströmen müßte. Für diese Auffassung sprechen die in [7] geschilderten Beobachtungen. Bei der Erforschung der Geschwindigkeitsverteilung um einen idealisierten Schiffskörper durch Widerstandsvergleich zwischen 2 Rauhigkeitszuständen an Platte und Schiff hat sich ein wiederkehrender Wechsel von Über- und Untergeschwindigkeit zwischen Schiffsboden und Seitenwand gezeigt, der bei überkritischem Verhältnis von Wasserhöhe zu Tiefgang um eine der einfachen Geschwindigkeitspotenz proportionale Gerade pendelt. Nach den vorliegenden Messungen sind die Widerstände für verschwindende Querkraft über der Geschwindigkeit (Abb. 124) aufgetragen worden. Ihr Verlauf ist ebenso linear. Es liegt also der Schluß nahe, daß es sich um einen solchen

Augenblick handelt, in dem die Seitenwandumströmung in eine Bodenunterströmung umschlägt. Der auf die Geschwindigkeit bezogene lineare Widerstandsanstieg tritt bei den Widerstandskurven vor und nach dem Durchlaufen des steilen Widerstandsanstiegs auf und scheint hier die überkritische Unterströmung des Schiffes zu bestätigen. Daß bei Driftwinkeln, bevor Q = 0 erreicht ist, der normale Widerstandsanstieg proportional dem Geschwindigkeitsquadrat herrscht, zeigt der Querkraftanstieg über $\frac{Hw}{Tg}$ (Abb. 115, 116) bei verschiedenen Geschwindigkeiten, wo

$$\frac{dQ}{d\alpha} \text{ prop. } v_o^2 \text{ ist.}$$

Die Querkraft wird durch die Beaufschlagung der Seitenwände durch die Längsströmung erzeugt und ist dadurch selbst ein Ausdruck des Widerstandsverhaltens. Des weiteren beweist die häufige Unstabilität des Querkraftanstiegs gerade beim Vorzeichenwechsel der Querkraftrichtung die oben aufgestellte Behauptung.

Zu einem ähnlichen Ergebnis wie bei 1. haben auch die Versuche von SOTTORF [8] mit V-förmigen Tragflächen, deren Flächenenden die Wasseroberfläche durchstoßen, geführt. SOTTORF bemerkt mit Annäherung aus größerer Tiefe an die Wasseroberfläche eine profilwölbungs- und damit zirkulationsvermindernde Wirkung, wie es hier auch bei kleiner werdender Wasserhöhe auftritt. Deswegen sind bei Tragflächenbooten mit dem beschriebenen Flügeltyp die Profile in Oberflächennähe zur Aufhebung dieser Wirkung sehr stark gewölbt. Die Erklärung von WEINIG [9] seinerzeit, daß der Auftrieb durch Wegfall der Saugseitenströmung nur noch von der Druckseitenströmung gebildet wird, und etwa auf die Hälfte absinkt, bedarf einer Ergänzung. Denn bei mäßig gewölbten Profilen kehrt sich, wenn ihre Sehne die Wasseroberfläche (Abb. 121) tangiert, sogar durch die verbleibende negative Wölbung der Außenkontur das Vorzeichen des Auftriebs um.

2.34 Abwärts gerichtete Kräfte

So wie das Schiff als an der Oberfläche schwimmendes Profil bei der Anströmung einen Abtrieb als resultierende Kraft erhält, erfahren auch die Wassermassen selbst, deren Stromfäden sich mit der Schiffswölbung krümmen, ebenfalls abwärts gerichtete Kräfte, die wegen der Nähe der freien

Oberfläche zur Absenkung des Wasserspiegels und mit ihm des Schiffes führen (Abb. 117).

Ein anschauliches Beispiel dafür ist von ECK [10] mit dem von einem tangierenden Luftstrahl angezogenen Ball gegeben.

Wie in [3] näher ausgeführt, ist die Absenkung des Wasserspiegels um ein Schiff mit der Bernoullischen Gleichung erfaßbar.

2.35 Pendelungen des Driftwinkels

Außer den eben genannten Instabilitäten der Querkraftanstiegskurven bei Q = 0 weisen sie solche auch schon bei kleineren Driftwinkeln auf. Der verschieden große Anstieg der Kurven für verschiedene Geschwindigkeiten läßt keine Systematik dieser Pendelungen zwischen Buckel und Dellen erkennen. Aus diesem Grunde sind die Differenzen gegenüber den mittleren Anstiegen auf horizontalen Achsen (Abb. 115, 116) aufgetragen worden. Die Meßpunkte liegen nicht dicht genug, um in allen Fällen die offensichtlich bestehende Systematik klar erkennen zu lassen. Der unter [7] beobachtete, mehrfach wechselnde Impulsaustausch zwischen Seitenwand und Bodenströmung mit steigender Geschwindigkeit wird hier in ähnlicher Weise bei gleicher Geschwindigkeit mit wachsendem Driftwinkel registriert, denn die Querkraft wird außer durch die erwähnte Anströmung der Seitenwände noch durch die Geschwindigkeitsquerkomponenten am Boden erzeugt und ist nach den Messungen zu urteilen mehrfachen Schwankungen unterworfen. Die Auftragung reicht aus, um eine bestimmte, für alle Kurven gleichbleibende Periodenlänge der Schwankungen von etwa $\alpha = 6{,}5°$ zu erkennen. Die Rückwirkung dieser Kräfte von der in Ruhe befindlichen Wassermasse auf das freibewegliche Schiff muß sich in Schwankungen des Driftwinkels äußern. Die Druckpunktslagen in Abhängigkeit von der Schräganströmung beim Schrägschlepp (Abb. 87 bis 101), die außer der Querkraftmessung auch die Momentenmessung um die Hochachse des Modells enthält, zeigen aber auch nicht den vom Flügelprofil her bekannten gleichmäßigen Verlauf ins Unendliche, sondern weisen deutlich erkennbare Instabilitäten auf. Solche Instabilitäten schwächerer Natur konzentrieren sich wieder auf die Gegend um Schräganströmwinkel von $6{,}5°$ (Abb. 120). Sehr viel stärkere, manchmal sehr krasse Unstabilitäten liegen um Schräganströmwinkel von $2 \times 6{,}5° = 13°$. Alle Kurven erreichen vor $19{,}5°$ das Unendliche.

Diese Feststellung findet eine Bestätigung in den Auftragungen der aus den Drehkreisaufzeichnungen gewonnenen Meßwerte der Driftwinkel (Abb. 21 bis 36). Die Pendelungen der Driftwinkel lehnen sich auch hier wieder in auffälliger Weise mit ihren Maxima und Minima an Vielfache von $\alpha = 6,5°$. Wegen der geringen Übersichtlichkeit der vielen zusammengetragenen Kurven für die Heckformen A bis D (Abb. 21 bis 30) sind die Driftwinkelverläufe für die Formen E und F (Abb. 31 bis 36) gesondert gezeichnet worden. Der Verlauf der α-Kurven ist absolut unregelmäßig in bezug auf den Zeitablauf. Jedoch lassen sich eindeutig die Stufen bei Vielfachen von $\alpha = 6,5°$ erkennen. Entweder berührt die α-Kurve die eingetragenen Stufen oder hält sich bei aufeinanderfolgenden Extremwerten etwa im gleichen Abstand davon. Es kommt auch vor, daß die α-Kurven die Marken ein wenig überschneiden, was wahrscheinlich auf Mängel und Ungenauigkeiten des schnellentwickelten Peilverfahrens zurückzuführen ist.

Mit den übereinstimmenden Beobachtungen aus den Drehkreisfahrten mit denen des hier verwendeten Schrägschlepps mit geradem Modell und geraden Stromlinien, scheint der Beweis für die technische Brauchbarkeit der angewendeten Vereinfachung erbracht zu sein.

Der Nachweis der zwangsläufigen Pendelung des Driftwinkels läßt sich aber auch aus der Energieumsetzung in der Schiffsumströmung erbringen. So wie in [3] für das Absinken des Wasserspiegels um ein Schiff auf flachem Wasser die beiden bestimmenden Funktionen h über v (Abb. 127) dargestellt sind, zwischen deren 2 Schnittpunkten ein Energieminimum durchlaufen wird, so wird beim drehenden Schiff der Durchflußquerschnitt unter dem Schiffsboden durch die vom Driftwinkel gesteuerte Durchflußbreite verändert. Die Punktbezifferung in der Darstellung h über v entspricht der im Energieschaubild (Abb. 118). An der Eintrittskimm des schiebenden Schiffes wird die Strömung vom "Strömen" - Punkt 1 - ins "Schießen" - Punkt 2 - versetzt, wobei die Stromenergie nach einem Minimum wieder ihren Ausgangswert annimmt. Der Zustand des "Schießens" ist aber äußerst labil. Die absolute Geschwindigkeitshöhe kann auch unter der von der Hydraulik definierten Grenzgeschwindigkeit $v = \sqrt{gh}$ liegen, und trotzdem können ähnliche Vergleichszustände wie "Strömen" und "Schießen" auftreten. Die Bestätigung dafür ist in dem unter [5] aufgeführten Bericht zu finden, in dem sich außer einer kleineren als in der Hydraulik üblichen kritischen Geschwindigkeit $v_{krit.} = \sqrt{0,833\ gh}$ auch noch die Geschwindigkeit $(v_{krit.})^{1/2}$ als maßgebend für Sprungerscheinungen im Wellenbild zeigt. Hinter der Austrittskimm verwandelt sich die Strömung sofort aus dem labilen Zustand 2 wieder in den Zustand 1. Schon die in der Natur nie ganz verlustlosen Energieumsetzungen lassen nach dieser zweimaligen Wiederholung klar werden, daß Unterschiede im End- und Anfangszustand der Strömung sich auf die vermittelnde Größe des Driftwinkels in Unstetigkeiten auswirken müssen. Beim drehenden Schiff tritt an die Stelle der Stromhöhe eine Ersatzhöhe (Abb. 127), die die Veränderung des Durchflußquerschnittes mittels der Breite als Funktion des Driftwinkels ersetzt. Der Driftwinkel ist proportional der Drehgeschwindigkeit und damit der aus Dreh- und Vorwärtsgeschwindigkeit resultierenden Anströmgeschwindigkeit. Damit wird ein dem oben besprochenen h über v ähnliches Schaubild h' über α gewonnen, das beim Verfolgen der Strömungsumsetzungen Schwankungen des Driftwinkels sofort klar werden läßt.

Auch für Driftwinkelschwankungen auf unbeschränktem Wasser wird im nächsten Abschnitt eine Erklärung aus der Zirkulationsströmung gegeben.

2.36 Verschwindende Querkraft

Der Zustand verschwindender Querkraft ist dem Zustand des Tragflügels ohne Auftrieb gleichzusetzen, wie er im Sturzflug (Abb. 120) vorhanden ist. Während normalerweise Auftrieb, Widerstand und Moment wirken, wird in diesem Fall der Auftrieb Null, so daß aus den beiden verbleibenden Werten sich ein außerhalb des Profils befindlicher Angriffspunkt der Resultierenden des Widerstands ergibt. Dieser die größte Verdrehung am Flügel erzeugende Zustand liefert eine sehr wichtige Bestimmungsgröße. Es liegt nahe, für das in den Drehkreis ausschwenkende Schiff etwas ähnliches anzunehmen und den Hebelarm des Widerstandes im Augenblick verschwindender Querkraft mit dem Drehkreisradius in Beziehung zu setzen. Aus der Auftragung des gemessenen Kräftepaares um die Hochachse und Division durch den Widerstand (Abb. 128) für den Driftwinkel, bei dem die Querkraft Null wird, erhält man für jede Variation den Verlauf des Hebelarms über der Geschwindigkeit. Vergleicht man mit ihm den Drehkreisradius, beide auf die Schiffslänge bezogen, so ist gerade bei der Geschwindigkeit, die das Modell bei der entsprechenden Variante von Wasserhöhe und Tiefgang beim Ausschwenken in den Drehkreis (Abb. 21 bis 30 und 37 bis 41) hat, das Verhältnis vom augenblicklichen Hebelarm des Widerstandes zum Drehkreisradius 3,14. Dieser Wert taucht bei jeder Meßfahrt ganz eindeutig auf und läßt auf ein- und denselben Ausschwenkvorgang bei allen Versuchen schließen. Die in die Drehkreise eingezeichneten Evoluten (Abb. 15 bis 20) verstärken den Eindruck, da sie, wie bereits oben beschrieben, den gleichen Bogen mit zunehmender Krümmung aufweisen, um schließlich zu einem meist dreizackigen Stern abzubrechen, der für die Pendelungen der Meßgrößen bestimmend ist. Inwiefern wird nun gerade das sogenannte Sturzflugmoment bei verschwindender Querkraft für die Drehbewegung maßgebend? Das Schiff kommt zunächst in Geradeausfahrt angefahren und besitzt nur einen Impuls in Fahrtrichtung. Der Ausschlag des Ruders (Abb. 122 bis 123) des sich in der Strömung bewegenden Schiffes ist wohl kaum mit einem quergerichteten Impuls auf den Schiffsschwerpunkt von außen her gleichzusetzen, sondern eher mit einer in der Strömung stattfindenden Wölbungsvergrößerung des umströmten Profils. Das nach Backbord gelegte Ruder ruft eine rechtsumlaufende Zirkulation hervor. Da aber die Wassermasse ruht, wird als Reaktion auf das mit einem Freiheitsgrad um die Hochachse behaftete Schiff eine Linksdrehung einsetzen, während der Schiffsschwerpunkt im wesentlichen noch seiner Translationsbewegung folgt. Die gleichzeitig mit der Zirkulation nach Steuerbord gerichtete hydrodynamische Querkraft klingt sehr schnell auf den Wert Null ab, während ihr Hebelarm nach achtern ins Unendliche läuft und die einsetzende Bahnkrümmung bewirkt. Nach ihrem Vorzeichenwechsel übernimmt es die Querkraft der mit der Bahnkrümmung beginnenden Massen-Zentrifugalkraft die Waage zu halten. Mit dem Vorzeichenwechsel der Querkraft ist aber, wie oben erläutert, auch eine Umkehr der Zirkulation und damit der auf das Schiff wirkenden Drehkräfte verbunden. Damit wird verständlich, daß der örtliche Drehkreisradius nach stetiger Verkleinerung plötzlich wieder wächst und weiteren Schwankungen um den Gleichgewichtszustand unterworfen ist, die zum Sterngebilde der Evolute führen. Da aber an dem Kräftespiel alle gemessenen Größen beteiligt sind, ist es klar, daß sämtliche Größen im Drehkreis pulsieren. Der Gleichgewichtszustand liefert den Mittelwert der Größen und erlaubt bei flüchtiger Betrachtung oder unter Vernachlässigung der Feinheiten von einem "gleichmäßigen Drehkreis" zu sprechen.

Ebenso wie beim Flügel mit abnehmendem Anstellwinkel die resultierende Kraft aus der achteren Auftriebslage in die reine Widerstandslage mit großem Hebelarm des Sturzflugmomentes und schließlich in die vordere Abtriebslage übergeht, macht die Querkraft am Schiff mit ausgeschlagenem Ruder (Abb. 129) einen Rundlauf mit einer Drehung um π. Da sich aber das Medium in Ruhe befindet und auch so verharren will, geht die Reaktion auf das freibewegliche Schiff in umgekehrter Richtung vor sich. In der Kreisbewegung

$$v = \omega \cdot R = \frac{d\vartheta}{dt} \cdot R$$

kann die Geschwindigkeit, von den kleinen Rudernebenwirkungen abgesehen, als konstant angenommen werden. Wenn aber durch Schrägschleppversuche ein Wirkradius bei verschwindender Querkraft von $\pi \cdot R_{Drehkreis}$ ermittelt wurde, so kann dieser nur durch eine kleinere zeitliche Änderung des Kurswinkels ausgeglichen werden. Die Voraussetzung enthält aber unbeschleunigte Vorgänge, so daß sich nur der Gesamtkurswinkel verkleinern kann. Wenn die Querkraft eine Schwenkung um π erfährt, so muß auf das Schiff als Reaktion eine Kurswinkeländerung um $\frac{\pi}{\pi} = \text{Bg } 1 = 57,3°$ hervorgerufen werden. Der Rundlauf der Querkraft geschieht nicht bloß in dem Augenblick, wenn die Querkraft gerade Null ist, sondern während der ganzen Driftwinkelzunahme. Es ist deswegen verständlich, daß gerade das Ausschwenken in den Drehkreis Vorgänge einschließt, die für den Gesamtablauf des Drehkreises bestimmend sind, so daß der Ansatz in dem folgenden Drehkreisschema Verwendung finden kann.

2.37 Ausschwenken in den Drehkreis

Für den Übergangsverlauf (Abb. 137) aus einer Translationsbewegung in eine stationäre Drehbewegung läßt sich, als Ergebnis dahingehender Überlegungen, eine einfache Beziehung finden, deren Ableitung an anderer Stelle mitzuteilen wäre. Abweichend von dieser Kurve ergibt beim Ausschwenken des Schiffes zum Drehkreis die anfängliche große Querkraft des Ruders vor dem Einsetzen der Drehbewegung eine kurvenfeindliche Auswanderung des Schiffsschwerpunktes. Die Erscheinung [11] gestattet jedoch eine sehr praktische Vereinfachung, die oben gegebene Kurve näherungsweise lediglich durch zwei Teilkreise (Abb. 130) darzustellen, deren Radien sich um den Faktor π unterscheiden. Der ganze Drehkreis fügt sich in ein sehr einfaches Schema. Der Kreis mit dem Radius $\pi \cdot R$ beginnt vom Drehkreismittelpunkt aus gemessen im Abstand $\frac{\pi}{2} \cdot R$, sein erzeugender Schenkel läuft bis zum Drehkreismittelpunkt. Von dort aus schließt sich der eigentliche Drehkreis mit dem Radius R an, der von einem aus dem Mittelpunkt des großen Kreises kommenden Schenkel tangiert wird, dessen Bogenmaß bis zum Schenkel durch den Drehkreismittelpunkt $\frac{1}{2}$ beträgt. Die zweite Drehkreishälfte überschneidet den Anfangsstrahl und berührt nicht ganz den Schenkel mit dem Bogen $\frac{1}{2}$. Dieser Schenkel schneidet die Schiffsbahn im Abstand $\frac{5}{3}$ R vom Drehkreismittelpunkt. Das Ruderlegen benötigt eine gewisse Zeit. Im Mittel hat sich aus den Drehkreisfahrten eine Weglänge von $\frac{L}{2}$ bis zum Beginnpunkt des großen Kreises ergeben. Die oben angegebene Beziehung findet sich von diesem Beginnpunkt aus zwischen den Koordinaten 0,737 R und 2,08 R, die einen Kelvinschen Winkel $tg \alpha_K = \frac{0,737}{2,08} = 0,354$ einschließen. Der durch sie definierte Kurvenverlauf schneidet die Schwerpunktauswanderung von etwa $\frac{1}{3} \alpha_K$ ab. Vom Drehkreismittelpunkt aus schließt Anfang und Ende einen Winkel von $6 \cdot \alpha_K$ ein, während der vorgezogene Radius von $\frac{5}{3} \cdot R$ genau $\frac{2}{3} \pi$ bildet. Die Drehkreiseinleitung ist damit auf $\frac{2}{3} \pi$ festgelegt und läßt verständlich werden, warum die Evolute in einen dreizakkigen Stern ausläuft. Auf einige Drehkreise wurde dieses Schema (Abb. 131 bis 135) übertragen. Die wirklichen Abweichungen sind gering.

Ein zu den Ausschwenkkoordinaten paralleles Koordinatenkreuz, das durch die beiden Mittelpunkte läuft, schließt den ersten parabelförmigen Evolutenbogen ein.

Die Übereinstimmung der Radiusgröße beim Ausschwenken in den Drehkreis, die zum Drehkreisradius in festem Verhältnis steht, mit dem Hebelarm der Resultierenden im Schrägschlepp bei verschwindender Querkraft (Abb. 128) darf als ein Erfolg systematischer Versuchsarbeit gewertet werden. Sie erlaubt auch bei erschwerten Versuchsbedingungen, bei denen die Ausmaße vorhandener Manövrierteiche nicht ausreichen sollten, mittels Schrägschleppversuch zu Aussagen über das Manövrierverhalten von Schiffen zu gelangen und stellt eine Bereicherung der Versuchstechnik dar.

2.38 Bug- und Heckwellen

Wie Aufnahmen von Drehkreisfahrten verschieden großer Schiffe (Abb. 136) erkennen lassen, bilden sich die Querwellen, die sich beim Auslauf der Bugwellen am Kelvinschen Winkel entwickeln, bei dem mit Driftwinkel schiebenden Schiff beinahe parallel zur Schiffslängsachse aus, so daß sie offensichtlich für die Schwankungen des Krängungswinkels während des Drehkreises verantwortlich zu machen sind.

Die Beobachtung des im Schrägschlepp erzeugten Wellensystems (Abb. 128) macht es deutlich, wie bei zunehmenden Driftwinkeln der Heckwellenkeil sich in dem Bugwellenkeil nach einer Seite verlagert bis schließlich seine äußere Keilseite an der Heckkanten die Rolle einer Bugwelle übernimmt. Das gegenseitige Überstreichen beider Wellensysteme läßt Rückwirkungen auf den Driftwinkel des freidrehbaren Schiffes verständlich werden.

Für den Kurvenverlauf der Bugwelle ist noch keine Gleichung bekannt. Es gibt Anhaltspunkte, für ihn die oben erwähnten Gleichungen anzunehmen. Diese Kurve zeigt innerhalb des Kelvinschen Öffnungswinkels einige auffällige Besonderheiten (Abb. 137).

1. Die Tangente im Schnittpunkt des zur Abszisse gezogenen Kelvinschen Winkels bildet mit der Ordinate auch denselben Winkel.

2. Bei Dreiteilung des Kelvinschen Winkels im Koordinatenanfangspunkt beträgt die Winkelzunahme der Tangenten an die Kurve in den Schnittpunkten dieser Strahlen von Drittel zu Drittel immer gerade einen Kelvinschen Winkel.

3. Die Tangente an die Kurve steigt um einen weiteren Kelvinschen Winkel im Schnittpunkt der winkelhalbierenden des letzten Drittelwinkels zur Abszisse.

4. Wenn man an die letzte Tangente noch einen Kelvinschen Winkel anfügt, so daß sein freier Schenkel durch den Koordinatenanfangspunkt läuft, so erfaßt man mit der ausgleichenden Kurve die Schwerpunktauswanderung bei Einleitung eines Drehkreises. Verfolgt man nun die Bewegung eines Bugwellensystems (Abb. 138) dieser Kurven mit gleicher Querwellenperiode im Drehkreis, so kann man bemerken, daß nach Fortbewegung des Schiffes um eine Periode und Drehung um $6° 29,3'$ die anfängliche innere Grenzlinie des Kelvinschen Winkels die neu gebildeten Bugwellen einer Doppelperiode

an Stellen schneidet, deren Tangente gerade um einen Kelvinschen Winkel gegeneinander geneigt sind. Es ist vorstellbar, daß die Überlagerung von Bug- und Heckwelle im Auf und Ab von gegenseitiger Addition und Aufhebung durch das Drehen Energie auf den Erzeuger des Wellensystems zurückstrahlt und so unter Umständen das Erklimmen eines Maximums mit der Periode $19° 28'$ vereitelt und dadurch den Driftwinkel um eine oder mehrere Phasen von $6° 29,3'$ zurückpendeln läßt, wie es aus der Drehkreisauswertung hervorgeht.

Aus der Gleichheit des Kurvenverlaufs der Bugwellen und des Ausschwenkens in den Drehkreis läßt sich weiter auf ursächlichen Zusammenhang zwischen beiden schließen.

3. Zusammenfassung

Es sind mit möglichst einfachen Mitteln Versuche durchgeführt worden, die die Unterschiede von 6 verschiedenen heute gebräuchlichen Hinterschiffsformen bezüglich ihrer Manövriereigenschaften auf flachem Wasser klären. Der Einfluß der Parameter Wasserhöhe und Tiefgang ist in Auftragungen dargestellt, die außer dem bisherigen Vergleichsmaßstab $\frac{Hw}{Tg}$ (Wasserhöhe zu Tiefgang) auch den aus Energiebetrachtungen gewonnenen $\frac{Hw}{Hw-Tg}$ benutzen. Die Versuche lassen auf Grund der Manövriereigenschaften bisherige und zukünftige Entwicklungsrichtungen im heutigen Binnenschiffbau erkennen.

Die Grundform A mit den besten Manövriereigenschaften in der Schlängelfahrt bis zu $\frac{Hw}{Tg}$ -Verhältnissen von 2 herunter.

Die Grundform B mit gemäßigtem Flachwassereffekt bei den beiden untersuchten Manövrierarten.

Die Grundform C mit günstigen Abflußverhältnissen für ein Doppelruder.

Die Grundform D mit Unempfindlichkeit gegen Flachwassereinflüsse oberhalb $\frac{Hw}{Tg}$ -Verhältnissen von 3.

Die Grundform E mit kleinen Drehkreisradien.

Die Grundform F mit kleinen Drehkreisradien selbst bis zu kleinsten Wasserhöhen herunter.

Damit sind die durchgeführten Untersuchungen geeignet, das anscheinend widerspruchsvolle Manövrierverhalten von Flachwasserschiffen zu klären, das auf Gewässern mit wenig bekannten und unterschiedlichen Wasserhöhen häufig zu Havarien führt, denn es besteht durchaus die Möglichkeit, den speziellen Gegebenheiten durch entsprechende Formgebung des Hinterschiffes Rechnung zu tragen.

Darüber hinaus sind neue grundsätzliche Erkenntnisse über Drehmanöver im allgemeinen und auf flachem Wasser gewonnen worden, die einige bisher offene Fragen beantworten und gleichzeitig Wege zu neuen Forschungszielen aufzeigen.

Prof. Dipl.-Ing. Wilhelm STURTZEL
Dipl.-Ing. Hermann SCHMIDT-STIEBITZ (Bearbeiter)

Versuchsanstalt für Binnenschiffbau e.V.
Duisburg
Institut an der Technischen Hochschule
Aachen

4. Literaturverzeichnis

[1] GRAFF, W.
Manövrierversuche
Hydromechan. Probl. des Schiffsantriebs
Bd. 2 1940

[2] KEMPF, G.,
H. STEMMER und
H. THIEME
Schiffsmodellversuche
Handbuch der Werften 1952, S. 65

[3] SCHMIDT-STIEBITZ, H.
Das Absinken des Wasserspiegels um ein
Verdrängungsfahrzeug auf flachem Wasser
Schiff und Hafen, Nov. 1956, S. 916

[4] THIEME, H.
Schrägschleppversuche mit einem geraden
und gekrümmten Barkassenmodell
Schiff und Hafen, 1956, Heft 4, S. 274

[5] SCHMIDT-STIEBITZ, H.
Abhängigkeit der von schnellfahrenden
Flachwasserschiffen erzeugten Wellen von
der Schiffsform, besonders bei Spiegelheck und Tunnelform
Schiffstechnik 1958 Nr. 25, S. 6

[6] FUCHS, R.,
L. HOPF und
Fr. SEEWALD
Aerodynamik
Bd. 2, S. 76

[7] STURTZEL, W. und
H. SCHMIDT-STIEBITZ
Die bei Flachwasserfahrten durch die Strömungsverteilung am Boden und an den Seiten
stattfindende Beeinflussung des Reibungswiderstandes von Schiffen
Forschungsbericht Nr. 366 des Landes
Nordrhein-Westfalen

[8] SOTTORF
Experimentelle Untersuchungen zur Frage
des Wasserflügels
Hf 408/1 1940

[9] WEINIG, F.
Diskussionsbeitrag zum Vortrag von WAGNER, H:
Über das Gleiten von Wasserfahrzeugen
Jahrbuch STG 1933

[10] ECK, B.
Technische Strömungslehre
S. 26 - 5. Aufl.

[11] HORN, F.
Beitrag zur Theorie des Drehmanövers und
der Kursstabilität
Jahrbuch STG 1951, S. 78

5. Anhang

Modellabmessungen M A bis D (M 1)

L_{pp} = 5000   B = 600   Tg = 100/125/145

	Tg	M A Tunnelheck	M B ovale Spant. gerund. Heck	M C flache Spant. gerund. Heck	M D Spiegelheck
Längen in der W.L.	100 125 145	4978 mm 5006 mm 5018 mm	4805 mm 5006 mm 5024 mm	4847 mm 5006 mm 5024 mm	4847 mm 4988 mm 4991 mm
Ver- drängung	100 125 145	220,75 dm³ 284,93 dm³ 336,96 dm³	221,5 dm³ 285 dm³ 336 dm³	219,8 dm³ 284,5 dm³ 337 dm³	219,8 dm³ 284,57 dm³ 337,15 dm³
O von Spt. O	100 125 145	2560 mm 2520 mm 2500 mm	2563 mm 2531 mm 2506 mm	2575 mm 2528 mm 2501 mm	2575 mm 2528 mm 2499 mm
δ	100 125 145	0,74 0,76 0,775	0,768 0,76 0,773	0,756 0,76 0,774	0,756 0,762 0,774
β	100 125 145	0,994 0,995 0,995	0,994 0,995 0,995	0,994 0,995 0,995	0,994 0,995 0,995
Oberfläche ohne Anhänge	100 125 145	3,31 m² 3,565 m² 3,79 m²	3,14 m² 3,455 m² 3,68 m²	3,25 m² 3,54 m² 3,755 m²	3,25 m² 3,54 m² 3,755 m²

Modellabmessungen M E und F (M 2)

L_{pp} = 5000   B = 600   Tg = 100/125/145

	Tg	M E	M F
		Knickspanten	mit Spiegelheck
		mit Totholz	ohne Totholz
Längen in der W.L.	100	4952 mm	
	125	5006 mm	
	145	5015 mm	
Verdrängung	100	215,8 dcm³	213,9 dcm³
	125	279,- dcm³	277,1 dcm³
	145	330,3 dcm³	328,4 dcm³
O von Spt. O	100	2592 mm	
	125	2551 mm	
	145	2530 mm	
δ	100	0,726	
	125	0,744	
	145	0,757	
β	100	0,994	
	125	0,995	
	145	0,995	
Oberfläche ohne Anhänge	100	3,166 m²	3,102 m²
	125	3,439 m²	3,375 m²
	145	3,651 m²	3,589 m²

Widerstand mit laufender Schraube mit Modell A (M 3)
Geradeausfahrt

+T Absenkung

Tr -kopflastig
    +steuerlastig

Versuchstag 24.8.1956
Wassertemp. t = 17,5°C
Wasserhöhe = 270 mm
Tiefgang = 145 mm, 125, 100
Ruderausschlagwinkel β = 0°

V tatsächl.	Widerstand				T	Tr	n
	grob	fein	fein	gesamt			
m/s	gr	mm	gr	gr	mm	'	U/min
0,594	- 700	0		- 700	+ 3	-1↔+1	800
0,799	- 350				+ 5	-3↔+1	800
0,800	- 350	+ 15	+ 24	- 326	+ 5	-2↔ 0	800
1,00	+ 100	+ 20	+ 34	+ 134	+12	- 5	800
0,60	- 750	+ 5	+ 16	- 766	+ 3	+ 3	800 Tg=125mm
0,8	- 400	+ 20	+ 34	- 434	+ 5	0	800
0,901	- 200	+ 10	+ 16	- 184	+ 7	0	800
0,997	+ 50	+ 15	+ 24	+ 74	+ 9	- 2	800
0,691	- 600	+ 5	+ 8	- 592	+ 4	+ 2	800
0,60	- 800	- 5	- 8	- 808	+ 2	- 1	800 Tg=105mm
0,80	- 450	0		- 450	+ 4	- 2	800
0,997	- 50	- 5	- 8	- 58	+ 8	- 4	800

Widerstand mit laufender Schraube mit Modell A (M 4)
Geradeausfahrt

+T Absenkung

Tr -kopflastig
   +steuerlastig

Versuchstag 20.8.1956
Wassertemp. t = 18°C
Wasserhöhe = 499 mm
Tiefgang = 125 mm, 100, 145
Ruderausschlagwinkel β = 0°

V tatsächl.	Widerstand				T	Tr	n
	grob	fein	fein	gesamt			
m/s	gr	mm	gr	gr	mm	'	U/min
0,60					+12	+ 1	760
0,597	- 500	- 85	-126	- 626	+ 6	+ 1	770
0,595	- 650	- 64	- 94,5	- 744,5	+ 5	+ 1	800
0,70	- 630	+ 15	+ 21,5	- 608,5	+ 2	+ 1	800
0,7995	- 510	+ 15	+ 21,5	- 488,5	+ 2	0	810
0,899	- 350	+ 24	+ 35	- 315	+ 4	0	810
1,00	- 50	+ 11	+ 16	- 34	+ 5	- 1	800
1,104	+ 150	0		+ 150	+ 6	- 1	800
0,598	- 750	- 30	- 44	- 794	+ 2	0	795 Tg=100 mm
0,698	- 600	- 35	- 51	- 651	+ 3	+ 1	800
0,7995	- 450	- 30	- 44	- 494	+ 3	- 1	805
0,90	- 250	- 48	- 71	- 321	+ 5	0	805
0,999	0	- 68	-100	- 100	+ 7	- 1	800
1,104	+ 150	- 50	- 74	+ 76	+ 7	- 2	800
0,597	- 700	- 18	- 26	- 726	+ 3	+ 1	805 Tg=145 mm
0,70	- 550	+ 3	+ 4	- 546	+ 3	+ 1	800
0,801	- 400	+ 8	+ 11	- 389	+ 4	+ 1	800
0,899	- 200	0	0	- 200	+ 5	0	800
0,999	- 100	+ 80	+119	+ 19	+ 7	0	800
1,101	+ 150	+ 52	+ 77	+ 227	+ 6	- 1	800

Widerstand mit laufender Schraube mit Modell A (M 5)
Geradeausfahrt

+T   Absenkung

Tr   -kopflastig
     +steuerlastig

Versuchstag 28.8.1956
Wassertemp. t = 17,5°C
Wasserhöhe = 840 mm
Tiefgang = 145 mm, 125
Ruderausschlagwinkel β = 0°

V tatsächl.	Widerstand				T	Tr	n
	grob	fein	fein	gesamt			
m/s	gr	mm	gr	gr	mm	'	U/min
0,80	- 370			- 370	+ 2	0	800
0,60	- 730			- 730	+ 2	+ 1	800
1,00	+ 30			+ 30	+ 3	- 1	800
0,799	- 475			- 475	+ 2	0	800 Tg=125mm
0,60	- 790			- 790	+ 2	0	800
1,00	- 20			- 20	+ 4	- 1	800

Seite 45

Modell A (M 6)

Drehkreisfahrten

im Manövrierteich (25 x 25 m) um die Mittelsäule herum

Datum: 24.7., 25.7. u. 25.8.1956   Wassertemp.: 17°C
Nr. 1 - 7 am 24.7.; Nr. 8 - 19 am 25.7.;   ß   30°
Nr. 20 - 30 am 25.8.1956

Nr.	Hw	Tg	n	Fahrzeit bis zum Ruderl.	Drehkreis-radius R/L	α	Bemerkungen
	mm	mm	U/min	m	-	°	
1	265	100	800		1,36	8	
2	265	100	800	9	1,31	19	
3	270	125	800	10	1,33	5,5	
4	270	125	800	8	1,28	5	
5	270	125	800				
6	270	125	800	7,5	1,31	14	
7	270	145	800		1,52	8	
8	505	100	760	7	1,35	25	
9	505	100	760	7,5	1,35	25	
10	505	100	910	6	1,32	26	
11	505	100	800	9	1,4	24	
12	505	125	780	9	1,02	24	
13	505	125	780	7	(1,15)		
14	505	125	780	9			
15	505	145	790	8	0,97	6,5	
16	505	145	780	8	0,99	8	
17	505	145	780	9,5	0,98	8	
18	505	145	960	12,5		13	
19	505	145	960	12,5		11	
	mm	mm	U/min	s	-	°	
20	840	125	800	12			
21	840	125	800	14,5			
22	840	125	800	11,5			Krängung 2,5-3°
23	840	125	800	10	0,75	33	weniger schräg
24	840	125	820	9,55	0,76	36	
25	840	145	800	12	0,73	31,5	
26	840	145	800	12	0,73	30	Photo 4 x
27	840	145	800	11	0,72	31,5	
28	840	100	800	9,5	0,8	30	Schraubenger.
29	840	100	800		0,85	35	Schraubenwasser
30	840	100	800	9,5	0,87	34	Krängung 2,5-3°

Modell B (M 7)

Drehkreisfahrten

im Manövrierteich (25 x 25 m) um die Mittelsäule herum

Datum 6.9.1956   Wassertemp.: t = 17°C

Nr.	Hw	Tg	n	Fahrzeit bis zum Ruderl.	Drehkreisradius R/L	α	Bemerkungen
	mm	mm	U/min	s	-	°	
1	270	100	820	15,5	1,11	16	Ruder etwa 10 mm
2	270	100	820	15	1,13	17,5	i.d.Luft, leichte
3	270	100	820	13,5			Luftgeräusche
							a.d.Schraube
4	270	125	780	15	1,11	12,5	
5	270	125	780	16	1,11	12	
6	270	125	800	16,5	1,18	14,5	
7	270	145	805	16	1,24	9	
8	270	145	800	18,5	1,25	9	
9	270	145	780	18,5	1,23	9	
10	270	145	780	21,5	1,24	9	Seitenbretter
11	270	145	800	17	1,17	9	mit Brett
12	500	145	790	18,5	1,01	21,5	o.Brett, krängt
13	500	145	760	20,5	0,99	23,5	kr.n.außen 1°
14	500	145	800	17,5	1,02	24	krängt
15	500	145	800	14,5	1,02	24,5	
16	500	125	800	19,5	1,04	24	
17	500	125	800	20,2	1,04	23,5	
18	500	125	800	17,8	1,02	22,5	
19	500	100	800	17,3	1,09	25	
20	500	100	800	15	1,09	27	Versager i.d.Zeit
21	500	100	800	10	1,1	27	
22	846	100	780	9	1,075	32	
23	846	100	760	8	1,1	28,5	
24	846	100	760	8	1,075	29	
25	846	100	800	7	1,12	27	
26	846	125	810	8	1,06	26	etwas steuerl.
27	846	125	800	8,5	1,08	26	kaum gekrängt
28	846	125	800	7	1,02	24	
29	846	145	800	8	1,04	25	
30	846	145	800	8	1,06	25,5	
31	846	145	800	8	1,06	25	

Modell C (M 8)

Drehkreisfahrten

im Manövrierteich (25 x 25 m) um die Mittelsäule herum

Datum: 18.9. u. 21.9.1956   Wassertemp.: 17°C

Nr. 1 - 13 am 18.9.; Nr. 14 - 33 am 21.9.1956

Nr.	Hw	Tg	n	Fahrzeit bis zum Ruderl.	Drehkreisradius R/L	α	Bemerkungen
	mm	mm	U/min	s	-	°	
1	270	100	800	8,5			2 hecklastig
2	270	100	800	13			krängt 1°
3	270	100	800	13,5			
4	270	100	800	13	1,2	15	leichte Luftger.
5	270	125	800	12	1,24		weniger steuerl.
6	270	125	800	16,5	1,25	11,5	
7	270	125	760	15,5	1,24		
8	270	125	840	10,5	1,27		
9	270	145	800	12,5	1,3		
10	270	145	880	9,5	1,35		
11	270	145	860	14	1,36		
12	270	145	800	13	1,33		
13	270	145	800	12	1,32	9,5	
14	840	100	810	13			
15	840	100	800	11			
16	840	100	800	11	1,1	28	stl.2,kr.etwa 1°
17	840	100	800	12	1,11	29	
18	840	125	800	13	0,98	26	
19	840	125	800	12,5	1,03		
20	840	125	800	11	1,02		
21	840	145	800	12	0,94		
22	840	145	800	13	0,96	23,5	
23	840	145	800	12	0,96		
24	500	145	800	11,5	0,95		
25	500	145	800	12	0,99		
26	500	145	800	12	0,97	20	
27	500	125	800	11	1,04	21	stl.,kr. etwa 1°
28	500	125	800	10	1,07		
29	500	125	800	9,5	1,03		
30	500	100	840	8,4	1,13	25	steuerlastig
31	500	100	800	10	1,1		krängt
32	500	100	800	12	1,1		
33	500	100	800	12	1,05		doppelt so schnelle Ruderlegezeit, steuerlastig

Modell D (M 9)

Drehkreisfahrten

im Manövrierteich (25 x 25 m) um die Mittelsäule herum

Datum: 5.10.1956   Wassertemp.: t = 17°C

Nr.	Hw	Tg	n	Fahrzeit bis zum Ruderl.	Drehkreisradius R/L	α	Bemerkungen
	mm	mm	U/min	s	-	°	
1	270	145	800		1,19		
2	270	145	800	12,8	1,14		krängt Kurven
3	270	145	800	15,6	1,13		freundlich
4	270	145	810	11,9	1,235	8	schwach steuerl.
5	270	125	840	12	1,17		
6	270	125	820	12,1	1,19		
7	270	125	810	10	1,07		
8	270	125	790	12,5	1,1	12	
9	270	100	820	9,9	1,1	17	
10	270	100	810	13	1,14		Mann im Wasser
11	270	100	820	8,4	1,145		
12	500	100	820	9,8	1,14		kr.nach außen
13	500	100	780	10,5	1,17		
14	500	100	800	8	1,14	26	
15	500	125	800	12	1,06		
16	500	125	800	11	1,03		
17	500	125	800	11,8	1,03		kr.nach außen
18	500	125	800	12,5	1,01	21,5	
19	500	145	800	12,2	0,91		
20	500	145	800	14,5	0,90		
21	500	145	790	14	0,91	25	
22	840	145	800	17	0,965		
23	840	145	780	14	0,95		
24	840	145	780	14,5	0,93		
25	840	145	800	14	0,9	24	
26	840	125	810	14,4	0,99		
27	840	125	800	14,5	1,02	27	
28	840	125	810	12	1,02		Plastillinheck
29	840	125	800	13	1,0		beschädigt
30	840	100	820	13	1,15		
31	840	100	790	14	1,11		
32	840	100	800	13,5	1,14	12,5	

Modell E_1 (M 10)

Drehkreisfahrten

im Manövrierteich (25 x 25 m) um die Mittelsäule herum

Datum: Nr. 1 - 4 am 19.12.1956   Wassertemp.: 15°C
       Nr. 5 -28 am 20.12.1956   ß 30°

Nr.	Hw	Tg	n	Fahrzeit bis zum Ruderl.	Drehkreis-radius R/L	α	Bemerkungen
	mm	mm	U/min	s	-	°	
1	840	100	800	11			Ruder nicht in Mittell.; etwas steuerbord
2	840	100	800				Ruder gerade gestellt
3	840	100	800	13,5	0,96	27,5	
4	840	100	800	16,5	0,95	25	
5	840	125	800	21			
6	840	125	800	16	0,81	29	
7	840	125	800	16,5	0,85	27,5	
8	840	145	800	19	0,79	25	
9	840	145	800	15,5	0,77	26,5	
10	840	145	800	12,5	0,80	26	
11	500	145	800	13	0,82	25	
12	500	145	800	14	0,81	22	
13	500	145	800	14	0,79	27	
14	500	125	800	14,5	0,83	23,5	
15	500	125	800	13	0,81	26	
16	500	125	800	13,5	0,80	25	
17	500	100	800	11	0,89	25	saugt Luft
18	500	100	800	13,5	0,94	22,5	
19	500	100	800	13	0,88	26	
20	270	100	800	11,5	0,90	18	
21	270	100	800	12	0,90	22	
22	270	100	800	12,5	0,96	21,5	
23	270	125	800	14	0,94	17,5	
24	270	125	800	14,5	0,97	17,5	
25	270	125	800	14	0,96		
26	270	145	800	15,5	(1,12)	14	
27	270	145	800	14	1,0	13,5	
28	270	145	800	15,5	1,02	13	

Modell E_2 (M 11)

Drehkreisfahrten

im Manövrierteich (25 x 25 m) um die Mittelsäule herum

Datum: 28.12.1956   Wassertemp.: $12°C$
                                                          β $30°$

Nr.	Hw	Tg	n	Fahrzeit bis zum Ruderl.	Drehkreis-radius R/L	α	Bemerkungen
	mm	mm	U/min	s	-	°	
1	840	100	790	10	0,99	33	
2	840	100	800	9	0,98		
3	840	100	800	10	1,0	29	
4	840	125	800	13	0,83	29	
5	840	125	800	13	0,80		
6	840	125	800	13	0,82		
7	840	125	800	12,5	0,85	28	
8	840	145	800	13			
9	840	145	800	13	0,73	28	
10	840	145	800	13	0,73		
11	500	145	780	12,5	0,76	22,5	
12	500	145	800	12,5	0,79		Ruder nicht am
13	500	145	800	11,5			Anschlag
14	500	145	780	9	0,73		
15	500	125	800	11,5	0,82	25	
16	500	125	800	11,5			Ruder ~21°
17	500	125	800	10,5	0,80		
18	500	100	810	8,5	0,9	27,5	Propellerger.
19	500	100	820	8	0,91		
20	500	100	810	9	0,93		
21	270	100	780	9	0,94	20	
22	270	100	810	8	0,97		
23	270	100	800	11	1,01		
24	270	125	800	7,5	0,98	14,5	
25	270	125	800	8	0,95		
26	270	125	800	11	0,95		
27	270	145	800	10,5	0,96		
28	270	145	800	11,5	0,97		
29	270	145	800	9	0,96	10	

Modell F (M 12)

Drehkreisfahrten

im Manövrierteich (25 x 25 m) um die Mittelsäule herum

Datum: Nr. 1 - 12 am 21.12.1956 Wassertemp.: 12°C
Nr.13 - 39 am 27.12.1956

Nr.	Hw	Tg	n	Fahrzeit bis zum Ruderl.	Drehkreis-radius R/L	α	Bemerkungen
	mm	mm	U/min	s	-	°	
1	270	100	800	11,5	0,86	23,5	
2	270	100	800	12,5	0,97	23	
3	270	100	800	12,5	0,95	24,5	
4	270	125	800	14,5	0,87	22	
5	270	125	800	12,0	0,82	20,5	
6	270	125	800	14,5	0,83	16,5	backb.Ruder liegt
7	270	145	800	14,0	0,83	18,5	nicht an
8	270	145	800	13,5	0,84	16	steuerb. " "
9	270	145	800	13,5	0,84	15,5	
10	270	145	880	14,0	0,85	14,5	
11	500	145	800		0,8	23	
12	500	145	800	14,0	0,77	23	
13	500	125	800	13,0	0,86	26	
14	500	125	810	11,0	0,83	28	
15	500	125	800	13,0	0,82	24	
16	500	125	800	16,0	0,81	23	
17	500	100	800	12,5	0,92	32,5	
18	500	100	800	11,5	0,95	31	
19	500	100	800	11,5	0,94	30	
20	500	100	800	13,0	0,99	30	
21	840	100	800	12,0	0,96	31	
22	840	100	800	11,0	0,96	32	
23	840	100	800	8,5	1,02	32	
24	840	100	800	9,5	0,99	30	
25	840	125	800	10,5	0,84	29	
26	840	125	800	12,0	0,85	26	
27	840	125	800	11,5			
28	840	125	800	9,0	0,85	28	
29	840	125	800	9,5			an die Säule
30	840	125	800	8,5	0,86	29	
31	840	145	800				
32	840	145	800	7,0	0,76	26	Ruder $\sim 2°$
33	840	145	800	8,0			
34	840	145	800				
35	840	145	800				
36	840	145	800	9,5	0,82	29	
37	840	145	800				Ruder ~ 0
38	840	145	800	10,0	0,78	28	
39	840	145	800	11,0	0,77	27,5	

Schrägschlepp mit Modell A (M 13)

Versuchstag 24.8.1956
Wassertemp.: t = 17°C
Wasserhöhe = 270 mm
Tiefgang = 145 mm

+T Absenkung
Tr −kopflastig / +steuerlastig

h	V	W	Q	M	α	Kr	T	Tr	n
m	m/s	gr	gr	gr	°	°	mm	'	U/min
4,7	0,598	− 300	+ 1250	875	2	0	+ 3	+1+3	810
6,0	0,602	− 250	+ 900	1000	5	0	+ 4	+2+5	790
8,4	0,598	− 350	+ 600	1125	7,5	0	+ 4	+0+3	800
13,8	0,59	− 300	+ 350	1250	10,0	0	+ 6	−5++3	820
27	0,602	− 200	+ 50	1500	11,5	0	+ 9	−13	820 etw. unr.
−11	0,6	+ 50	− 350	1500	13,5	0	+ 7	−6+14	800 unr.
4,51	0,79	~+ 50	+ 1750	1125	2	0	+ 6	−3++3	820
6,44	0,803	+ 150	+ 1200	1500	5	0	+ 6	+2+5	800
6,74	0,801	+ 250	+ 1300	1750	6	0	+ 7	+0+4	800
7,9	0,797	+ 200	+ 950	1625	6	0	+ 6	+0+3	800
11,6	0,798	0	+ 650	1875	7,5	0	+ 8	−4++3	800
39	0,799	+ 200	+ 150	1750	10,0	0	+ 9	+0+4	800
− 6,35	0,80	+ 350	− 800	2250	12	0	+15	+7+12	820 unr.
4,6	1,005	+ 550	+ 2250	1500	~1	0	+12	−8++2	~800
5,31	1,002	+ 600	+ 1950	1750	2,5	0	+10	−6 +0	800
7,35	0,997	+ 600	+ 1300	2000	4	1	+12	−3++2	800
22,2	0,997	+ 550	+ 400	2500	7	0	+14	−6++1	800
	0,994	+ 450	~ 700	~2750	9,5	0	+19	−9+19	800 unr.
− 8,63	1,001	+ 900	− 850	3000	10,0	0	+19	−15+18	800 unr.

Schrägschlepp mit Modell A (M 14)

Versuchstag 23.8.1956
Wassertemp.: t = 17,5°C
Wasserhöhe = 270 mm
Tiefgang = 125 mm

+T Absenkung
Tr -kopflastig
    +steuerlastig

h	V	W	Q	M	α	Kr	T	Tr	n	
m	m/s	gr	gr	gr	°	°	mm	'	U/min	
5,12	0,592	− 400	+ 1050	875	2,5	0	+ 4	+ 8	800	
5,73	0,6	− 250	+ 850	875	4,5	0	+ 4	+ 8	800	
6,05	0,598	− 350	+ 800	900	5,5	0	+ 4	+ 4	800	
7,75	0,594	− 350	+ 600	1000	7,5	0	+ 3	+ 5	800	
8,8	0,636	− 350	+ 500	1000	8	0	+ 4	+ 5	800	
10,35	0,604	− 250	+ 400	1000	10	0	+ 4	+ 2	800	
14,3	0,598	− 300	+ 300	1125	11	0	+ 6	+1,5	800	ru.
−10,6	0,597	− 150	− 300	1250	14,5	0,5	+ 8	− 2	800	ru.
− 3,07	0,60	+ 50	− 850	1500	18,5	0,5	+13	−11	800	
4,85	0,8	+ 100	+ 1500	1125	2,5	0	+ 7	+ 8	800	
5,78	0,8	+ 50	+ 1200	1250	4	0	+ 6	+ 4	800	
6,44	0,799	+ 50	+ 1000	1250	5,5	0	+ 7	+ 7	800	
9,77	0,852	+ 50	+ 650	1500	8	0	+ 9	− 1	800	
21,4	0,802	+ 50	+ 250	1500	10	0	+ 9	+ 1	800	
36,5	0,80	− 50	+ 150	1625	10	0	+ 9	0	800	
112	0,801	− 50	+ 50	1750	10,5	0	+10	− 4	800	unr.
−22,7	0,802	+ 50	− 250	2000	12	0	+12	− 5	800	
− 8,83	0,802	+ 300	− 500	1800	13,5	0,5	+12	− 8	800	
− 2,56	0,796	+ 550	− 1400	2250	18	0	+18	− 9	800	unr.
5,05	1,00	+ 450	+ 1850	1500	2,0	0	+11	− 3	800	
6,13	1,0	+ 450	+ 1300	1500	3,5	0	+14	− 4	800	
6,9	1,00	+ 450	+ 1250	1750	5,0	0	+10	− 3	800	
9,03	0,995	+ 650	+ 950	2000	8	0	+12	− 2	800	
−39,5	1,00	+ 650	− 150	2000	10	0	+13	− 8	800	
−15	1,002	+ 850	− 450	2500	11	0	+18	−13	800	
−5,45	1,00	+ 850	− 950	2400	13,5	0,5	+18	−13	800	
− 2,11	0,997	+1250	− 2050	3000	15	2	+24	−14	800	

Schrägschlepp mit Modell A (M 15)

Versuchstag 23.8.1956
Wassertemp.: t = 17,5°C
Wasserhöhe = 270 mm
Tiefgang = 100 mm

+T Absenkung
Tr −kopflastig
   +steuerlastig

h	V	W	Q	M	α	Kr	T	Tr	n
m	m/s	gr	gr	gr	°	°	mm	'	U/min
5,06	0,598	− 450	+ 920	750	2	0	+ 2	+ 5	800
4,96	0,597	− 450	+ 850	750	4	0	+ 2	+ 6	800
6,43	0,595	− 450	+ 600	750	7	0	+ 3	+ 9	800
7,5	0,60	− 400	+ 550	875	10	0	+ 4	+ 9	800
30,1	0,602	− 250	+ 100	875	13	0	+ 3	+ 6	800 Ph.
∞	0,604	− 300	0	1000	15,5	0	+ 4	+ 7	800
−13,25	0,602	− 250	− 200	1000	17,25	0,5	+ 9	+ 0,5	800 unr.
4,7	0,796	− 150	+ 1250	875	1	0	+ 3	+ 2,5	800
5,36	0,802	− 150	+ 1100	1000	2,5	0	+ 4	+ 7	800
5,65	0,80	− 50	+ 1000	1000	4	0	+ 4	+11	800 Ph.
5,77	0,797	− 150	+ 1100	1125	6	0	+ 4	+ 8	800
7,0	0,80	− 50	+ 700	1000	7,5	0	+ 6	+ 6	800
7,96	0,802	− 50	+ 650	1125	9	0	+ 7	+11	800 Ph.
11,36	0,802	− 50	+ 450	1250	11	0	+ 6	+ 6	800
16,93	0,802	+ 50	+ 300	1375	13	0	+13	−10	800 Ph. ru.
−13,25	0,802	+ 150	− 250	1250	15	0	+ 8	+ 1	800 unr.
−11,64	0,804	+ 200	− 350	1500	17	1	+14	−10	800
4,78	0,996	+ 250	+ 1550	1125	1,5	0	+ 7	− 2	800
4,72	0,999	+ 350	+ 1600	1125	1,5	0	+ 7	+ 1	800 unr. Ph.
5,21	1,003	+ 250	+ 1450	1250	3	0	+ 8	+ 6	800 unr.
5,96	0,997	+ 350	+ 1250	1375	5	0	+ 8	+ 3	800
8,06	0,997	+ 300	+ 850	1500	7,5	0	+ 8	+ 2,5	810
16,27	0,985	+ 350	+ 400	1750	11	0	+10	+ 1	800
16,27	1,005	+ 450	+ 400	1750	11	0	+11	− 1	800
128,5	1,002	+ 650	+ 50	2000	13,5	0	+12	− 7	800
− 7,35	1,004	+ 750	− 600	1875	15	0,5	+14	− 9	800 unr.
− 7,34	1,0	+ 750	− 600	1875	15,5	0	+15	−11	800 unr.
− 6,96	1,001	+ 950	− 750	2250	18	1	+23	− 9	800 unr.
− 4,79	1,003	+ 950	− 950	2200	18	1	+23	− 9	800 unr.

Forschungsberichte des Wirtschafts- und Verkehrsministeriums Nordrhein-Westfalen

Schrägschlepp mit Modell a (M 16)

Versuchstag 20. u. 21.8.1956
Wassertemp.: t = 18,5°C
Wasserhöhe = 499 mm
Tiefgang = 145 mm

+T Absenkung
Tr −kopflastig
    +steuerlastig

h	V	W	Q	M	α	Kr	T	Tr	n
m	m/s	gr	gr	gr	°	°	mm	'	U/min
4,5	0,598	+ 50	+ 1180	750	1,5	1	+ 1	− 3	800
5,1	0,595	+ 10	+ 1080	900	2,5	0	+ 2	+ 0,5	800
4,95	0,594	0	+ 960	750	4	0,5	+ 2	0	800
5,4	0,597	+ 10	+ 980	900	4,5	0,5	+ 4	0	800
5,88	0,597	0	+ 700	750	9,0	0,5	+ 4	+ 9,5	800
7,4	0,596	0	+ 480	750	9,0		+ 7	+ 6	800
8,4	0,598	0	+ 430	800	13		+ 9	− 5	800
−13,25	0,597	0	− 200	1000	18	2	+ 8	−5++3	800
− 7,35	0,699	+ 160	− 400	1250	18	2	+10	+3−+8	800
4,75	0,797	+ 220	+ 1400	1000	·2	1	+ 1	− 4	800
5,6	0,796	+ 100	+ 1120	1100	4,5	0,5	+ 6	0	800
8,8	0,803	+ 110	+ 500	1000	9,0	0,5	+ 4	+ 6	800
9,05	0,798	+ 120	+ 480	1000	9	0,5	+ 5	+ 7	800
19,6	0,799	+ 30	+ 230	1250	13		+ 6	− 4	800
∞	0,799	+ 150	+ 10	1500	15	1,5	+11	−18	800
22,2	0,724	0	+ 200	1250	15	1,5	+10	−18	800
− 3,41	0,799	+ 410	− 800	1500	18,5	1,5	+12	−10	800
− 1,56	0,8	+ 510	− 1550	2000	22	2	+18	−11	800
5,03	0,997	+ 500	+ 1620	1300	2	1	+ 4	− 4	800
7,2	1,0	+ 640	+ 1400	2100	5,0	0,5	+ 8	0	800
12,0	1,0	+ 400	+ 500	1500	10,0		+ 6	+ 6	800
25,0	0,998	+ 570	+ 210	1500	10,5	0,5	+ 7	+ 3	800
∞	1,002	+ 80	0	2000	14		+10	−10	800
∞	1,002	+ 450	0	2000	14		+11	−10	800
− 8,25	0,903	+ 500	− 440	1500	16	1	+13	−12	800
− 4,3	0,991	+ 900	− 890	2000	15,5	1,5	+15	−21	800
− 2,95	1,0	+ 900	− 1300	2250	17	2	+14	−10	800
− 1,64	1,00	+1110	− 1900	2500	18	2,5			800
− 2,35	0,899	+ 900	− 1300	2000	18	2	+15	−15	800
− 2,35	0,899	+ 760	− 1300	2000	19	1,5	+14	−14	800
− 0,325	1,00	∼ 860	− 3350	3000	25	3			800

Schrägschlepp mit Modell A (M 17)

Versuchstag 22.8.1956
Wassertemp.: t = 18,5°C
Wasserhöhe = 499 mm
Tiefgang = 125 mm

+T Absenkung
Tr -kopflastig
   +steuerlastig

h	V	W	Q	M	α	Kr	T	Tr	n
m	m/s	gr	gr	gr	°	°	mm	'	U/min
4,16	0,595	- 370	+ 950	500	1	0	+ 1	+ 2	800
4,11	0,596	- 400	+ 980	500	1,5	0	+2	+ 3	800
6,16	0,597	- 420	+ 600	700	7	0	+ 2	+ 4	800
4,85	0,596	- 450	+ 670	500	8	0	+ 4	- 2	800
10,36	0,602	- 430	+ 300	750	10,5	0	+ 3	+ 1	800
7,22	0,6	- 450	+ 500	750	10,5	0	+ 2	+ 2	800
11,82	0,605	- 350	+ 250	750	13	0	+ 7	+10	800
18,22	0,6	- 400	+ 150	750	14,5	0	+ 4	+,2	800
10,36	0,601	- 380	+ 300	750	18	0	+ 8	+ 3	800
4,38	0,795	- 100	+ 1250	750	1	0	+ 3	+ 1	800
4,97	0,805	~ 0	+ 1150	900	3	0	+ 3	+ 3	800
6,28	0,799	- 120	+ 750	900	8	0	+ 7	- 8	800
6,45	0,796	+ 20	+ 800	1000	10	1	+ 4	- 1	800
31,2	0,802	0	+ 110	1000	15	1	+ 6	+ 1	800
-16,9	0,801	+ 150	- 200	1230	18,5	1	+11	-16	800
-13,3	0,747	+ 20	- 200	1000	18	1	+ 7	- 1	800
4,12	0,899	+ 40	+ 1550	800	3	1	+ 2	+ 1	800
6,1	0,896	+ 200	+ 1000	1150	10	1	+ 5	- 2	800
-92	0,899	+ 300	- 50	1500	16	1	+ 7	- 3	800
-13,3	0,90	+ 500	- 300	1500	19	1	+10	- 9	800
4,53	0,993	+ 270	+ 1550	1000	2	0	+ 3	+ 1,5	800
5,11	1,0	+ 270	+ 1450	1200	3	0	+ 3	+ 3	800
4,54	0,997	+ 270	+ 1550	1000	3	0,5	+ 5	+ 6	800
6,48	0,998	+ 300	+ 950	1200	8	0	+ 6	+ 5	800
6,88	1,0	+ 220	+ 900	1250	8	1	+ 3	+ 1	800
8,0	1,0	+ 400	+ 800	1400	10	1	+ 7	- 2	800
-23,8	1,003	+ 650	- 240	2000	15	1	+11	-17	800
- 3,29	1,00	+ 900	- 950	1750	18,5	1,5	+13	-14	800
- 1,32	0,996	+1100	- 1650	2000	22	2	+19	-20	800

Schrägschlepp mit Modell A (M 18)

Versuchstag 22.8.1956
Wassertemp.: t = 18°C
Wasserhöhe = 499 mm
Tiefgang   = 100 mm

+T Absenkung

Tr -kopflastig
    +steuerlastig

h	V	W	Q	M	α	Kr	T	Tr	n
m	m/s	gr	gr	gr	°	°	mm	'	U/min
4,96	0,601	- 450	+ 800	625	2,5	0,5	+ 2	+ 2	800
5,83	0,597	- 530	+ 700	740	5,5	0	+ 1	+ 1	800
6,45	0,596	- 500	+ 600	750	7,5	0,5	+ 3	+ 1	800
7,24	0,605	- 450	+ 450	700	11	0	+ 2	- 1	800
8,8	0,604	- 430	+ 300	600	14	0	+ 3	- 2	800
∞	0,60	- 400	0	600	19	1	+ 9	+ 4	800
5,76	0,805	- 100	+ 850	875	3	0	+ 2	+ 2	800
6,44	0,798	- 150	+ 800	1000	6	0	+ 3	0	800
6,44	0,798	- 100	+ 800	1000	7,5	0,5	+ 4	- 1	800
8,8	0,803	- 100	+ 450	900	11	0	+ 4	- 4	800
21,4	0,801	- 30	+ 150	900	15	0	+ 6	- 6	800
- 6,5	0,802	+ 100	- 350	1000	20	1	+12	- 6	800
4,83	0,997	0	+ 1350	1000	3	0	+ 3	0	800
5,22	1,005	+ 250	+ 1300	1125	3	0	+ 3	+ 1	800
6,65	0,998	+ 250	+ 950	1250	6,5	0	+ 4	- 1	800
6,25	0,998	+ 250	+ 1050	1250	8	0	+ 5	+ 1	800
9,05	0,998	+ 350	+ 600	1250	10	0,5	+ 8	+ 1	800
9,27	1,023	+ 250	+ 650	1400	10	0	+ 4	- 6	800 kl. Feder
12,35	1,003	+ 400	+ 480	1250	13	0,5	+ 6	- 6	810
-13,25	1,004	+ 400	- 250	1250	16	0,5	+ 8	-10	800
- 2,77	1,004	+ 750	- 950	1500	21	1	+16	-16	800

Schrägschlepp mit Modell A (M 19)

Versuchstag 28.8.1956
Wassertemp.: t = 17°C
Wasserhöhe = 840 mm
Tiefgang = 145 mm

+T Absenkung
Tr -kopflastig
   +steuerlastig

h	V	W	Q	M	α	Kr	T	Tr	n
m	m/s	gr	gr	gr	°	°	mm	'	U/min
4,96	0,601	- 200	+ 1150	900	0,7	0	0	+ 3	800
5,33	0,60	- 300	+ 1000	900	3	0	0	+ 8	800
5,83	0,60	- 300	+ 950	1000	5	0	+ 1	+ 7	800
7,95	0,598	- 300	+ 550	950	7,5	0,7	+ 1	+ 9	800
7,48	0,598	- 250	+ 650	1025	10,5	0,5	+ 1	+10	800
19,4	0,601	- 250	+ 200	1075	13,0	1	+ 2	+ 6	800
71,8	0,602	- 250	+ 50	1100	16	0,5	+ 3	+ 6	800
4,7	0,799	+ 250	+ 1600	1125	0,4	0	+ 3	+11	800
5,2	0,794	+ 200	+ 1400	1200	2	0	+ 2	+ 6	800
5,91	0,801	+ 200	+ 1150	1250	5	0,5	+ 2	+ 7	800
8,45	0,798	+ 100	+ 650	1225	8,5	0,5	+ 2	+ 9	810
9,8	0,794	+ 150	+ 650	1500	10,5	0,5	+ 3	+ 7	800
16,4	0,804	+ 200	+ 350	1550	12,5	0,5	+ 3	+ 3	800
-29,5	0,804	+ 350	- 150	1525	15,5	1	+ 6	- 2	800
4,56	1,0	+ 800	+ 2200	1450	0,3	0	+ 3	+ 2	800
5,28	1,0	+ 750	+ 1700	1500	3	0	+ 4	+ 3	800
5,96	1,001	+ 750	+ 1450	1600	4,7	0,5	+ 4	+ 7	800
7,98	0,999	+ 700	+ 950	1650	8,5	0,5	+ 3	+ 9	800
12,7	1,002	+ 650	+ 600	1950	10	0	+ 4	+ 2	800 Seiten kr.unr.
81,2	1,006	+ 700	+ 80	2000	12,5	0,75	+ 6	- 4	800
-10,25	1,001	+ 800	- 550	2225	16	1	+ 9	-12	800

Forschungsberichte des Wirtschafts- und Verkehrsministeriums Nordrhein-Westfalen

Schrägschlepp mit Modell A (M 20)

Versuchstag 27.8.1956 u. 28.8.1956
Wassertemp.: t = 17°C
Wasserhöhe = 842 mm
Tiefgang = 125 mm

+T Absenkung
Tr −kopflastig
   +steuerlastig

h	V	W	Q	M	α	Kr	T	Tr	n
m	m/s	gr	gr	gr	°	°	mm	'	U/min
4,9	0,597	− 350	+ 1050	800	0,7	0	+ 3	+ 6	800
5,15	0,603	− 450	+ 950	800	2,5	0	+ 3	+11	800
5,27	0,594	− 320	+ 850	750	4,0	0	+ 3	+11	800
5,3	0,602	− 150	+ 1100	980	5,5	0	0	+ 6	800
6,35	0,59	− 250	+ 650	800	7,5	0	+ 1	+ 8	800
6,78	0,593	− 300	+ 700	950	10	0			800
9,5	0,599	− 250	+ 450	1000	13	0	0	− 3	800
11,9	0,606	− 200	+ 350	1050	15	0	+ 2	− 5	800
35,5	0,6	− 250	+ 100	1050	18	1	+ 4	− 5	800
4,85	0,796	+ 100	+ 1400	1050	0,5	0	+ 4	+ 5	800
4,95	0,796	0	+ 1350	1050	2,3	0	+ 4	+ 9	800
5,5	0,799	+ 50	+ 1150	1100	4,0	0	+ 4	+ 6	800
5,6	0,799	+ 50	+ 1150	1175	6,0	0	+ 4	+12	800
6,82	0,796	+ 0	+ 800	1100	7,0	0	+ 4	+ 9	800
6,49	0,80	+ 150	+ 950	1200	7,5	0	+ 2	+10	800
7,23	0,797	+ 150	+ 900	1350	10	0,5	+ 1	+ 8	800
10,1	0,801	+ 150	+ 600	1440	13,5	0	+ 2	− 6	800
26,1	0,807	+ 250	+ 200	1500	15,5		+ 3	−10	810
13	0,802	+ 250	+ 450	1500	17,5	0	+ 4	−10	810
−29	0,799	+ 250	− 150	1500	19	1	+ 5	−14	800
4,65	1,0	+ 650	+ 1900	1300	0	0	+ 6	+ 4	800
5,35	1,0	+ 550	+ 1550	1400	4,0	0	+ 5	+13	800
6,0	1,001	+ 500	+ 1350	1500	5,0	0	+ 4	+ 8	800
5,96	0,996	+ 550	+ 1450	1600	7	0	+ 3	+ 7	800
7,66	0,997	+ 550	+ 950	1550	10	0	+ 2	+ 4	800
18,2	0,996	+ 750	+ 350	1750	13,5	0	+ 4	−11	800
59,1	1,0	+ 800	+ 100	1800	15	1	+ 5	−14	800
∞	0,995	+ 850	0	1950	16,5	1	+ 6	−18	800
−14	1,002	+ 950	− 400	2100	19	1	+11	−25	810
5,06	1,0	+ 600	+ 1650	1400	2,2	0	+ 4	+ 6	800

Forschungsberichte des Wirtschafts- und Verkehrsministeriums Nordrhein-Westfalen

Schrägschlepp mit Modell A (M 21)

Versuchstag 27.8.1956
Wassertemp.: t = 17°C
Wasserhöhe = 842 mm
Tiefgang = 105 mm

+T Absenkung
Tr -kopflastig
   +steuerlastig

h	V	W	Q	M	α	Kr	T	Tr	n
m	m/s	gr	gr	gr	°	°	mm	'	U/min
4,65	0,598	- 220	+ 1100	750	-0,75	0	+ 2	+ 4	800
4,9	0,60	- 270	+ 1050	800	1	0	+ 2	+ 5	800
4,94	0,598	- 300	+ 980	760	2,5	0	+ 2	+ 5	800
5,27	0,597	- 180	+ 900	790	5	0,5	+ 2	+ 8	800
5,83	0,60	- 330	+ 700	740	7	0	+ 2	+ 6	800
6,35	0,601	- 250	+ 600	730	9	0,5	+ 3	+ 6	800
6,51	0,602	- 300	+ 750	960	12	1	+ 3	- 4	800
9,58	0,601	- 300	+ 400	900	16	1	+ 6	- 7	800
22,6	0,6	- 350	+ 150	960	20	1	+10	-11	800
4,78	0,798	+ 50	+ 1450	1050	-0,25	0	+ 3	+ 3	800
4,84	0,80	+ 150	+ 1350	1000	1	0	+ 3	+ 4	810
5,05	0,803	+ 100	+ 1300	1050	3	0	+ 2	+ 2	820
5,36	0,802	+ 100	+ 1100	1000	4	0,5	+ 2	+ 4	800
5,0	0,802	+ 250	+ 1250	1000	5,5	0	+ 3	0	820
5,25	0,801	+ 180	+ 1200	1050	6	0,75	+ 3	+ 2	800
7,95	0,792	0	+ 550	950	9	0	+ 4	+ 2	820
7,02	0,801	+ 50	+ 850	1220	12	1	+ 4	- 7	800
31,9	0,8	+ 150	+ 400	1200	16	1	+ 7	-12	800
20,6	0,803	+ 200	+ 200	1150	17	1	+ 8	-14	800
∞	0,8	+ 150	0	1240	20,5	0,5	+12	-16	800
5,75	1,002	+ 650	+ 1650	1150	0	0	+ 3	0	800
4,79	1,001	+ 600	+ 1650	1200	1	0	+ 4	+ 5	810
5,2	1,003	+ 500	+ 1550	1250	3,5	0,5	+ 4	+ 5	800
5,4	1,0	+ 500	+ 1400	1290	5,5	0,5	+ 4	+ 5	800
5,36	1,002	+ 650	+. 1650	1500	7,0	0,5	+ 5	0	820
5,39	1,002	+ 650	+ 1600	1470	7,5	0,5	+ 4	+ 1	800
6,61	0,994	+ 650	+ 1100	1440	9	0,5	+ 4	+ 1	810
6,0	1,00	+ 350	+ 1300	1450	10	0,5	+ 4	+ 3	820
8,02	1,00	+ 450	+ 850	1490	11,5	1	+ 6	- 8	810
9,04	1,00	+ 650	+ 750	1550	14,5	1	+ 8	-14	810
21,4	1,00	+ 650	+ 250	1500	16		+ 9	-15	830
34	1,001	+ 700	+ 150	1500	17	1	+11	-14	800
- 4,7	1,002	+ 950	- 700	1600	21	2	+17	-23	800

Schrägschlepp mit Modell B (M 22)

Versuchstag 12.9.1956
Wassertemp.: t = 17°C
Wasserhöhe = 270 mm
Tiefgang = 145 mm, 125 mm, 100 mm

+T Absenkung
Tr −kopflastig
    +steuerlastig

h	V	W	Q	M		Kr	T	Tr	n	
m	m/s	gr	gr	gr	°	°	mm	'	U/min	
5,36	0,599	0	+ 1100	1000	3,5	0	+ 2	+ 5	800	Luft
7,43	0,601	+ 100	+ 800	1250	6	0	+ 2	+ 8	800	Luft
13,0	0,604	+ 100	+ 450	1500	8,5	0	+ 3	+10	800	Luft
23	0,595	+ 130	+ 250	1625	10	0	+ 4	+ 9	800	
− 4,85	0,601	+ 210	− 750	1750	14	0	+ 3	− 7	800	
− 6,53	0,611	+ 210	− 500	1750	13	0	+ 3	− 5	800	
− 2,18	0,801	+1100	− 1850	2750	15	0	+ 9	−22	800	
−45	0,796	+ 800	− 150	2250	10	0	+ 8	− 9	800	
−13,26	0,799	+ 800	− 450	2250	10,5	0	+ 8	− 9	800	
+44,5	0,801	+ 800	+ 150	2000	9	0	+ 8	+ 1	800	
+ 9,75	0,837	+ 770	+ 780	1800	5,5	0	+ 7	+ 2	800	
+24,15	0,999	+1450	+ 400	2750	7	0	+12	0	800	
−13,25	0,991	+1500	− 600	3000	9,5	0	+12	− 5	800	
+ 8,95	0,614	0	+ 550	1125	6,5	0	+ 1	− 2	800	Tg=125 mm
+ 9,65	0,605	+ 50	+ 550	1250	9	0	+ 1	− 1	800	
∞	0,603	+ 80	0	1375	13	0	+ 5	− 3	800	
− 7,15	0,592	+ 150	− 450	1375	15,4	0	+ 4	−12	800	
− 1,2	0,805	+ 830	− 1700	2000	17	0	+10	−27	800	
−13,2	0,804	+ 800	− 400	2000	13	0	+ 8	−19	800	
+20,9	0,796	+ 700	+ 300	1750	10	0	+ 5	−10	800	
+ 9,8	0,803	+ 650	+ 700	1625	7	0	+ 6	− 9	800	
+12,65	1,00	+1300	+ 700	2250	8	0	+11	−11	800	
−36,8	0,993	+1300	− 200	2500	10,5	0	+ 9	−20	800	Tg=100 mm
+ 5,95	0,602	− 200	+ 800	875	5	0	+ 1	+ 2	800	
7,0	0,595	− 150	+ 700	1000	7,5	0	+ 2	+ 2	800	Prop.
10,4	0,607	− 150	+ 400	1000	10,5	0	+ 6	+13	800	saugt
∞	0,602	− 50	0	1125	15	0	+ 5	+ 2	800	Luft
Stab in waag. Rolle					16,5	0	+ 8	− 5	800	
41,9	0,602	− 50	+ 100	1250	16,5	0	+ 6	0	800	
−13,9	0,60	− 50	− 250	1300	20	0	+ 8	−10	800	
−11,55	0,804	+ 550	− 420	1875	19	0	+10	−10	800	
−10,3	0,798	+ 450	− 370	1500	17	0	+ 9	−15	800	
−27,9	0,80	+ 450	− 150	1450	15	0	+ 7	− 9	800	
+13,8	0,80	+ 450	+ 350	1250	11	0	+ 8	− 1	800	
+14,75	0,998	+1050	+ 450	1750	10	0	+10	− 6	800	
−123	1,0	+1050	− 50	2000	13	0	+12	−10	800	

Schrägschlepp mit Modell B (M 23)

Versuchstag 7.9.1956
Wassertemp.: t = 17°C
Wasserhöhe = 500 mm
Tiefgang = 145 mm

+T Absenkung
Tr -kopflastig
   +steuerlastig

V	W	Q	M	α	Kr	T	Tr	n	h
m/s	gr	gr	gr	°	°	mm	'	U/min	m
0,601	− 100	+ 1100	975	2,5	0	+ 3	− 1	800	5,3
0,596	− 200	+ 1000	1100	5,5	0	+ 4	− 1	800	5,96
0,607	− 230	+ 700	1160	8	0	+ 3	0	800	7,7
0,603	− 180	+ 580	1225	10,5	0	+ 2	− 1	800	9,16
0,603	− 150	+ 350	1325	13,5	0	+ 3	− 5	800	14,5
−0,604	− 50	− 70	1350	16,5	0	+ 5	− 8	800	−58
−0,801	+ 550	− 550	1950	18	0	+ 8	−18	800	− 8,7
0,801	+ 490	0	1850	14	0	+ 5	−12	800	∞
0,80	+ 350	+ 380	1650	12	0	+ 5	− 7	800	16,2
0,80	+ 300	+ 700	1525	8,5	0	+ 6	− 6	800	9,36
0,80	+ 320	+ 1020	1450	7	0	+ 5	0↔+1	800	6,98
0,8	+ 350	+ 1300	1250	4	0	+ 4	+ 2	800	5,52
0,992	+ 900	+ 1500	1725	4	0	+ 6	+ 1	800	6,1
1,00	+ 950	+ 1050	1975	8	0	+ 8	+ 1	800	8,4
1,00	+ 950	+ 600	2150	10	0	+ 8	− 5	800	13,8
1,00	+1000	+ 200	2300	13	0	+ 9	−10	800	38,8
−1,00	+1000	− 300	2450	13	0	+10	−20	800	−23,2
−1,00	+1000	− 350	2450	14,5	0	+ 9	−18	800	−19,6

Schrägschlepp mit Modell B (M 24)

Versuchstag 7.9.1956
Wassertemp.: 17°C
Wasserhöhe = 500 mm
Tiefgang = 125 mm

+T Absenkung
Tr −kopflastig
   +steuerlastig

V	W	Q	M	α	Kr	T	Tr	n	h
m/s	gr	gr	gr	°	°	mm	'	U/min	m
0,586	− 140	+ 100	1050	17	0	+ 3	− 8	800	35,5
−0,603	− 60	− 650	1125	22,5	0	+ 9	−14	800	− 2,96
0,603	− 180	+ 100	1125	17	0	+ 3	− 7	800	37,9
0,60	− 150	+ 400	1025	13,5	0	+ 1	− 6	800	10,6
0,60	− 190	+ 580	1000	10	0	+ 2	− 5	800	7,94
0,601	− 200	+ 850	950	6,5	0	+ 3	− 2	800	6,01
0,601	− 170	+ 930	875	4,3	0	+ 1	0↔+3	800	5,45
0,601	− 120	+ 950	820	2,3	0	+ 2	+ 4	800	5,22
0,793	+ 310	+ 1200	1125	3,0	0	+ 2	+ 4	800	5,45
0,807	+ 250	+ 1000	1225	5,5	0	+ 2	+ 3	800	6,36
0,802	+ 290	+ 800	1350	9	0	+ 2	0↔−1	800	7,82
0,801	+ 350	+ 550	1400	11,5	0	+ 4	0↔−1	800	10,5
0,800	+ 400	+ 150	1500	14	0	+ 3	− 9	800	34
−0,801	+ 500	− 300	1550	19	0	+ 6	14↔−16	800	−13,6
−0,801	+ 400	− 200	1600	17,5	0	+ 5	−13	800	−22,6
−1,00	+1150	− 900	2350	18,5	0	+10	17↔−19	800	− 5,7
1,001	+ 950	0	2125	14,5	0	+5↔6	15↔−20	800	∞
1,001	+ 950	+ 200	1925	13	0	+ 7	2↔−5	800	−32,8
1,001	+ 800	+ 600	1750	10	0	+ 5	− 4	800	11,7
1,001	+ 750	+ 1050	1650	7	0	+ 5	3↔−4	800	7,45
1,0	+ 900	+ 1600	1550	4	0	+ 5	− 6	800	5,55
0,605	− 120	+ 150	1125	15,5	0	+ 1	− 7	800	26,1

Schrägschlepp mit Modell B (M 25)

Versuchstag 7.9.1956
Wassertemp.: t = 17°C
Wasserhöhe = 500 mm
Tiefgang = 100 mm

+T Absenkung
   -kopflastig
Tr +steuerlastig

V	W	Q	M	α	Kr	T	Tr	n	h
m/s	gr	gr	gr	°	°	mm	'	U/min	m
0,6	- 250	+ 1060	750	3,5	0	+ 4	+ 2	800	4,73
0,563	- 250	+ 970	750	2	0	+ 4	+ 5	800	4,92
0,568	- 200	+ 1020	740	-0,75	0	+ 5	+ 8	800	4,78
0,598	- 250	+ 760	875	7	0	+ 4	+ 6	800	6,15
0,602	- 180	+ 730	875	7	0	+ 4	+ 6	800	6,28
0,601	- 250	+ 760	800	6	0	+ 3	+ 6	800	5,82
0,593	- 250	+ 660	875	7,8	0	+ 4	+ 6	800	6,66
0,595	- 250	+ 530	875	10	0	+ 5	+ 8	800	7,7
0,593	- 160	+ 430	875	12	0	+ 6	+12	800	8,9
0,598	- 250	+ 280	900	15,6	0	+ 3	- 4	800	12,6
0,598	- 150	+ 180	1000	17,6	0	+ 5	- 5	800	20
0,598	- 150	0	875	19,5	0	+ 7	- 6	800	∞
-0,794	+ 340	- 50	1375	19	0	+ 8	-13	800	-84,5
0,794	+ 370	+ 90	1375	17,6	0	+ 7	-11	800	73
0,797	+ 260	+ 550	1250	12,5	0	+ 5	- 5	800	9,7
0,797	+ 230	+ 380	1250	14	0	+ 5	- 6	800	12,9
0,797	+ 250	+ 750	1125	9,6	0	+ 5	- 5	800	7,2
0,801	+ 250	+ 850	1125	7,6	0	+ 6	- 3	800	6,67
0,801	+ 230	+ 980	1000	5	0	+ 9	- 3	800	5,78
0,801	+ 260	+ 1150	1000	2,2	0	+ 5	+ 3	800	5,24
1,00	+ 740	+ 1400	1250	3	0	+ 5	+ 2	800	5,31
1,00	+ 850	+ 1180	1250	5,5	0	+ 7	+ 2	800	5,83
1,0	+ 850	+ 950	1500	8	0	+ 7	+ 5	800	7,48
1,0	+ 850	+ 730	1500	10	0	+ 6	0	800	8,95
1,0	+ 820	+ 450	1500	12,2	0	+ 8	- 2	800	13,0
1,0	+ 850	+ 180	1625	14	0	+ 8	- 9	800	31,0
-1,0	+ 900	- 50	1750	16	0	+ 9	-11	800	107
-0,996	+ 830	- 400	1750	18,6	0	+10	-20	800	-11,2

Schrägschlepp mit Modell B (M 26)

Versuchstag 12.9.1956
Wassertemp.: 17°C
Wasserhöhe = 840 mm
Tiefgang = 125 mm u. 145 mm

+T Absenkung
Tr -kopflastig
   +steuerlastig

h	V	W	Q	M	α	Kr	T	Tr	n
m	m/s	gr	gr	gr	°	°	mm	'	U/min
5,02	0,601	+ 70	+ 1000	800	1,3	0	0	+ 1	800
5,46	0,595	- 30	+ 900	850	4	0	+ 2	+ 2	800
6,4	0,6035	- 50	+ 730	900	7	0	+ 6		800
8,58	0,60	- 80	+ 480	925	10	0	+ 2	- 2	800
14,8	0,602	- 70	+ 250	975	13,5	0	+ 2	- 4	800
25,1	0,6005	- 50	+ 150	1075	17	0	+ 4	- 1	800
-20	0,6	+ 30	- 150	1075	20,3		+6++8	- 7	800
- 5,64	0,80	+ 550	- 600	1550	21	0	+ 9	-18	800
-230	0,798	+ 500	- 20	1475	18,5	0	+ 5	-15	800
14,1	0,80	+ 450	+ 380	1400	15	0	+ 4	-14	800
13,7	0,80	+ 390	+ 350	1250	12	0	+ 1	- 6	800
8,0	0,80	+ 440	+ 700	1225	9	0	+ 1	- 4	800
10,4	1,003	+1000	+ 600	1600	10	0	+ 2	- 8	800
55,2	1,002	+1050	+ 100	1675	13	0	+ 5	-10	800
-10,1	0,996	+1050	- 400	1600	14,5	0	+ 6	-12	800
6,0	0,60	0	+ 850	950	6	0	0	- 4	800 Tg=145 mm
7,0	0,603	- 10	+ 700	1000	9	0	+ 3	- 6	800
13,5	0,60	- 10	+ 300	1050	12	0	+ 5	0++5	800
17,6	0,60	0	+ 250	~1200	14,5	0	+ 9	+ 6	800
∞	0,5998	+ 30	0	1250	17,5	0	0	-11	800
- 6,75	6,592	+ 100	- 400	1175	18,5	0	+ 1	-13	800
- 2,3	0,804	+ 680	- 1100	1675	20	0	+ 3	-23	800
29,3	0,802	+ 600	+ 200	1600+1800	16	0	0++1	-14	800 unr.
49,7	0,794	+ 550	+ 100	1500	13,3	0	0++1	-13	800
10,2	0,804	+ 550	+ 600	1475	10	0	0	- 9	800
7,5	0,794	+ 550	+ 850	1350	7,2	0	+ 2	- 7	800
9,5	1,00	+1150	+ 800	1775	8	0	+ 2	9+-11	800
20,4	1,004	+1200	+ 350	2000	11	0	+ 2	- 9	800
-16,6	1,00	+1250	- 350	2100	14	0	+ 3	-19	800

Schrägschlepp mit Modell B (M 27)

Versuchstag 11.9.1956
Wassertemp.: t = 17°C
Wasserhöhe = 840 mm
Tiefgang = 100 mm

+T Absenkung
Tr -kopflastig
    +steuerlastig

h	V	W	Q	M	α	Kr	T	Tr	n
m	m/s	gr	gr	gr	°	°	mm	'	U/min
5,88	0,607	- 250	+ 650	700	6	0	1	- 1	800 Prop.
5,45	0,605	- 250	+ 800	750	4	0	0	0	800 saugt
8,1	0,605	- 250	+ 450	800	10,5	0	1	- 5	800
8,24	0,601	- 190	+ 330	600	13	0	0	- 8	800 Luft
12,6	0,602	- 150	+ 250	800	16	0	5	-11	800
59	0,603	- 200	+ 50	900	19,5	0	10	-16	800
-139	0,60	- 150	- 20	900	21	0	10	-16	800 Luft
-18	0,802	+ 200	- 200	1300	20	0	5	-14	800
29,8	0,802	+ 250	+ 150	1300	17,5	0	5	-18	800
10,9	0,802	+ 300	+ 450	1200	15	0	3	-15	800 Luft
9,5	0,802	+ 300	+ 450	1000	12	0	3	-11	800
6,82	0,802	+ 300	+ 800	1100	9	0	2	+ 1	800
8,2	1,002	+ 850	+ 800	1450	9,5	0	4	- 2	800
10,5	1,002	+ 850	+ 550	1400	12	0	4	- 9	800
87,5	1,002	+ 850	+ 50	1350	15	0	5	-19	800
-24,8	1,002	+ 750	- 150	1300	15,5	0	5	-20	800

Schrägschlepp mit Modell C (M 28)

Versuchstag 20.9.1956
Wassertemp.: t = 16,5°C
Wasserhöhe = 270 mm
Tiefgang = 100 mm, 125 mm, 145 mm

+T Absenkung
Tr -kopflastig
   +steuerlastig

h	V	W	Q	M	α	Kr	T	Tr	n
m	m/s	gr	gr	gr	°	°	mm	'	U/min
- 9,35	0,598	- 30	- 300	1125	20	0			800
20,2	0,6	- 100	+ 200	1125	17	0	+ 9	-12	800
13,2	0,599	- 110	+ 280	950	12,3	0	+ 3	- 4	800
63,7	0,602	- 110	+ 50	975	13,5	0	+ 2	- 6	800
27,4	0,799	+ 320	+ 180	1425	12,5	0	+ 4	- 9	800
- 7,15	0,799	+ 370	- 450	1375	15	0	+ 5	-12	800
-56,5	0,798	+ 440	- 100	1875	17,5	0	+ 7	-17	800
- 3,82	0,8	+ 590	- 900	1775	20,5	0	+ 9	-13	800
- 3,8	0,997	+1150	- 1100	2200	17	0	+11	-32	800
-10,75	1,00	+1050	- 500	2100	15,5	0	+10	-20	800
25,1	0,998	+ 850	+ 250	1800	12	0	+ 7	- 8	800
12,5	0,599	- 50	+ 500	1575	10	0	+ 2	0	800 Tg=125 mm
-36,1	0,60	0	- 100	1225	13	0	+ 9	-12	800
-44	0,60	0	- 100	1475	16	0	+ 5	- 7	800
- 3,42	0,60	+ 150	- 800	1500	18	0	+ 8	-12	800
	0,8			2160			+12	-21	
- 6,25	0,804	+ 600	- 650	1800	14,5	0	+ 9	-13	800
30,5	0,804	+ 600	+ 200	1775	11	0	+10	- 2	800
30	0,804	+ 600	+ 200	1750	10	0	+10	- 1	800
-11,8	0,998	+1150	- 550	2500	11,5	0	+15	- 5	800
19,8	1,00	+1150	+ 400	2200	9	0	+10	- 5	800
11,65	0,604	+ 50	+ 500	1450	9	0	+ 5	- 5	800 Tg=145 mm
-13,5	0,60	+ 150	- 300	1525	13,5	0	+ 8	-10	800
- 8,4	0,80	+ 800	- 700	2425	11,5	0	+13	-15	800
32,4	0,80	+ 750	+ 200	1900	7	0	+10	- 8	800
	0,998				10	0	+18	-18	800
58,8	1,0	+1400	+ 150	2675	6	0	+15	- 8	800
- 5,96	1,00	+1600	- 1150	3000	9	0	+20	-25	800

Schrägschlepp mit Modell C (M 29)

Versuchstag 20.9.1956
Wassertemp.: t = 16,5°C
Wasserhöhe = 500 mm
Tiefgang = 145 mm, 125 mm, 100 mm

+T Absenkung
Tr −kopflastig
    +steuerlastig

h	V	W	Q	M	α	Kr	T	Tr	n
m	m/s	gr	gr	gr	°	°	mm	'	U/min
37,9	0,628	− 100	+ 100	1125	12	0	− 1	+ 4	800
16,9	0,616	− 50	+ 300	1375	14,8	0	− 1	−16	800
− 9,85	0,60	+ 50	− 350	1375	18	0	− 2	−10	800
16,9	0,60	− 100	+ 300	1375	15	0	− 3	− 6	800
6,7	0,6	− 100	+ 750	1000	6	0	+ 2	− 2	800
7,3	0,79	+ 300	+ 900	1375	7,2	0	+ 2	− 4	800
11,1	0,795	+ 300	+ 550	1500	10	0	− 3	− 1	800
106,5	0,798	+ 300	+ 50	1650	13	0	− 1	− 4	800
∞	0,798	+ 500	0	2050	16,5	0	− 1	−16	800
− 3,23	0,8	+ 600	− 1100	2000	19,5	0	+ 1	−22	800
− 0,93	0,995	+1100	≈ 2250	2450	18	0	+ 2	−25	800 unr.
− 7,96	1,0	+1100	− 700	2325	14,5	0	+ 2	−21	800
∞	1,0	+1200	0	2175	11,8	0	0	−10	800
11,7	1,0	+1100	+ 700	2050	9	0	0	− 3	800
6,2	0,599	− 200	+ 700	825	7	0	+ 1	− 5	800 Tg=125
7,95	0,601	− 200	+ 550	950	9,5	0	+ 2	− 4	800 mm
29,2	0,596	− 200	+ 100	850	12,5	0	+ 5	− 4	800
14,1	0,6	− 150	+ 300	1100	15	0	+ 1	−15	800
−11,3	0,599	− 100	− 250	1100	18	0	+ 2	−18	800
−18,3	0,798	+ 400	− 250	1650	18	0	+ 4	−23	800
31,8	0,799	+ 250	+ 150	1400	14,5	0	+ 1	−20	800
13,5	0,797	+ 250	+ 350	1225	12	0	+ 1	−15	800
8,8	0,797	+ 250	+ 600	1200	9	0	+ 1	− 9	800
11,7	1,002	+ 800	+ 600	1750	9,5	0	+ 2	−10	800
60,8	1,002	+ 900	+ 100	1850	13	0	+ 5	−12	800
− 6,05	1,00	+ 900	− 700	1900	15,5	0	+ 5	−18	800
11,3	0,604	− 200	+ 250	700	13	0	+ 2	− 6	800 Tg=100
8,4	0,60	− 250	+ 400	750	12,5	0	+ 4	−11	800 mm
	0,60			900	15	0	+ 3	− 4	800
9,05	0,60	− 230	+ 420	875	14,2	0	+ 3	− 7	800
35	0,60	− 210	+ 90	925	18	0	+ 4	− 7	800
−54	0,60	− 200	− 50	900	20	0	+ 6	− 6	800
11,5	0,8	+ 200	+ 500	1425	17	0	+ 5	−12	800
−10,6	0,801	+ 350	− 300	1250	20,5	0	+ 9	−16	800
9,3	0,80	+ 220	+ 500	1075	12	0	+ 5	− 9	800
14,1	0,997	+ 680	+ 400	1475	12	0	+ 6	−13	800
−15,5	1,0	+ 730	− 250	1425	15,5	0	+ 7	−16	800
∞	1,0	+ 780	0	1875	17,5	0	+ 9	−20	800
− 5,83	1,0	+ 950	− 700	1850	20,5	0	+10	−26	800
35,5	0,80	+ 220	+ 100	1050	14,5	0	+ 5	− 9	800

Schrägschlepp mit Modell C (M 30)

Versuchstag 20.9.1956
Wassertemp.: t = 16,5°C
Wasserhöhe = 840 mm
Tiefgang = 100 mm, 125 mm, 145 mm

+T Absenkung
Tr −kopflastig
　　+steuerlastig

h	V	W	Q	M	α	Kr	T	Tr	n
m	m/s	gr	gr	gr	°	°	mm	'	U/min
4,58	0,602	− 250	+ 950	625	2	0	0	+2,5	800
5,65	0,602	− 250	+ 750	750	4,6	0	+ 2	+2,5	800
5,98	0,602	− 250	+ 680	750	7,3	0	+ 2	+ 3	800
7,75	0,602	− 250	+ 450	750	10	0	+ 3	0	800
13,5	0,5995	− 250	+ 250	875	15,6	0	+3,5	− 4	800
94,5	0,5995	− 230	+ 30	875	19	0	+5,5	−4,5	800
∞	0,5995	− 180	0	875	20,2	0			800
− 9,3	0,824	+ 300	− 300	1125	21	0	+ 6	−16	800
26,1	0,807	+ 300	+ 150	1125	17	0	+ 2	−12	800
10,36	0,80	+ 200	+ 450	1125	14,5	0	+ 2	−11	800
10,36	0,80	+ 200	+ 400	1000	12	0	+ 1	− 5	800
6,7	0,80	+ 200	+ 750	1000	8,8	0	0	− 1	800
6,82	0,99	+ 700	+1000	1375	9,5	0	+ 4	− 3	800
13,2	0,99	+ 700	+ 400	1375	13	0	+ 4	− 5	800
16	0,995	+ 700	+ 350	1500	15,5	0	+ 5	−11+13	800 unr.
−16,4	0,995	+ 700	− 250	1500	20	0	+ 6	−25	800
−60,5	0,591	+ 100	− 50	1000	18	0	+ 4	− 6	800 Tg=125 mm
8,2	0,598	− 200	+ 550	1000	14,5	0	+ 2	− 2	800
21	0,60	− 200	+ 150	875	12,5	0	+ 2	− 3	800
8,6	0,60	− 200	+ 450	875	9,5	0	+ 3	− 4	800
11,25	0,798	+ 250	+ 450	1250	10,2	0	+ 4	− 6	800
22,2	0,798	+ 300	+ 200	1250	13	0	+ 3	−5,5	800
45,9	0,798	+ 350	+ 100	1375	15,5	0	+ 5	− 4	800
− 8,02	0,799	+ 450	− 450	1500	19,5	0	+ 6	−15	800
− 3,08	0,997	+1050	−1200	2125	20	0	+10	−26	800
∞	1,0	+1000	0	2200	16,5	0	+ 8	−17	800
−25	1,0	+1000	− 200	1750	14,5	0	+ 5	−15	800
−16,2	1,0	+ 900	+ 400	1750	11	0	+ 5	−10	800
8,8	0,603	− 50	+ 500	1000	10	0	+ 2	0	800 Tg=145 mm
6,55	0,603	− 50	+ 50	1000	13,5	0	+ 5	− 5	800
15,6	0,603	− 50	+ 300	1250	15,5	0	+ 5	−13	800
− 7,35	0,603	− 0	− 400	1250	18,5	0	+ 5	− 8	800
−17,2	0,791	+ 600	− 300	1875	18	0	+ 5	−12	800
− 9,3	0,798	+ 600	− 400	1500	15,5	0	+ 5	−11	800
−21,1	0,8	+ 500	− 200	1500	13,5	0	+ 4	−10	800
+14,3	0,8	+ 450	+ 400	1500	10,5	0	+ 4	− 8	800
+27,7	0,995	+1100	+ 250	2000	12	0	+ 8	− 8	800
− 8,8	1,0	+1150	− 600	2125	15,5	0	+ 7	−12	800

Schrägschlepp mit Modell D (M 31)

Versuchstag 9.10.1956
Wassertemp.: t = 15°C
Wasserhöhe = 270 mm
Tiefgang = 100, 125, 145 mm

+T Absenkung
    -kopflastig
Tr +steuerlastig

h	V	W	Q	M	α	Kr	T	Tr	n
m	m/s	gr	gr	gr	°	°	mm	'	U/min
6,65	0,792	− 50	+ 750	990	5	0	+ 8	0	800Tg=
8,75	0,807	− 50	+ 580	1150	8	0	+10	+ 3	800 100mm
19,5	0,806	− 30	+ 250	1350	12	0	+ 8	−10	800
−88,7	0,804	+ 120	− 50	1450	14	0	+ 9	−12	800
− 8,0	0,80	+ 170	− 450	1500	16	0	+11	−13	800
− 2,39	0,80	+ 250	−1000	1550	19	0	+15	−20	800
− 4,38	0,997	+ 900	−1100	2400	17,5	0	+18	−35	820
− 9,52	1,0	+ 700	− 550	2100	14,5	0	+18	−35	820
∞	1,005	+ 550	0	1900	11	0	+14	−17	820
14,4	1,0	+ 500	+ 450	1700	8,7	0	+11	−13	820
15,7	0,80	+ 100	+ 300	1260	9	0	+ 8	−15	800Tg=
−20,1	0,802	+ 300	− 250	1800	11,5	0	+11	−23	800 125mm
− 3,28	0,802	+ 650	−1200	2200	15	0	+17	−32	800
−10,65	1,00	+ 500	− 600	2500	10	0	+15	−20	820
15,7	1,0	+ 400	+ 500	2100	6,5	0	+12	−15	820
32,2	0,802	+ 100	+ 180	1700	7,0	0	+ 8	− 2	800Tg=
− 7,2	0,80	+ 150	− 650	2000	10	0	+ 9	−10	800 145mm
+12,3	0,8	+ 170	+ 500	1550	5	0	+ 8	− 2	800
−46,5	1,00	+ 750	− 150	2300	6	0	+12	− 8	810
7,8	1,00	+ 650	+ 800	1350	2,5	0	+ 1	− 2	800

Schrägschlepp mit Modell D (M 32)

Versuchstag 9.10.1956
Wassertemp.: t = 15°C
Wasserhöhe = 500 mm
Tiefgang = 100, 125, 145 mm

+T Absenkung
Tr -kopflastig
   +steuerlastig

h	V	W	Q	M	α	Kr	T	Tr	n	
m	m/s	gr	gr	gr	°	°	mm	'	U/min	
8,24	0,798	0	+ 550	1000	9	0	+9,5	+10	800	Tg= 100mm
12,6	0,80	0	+ 350	1125	12	0	+4,5	- 5	800	
21,4	0,80	0	+ 200	1200	14,5	0	+5,5	- 6	800	
-36,8	0,80	0	- 100	1250	17,2	0	+ 7	- 4	800	
- 9,7	1,00	+ 500	- 400	1550	16,8	0	+9,5	-21	800	
49,8	1,01	+ 450	+ 100	1500	13,7	0	+ 7	-17	800	
9,7	0,801	- 100	+ 700	1600	7	0	+ 2	- 7	800	Tg= 125mm
14,7	0,8005	- 100	+ 450	1750	10,2	0	+ 4	-12	800	
19,8	0,801	0	+ 250	1375	13	0	+ 7	-16	800	
-29	0,801	+ 50	- 150	1500	15,5	0	+ 5	-16	800	
- 4,59	0,809	+ 250	- 700	1575	19	0	+ 8	-18	800	
- 7,52	0,999	+ 750	- 700	2225	16	0	+ 8	-24	800	
-28,2	1,00	+ 650	- 200	1950	13	0	+ 7	-20	800	
16,6	1,00	+ 500	+ 400	1800	10	0	+ 6	-14	800	
7,8	0,803	- 100	+ 800	1350	6	0	+ 3	+ 2	800	Tg= 145mm
10,35	0,804	- 50	+ 500	1250	8	0	+ 2	- 3	800	
26,9	0,797	0	+ 200	1550	10,2	0	+ 1	- 2	800	
-23,5	0,801	+ 50	- 200	1650	13	0	+ 2	- 3	800	
- 5,86	0,801	+ 150	- 650	1725	15,3	0	+ 2	- 9	800	
- 6,55	1,00	+ 700	- 800	2300	13	0	+ 5	-15	820	
-41,1	1,00	+ 500	- 150	2075	10,5	0	+ 5	- 8	820	
15,4	0,999	+ 450	+ 450	1850	7,5	0	+ 2	- 2	820	

Schrägschlepp mit Modell D (M 33)

Versuchstag 9.10.1956
Wassertemp.: t = 15°C
Wasserhöhe = 840 mm
Tiefgang = 100, 125, 145 mm

+T Absenkung
Tr −kopflastig
+steuerlastig

h	V	W	Q	M	α	Kr	T	Tr	n	
m	m/s	gr	gr	gr	°	°	mm	'	U/min	
13	0,798	− 50	+ 300	1000	13,2	0	+ 2	−12	800	Tg= 100mm
∞	0,80	− 50	0	1100	16	0	+ 3	−16	800	
−33	0,80	+ 50	− 100	1125	17,5	0	+ 4	−14	800	
−21,1	1,00	+ 500	− 200	1500	15,5	0	+ 6	−20	800	
31,5	1,0	+ 400	+ 150	1375	13	0	+3,5	−17	800	
24,2	0,801	+ 20	+ 200	1375	14	0		− 4	800	Tg= 125mm
−40,9	0,802	+ 20	− 100	1375	16	0	+4,5	−11	800	
− 6,1	0,802	+ 70	− 550	1500	19	0	+ 8	−13	800	
−11,5	0,998	+ 500	− 450	2000	16	0	+ 8	−21	800	
∞	1,00	+ 500	0	1875	13,2	0	+ 7	−15	800	
13,5	1,0	+ 450	+ 500	1750	10,5	0	+ 6	−10	800	
26,1	0,798	+ 20	+ 200	1500	11	0	+ 2	− 8	800	Tg= 145mm
−44,7	0,801	+ 20	− 100	1500	13	0	+2,5	− 9	800	
− 6,38	0,80	+ 70	− 550	1550	16	0	+ 4	−13	800	
12,7	0,998	+ 500	+ 500	1625	6,5	0	+ 3	− 4	800	
120,5	1,00	+ 500	+ 50	1875	10,3	0	+ 4	−10	800	
− 8,95	1,000	+ 600	− 550	2000	14	0	+ 6	−20	800	

Schrägschlepp mit Modell E$_2$ (M 34)

Versuchstag 3.1.1957
Wasserhöhe 270 mm
Tiefgang 100, 125 und 145 mm
Wassertemp.: 11°C

+T Absenkung
Tr −kopflastig
　　+steuerlastig

h	V	W	Q	M	α	Kr	T	Tr	n
m	m/s	gr	gr	gr	°	°	mm	'	U/min
+62,5	0,584	− 350	+ 50	950	15,5	0	+ 5	−51	800$^{Tg=100}$
−60,4	0,603	− 350	− 50	1000	16,5	0	+ 5	−53	800
+22,0	0,599	− 350	+ 150	925	14,5	0	+ 5	−57	800
−41,5	0,795	+ 100	− 100	1400	16,0	0	+ 7	−65	800
+89,5	0,795	+. 100	+ 50	1375	15,0	0	+ 7	−70	800
+15,4	0,798	+ 50	+ 300	1225	12,5	0	+ 7	−67	800
+65,5	1,0	+ 400	+ 100	2000	14,0	0	+11	−89	800
−19,1	0,998	+ 500	− 300	2050	15,0	0	+12	−112	800
+26,6	0,60	− 350	+ 150	1150	12,5	0	+ 6	−15	800$^{Tg=125}$
∞	0,597	− 300	0	1175	14,0	0	+ 4	− 8	800
−13,3	0,601	− 250	− 250	1250	15,0	0	+ 5	− 9	800
− 5,02	0,803	+ 150	− 850	2025	16,5	0	+ 8	−19	800
−15,7	0,803	+ 200	− 320	1850	14,5	0	+ 7	−14	800
+15,3	0,801	+ 170	+ 300	1700	11,0	0	+ 7	− 8	800
∞	1,0	+ 700	0	2625	13,0	0	+12	−18	800
+37,0	1,0	+ 750	+ 200	2500	10,5	0	+10	−14	800
− 6,0	1,001	+ 800	−1000	2700	15,0	0	+13	−23	800
+ 9,2	0,60	− 350	+ 600	1150	8,0	0	+ 3	+ 2	800$^{Tg=145}$
+16,7	0,601	− 280	+ 300	1350	10,0	0	+ 4	+ 1	800
−12,6	0,60	− 180	− 450	1450	13,0	0	+ 5	− 3	800
−14,6	0,801	+ 150	− 400	2175	12,0	0	+ 8	− 9	800
−61,3	0,802	+ 200	− 100	2025	10,5	0	+ 7	− 7	800
+34,0	0,803	+ 200	+ 150	1500	8,5	0	+ 5	− 2	800
− 7,53	1,0	+ 650	− 800	2550	10,5	0	+11	− 9	800
+70,2	1,001	+ 700	+ 100	2150	6,5	0	+10	− 4	800
+ 9,5	1,001	+ 700	+ 800	1775	4,5	0	+10	− 2	800

Schrägschlepp mit Modell E$_2$ (M 35)

Versuchstag 2.1.1957 - Wasserhöhe 500 mm - Tiefgang 100 mm
Versuchstag 3.1.1957 - Wasserhöhe 500 mm - Tiefgang 125 und 145 mm
Wassertemp.: 11°C   +T Absenkung, Tr -kopflastig, Tr +steuerlastig

h	V	W	Q	M	α	Kr	T	Tr	n
m	m/s	gr	gr	gr	°	°	mm	'	U/min
+ 6,56	0,599	- 450	+ 600	775	10,0	0	+ 1	- 0	800$^{Tg=100}$
+ 8,8	0,599	- 450	+ 400	800	12,0	0	+ 2	- 1	800
+39,0	0,601	- 400	+ 180	800	14,5	0	+ 1	- 4	800
+35,4	0,599	- 400	+ 250	825	16,0	0	+ 2	- 5	800
-33,4	0,60	- 400	- 70	800	18,0	0	+ 2	- 7	800
-21,1	0,801	+ 20	- 150	1125	19,0	0	+ 3	-15	800
∞	0,799	+ 20	0	1150	18,0	0	+ 3	-13	800
+14,6	0,799	0	+ 300	1150	15,5	0	+ 3	- 8	800
+19,9	1,0	+ 400	+ 300	1650	17,5	0	+ 3	-16	800
+26,1	0,999	+ 450	+ 200	1500	14,5	0	+ 4	-11	800
-24,2	1,0	+ 500	- 200	1700	18,2	0	+ 5	-28	800
+ 1,72	0,602	- 400	+ 650	875	8,0	0	0	+ 2	800$^{Tg=125}$
+ 2,24	0,602	- 350	+ 600	900	9,5	0	0	0	800
+ 4,6	0,601	- 350	+ 400	900	11,5	0	0	-19	800
+10,1	0,60	- 300	+ 250	1000	14,5	0	0	-28	800
+60,5	0,60	- 300	+ 50	1000	15,0	0	0	-29	800
-17,5	0,60	- 350	- 150	950	16,5	0	+ 1	-34	800
- 7,3	0,801	+ 200	- 450	1400	18,5	0	+ 3	-43	800
-27,9	0,80	+ 150	- 150	1450	16,5	0	+ 2	-40	800
+41,6	0,801	+ 100	+ 100	1400	15,0	0	+ 2	-39	800
+14,5	0,801	+ 80	+ 250	1350	14,5	0	+ 2	-37	800
-29,0	1,0	+ 650	- 200	2000	15,5	0	+ 4	-48	800
+71,6	1,0	+ 600	+ 130	1925	14,5	0	+ 3	-43	800
+44,2	0,999	+ 600	+ 300	1825	13,5	0	+ 3	-40	800
- 9,3	0,599	- 200	- 300	1125	17,0	0	0	-14	800$^{Tg=145}$
-33,7	0,599	- 200	- 100	1150	16,0	0	+ 1	-12	800
+73,5	0,598	- 200	+ 50	1125	15,0	0	+ 1	-11	800
- 7,35	0,796	+ 300	- 550	1725	16,5	0	+ 4	-15	800
-22,3	0,803	+ 300	- 200	1575	15,0	0	+ 3	-13	800
∞	0,803	+ 300	0	1550	13,2	0	+ 3	-12	800
+25,7	0,803	+ 250	+ 200	1475	12,0	0	+ 3	-10	800
-42,5	1,001	+ 700	- 150	2150	13,5	0	+ 7	-17	800
+30,2	1,001	+ 750	+ 200	2075	12,0	0	+ 6	-16	800
+15,1	1,001	+ 750	+ 350	1950	10,5		+ 2	- 5	800

Schrägschlepp mit Modell E_2 (M 36)

Versuchstag 2.1.1957 - Wasserhöhe 840 mm - Tiefgang 125 mm
Versuchstag 3.1.1957 - Wasserhöhe 840 mm - Tiefgang 145 mm
Wassertemp.: 11°C   +T Absenkung, Tr -kopflastig
                                      +steuerlastig

h	V	W	Q	M	α	Kr	T	Tr	n
m	m/s	gr	gr	gr	°	°	mm	'	U/min
∞	0,996	+ 550	0	2000	18,0	1,5	+ 6	-19	800 Tg=125
- 8,0	0,997	+ 650	- 600	2000	19,0	1,5	+ 8	-22	800
+33,2	0,999	+ 650	+ 200	1950	16,5	1,5	+ 4	-15	800
+30,8	0,998	+ 600	+ 200	1800	15,0	1,0	+ 3	-15	800
+67,5	1,0	+ 550	+ 80	1650	14,0	0,5	+ 2	-12	800
+15,5	1,0	+ 550	+ 400	1650	13,0	0,5	+ 1	- 8	800
+ 8,45	1,0	+ 550	+ 900	1700	11,0	0,5	+ 1	- 6	800
+ 7,55	0,801	0	+ 750	1200	10,0	0,5	+ 1	- 4	800
+10,5	0,802	0	+ 450	1150	11,0	0,5	0	- 5	800
+17,6	0,802	0	+ 250	1200	13,5	0	0	- 5	800
+15,6	0,803	0	+ 300	1250	14,5	0,5	+ 1	- 7	800
+17,0	0,802	+ 50	+ 300	1375	15,0	0,5	+ 2	- 9	800
+33,0	0,801	+ 50	+ 150	1450	16,0	0,5	+ 3	- 9	800
-42,6	0,801	+ 100	- 100	1750	17,5	0,5	+ 4	- 7	800
+34,0	0,602	- 300	+ 100	1000	16,0	0,5	+ 3	- 4	800
∞	0,602	- 300	0	1025	17,5	1,0	+ 4	- 3	800
-30,0	0,603	- 300	- 100	1025	18,5	1,0	+ 7	- 7	800
+ 8,6	0,622	- 250	+ 450	875	10,0	0	+ 5	-15	800 Tg=145
+13,5	0,607	- 250	+ 250	875	11,5	0	+ 3	- 3	800
+30,9	0,601	- 250	+ 100	900	12,5	0	+ 3	- 8	800
+15,45	0,60	- 250	+ 250	1025	13,5	0	+ 2	-10	800
+19,5	0,595	- 230	+ 200	1075	15,0	0	+ 3	-12	800
+70,0	0,601	- 230	+ 50	1100	16,5	0	+ 3	-13	800
-21,1	0,601	- 230	- 150	1125	17,5	0	+ 3	-16	800
- 7,1	0,798	+ 370	- 550	1675	19,5	0	+ 5	-26	800
-24,5	0,798	+ 350	- 200	1675	18,0	0	+ 4	-22	800
-31,0	0,799	+ 320	- 150	1600	17,0	0	+ 5	-18	800
+98,5	0,799	+ 300	+ 50	1525	15,0	0	+ 5	-17	800
-13,3	0,997	+ 850	- 450	2250	17,5	0	+ 6	-27	800
-31,0	1,0	+ 850	- 200	2125	16,5	0	+ 6	-23	800
∞	1,0	+ 850	0	2050	14,0	0	+ 7	-20	800

Schrägschlepp mit Modell E$_2$ (M 37)

Versuchstag 2.1.1957
Wassertemp.: t = 11°C
Wasserhöhe = 840 mm
Tiefgang = 100 mm

+T Absenkung
Tr −kopflastig
   +steuerlastig

h	V	W	Q	M	α	Kr	T	Tr	n
m	m/s	gr	gr	gr	°	°	mm		U/min
+ 5,3	0,605	− 400	+ 700	625	5	0	+ 6	+11	800
+ 5,05	0,603	− 500	+ 780	625	4,3	0			800
+ 5,3	0,603	− 500	+ 780	700	4,0	0	0	+ 2	800
+ 4,97	0,60	− 500	+ 800	625	3,0	0	0	+ 1	800
+ 4,5	0,60	− 500	+ 950	600	2,3	0	0	+ 1	800
+ 4,5	0,603	− 500	+ 950	600	1,0	0	0	+ 1	800
+ 4,5	0,603	− 500	+ 950	600	0,0	0	0	0	800
+ 5,16	0,60	− 450	+ 800	675	5,2	0	0	+ 2	800
+ 5,55	0,603	− 450	+ 700	675	6,7	0	0	+ 3	800
+ 5,55	0,602	− 450	+ 750	725	7,5	0	+ 1	+ 3	800
+ 5,88	0,602	− 450	+ 650	700	9,0	0	+ 1	+ 3	800
+ 7,63	0,603	− 450	+ 400	650	11,2	0	+ 1	+ 1	800
+ 9,3	0,602	− 430	+ 300	650	14,0	0	+ 2	+ 3	800
+11,3	0,602	− 400	+ 250	700	15,0	0	+ 2	+ 3	800
+17,7	0,60	− 400	+ 130	625	15,8	0	+ 2	+ 4	800
+19,5	0,603	− 350	+ 130	700	17,0	0	+ 4	+ 6	800
+14,7	0,602	− 350	+ 200	775	18,8	0	+ 5	+ 6	800
+53,0	0,603	− 350	+ 50	800	20,2	0,5	+ 8	+ 7	800
−49,5	0,602	− 300	− 50	825	22,0	0,5	+10	+ 9	800
− 9,3	0,799	+ 50	− 300	1125	23,0	0,75	+12	+ 3	800
∞	0,799	+ 50	0	1125	21,5	0,5	+11	+ 2	800
−26,0	0,801	+ 100	− 130	1175	20,0	1,0	+ 8	+ 2	800
−20,0	0,801	+ 100	− 140	1000	18,5	0,5	+ 7	0	800
−26,6	0,801	+ 50	− 100	925	17,5	0,5	+ 7	0	800
+13,3	0,801	+ 50	+ 300	1025	16,5	0,5	+ 4	+ 1	800
+10,4	0,801	+ 50	+ 400	1000	15,0	0,5	+ 4	0	800
+ 8,35	0,820	+ 50	+ 550	1025	14,0	0,5	+ 4	0	800
+ 7,93	0,808	0	+ 580	1000	12,0	0,5	+ 4	0	800
+ 7,14	0,803	0	+ 680	1000	11,0	0,5	+ 4	0	800
+ 6,2	0,80	0	+ 830	975	9,0	0	+ 3	+ 2	800
+ 5,3	0,801	− 50	+1030	925	6,0	0	+ 3	+ 2	800
+ 5,55	0,801	− 50	+ 880	850	4,5	0	+ 5	+ 1	800
+ 4,98	0,801	− 100	+1080	850	3,5	0	+ 4	− 2	800
+ 4,87	0,799	− 100	+1100	825	2,0	0	+ 4	− 4	800
+ 4,55	0,798	− 100	+1230	800	1,5	0,5	+ 5	− 4	800
−13,5	0,996	+ 700	− 300	1525	21,0	1,5	+18	−19	800
−21,1	1,0	+ 750	− 200	1500	19,0	0,5	+12	− 5	800
+25,8	1,0	+ 700	+ 200	1475	18,0	0,5	+ 9	− 5	800
+17,7	1,0	+ 500	+ 300	1450	16,5	0,5	+ 8	− 4	800

Schrägschlepp mit Modell F (M 38)

Versuchstag 14.1.1957
Wassertemp.: t = 12,5°C
Wasserhöhe = 270 mm
Tiefgang = 100 mm

+T Absenkung
Tr -kopflastig
    +steuerlastig

h	V	W	Q	M	α	Kr	T	Tr	n
m	m/s	gr	gr	gr	°	°	mm	'	U/min
+ 5,18	0,591	- 400	+ 850	725	5,0	0	+ 4	+ 3	800
+ 4,95	0,603	- 450	+ 900	700	3,0	0	+ 3	+ 1	800
+ 3,66	0,600	- 400	+1170	750	1,5	0	+ 2	0	800
+ 5,48	0,599	- 400	+ 950	900	5,0	0	+ 3	+ 1	800
+ 5,82	0,6	- 400	+ 830	875	7,5	0	+ 4	+ 1	800
+ 6,55	0,6	- 350	+ 680	875	9,0	0	+ 3	0	800
+ 7,4	0,602	- 350	+ 580	900	10,0	0	+ 3	- 1	800
+ 8,18	0,6	- 350	+ 500	900	11,5	0	+ 3	- 3	800
+ 8,35	0,599	- 330	+ 500	925	12,5	0	+ 4	- 5	800
+12,5	0,599	- 330	+ 300	950	14,0	0	+ 4	- 8	800
+22,5	0,601	- 300	+ 150	950	15,0	0	+ 5	- 5	800
∞	0,603	- 300	0	975	15,5	0	+ 5	- 6	800
-28,2	0,6	- 200	- 100	975	17,0	0	+ 6	- 7	800
-16,7	0,801	+ 50	- 250	1525	17,5	0	+ 9	-15	800
-44,0	0,801	+ 170	- 100	1475	16,5	0	+ 8	-12	800
+47,5	0,802	+ 170	+ 100	1425	15,5	0	+ 8	-11	800
+17,2	0,801	+ 170	+ 300	1400	15,0	0	+ 7	-10	800
+11,7	0,801	+ 100	+ 450	1325	13,0	0	+ 6	- 9	800
+ 9,2	0,801	+ 100	+ 600	1275	11,5	0	+ 8	- 8	800
+ 8,0	0,801	+ 100	+ 700	1225	10,5	0	+ 5	- 3	800
+ 6,4	0,8	+ 100	+ 950	1175	9,0	0	+ 5	0	800
+ 6,12	0,801	+ 100	+1000	1150	8,0	0	+ 7	+ 1	800
+ 6,2	0,8	+ 100	+ 900	1050	7,0	0	+ 7	+ 2	800
+ 5,15	0,801	+ 50	+1250	1050	4,0	0	+ 7	0	800
+ 5,5	0,801	+ 50	+1100	1050	5,0	0	+ 4	0	800
+ 4,77	0,801	+ 50	+1350	975	2,0	0	+ 4	+ 2	800
+ 4,5	0,801	+ 50	+1450	925	0,5	0	+ 3	+ 1	800
+ 4,65	1,0	+ 550	+1650	1125	2,0	0	+ 7	- 2	800
+ 4,89	1,001	+ 550	+1550	1175	3,5	0	+ 7	- 3	800
+ 5,25	1,002	+ 570	+1400	1225	5,0	0	+ 7	- 2	800
+ 5,9	1,002	+ 570	+1200	1300	6,0	0	+ 8	- 2	800
+ 7,7	1,002	+ 600	+ 850	1400	6,5	0	+ 8	0	800
+ 8,3	1,002	+ 600	+ 800	1475	8,0	0	+ 9	- 5	800
+ 7,7	1,002	+ 650	+1000	1650	9,5	0	+ 9	- 4	800
+10,0	1,0	+ 650	+ 750	1775	11,5	0	+10	- 8	800
+15,6	1,0	+ 650	+ 450	1875	13,0	0	+10	-11	800
+33,6	1,0	+ 650	+ 200	1975	14,5	0	+11	-15	800
-52,7	1,002	+ 650	- 120	2100	16,0	0	+12	-19	800

Schrägschlepp mit Modell F (M 39)

Versuchstag 14.1.1957 Wasserhöhe 270 mm - Tiefgang 125 mm
Versuchstag 15.1.1957 Wasserhöhe 270 mm - Tiefgang 145 mm
Wassertemp.: 12,5°C   +T Absenkung, Tr -kopflastig
                                        +steuerlastig

h	V	W	Q	M	α	Kr	T	Tr	n
m	m/s	gr	gr	gr	°	°	mm	'	U/min
+10,4	1,001	+ 500	+ 700	1750	6,25	0	+ 9	- 5	800 Tg=125
+ 7,45	1,001	+ 500	+1050	1650	4,5	0	+10	- 1	800
+33,3	1,0	+ 500	+ 250	2450	10,0	0	+11	-12	800
+14,5	1,001	+ 500	+ 500	1900	7,75	0	+10	- 6	800
- 4,44	1,001	+ 600	-1250	2750	13,25	0	+14	-24	800
+ 7,25	1,001	+ 500	+1150	1725	4,25	0	+10	- 1	800
+ 5,76	1,000	+ 500	+1450	1500	3,75	0	+12	+ 2	800
+ 4,32	0,801	+ 120	+1600	925	1,75	0	+10	+ 9	800
+ 5,85	0,804	0	+1100	1175	4,0	0	+ 8	+ 5	800
+ 6,87	0,800	0	+ 900	1250	5,25	0	+ 5	+ 3	800
+ 7,7	0,801	0	+ 800	1325	6,75	0	+ 6	+ 1	800
+ 9,14	0,801	0	+ 700	1475	8,25	0	+ 6	- 2	800
+26,5	0,801	0	+ 200	1525	10,0	0	+ 6	- 4	800
+39,8	0,805	0	+ 150	1775	12,0	0	+ 8	- 9	800
+160,0	0,803	0	+ 30	1500	9,75	0	+ 7	- 7	800
+127,0		+ 20	+ 50	1975	13,0	0	+ 8	- 9	800
-23,3	0,802	+ 20	- 250	2050	14,25	0	+10	-13	800
+ 5,05	0,600	- 500	+1050	850	2,75	0	+ 2	- 3	800
+ 6,2	0,601	- 550	+ 850	1000	5,75	0	0	- 0	800
+ 7,75	0,602	- 550	+ 600	1000	6,5	0	0	- 1	800
+ 9,5	0,602	- 500	+ 450	1000	7,75	0	+0,5	- 2	800
+ 9,5	0,599	- 500	+ 450	1000	8,5	0	+0,5	-1,5	800
+ 9,1	0,592	- 500	+ 500	1050	9,25	0	+ 0	- 1	800
+19,8	0,599	- 450	+ 200	1100	10,75	0	+ 1	- 1	800
+38,7	0,601	- 400	+ 100	1150	12,0	0	+1,5	- 2	800
-22,6	0,602	- 350	- 150	1200	14,0	0	+2,0	- 3	800
+ 5,2	0,602	- 300	+1050	900	2,75	0	+ 4	- 2	800 Tg=145
+ 5,9	0,603	- 250	+ 900	970	4,5	0	+ 3	+ 1	800
+ 6,6	0,603	- 250	+ 800	1050	5,75	0	+ 4	+ 1	800
+ 9,82	0,604	- 250	+ 450	1050	7,0	0	+ 4	0	800
+10,75	0,603	- 250	+ 400	1050	8,0	0	+ 4	0	800
+15,6	0,60	- 250	+ 300	1250	9,0	0	+ 5	- 2	800
+19,6	0,599	- 200	+ 250	1350	10,0	0	+ 5	- 2	800
+33,0	0,602	- 150	+ 150	1450	11,25	0	+ 6	- 3	800
∞	0,602	- 150	0	1500	12,0	0	+ 6	- 4	800
- 6,95	0,599	- 150	- 500	1500	13,5	0	+ 6	- 5	800
- 4,35	0,801	+ 300	-1150	2500	15,0	0	+12	-20	800
- 4,95	0,801	+ 300	-1100	2600	14,25	0	+13	-18	800
-10,7	0,803	+ 300	- 500	2100	12,0	0	+ 9	-10	800
-14,6	0,802	+ 200	- 350	1900	10,0	0	+ 8	- 8	800
∞	0,801	+ 150	0	1750	8,75	0	+ 7	- 4	800
+15,1	0,802	+ 150	+ 400	1600	7,25	0	+ 6	- 3	800

Schrägschlepp mit Modell F (M 40)

Versuchstag 15.1.1957
Wasserhöhe 270 mm - Tiefgang 145 mm
Wasserhöhe 500 mm - Tiefgang 100 mm
Wassertemp: 12,5°C

+T Absenkung
Tr -kopflastig
    +steuerlastig

h	V	W	Q	M	α	Kr	T	Tr	n
m	m/s	gr	gr	gr	°	°	mm	'	U/min
+39,6	1,0	+ 600	+ 200	2350	6,0	0	+12	- 8	800 Hw=270 Tg=145
-30,9	1,0	+ 600	- 250	2650	9,75	0	+14	-12	800
-75,6	1,0	+ 600	- 100	2480	8,75	0	+12	- 9	800
-12,6	1,0	+ 650	+ 450	2150	6,5	0	+10	- 6	800
+ 6,97	1,0	+ 650	+ 650	1950	5,0	0	+12	- 4	800
+ 9,95	0,604	- 550	+ 350	825	13,5	0	+ 4	- 2	800 Hw=500 Tg=100
+19,9	0,603	- 550	+ 150	825	14,75	0	+ 5	0	800
+10,2	0,604	- 500	+ 350	850	15,5	0	+ 5	0	800
∞	0,60	- 500	0	875	17,5	0	+ 5	- 1	800
-25,9	0,60	- 450	- 100	900	18,75	0	+ 6	- 1	800
+ 9,7	0,6	- 500	+ 350	800	13,25	0	+ 4	+ 1	800
+ 7,1	0,6	- 550	+ 550	800	10,5	0	+ 3	+ 2	800
+ 7,1	0,60	- 550	+ 550	800	9,5	0	+ 3	+ 2	800
+ 5,76	0,6	- 550	+ 750	775	7,75	0	+ 3	+ 3	800
+ 5,46	0,6	- 550	+ 800	750	5,25	0	+ 3	+ 2	800
+ 6,3	0,80	- 200	+ 850	1025	7,0	0	+ 4	+ 2	800
+ 8,12	0,80	- 200	+ 600	1075	9,5	0	+ 5	+ 1	800
+12,4	0,80	- 200	+ 350	1100	12,5	0	+ 6	- 1	800
+13,3	0,8	- 200	+ 250	1175	14,25	0	+ 7	- 3	800
+18,0	0,8	- 200	+ 250	1225	15,5	0	+ 7	- 5	800
∞	0,8	- 150	0	1250	17,0	0	+ 8	- 7	800
-23,8	0,8	- 100	- 150	1250	18,75	0	+ 8	- 9	800
-51,9	1,001	+ 300	- 100	1725	17,0	0	+10	-13	800
+36,6	1,0	+ 300	+ 150	1625	14,75	0	+ 9	-10	800
+16,5	1,0	+ 300	+ 350	1550	14,0	0	+ 8	- 7	800
+12,0	1,0	+ 250	+ 500	1500	12,75	0	+ 8	- 4	800

Schrägschlepp mit Modell F (M 41)

Versuchstag   15.1.1957
Wassertemp.: 12°C
Wasserhöhe   500 mm
Tiefgang   125 und 145 mm

+T   Absenkung
Tr   -kopflastig
     +steuerlastig

h	V	W	Q	M	α	Kr	T	Tr	n
m	m/s	gr	gr	gr	°	°	mm	'	U/min
+14,2	0,601	- 500	+ 250	925	11,25	0	+ 2	+ 1	800$^{Tg=125}$
+14,5	0,60	- 500	+ 250	950	12,0	0	+ 3	0	800
+18,3	0,601	- 500	+ 200	1000	13,25	0	+ 3	0	800
+67,0	0,601	- 500	+ 50	1025	14,5	0	+ 4	- 3	800
∞	0,601	- 450	0	1025	16,0	0	+ 4	- 3	800
-31,3	0,601	- 450	- 100	1075	17,75	0	+ 4	- 6	800
-11,2	0,802	- 50	- 350	1525	17,25	0	+ 6	-11	800
-29,0	0,802	- 50	- 150	1500	16,25	0	+ 6	-10	800
∞	0,802	- 50	0	1500	15,0	0	+ 5	- 8	800
+33,0	0,802	- 100	+ 150	1450	13,75	0	+ 4	- 4	800
+12,9	0,803	- 100	+ 400	1325	11,0	0	+ 3	- 2	800
+22,5	1,002	+ 300	+ 300	1900	12,5	0	+ 7	- 7	800
+129	1,002	+ 300	+ 50	2000	14,0	0	+ 8	-12	800
-43,0	1,002	+ 300	- 150	2175	15,5	0	+ 8	-14	800
- 8,3	1,001	+ 350	- 650	2225	17,0	0	+10	-19	800
+ 4,54	0,593	- 450	+1000	650	1,25	0	+ 2	+ 2	800$^{Tg=145}$
+ 5,43	0,595	- 400	+ 750	700	4,25	0	+ 1	+ 1	800
+ 5,96	0,596	- 400	+ 800	880	6,5	0	+ 2	+ 2	800
+ 7,75	0,593	- 400	+ 600	1000	8,25	0	+ 2	+ 2	800
+12,0	0,594	- 400	+ 350	1050	10,5	0	+ 3	+ 2	800
+15,8	0,597	- 350	+ 250	1050	11,5	0	+ 3	+ 2	800
+14,5	0,598	- 300	+ 250	950	12,75	0	+ 4	+ 2	800
+68,7	0,60	- 350	+ 50	1050	14,25	0	+ 3	+ 1	800
-20,6	0,601	- 350	- 150	1100	15,00	0	+ 3	+ 1	800
- 9,75	0,801	+ 50	- 450	1750	15,75	0	+ 7	- 7	800
-14,3	0,801	+ 50	- 300	1600	14,5	0	+ 5	- 7	800
-21,1	0,802	+ 50	- 200	1500	13,5	0	+ 6	- 7	800
+ 9,4	0,802	+ 50	+ 50	1450	12,25	0	+ 6	- 6	800
+25,4	0,802	0	+ 200	1450	11,0	0	+ 4	- 2	800
+16,0	0,801	0	+ 350	1500	10,0	0	+ 4	- 2	800
+16,8	1,001	+ 400	+ 450	2050	10,75	0	+ 6	- 5	800
+49,6	1,001	+ 400	+ 150	2200	12,0	0	+ 7	- 7	800
+171,0	1,0	+ 550	+ 50	2675	13,25	0	+10	-12	800
- 7,56	1,002	+ 550	- 750	2400	15,0	0	+ 9	-14	800

Schrägschlepp mit Modell F (M 42)

Versuchstag 16.1.1957
Wassertemp. 12°C
Wasserhöhe 840 mm
Tiefgang 145 mm

+T Absenkung
Tr -kopflastig
    +steuerlastig

h	V	W	Q	M	α	Kr	T	Tr	n
m	m/s	gr	gr	gr	°	°	mm	'	U/min
+ 5,3	0,595	- 450	+ 850	750	1,75	0	0	+ 1	800
+ 5,65	0,60	- 450	+ 850	850	3,5	0	+ 1	+ 1	800
+ 6,07	0,60	- 450	+ 750	850	4,25	0	+ 1	+ 2	800
+ 6,7	0,6	- 450	+ 650	870	5,25	0	+ 1	+ 2	800
+ 7,24	0,6	- 450	+ 600	900	6,5	0	+ 1	+ 2	800
+ 6,9	0,6	- 450	+ 700	980	7,25	0	+ 1	+ 2	800
+ 8,8	0,6	- 400	+ 500	1000	8,75	0	+ 1	+ 2	800
+ 9,6	0,6	- 400	+ 450	1020	9,5	0	+ 1	+ 2	800
+11,3	0,6	- 400	+ 350	980	10,25	0	+ 1	+ 2	800
+13,0	0,6	- 400	+ 300	1000	11,75	0	+ 2	+ 1	800
+34,0	0,6	- 400	+ 100	1000	13,0	0	+ 2	+ 1	800
∞	0,6	- 400	0	1020	14,0	0	+ 3	0	800
-31,2	0,6	- 350	- 100	1070	15,25	0	+ 3	- 2	800
-32,2	0,6	- 350	- 100	1100	16,0	0	+ 3	- 2	800
-15,6	0,6	- 350	- 200	1150	17,0	0	+ 3	- 2	800
- 7,8	0,6	- 350	- 350	1150	18,0	0	+ 5	- 3	800
-16,7	0,803	+ 50	- 250	1525	15,5	0	+ 5	- 8	800
-88,5	0,802	+ 50	- 50	1450	14,25	0	+ 5	- 6	800
+25,3	0,80	0	+ 200	1450	12,75	0	+ 4	- 4	800
+24,2	0,8	0	+ 200	1375	11,5	0	+ 5	- 3	800
+13,1	0,8	0	+ 400	1350	10,0	0	+ 4	0	800
+ 8,17	0,8	- 50	+ 750	1350	8,75	0	+ 3	0	800
+ 6,38	0,8	- 50	+ 800	1300	7,5	0	+ 3	+ 1	800
+ 7,53	0,8	- 50	+ 750	1200	6,75	0	+ 3	+ 1	800
+ 7,55	0,8	- 50	+ 700	1125	5,75	0	+ 3	+ 2	800
+ 6,55	0,8	- 50	+ 850	1100	4,5	0	+ 2	+ 1	800
+ 5,72	0,8	- 50	+1050	1075	3,0	0	+ 2	+ 1	800
+ 5,25	0,8	- 50	+1200	1050	2,25	0	+ 2	+ 1	800
+ 5,0	0,8	- 50	+1250	1000	1,0	0	+ 2	+ 1	800
+ 4,8	0,8	0	+1300	950	-0,25	0	+ 2	- 2	800
+ 4,9	1,001	+ 450	+1500	1150	0	0	+ 3	- 2	800
+ 5,36	1,0	+ 450	+1400	1275	2	0	+ 4	- 1	800
+ 5,78	1,0	+ 450	+1250	1300	3,75	0	+ 4	- 1	800
+ 6,64	1,0	+ 450	+1100	1450	4,75	0	+ 4	0	800
+13,0	1,0	+ 450	+ 450	1500	9,0	0	+ 5	- 1	800
	1,0	+ 450	0	1525	9,75	0	+ 6	- 2	800
+18,7	1,0	+ 450	+ 350	1800	10,5	0	+ 5	- 2	800
+26,7	1,0	+ 500	+ 250	1925	11,75	0	+ 6	- 6	800
+46,5	1,0	+ 550	+ 150	2100	13,5	0	+ 6	-10	800
-16,4	1,0	+ 550	- 350	2100	15,0	0	+ 8	-13	800

Schrägschlepp mit Modell F (M 43)

Versuchstag 16.1.1957
Wassertemp. 12°C
Wasserhöhe 840 mm
Tiefgang 125 mm

+T Absenkung
Tr −kopflastig / +steuerlastig

h	V	W	Q	M	α	Kr	T	Tr	n
m	m/s	gr	gr	gr	°	°	mm	'	U/min
+ 4,95	0,595	− 500	+ 900	700	1	0	+ 1	+ 3	800
+ 5,88	0,599	− 500	+ 700	750	3,75	0	+ 1	+ 6	800
+ 6,28	0,60	− 500	+ 650	780	4,75	0	+ 1	+ 7	800
+ 6,37	0,6	− 500	+ 650	800	5,5	0	+ 2	+ 7	800
+ 6,75	0,6	− 500	+ 650	880	6,75	0	+ 1	+ 6	800
+ 7,23	0,6	− 500	+ 600	900	8,0	0	+ 1	+ 6	800
+ 7,78	0,6	− 450	+ 550	920	9,0	0	+ 2	+ 8	800
+ 9,75	0,6	− 450	+ 400	920	10,0	0	+ 2	+ 8	800
+11,1	0,6	− 450	+ 350	950	11,0	0	+ 2	+ 8	800
+14,5	0,6	− 450	+ 250	950	11,75	0	+ 2	+ 5	800
+14,5	0,6	− 450	+ 250	950	13,0	0	+ 2	+ 5	800
+22,4	0,6	− 450	+ 150	950	13,75	0	+ 2	+ 5	800
+33,3	0,6	− 450	+ 100	980	15,0	0	+ 3	+ 5	800
∞	0,6	− 450	0	980	16,0	0	+ 3	+ 5	800
−60,5	0,6	− 450	− 50	1000	17,25	0	+ 4	+ 5	800
−29,6	0,6	− 400	− 100	1020	18,0	0	+ 5	+ 5	800
− 6,65	0,6	− 400	− 350	1020	20,0	0	+ 7	+ 5	800
− 7,3	0,799	0	− 450	1400	19,25	0	+ 8	− 3	800
−12,1	0,8	0	− 300	1400	18,25	0	+ 7	− 2	800
−19,2	0,8	− 50	− 200	1380	17,0	0	+ 5	− 2	800
−84,5	0,8	− 50	− 50	1380	16,25	0	+ 5	− 1	800
∞	0,8	− 100	0	1350	15,0	0	+ 4	0	800
+29,9	0,8	− 100	+ 150	1300	13,75	0	+ 4	+ 1	800
+18,3	0,8	− 100	+ 250	1250	13,0	0	+ 4	+ 1	800
+15,3	0,8	− 100	+ 300	1220	12,25	0	+ 4	+ 1	800
+14,4	1,00	+ 300	+ 450	1700	12,0	0	+ 5	− 1	800
+39,3	1,0	+ 300	+ 150	1750	13,5	0	+ 6	− 3	800
+116,0	1,0	+ 350	+ 50	1800	14,5	0	+ 7	−12	800
−45,8	1,0	+ 400	− 100	1850	15,25	0	+ 7	−14	800
−22,3	1,0	+ 400	− 250	1970	17,0	0	+ 7	−16	800
− 9,23	1,0	+ 400	− 550	2050	18,0	0	+ 9	−18	800

Schrägschlepp mit Modell F (M 44)

Versuchstag   16.1.1957
Wassertemp.   12°C
Wasserhöhe   840 mm
Tiefgang   100 mm

+T Absenkung
Tr −kopflastig
    +steuerlastig

h	V	W	Q	M	α	Kr	T	Tr	n
m	m/s	gr	gr	gr	°	°	mm	'	U/min
+ 4,45	0,634	− 550	+1050	650	0,75	0	+ 2	0	805
+ 4,8	0,604	− 550	+ 850	620	3,75	0	+ 3	− 1	800
+ 5,16	0,606	− 550	+ 850	720	6,0	0	+ 3	+ 1	800
+ 5,78	0,60	− 550	+ 750	780	6,75	0	+ 3	+ 2	800
+ 5,85	0,599	− 550	+ 750	800	7,75	0	+ 3	+ 3	800
+ 6,39	0,599	− 550	+ 650	800	9,75	0	+ 4	+2,5	800
+ 7,73	0,597	− 550	+ 450	750	12,0	0	+ 4	+1,5	800
+ 8,65	0,604	− 550	+ 400	780	13,25	0	+ 4	+ 1	800
+10,9	0,603	− 550	+ 300	800	14,0	0	+ 4	+0,5	800
+19,7	0,603	− 500	+ 150	820	15,75	0	+ 4	0	800
+29,3	0,594	− 500	+ 100	850	16,75	0	+ 5	0	800
∞	0,60	− 450	0	880	18,0	0	+ 6	0	800
− 8,07	0,6	− 450	− 250	840	19,75	0	+ 8	− 1	800
−33,7	0,801	− 150	− 100	1150	18,5	0	+ 8	− 5	800
+75,0	0,80	− 150	+ 50	1150	17,5	0	+ 7	− 5	800
+37,1	0,80	− 150	+ 100	1100	16,25	0	+ 6	− 5	800
+19,8	0,80	− 150	+ 200	1100	15,25	0	+ 6	− 3	800
+10,3	0,8	− 200	+ 450	1120	13,00	0	+ 5	− 2	800
+ 8,15	0,8	− 200	+ 600	1080	10,75	0	+ 4	−0,5	800
+11,3	1,0	+ 250	+ 500	1400	12,0	0	+ 6	− 5	800
+14,2	1,0	+ 250	+ 400	1480	13,5	0	+ 7	− 5	800
+21,5	1,0	+ 250	+ 250	1500	14,75	0	+ 8	− 5	800
+100,0	1,0	+ 250	+ 50	1550	15,5	0	+ 8	− 5	800
∞	1,0	+ 250	0	1600	17,0	0	+ 8	−10	800
−32,0	1,0	+ 300	− 150	1650	18,0	0	+ 9	−13	800

Modell A (M 45)

Schlängelfahrten

im 10 m breiten, geraden Kanal mit Strand.

Ruderausschläge ± 10°. Bei Erreichen eines Kurswinkels von 10° wird Gegenruder gegeben.

Datum: 31.8. und 1.9.1956
  Nr. 1 -11 am 31.8.
  Nr.12 -25 am 1.9.1956

Wassertemp.: 17°C

V_m: mittl. Wagengeschw. des verfolgenden Wagens

λ: halbe Schwingweite des Kurswinkels

St: Stützen

Nr.	Hw	Tg	n	V_m	λ	St	Bemerkungen
	mm	mm	U/min	m/s	m	m	
1	268	100	750				keine Signale
2	268	100					
3	268	100	800	0,93	7,0	1,0	ß=0÷10° 1 sec
4	268	100	800	0,84	15,0	3,0	-10÷20 1,5 "
5	268	100	800	0,88	14,6	2,0	ß=+10÷-10°
6	268	125	800	0,76	15,4	3,2	1,5-1,9 sec
7	268	125	800	0,75	15,0	2,7	
8	268	125	800	0,76	14,0	2,0	beim Ruderlegen
9	268	145	800	0,67	15,2	3,3	noch nicht Vmax
10	268	145	800	0,73	22,7	6,0	
11	268	145	800	0,97	21,6	4,3	
12	500	145	780				ß=0÷10°sec
13	500	145	790	0,74	16,6	2,0	ß=+10÷-10°~1,5s
14	500	145	790÷800	0,78	18,4	2,0	
15	500	125	800	0,83	16,0	3,2	
16	500	125	800	0,83	16,6	2,4	
17	500	100	800	0,86	16,0	2,2	
18	500	100	800	0,86	16,6	3,0	
19	840	100	800	0,93	19,0	4,0	
20	840	100	800	0,93	21,0	4,5	
21	840	100	800	0,91	19,2	3,8	
22	840	125	800	0,88	20,2	3,0	
23	840	125	800	0,88	19,0	2,8	
24	840	145	800	0,77	20,6	3,0	
25	840	145	800	0,77	20,2	4,0	

Forschungsberichte des Wirtschafts- und Verkehrsministeriums Nordrhein-Westfalen

Modell B (M 46)

Schlängelfahrten

im 10 m breiten, geraden Kanal mit Strand.
Ruderausschläge ± 10°. Bei Erreichen eines Kurswinkels von
10° wird Gegenruder gegeben.
Datum: 13.9.1956
Wassertemp.: 16,5°C

V_m : mittl.Wagengeschw.des verfolgenden Wagens

λ : halbe Schwingweite des Kurswinkels

St: Stützen

Nr.	Hw	Tg	n	V_m	λ	St	Bemerkungen
	mm	mm	U/min	m/s	m	m	
1	840	100	800	0,97	19,5	4,4	
2	840	100	800	0,97	20,5	6,0	ß=0+10°;t=1 s
3	840	100	800	0,99	16,4	3,7	t=2,1s,Wellen von Trennfuge(Rückwärtsfahrt)
4	840	100	800				ß=0+10°;t=1,1s, ß=0+20°;t=2,1s, Prop.saugt Luft
5	840	100	800	0,87	18,0	3,6	10° 1s; 20° 2,1u.2s;
6	840	125	800	0,8	19,6	4,4	10° 1,2s; 20° 2,3s;
7	840	125	800	0,91	22,4	6,5	1,1s; 2,3s;
8	840	125	800	0,82	20,6	5,7	Ausgangsstellg.links
9	840	145	800	0,85	24,3	6,4	
10	840	145	780+800	0,76	19,4	5,0	Ruderzeiten gekürzt
11	840	145	800	0,87	20,0	5,3	20° 1s
12	840	145	800	0,84	20,0	4,7	
13	500	145	800	0,84	20,7	5,7	
14	500	145	800	0,89	22,0	7,3	Ausg.Winkel nicht
15	500	145	800	0,89	21,4	6,4	genau
16	500	125	800	0,91	18,8	4,4	
17	500	125	800	0,98	20,3	5,3	
18	500	125	800	0,9	19,8	4,7	
19	500	100	800	0,97	15,7	3,6	
20	500	100	800	0,98	17,8	4,0	
21	500	100	800	0,97	18,8	4,4	
22	270	100	800	0,89	17,4	4,0	
23	270	100	800	0,91	19,2	4,3	
24	270	100	800	0,95	18,0	4,0	
25	270	125	800				
26	270	125	800	0,8	21,2	6,2	
27	270	125	800	0,93	21,0	6,5	Abgang schräg
28	270	125	810	0,92	22,4	8,4	
29	270	125	800	0,85	19,0	5,6	10° 0,8s;20°1,3+1,1s
30	270	145	800				falsche Modellführung m.Wagengeschw.
31	270	145	800	0,77	18,0	4,4	10° 0,9s;20° 1,3s
32	270	145	800	0,73	16,8	4,0	10° 0,9s;20° 1,1s
33	270	145	800	0,72	17,0	4,4	10°0,8s;20°1,4u.1,1s
34	270	125	800	0,87	17,6	4,4	10°0,8s;20°1,4u.1,1s
35	270	125	800	0,71	15,0	3,2	

Modell C (M 47)

Schlängelfahrten

im 10 m breiten, geraden Kanal mit Strand.
Ruderausschläge ± 10°. Bei Erreichen eines Kurswinkel von
10° wird Gegenruder gegeben.

Datum: 1.10.1956
Wassertemp.: 17,5°C

V_m : mittl. Wagengeschw. des verfolgenden Wagens

λ : halbe Schwingweite des Kurswinkels

St: Stützen

Nr.	Hw	Tg	n	V_m	λ	St	Bemerkungen
	mm	mm	U/min	m/s	m	m	
1	270	145	800				Kurven spiegelbildlich
2	270	145	800	0,82	21,4	6,4	größere Ruderlege-
3	270	145	800	0,74	20,4	5,6	zeiten
4	270	145	800	0,81	21,5	4,4	
5	270	125	800	0,86	21,0	5,0	
6	270	125	800	0,86	17,2	2,8	
7	270	125	800	0,86	21,5	4,0	
8	270	100	800	0,85	21,0	5,2	10° 1,6s; 10° 3,7s
9	270	100	800	0,85	19,4	4,0	Ruderlegezeit ±10~1,5s
10	270	100	800	0,85	18,0	3,0	10°0,8; 10°1,6s u.1,7s
11	270	100	800	0,86	18,2	3,0	
12	500	100	800	0,94	18,0	4,0	
13	500	100	800	0,93	16,6	4,0	Führung nicht gut
14	500	100	800	0,93	17,0	3,3	
15	500	100	800	0,93	18,2	3,0	10° 1,7s
16	500	125	800	0,89	21,8	6,0	
17	500	125	800	0,84	18,4	5,0	
18	500	125	800	0,77	17,6	3,4	selbst geführt
19	500	125	800	0,85	19,4	5,0	selbst geführt
20	500	145	800	0,75	20,2	4,5	
21	500	145	800	0,73	17,2	4,4	
22	500	145	800	0,72	16,8	4,0	
23	840	145	800	0,82	22,2	5,4	
24	840	145	800	0,79	20,4	3,8	
25	840	145	800	0,77	19,4	3,6	
26	840	125	800	0,87	18,2	3,4	
27	840	125	800	0,87	19,8	4,4	
28	840	125	800	0,94	18,5	4,4	
29	840	100	800	0,94	18,0	3,4	
30	840	100	800	0,91	17,6	2,8	
31	840	100	800	0,94	17,0	3,4	

Modell D (M 48)

Schlängelfahrten

im 10 m breiten, geraden Kanal mit Strand.
Ruderausschläge ± 10°. Bei Erreichen eines Kurswinkels von
10° wird Gegenruder gegeben.

Datum: 11.10.1956

Wassertemp.: 16°C

V_m : mittl.Wagengeschw.des verfolgenden Wagens

λ: halbe Schwingweite des Kurswinkels

St: Stützen

Nr.	Hw	Tg	n	V_m	λ	St	Bemerkungen
	mm	mm	U/min	m/s	m	m	
1	270	100	840	0,96	19,2	4,0	
2	270	100	800	0,86	16,4	3,3	10° 2 s; im Stand
3	270	100	800	0,86	17,4	2,6	10° 1,6 s
4	270	125	800	0,79	19,2	4,0	kl.Schlag auf Modell am Anfang
5	270	125	800	0,77	18,8	4,2	10°1,1s;10°1,9-1,6s;
6	270	125	800	0,79	18,6	3,6	
7	265	145	800	0,81	19,0	3,4	
8	270	145	800	0,77	19,0	3,8	
9	270	145	800	0,72	15,7	3,0	
10	500	145	800	0,72	19,8	3,2	back Wand angeeckt
11	500	145	800	0,74	17,2	3,5	
12	500	145	800				angeeckt
13	500	145	800	0,77	17,7	3,0	
14	500	145	800	0,74	16,8	2,8	
15	500	125	800	0,83	16,6	2,4	
16	500	125	800	0,8	18,4	4,0	lange Anfahrt
17	500	125	800	0,79	15,6	3,0	
18	500	100	800	0,84	15,8	2,6	
19	500	100	800	0,87	16,2	2,8	
20	840	100	800	0,9	16,3	2,8	
21	840	100	800	0,86	12,8	2,3	
22	840	100	800	0,85	16,8	2,0	
23	840	125	800	0,77	17,4	2,8	
24	840	125	800	0,77	17,0	2,4	
25	840	145	800				an Tankwand
26	840	145	800	0,72	18,0	2,4	
27	840	145	800	0,71	19,2	2,5	angelaufen (Ruder verstellt)
28	840	145	800	0,75	18,0	2,3	
29	840	145	800	0,73	17,6	3,0	

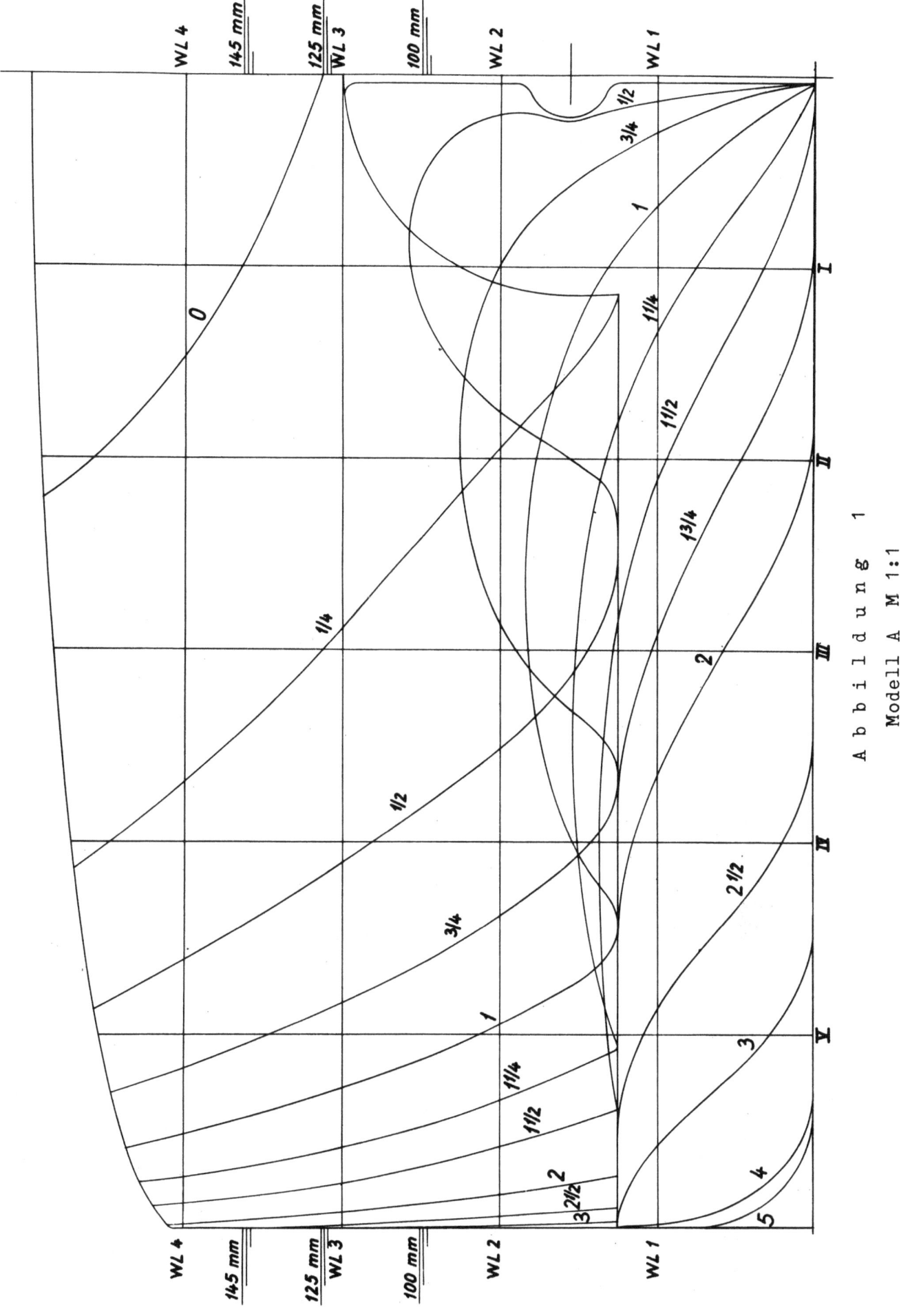

Abbildung 1
Modell A M 1:1

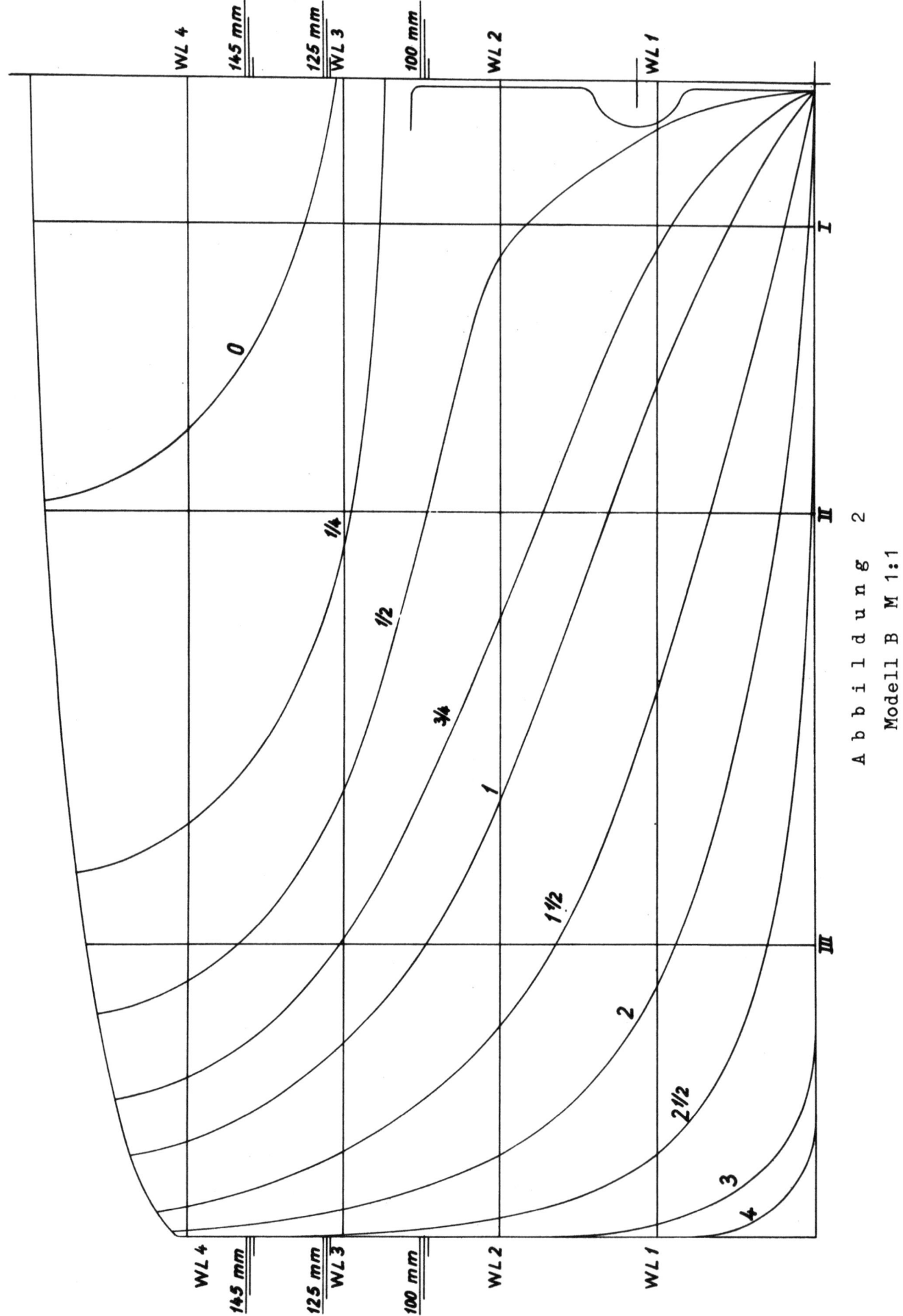

Abbildung 2
Modell B M 1:1

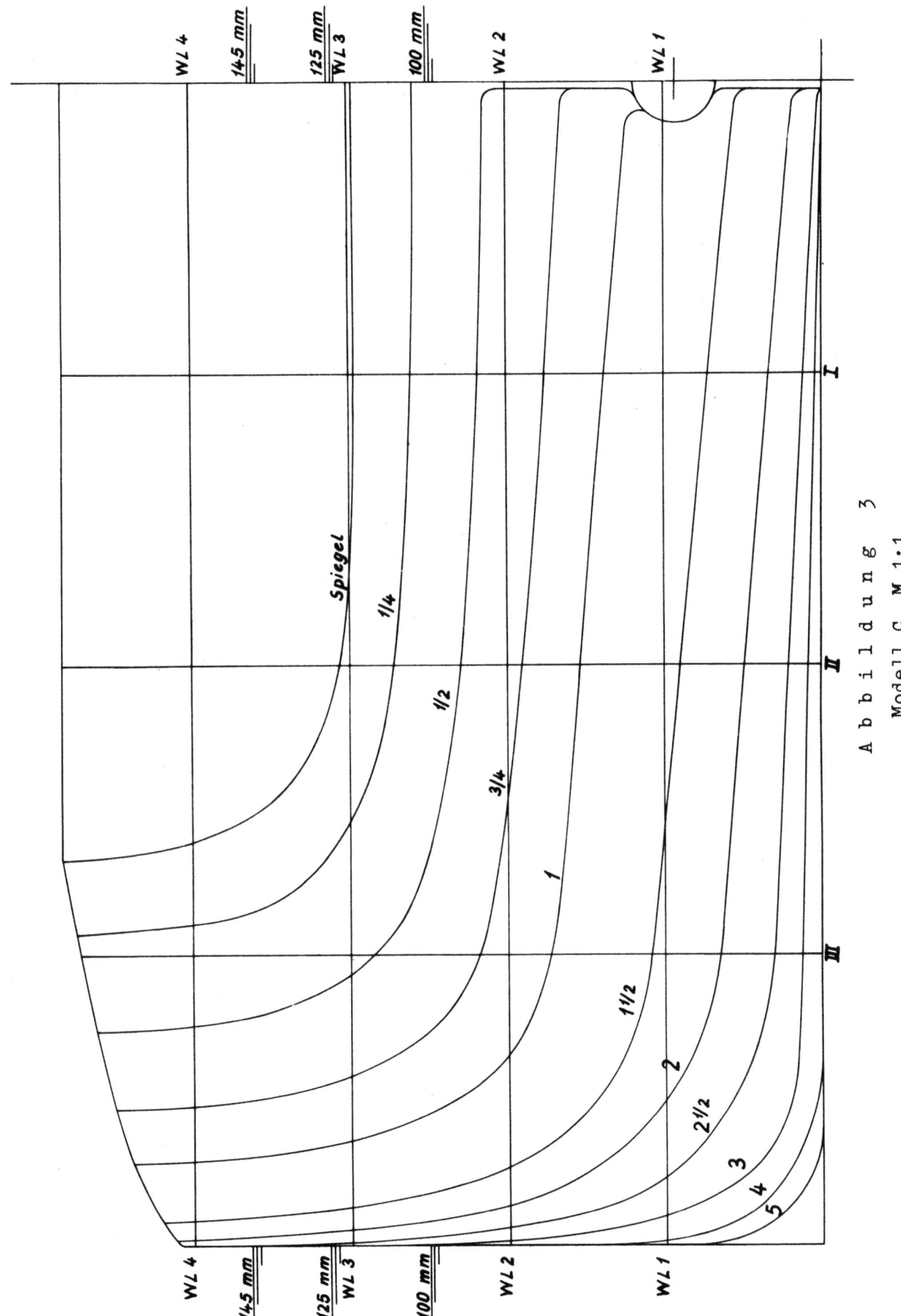

Abbildung 3
Modell C M 1:1

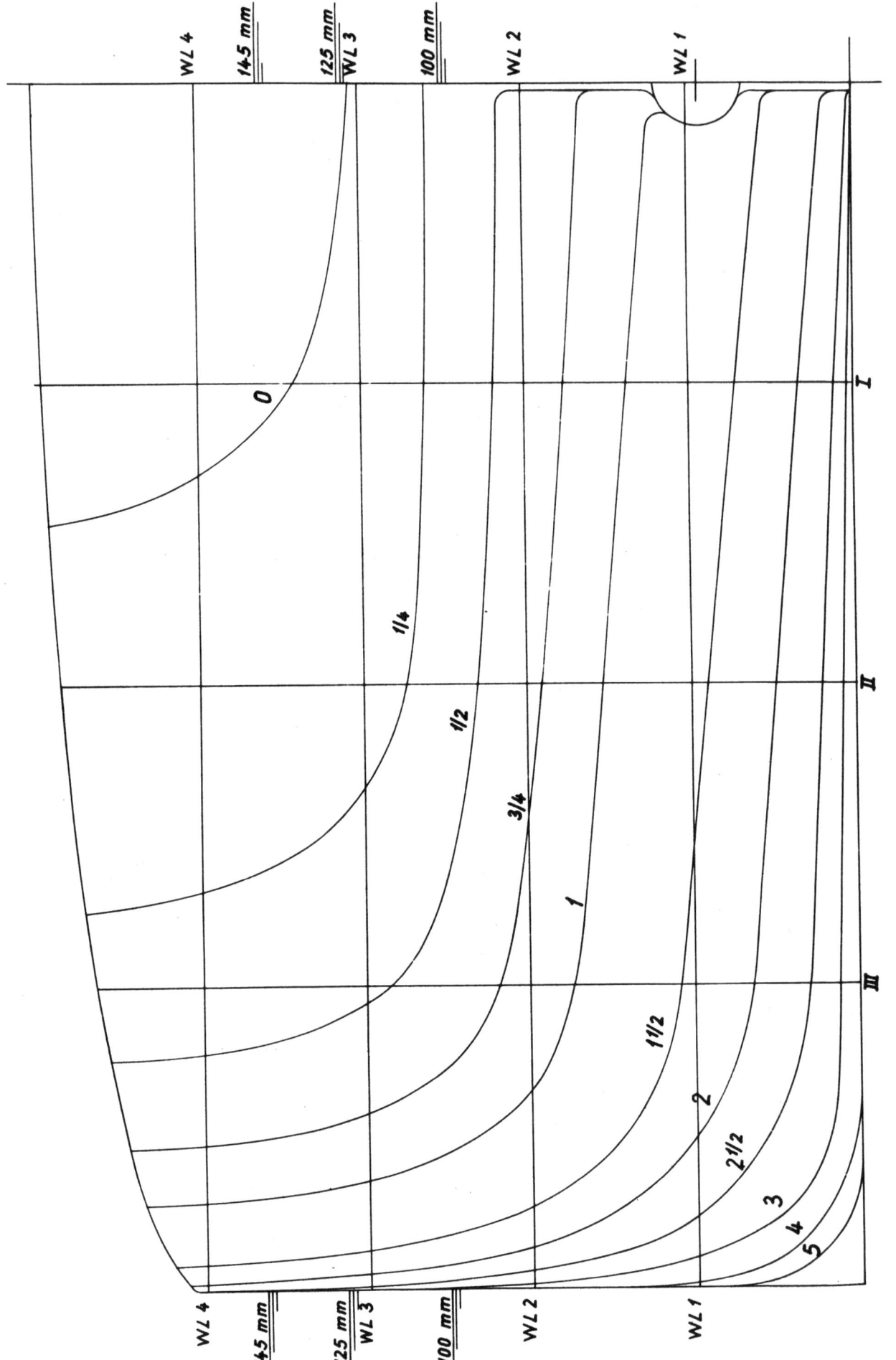

Abbildung 4
Modell D 1:1

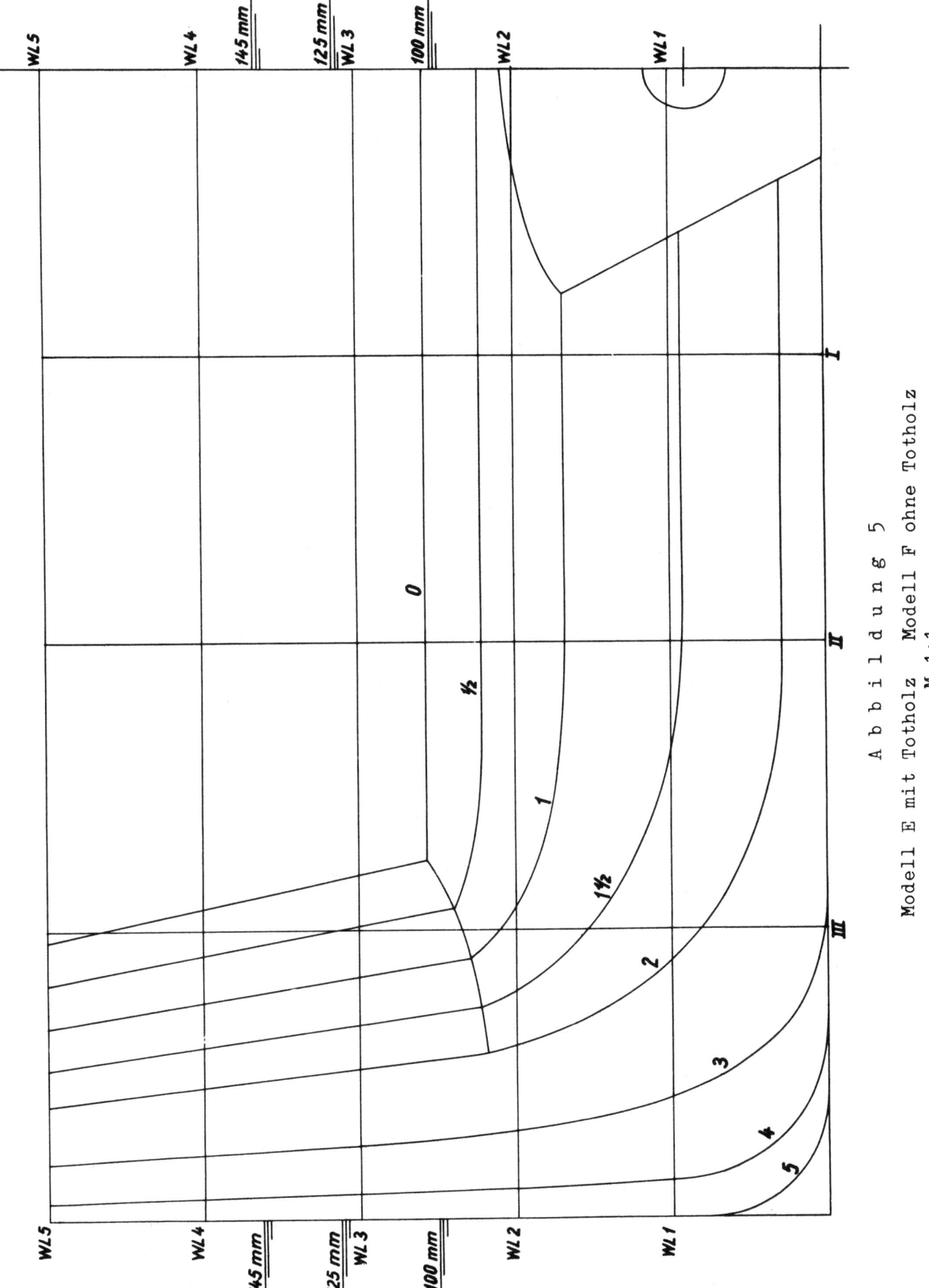

Abbildung 5

Modell E mit Totholz   Modell F ohne Totholz
M 1:1

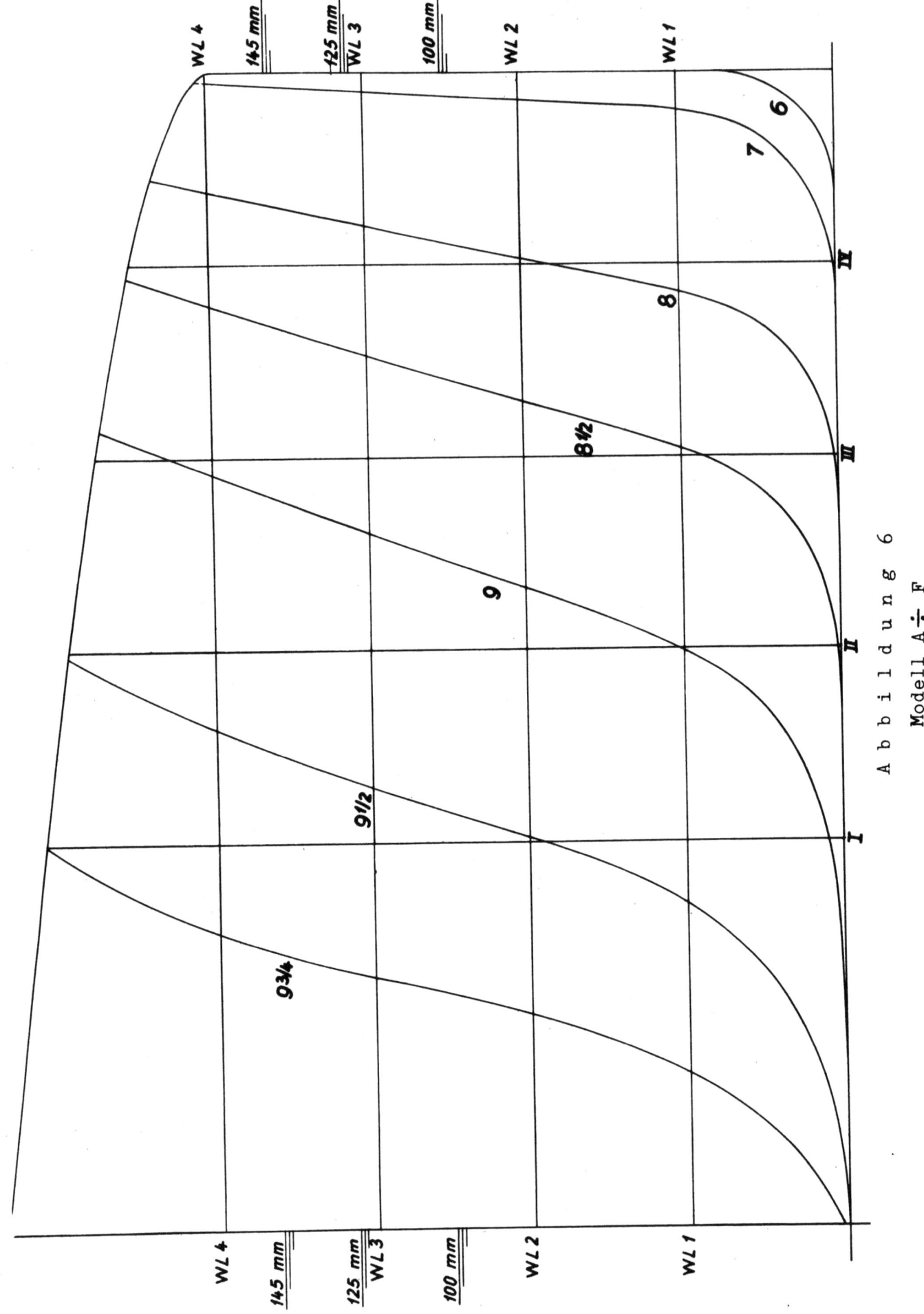

Abbildung 6
Modell A ÷ F
M 1:1

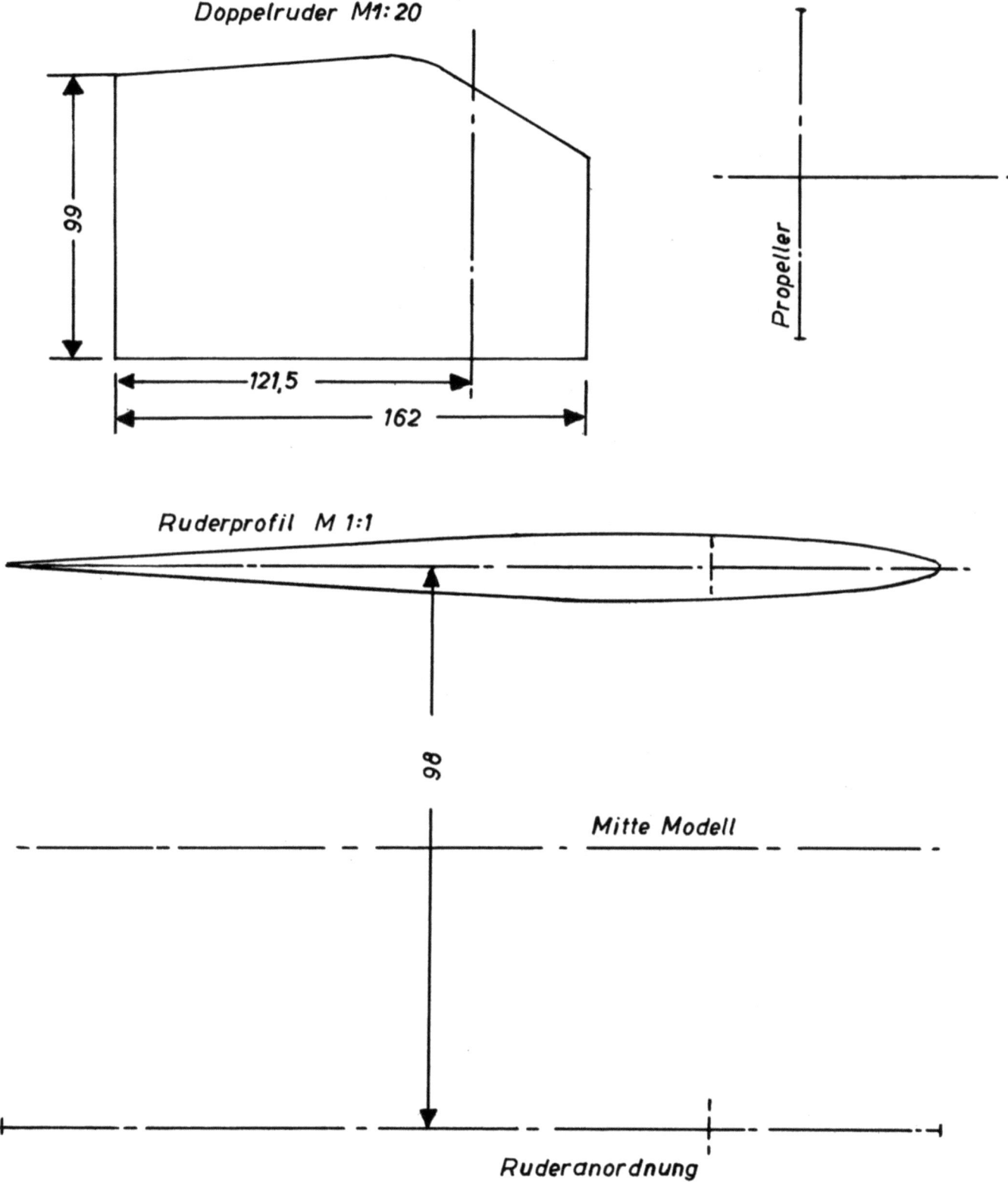

Abbildung 7

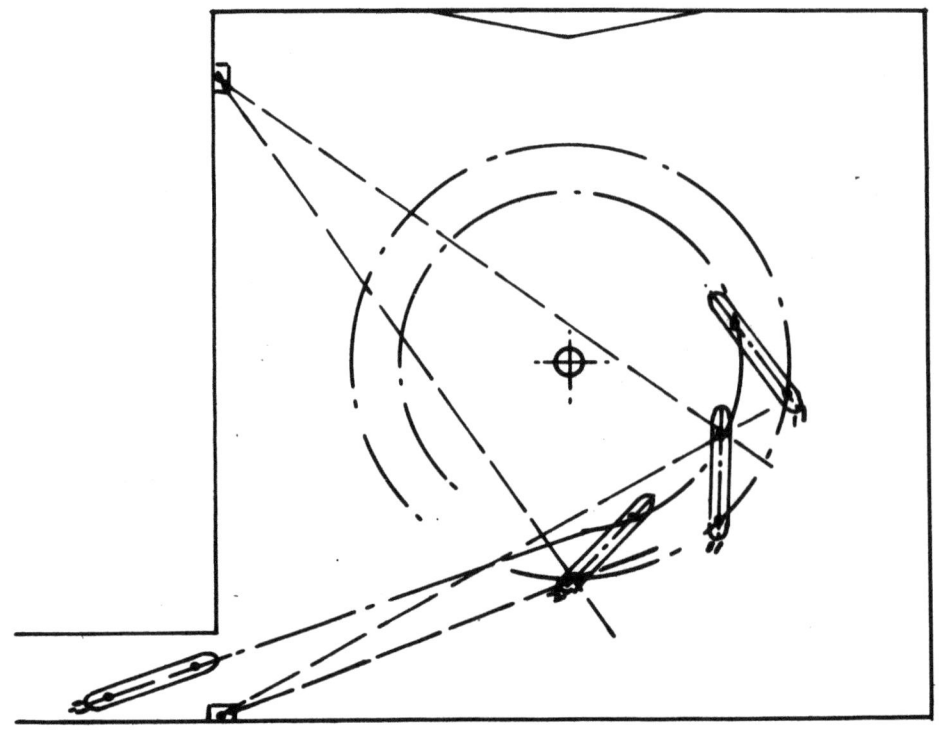

Drehkreispeilungen

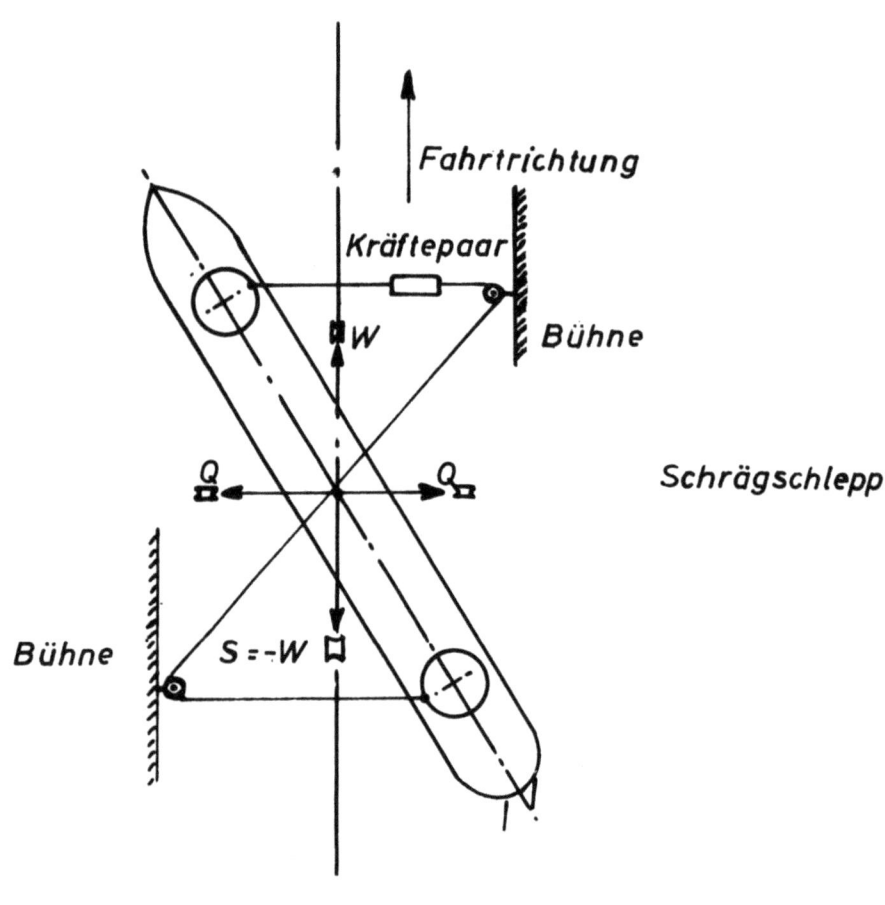

Schrägschlepp

Abbildung 8

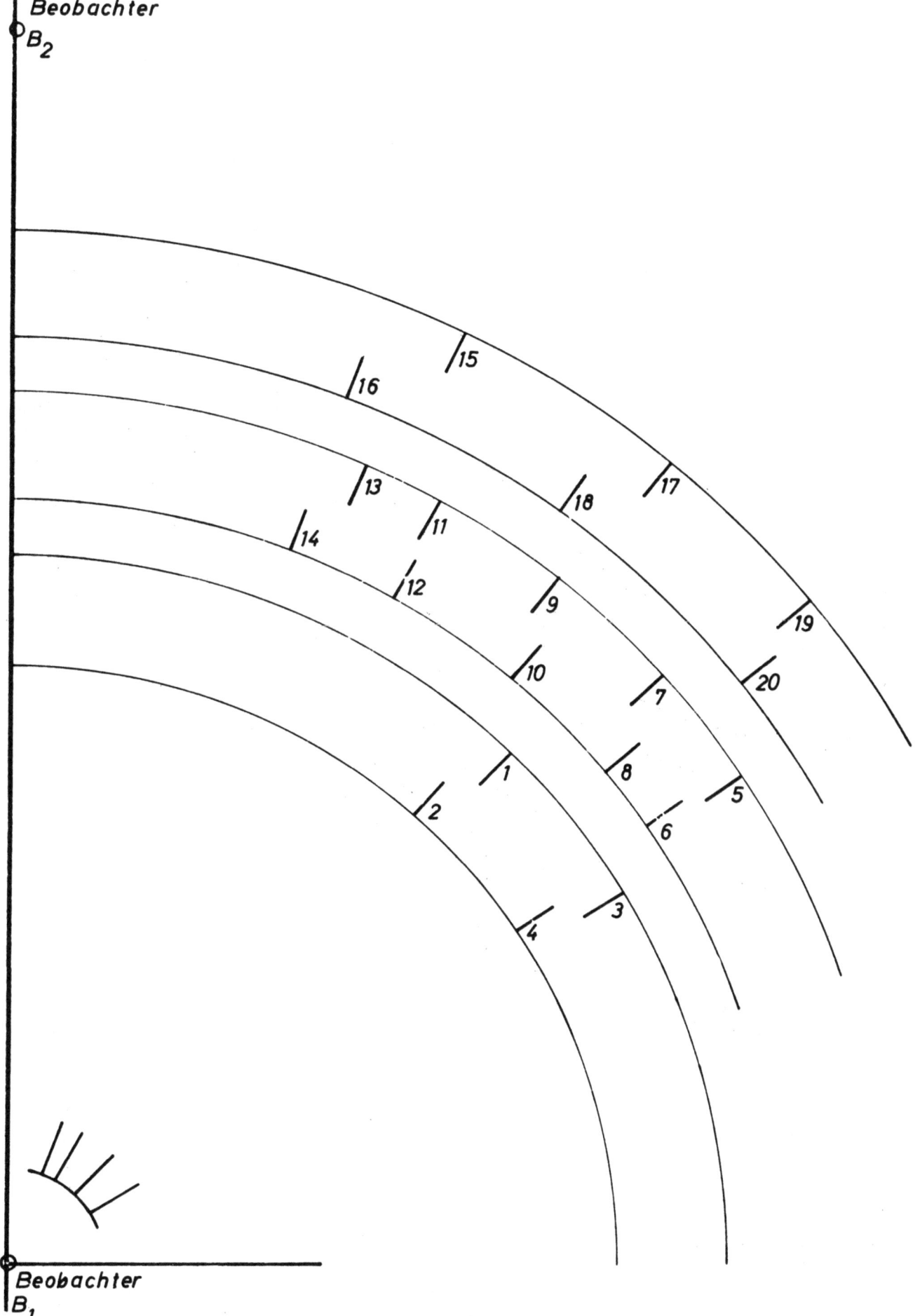

Abbildung 9

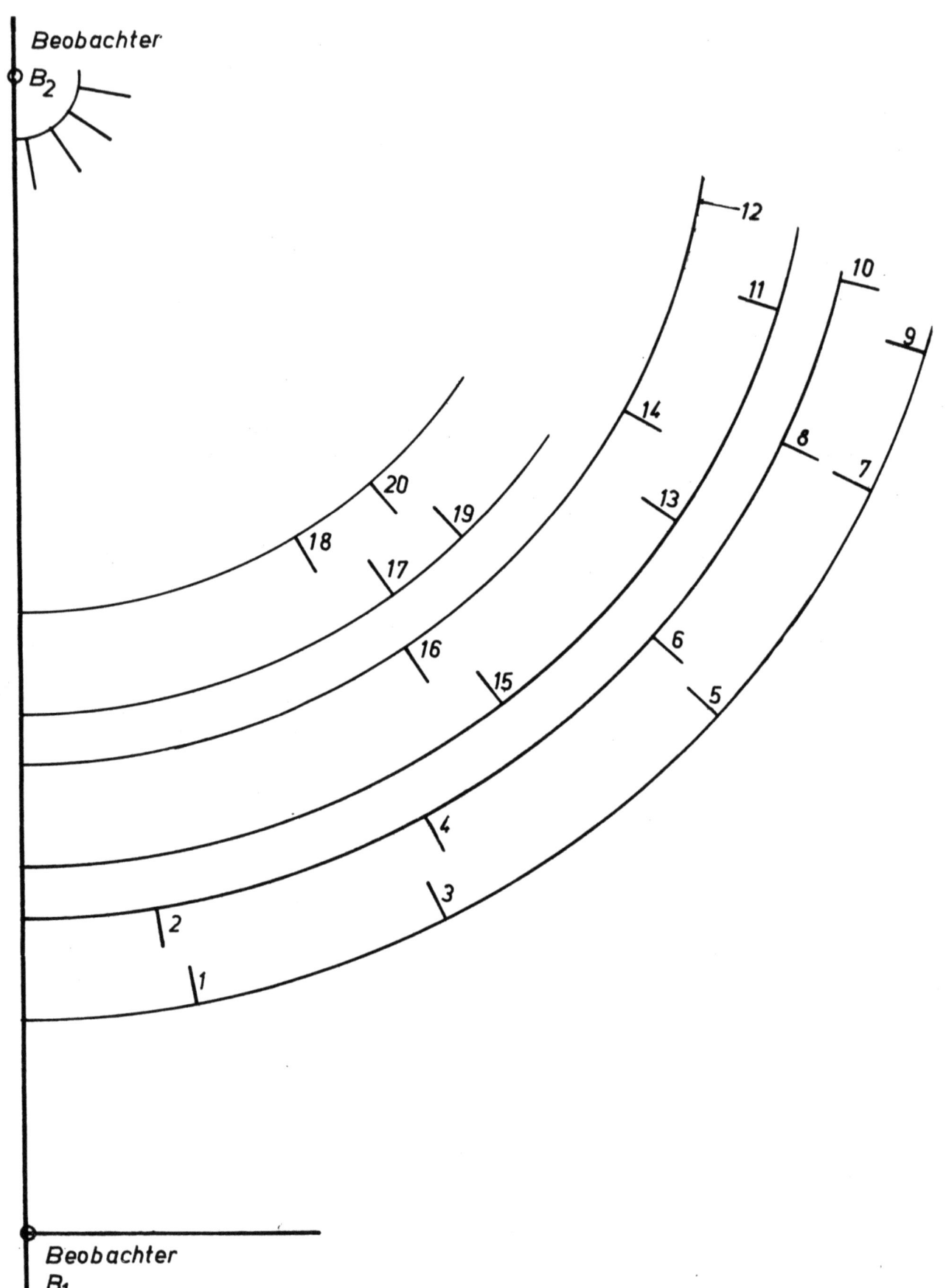

Abbildung 10

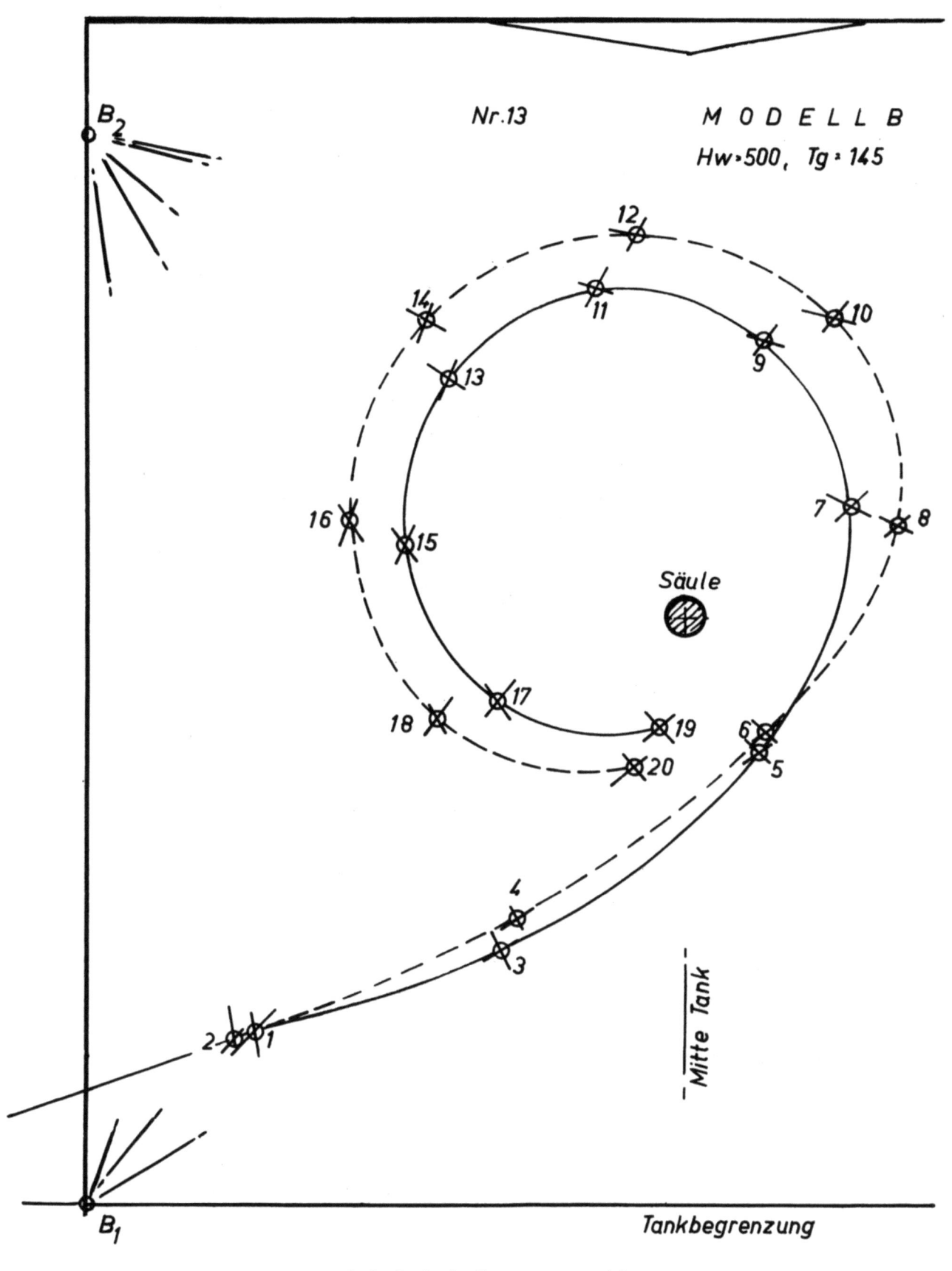

Abbildung 1.1
Modell B Hw = 500 Tg = 145

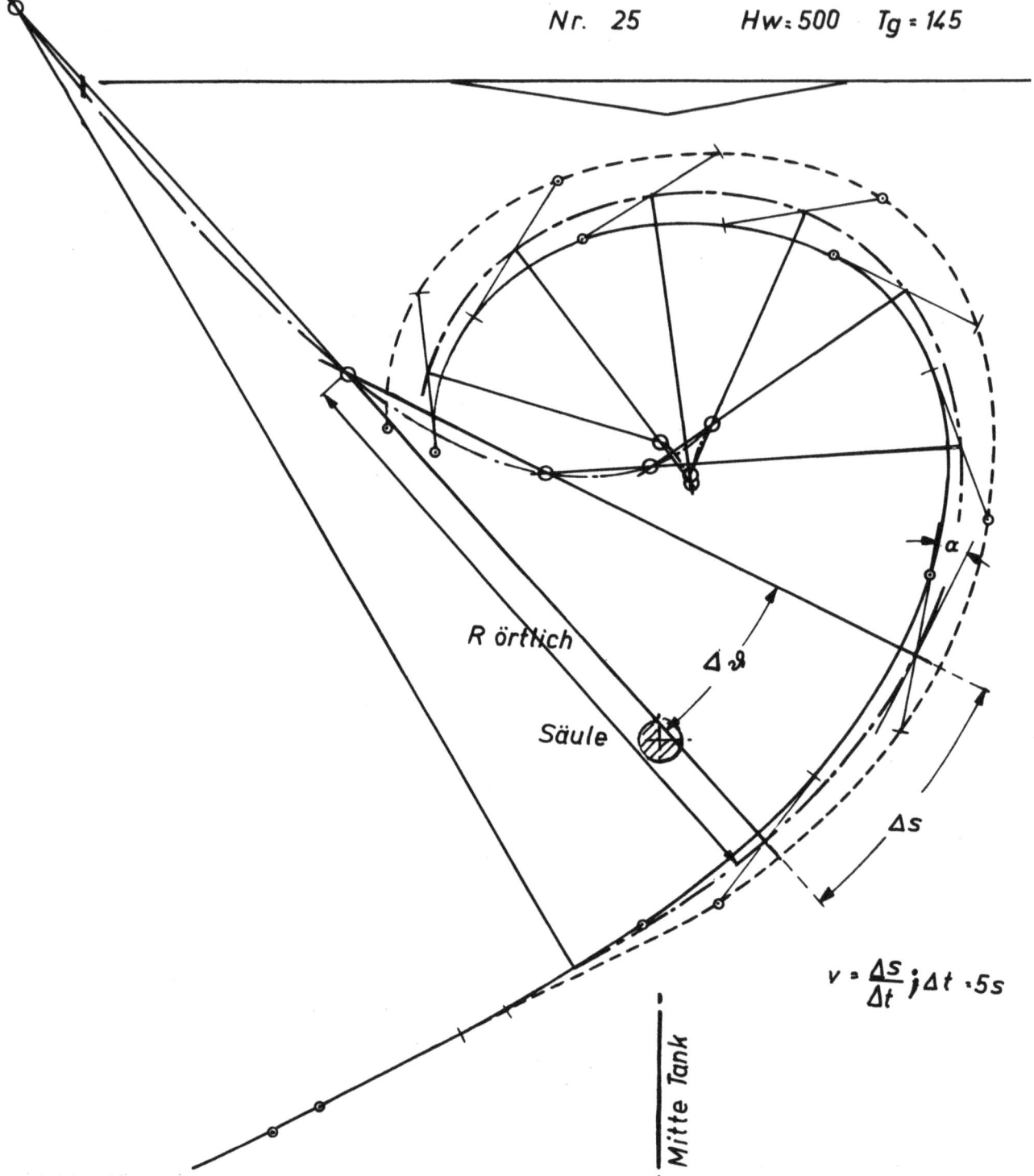

Abbildung 12
Modell A Hw = 500 Tg = 145

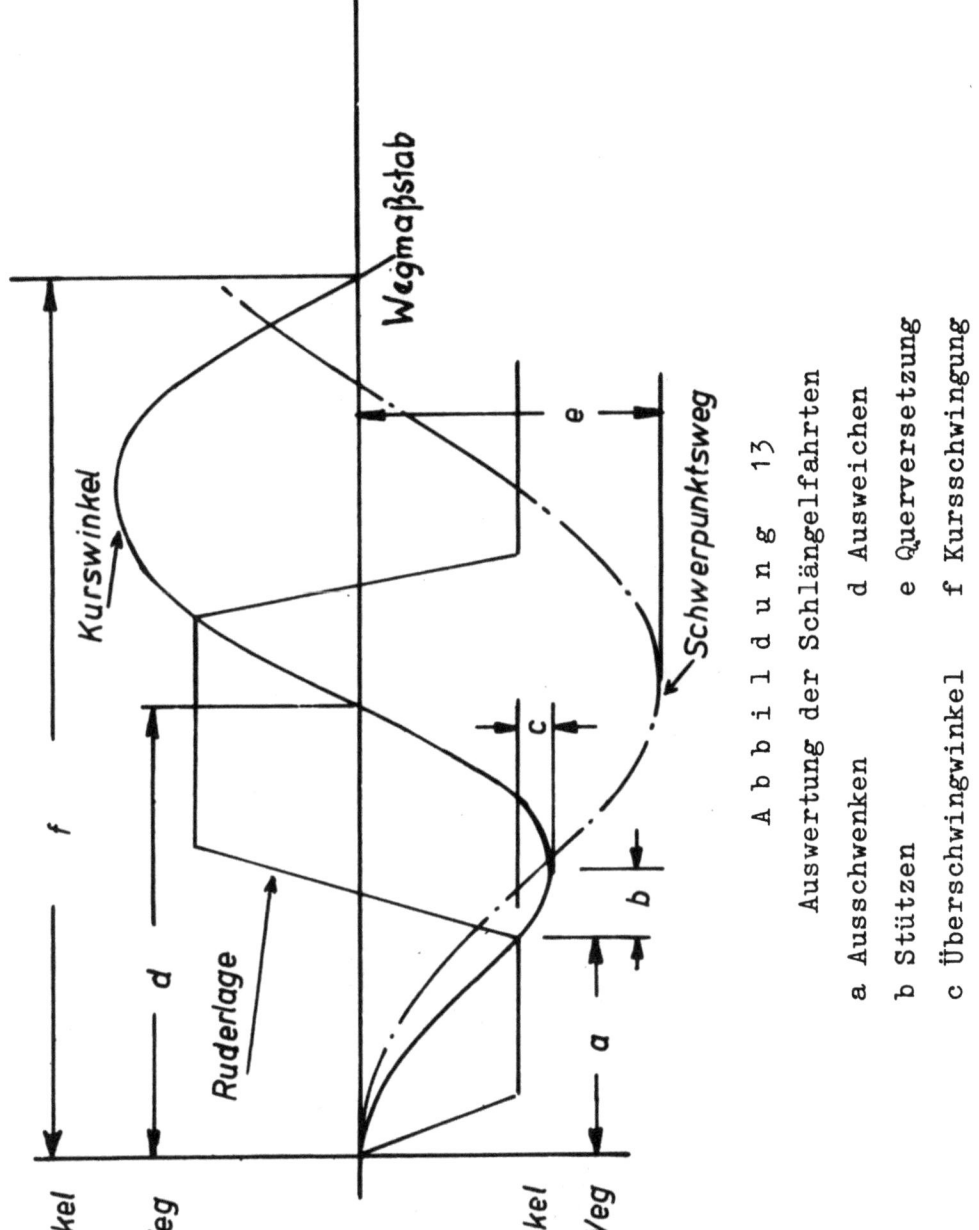

Abbildung 13

Auswertung der Schlängelfahrten

a. Ausschwenken   d Ausweichen
b Stützen   e Querversetzung
c Überschwingwinkel f Kursschwingung

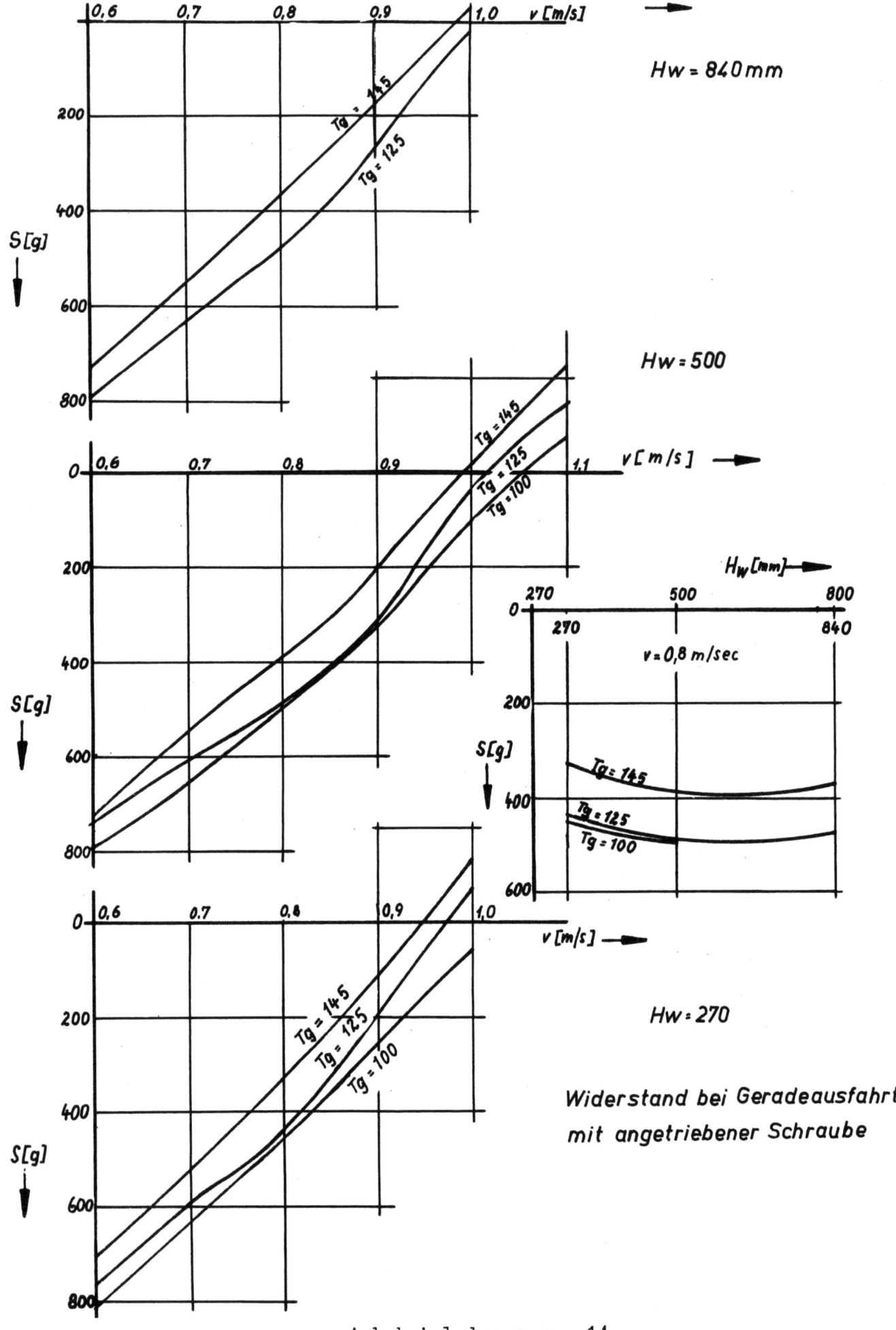

Abbildung 14

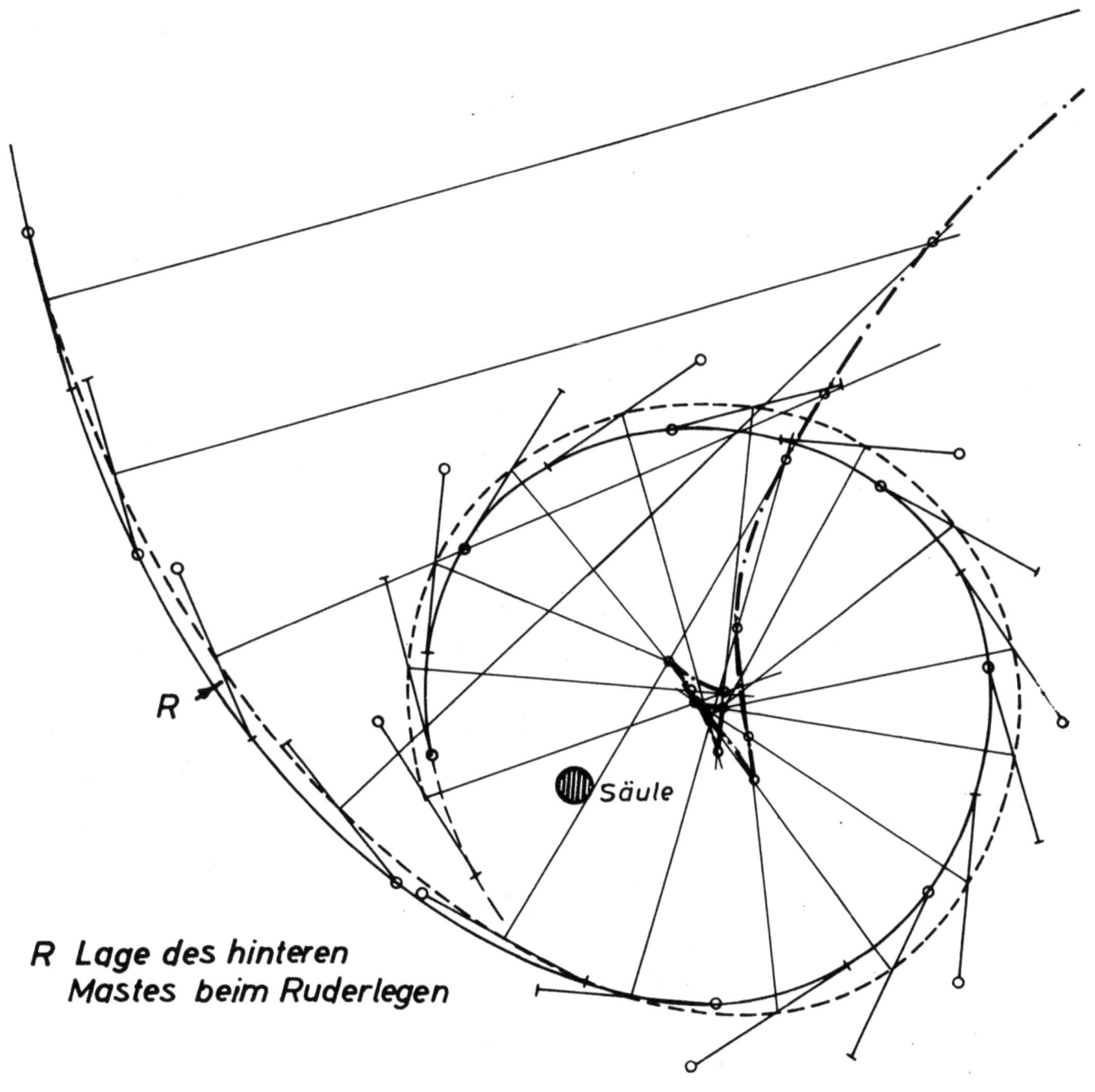

Abbildung 15
Modell B, Nr. 13   M 1:100/120
Hw = 500   Tg = 145

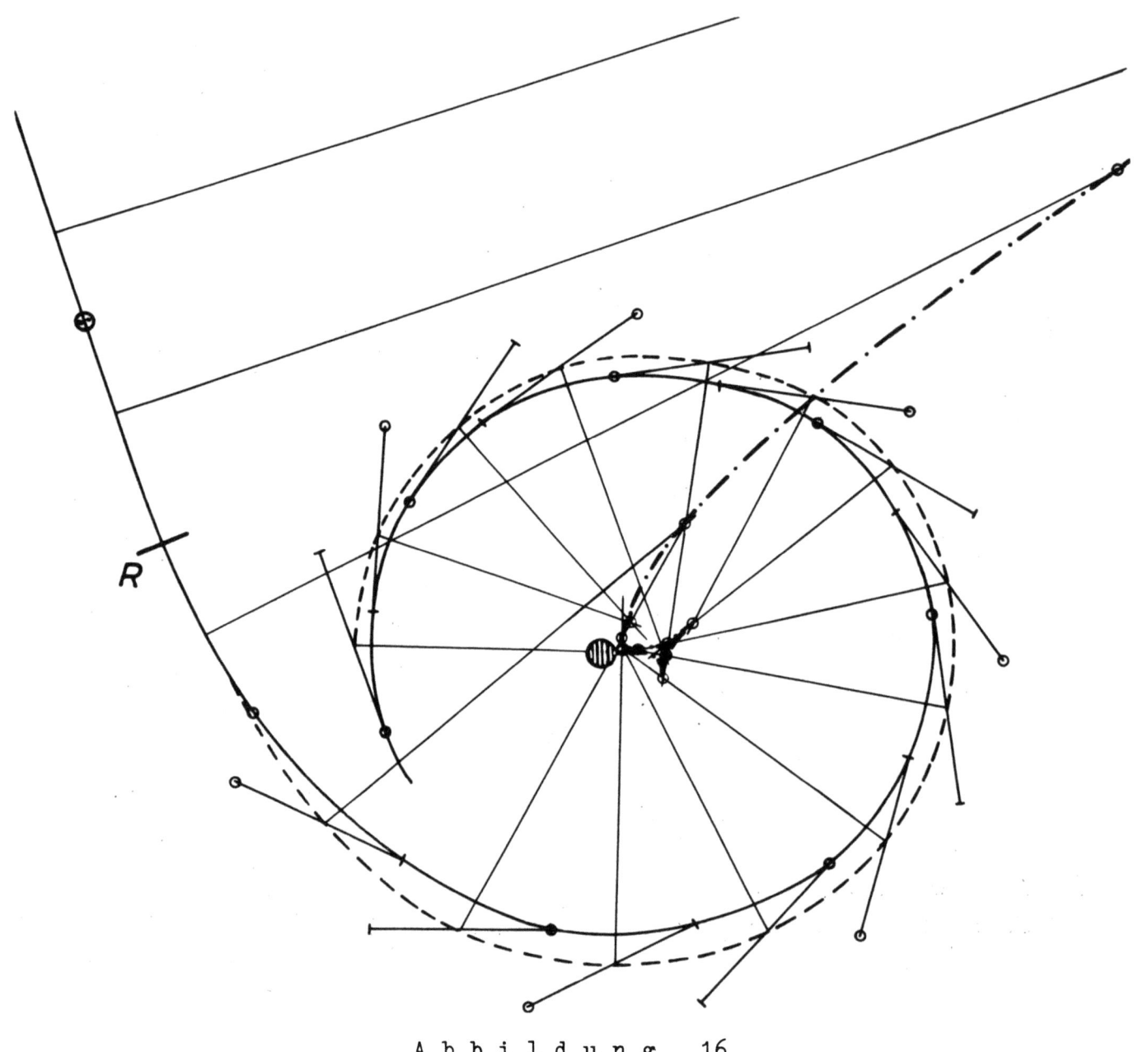

Abbildung 16
Modell C, Nr. 12 M 1:100 (120)
Hw = 500 Tg = 145

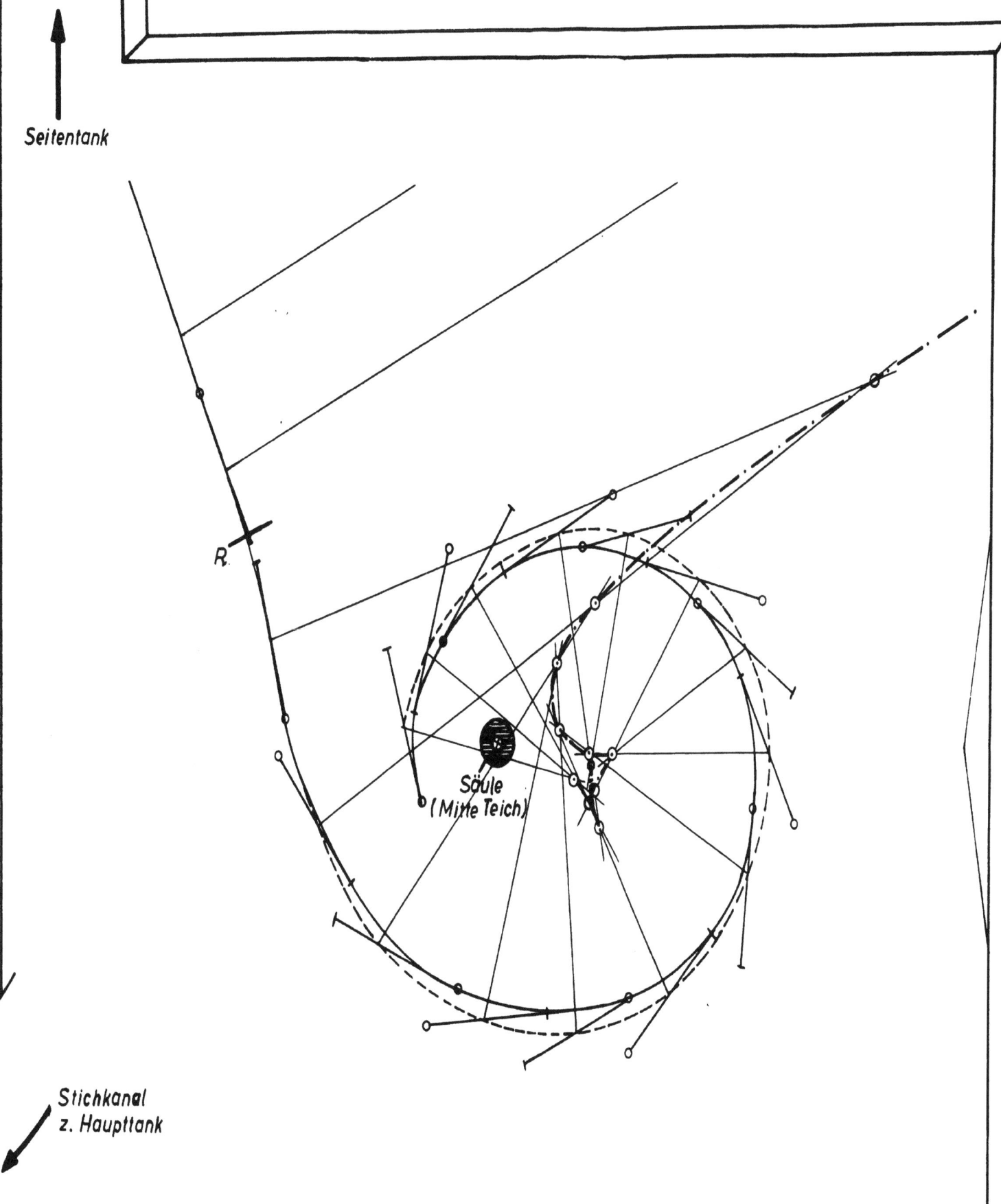

Abbildung 17
Manövrierteich und Drehkreis
Modell D, Nr. 21 M 1:100
Hw = 500 Tg = 145

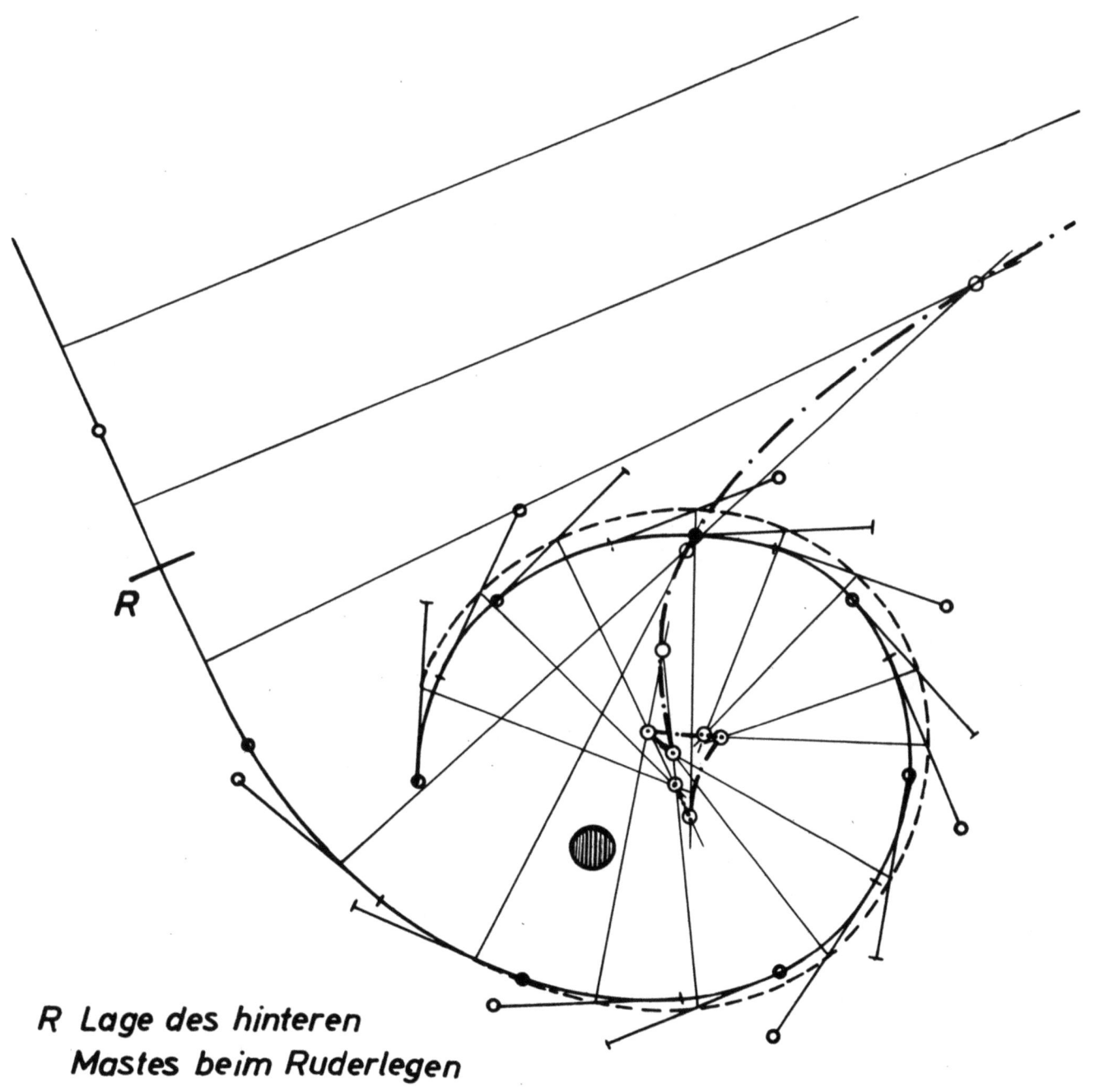

R Lage des hinteren Mastes beim Ruderlegen

Abbildung 18
Modell E_1, Nr. 12 M 1:100
Hw = 500   Tg = 145

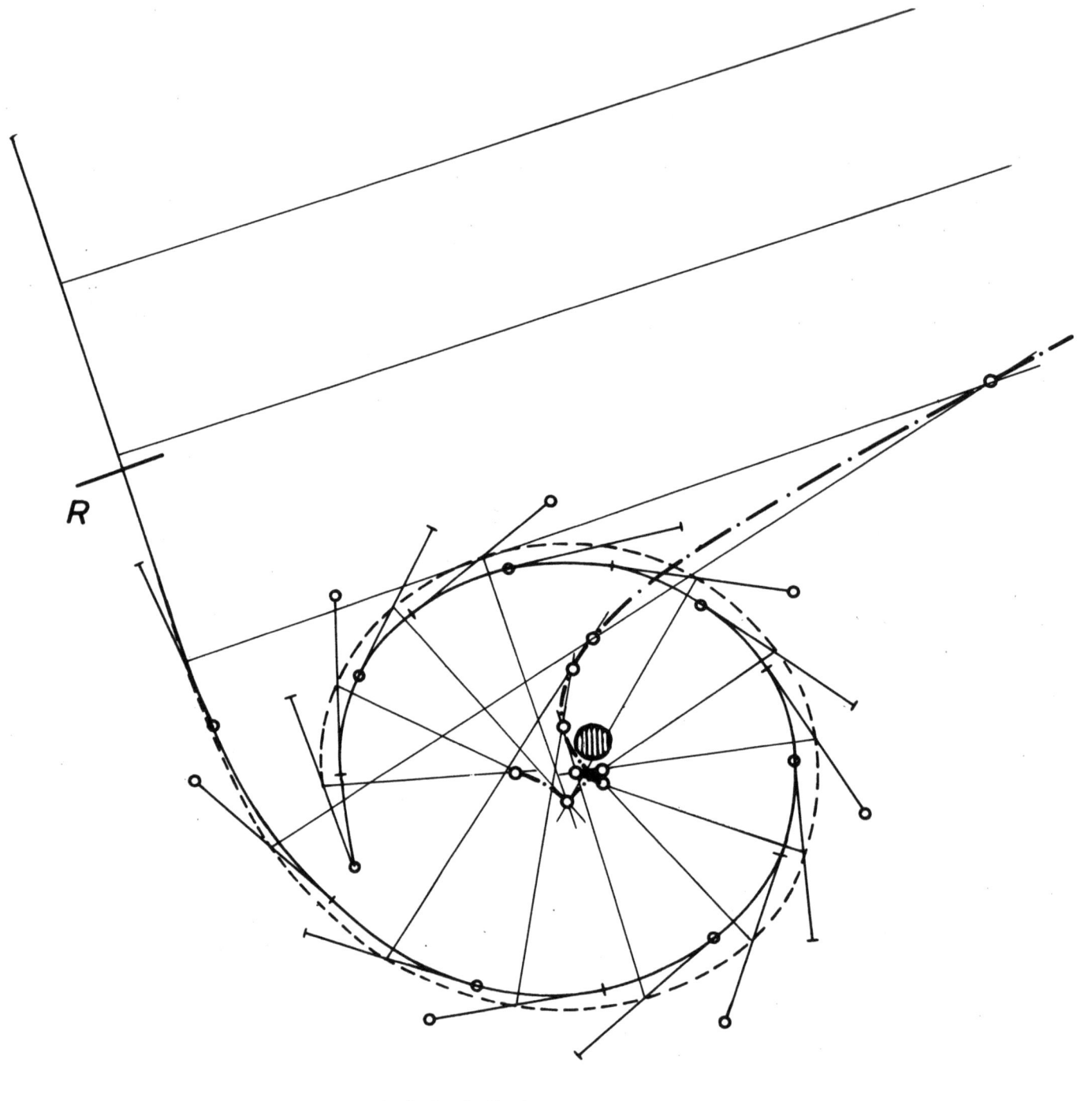

Abbildung 19
Modell E_2, Nr. 12 M 1:100
Hw = 500 Tg = 145

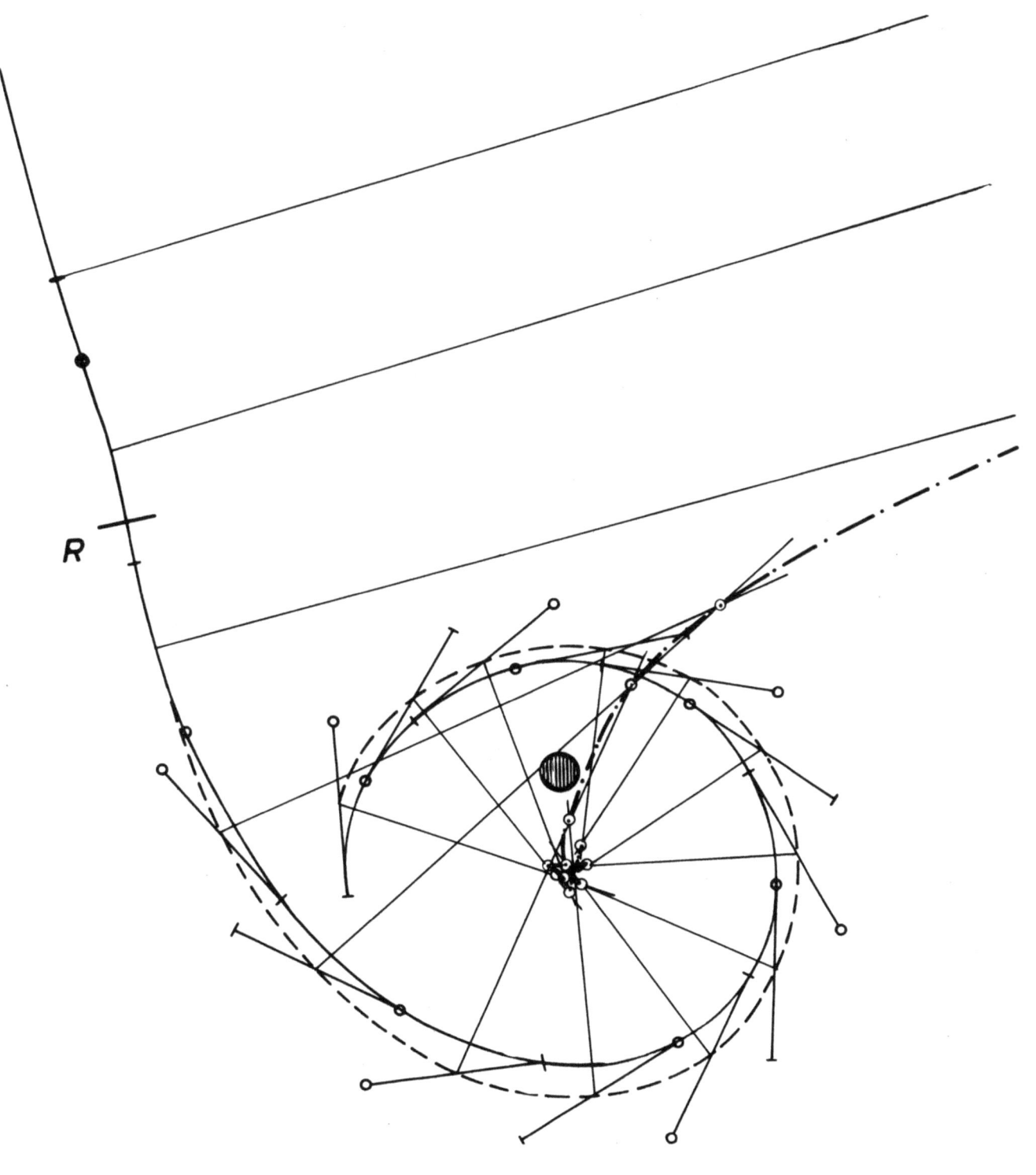

Abbildung 20
Modell F, Nr. 12 M 1:100
Hw = 500 Tg = 145

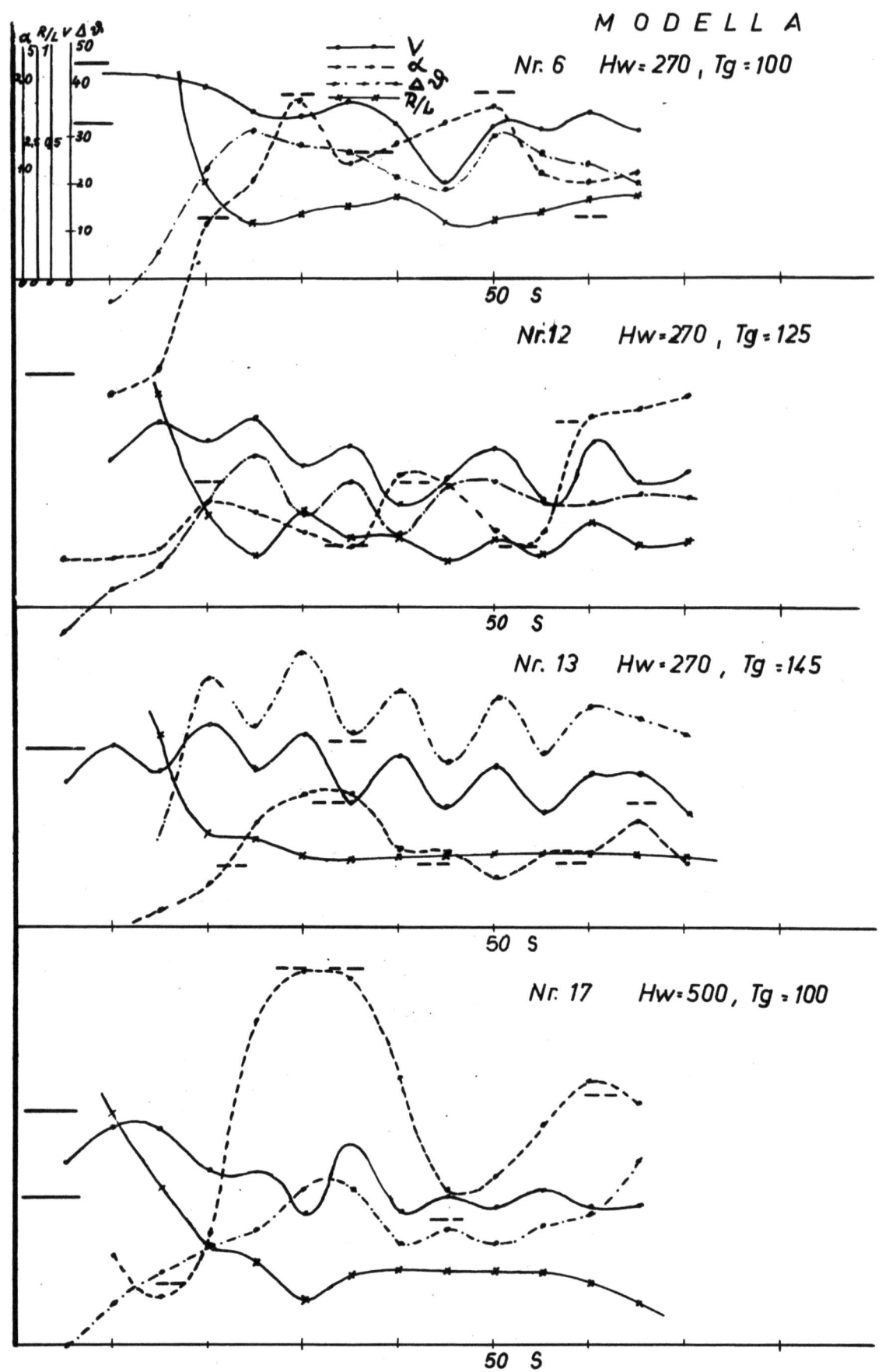

Abbildung 21

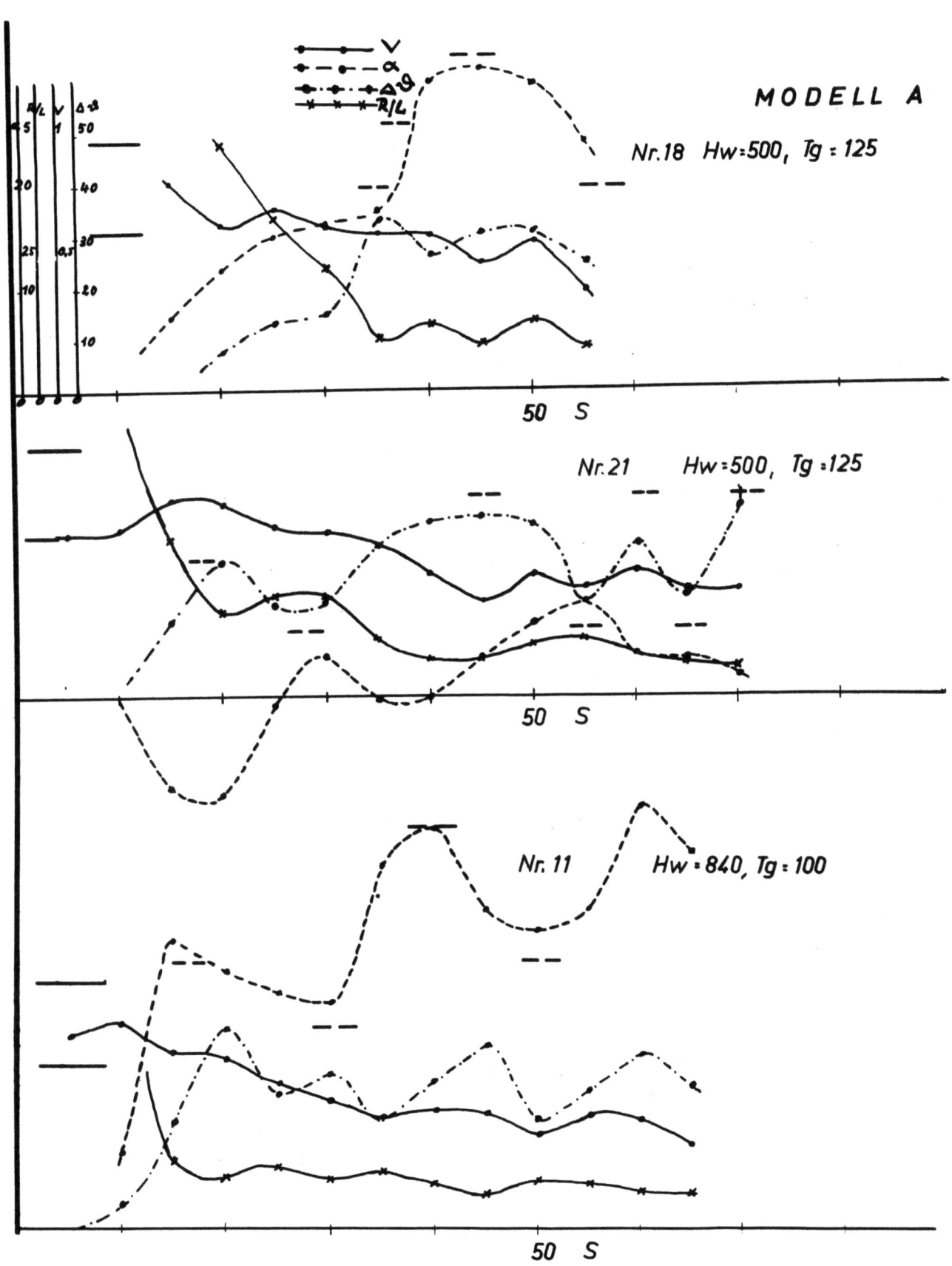

Abbildung 22

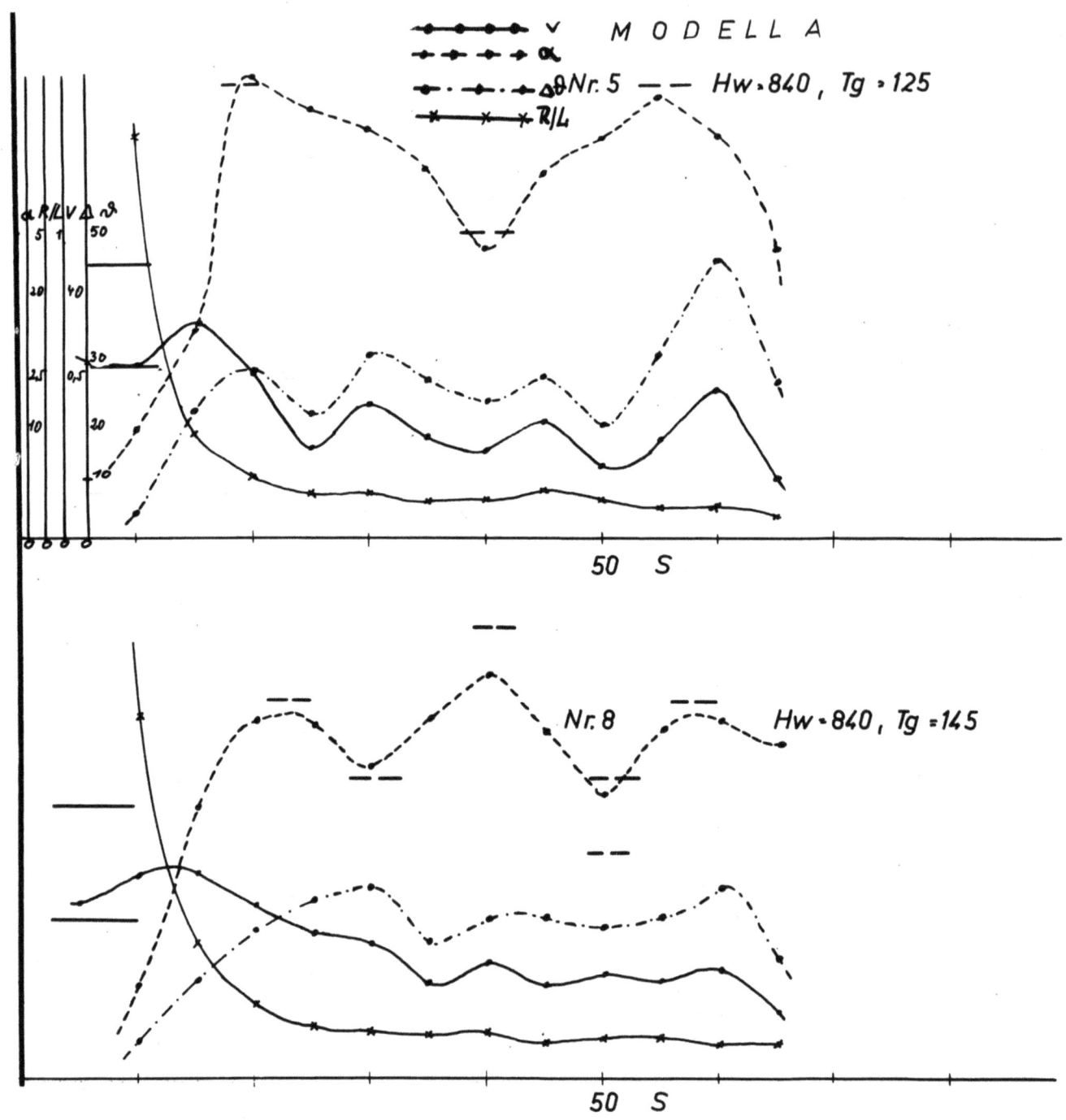

Abbildung 23

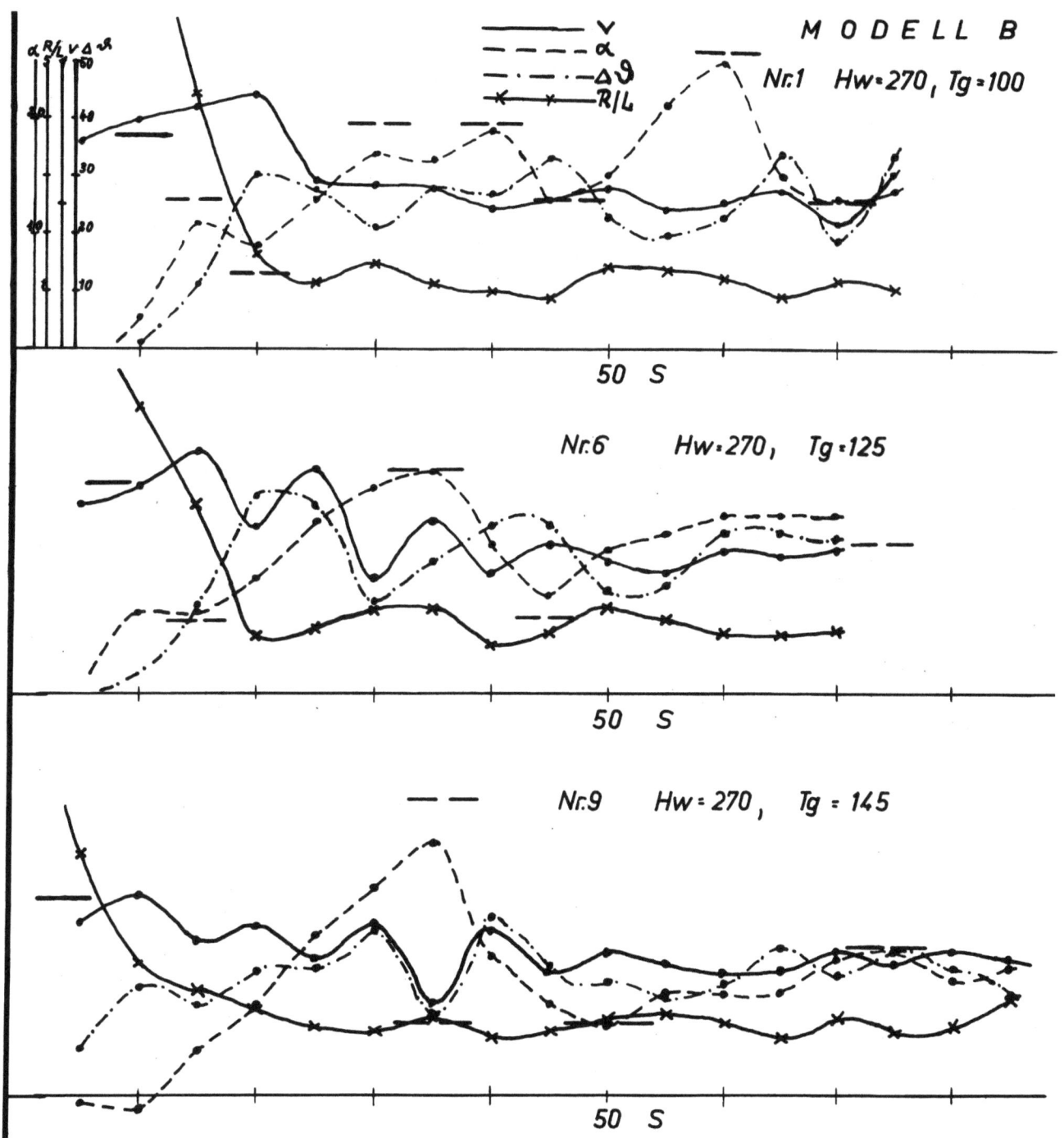

Abbildung 24

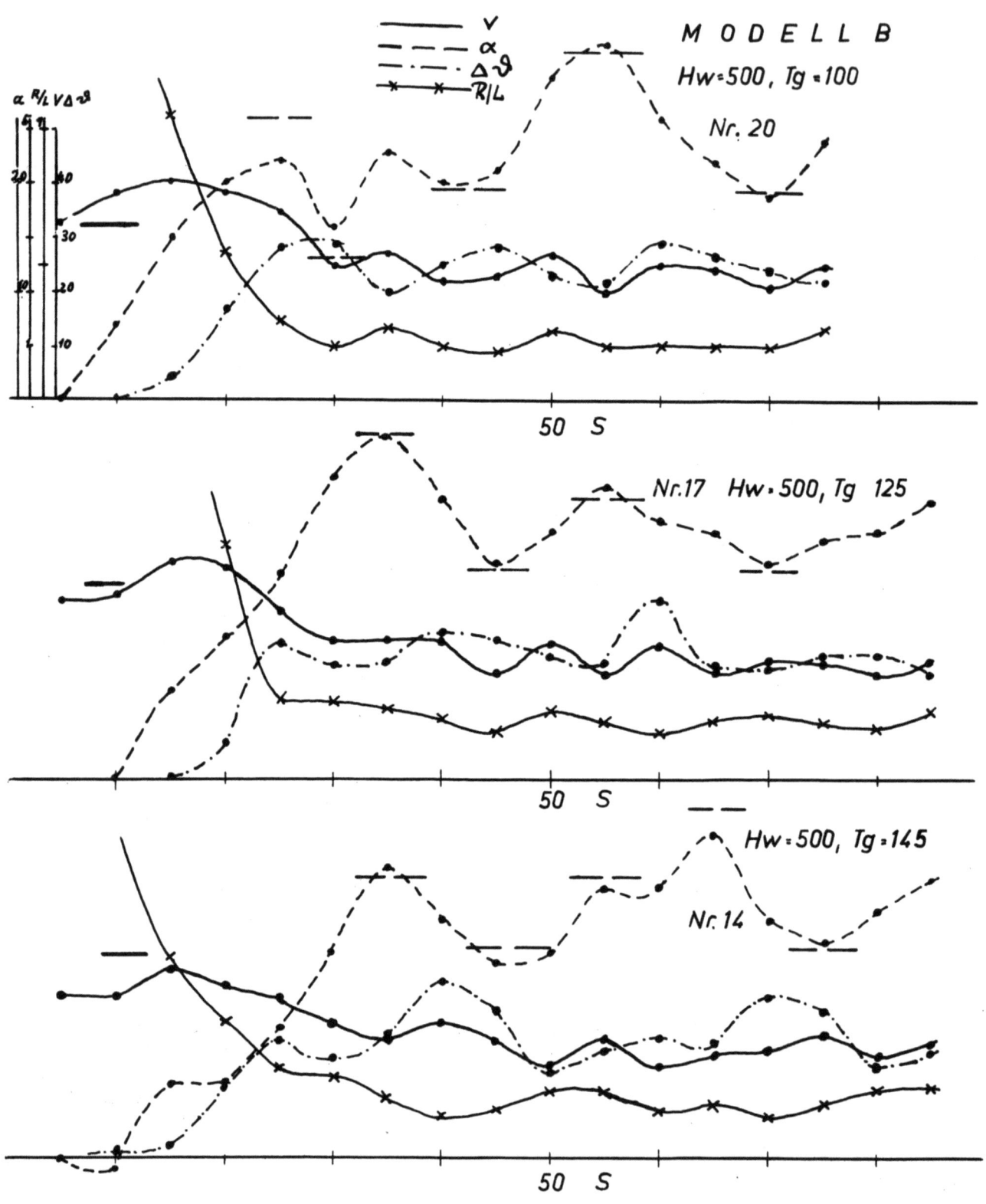

Abbildung 25

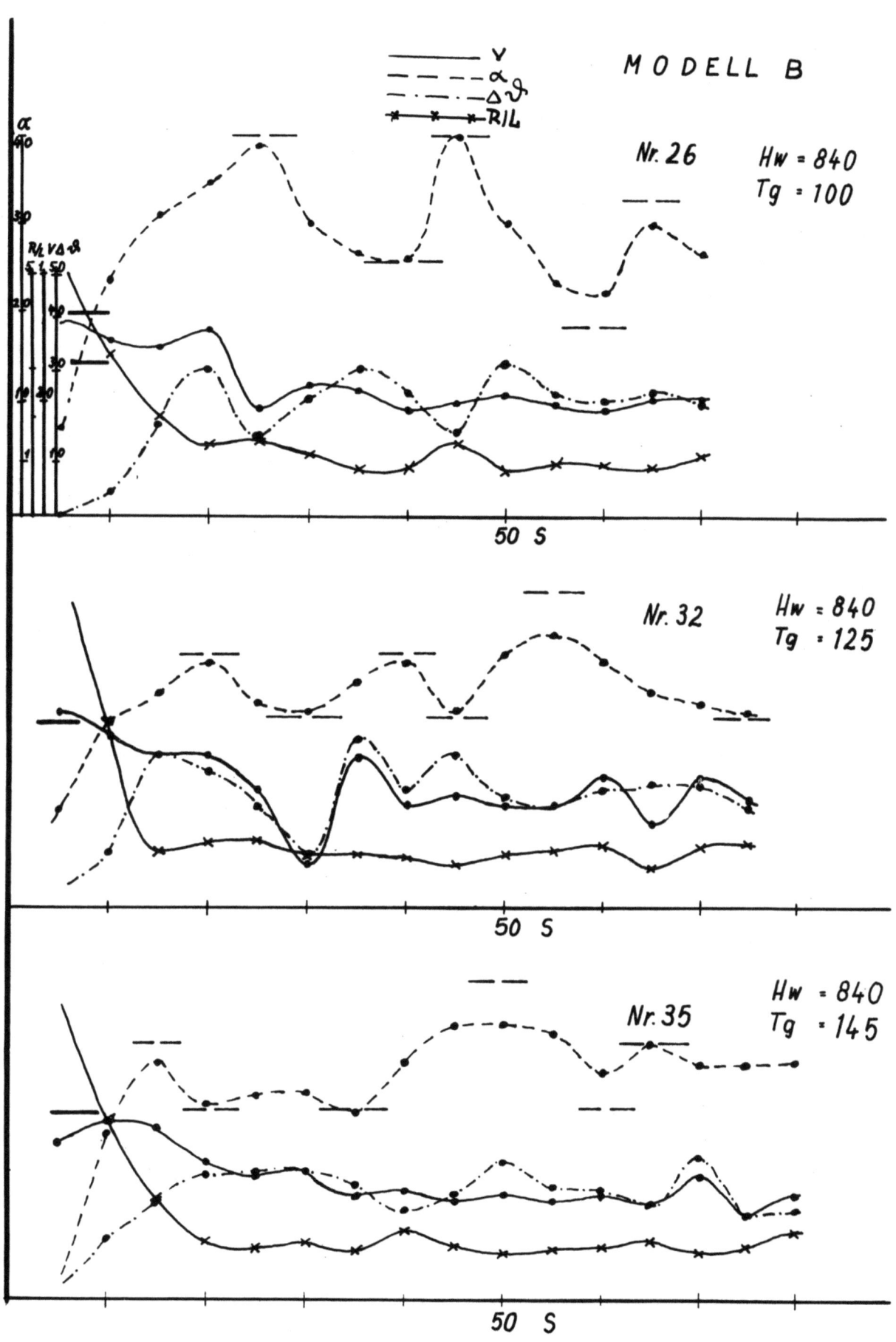

Abbildung 26

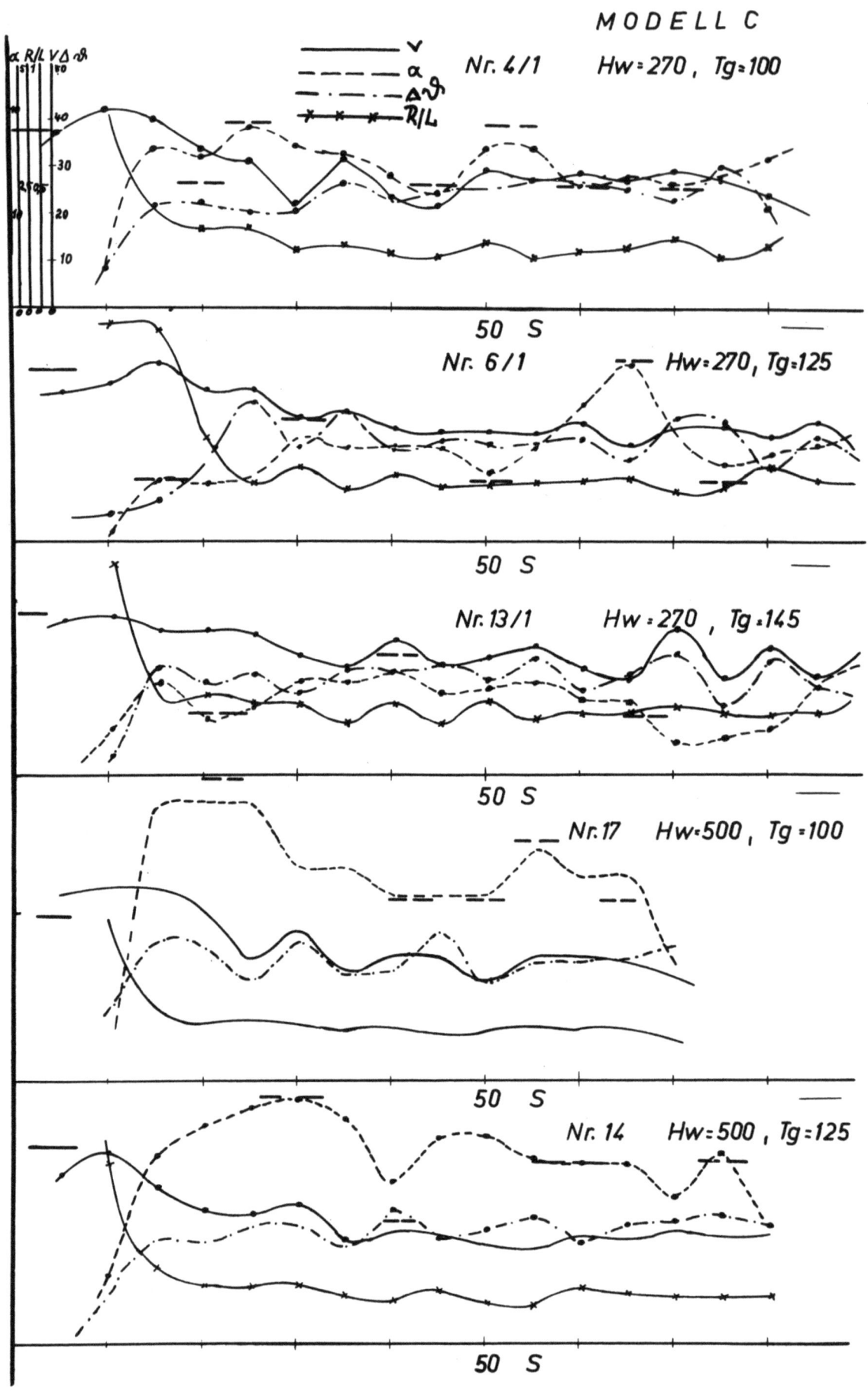

Abbildung 27

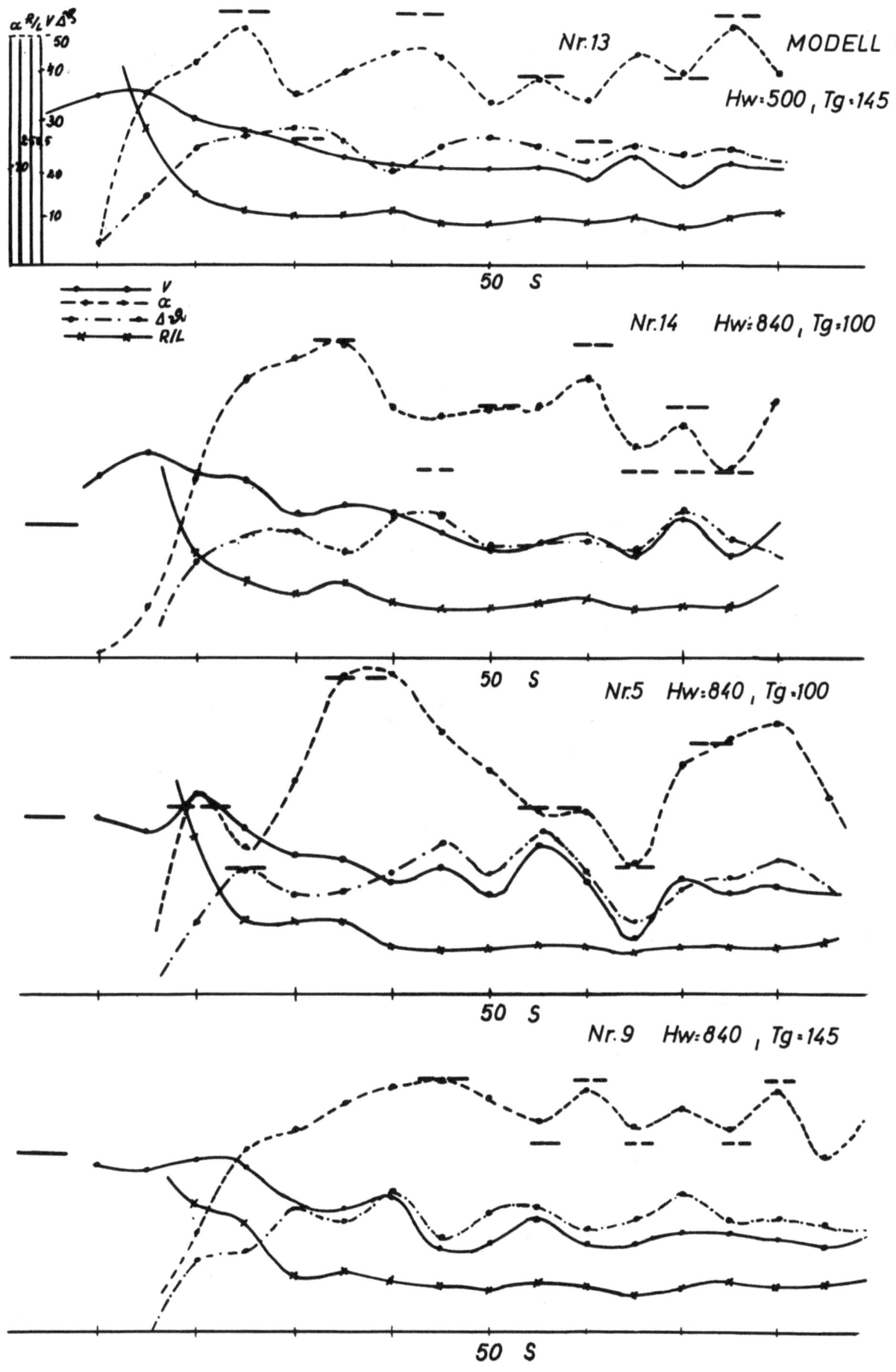

Abbildung 28

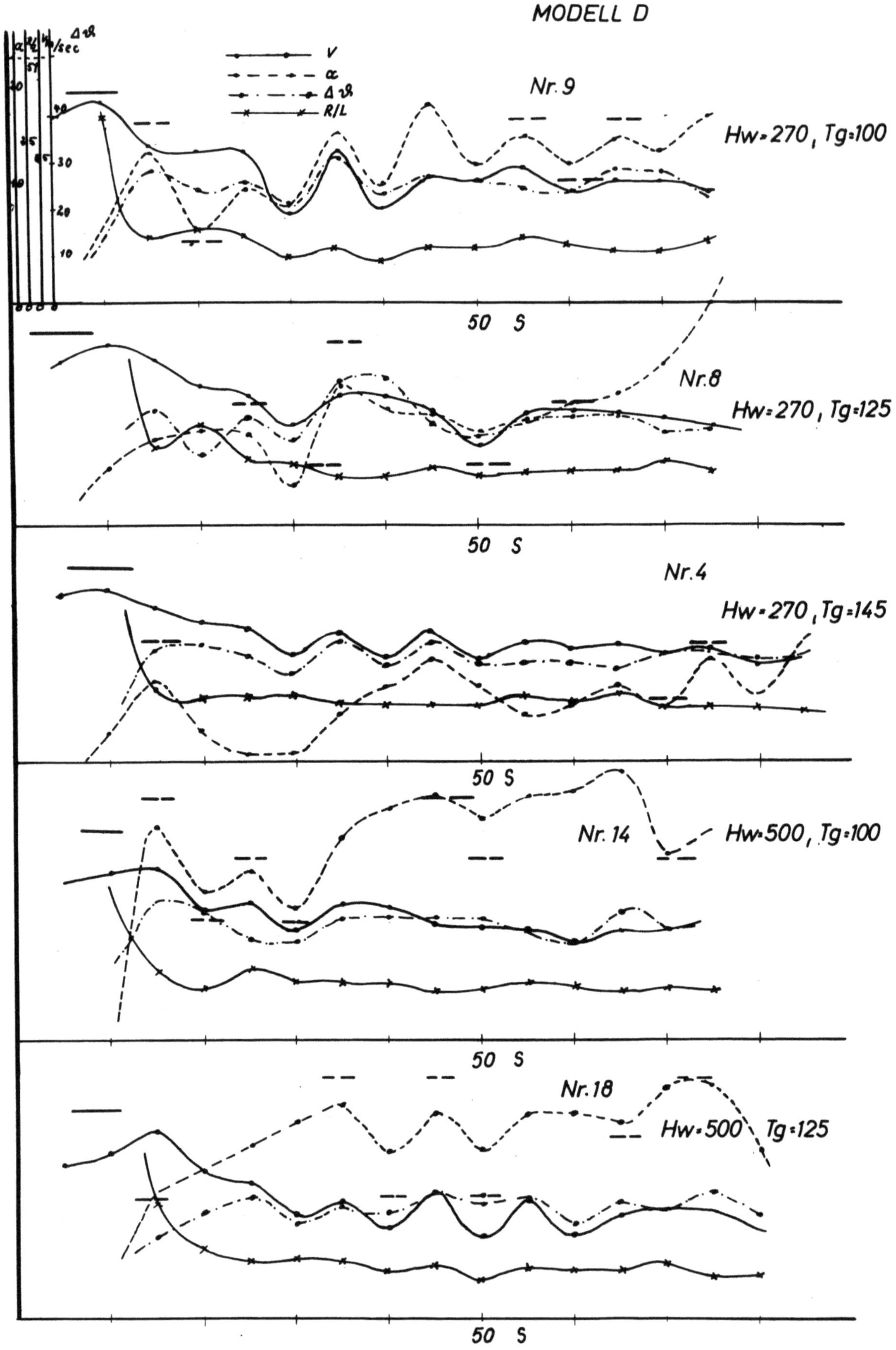

Abbildung 29

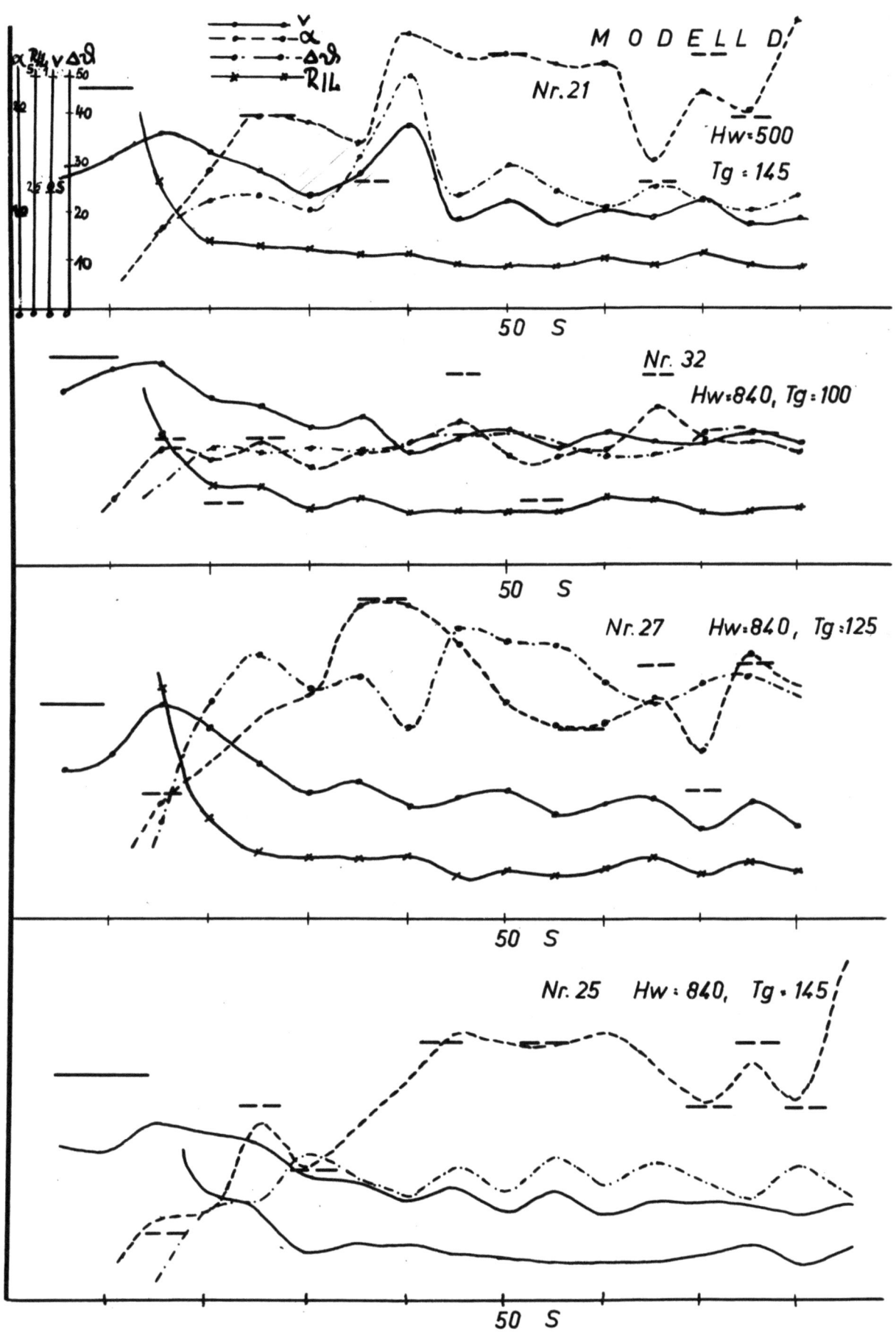

Abbildung 30

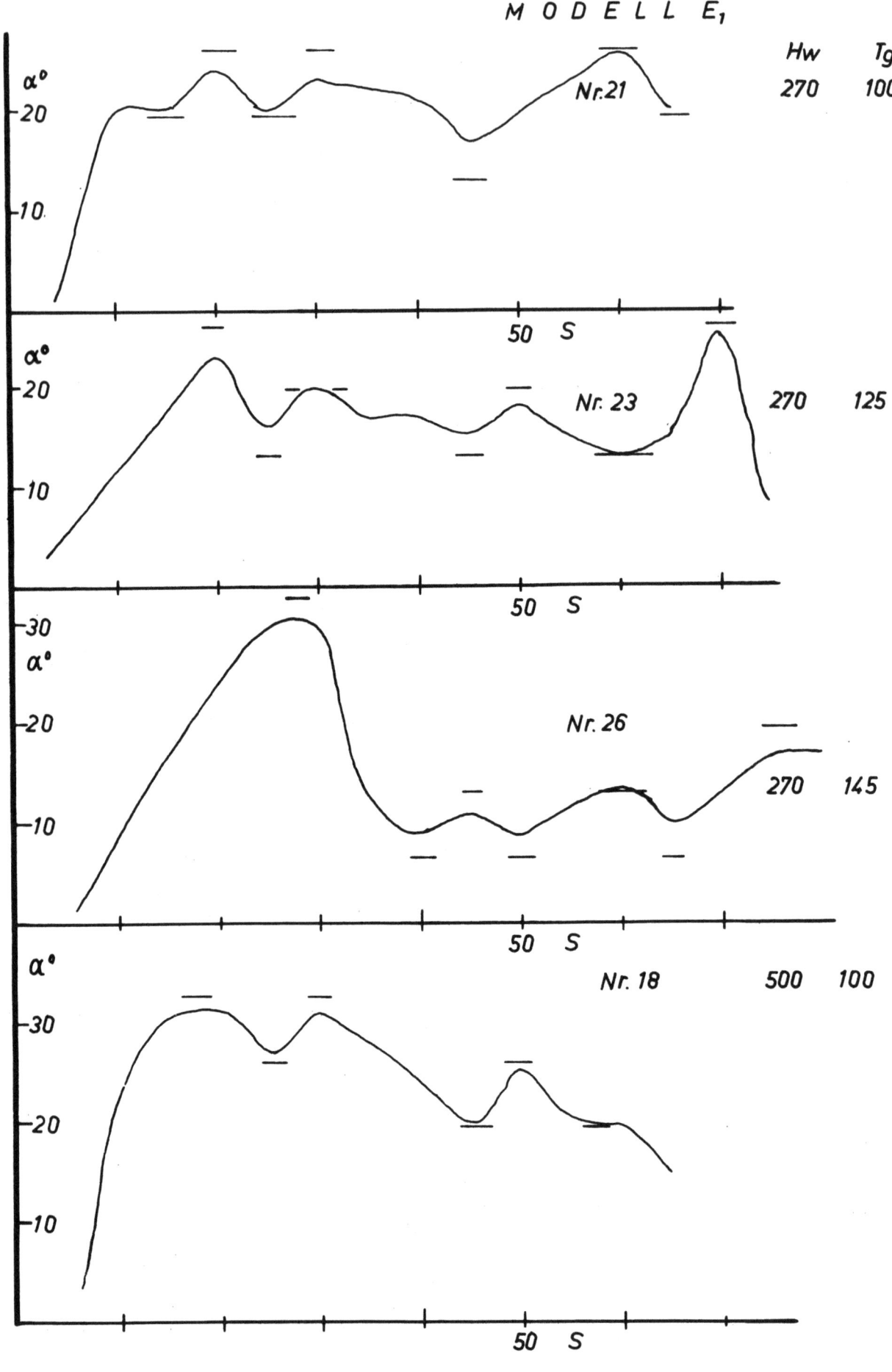

Abbildung 31

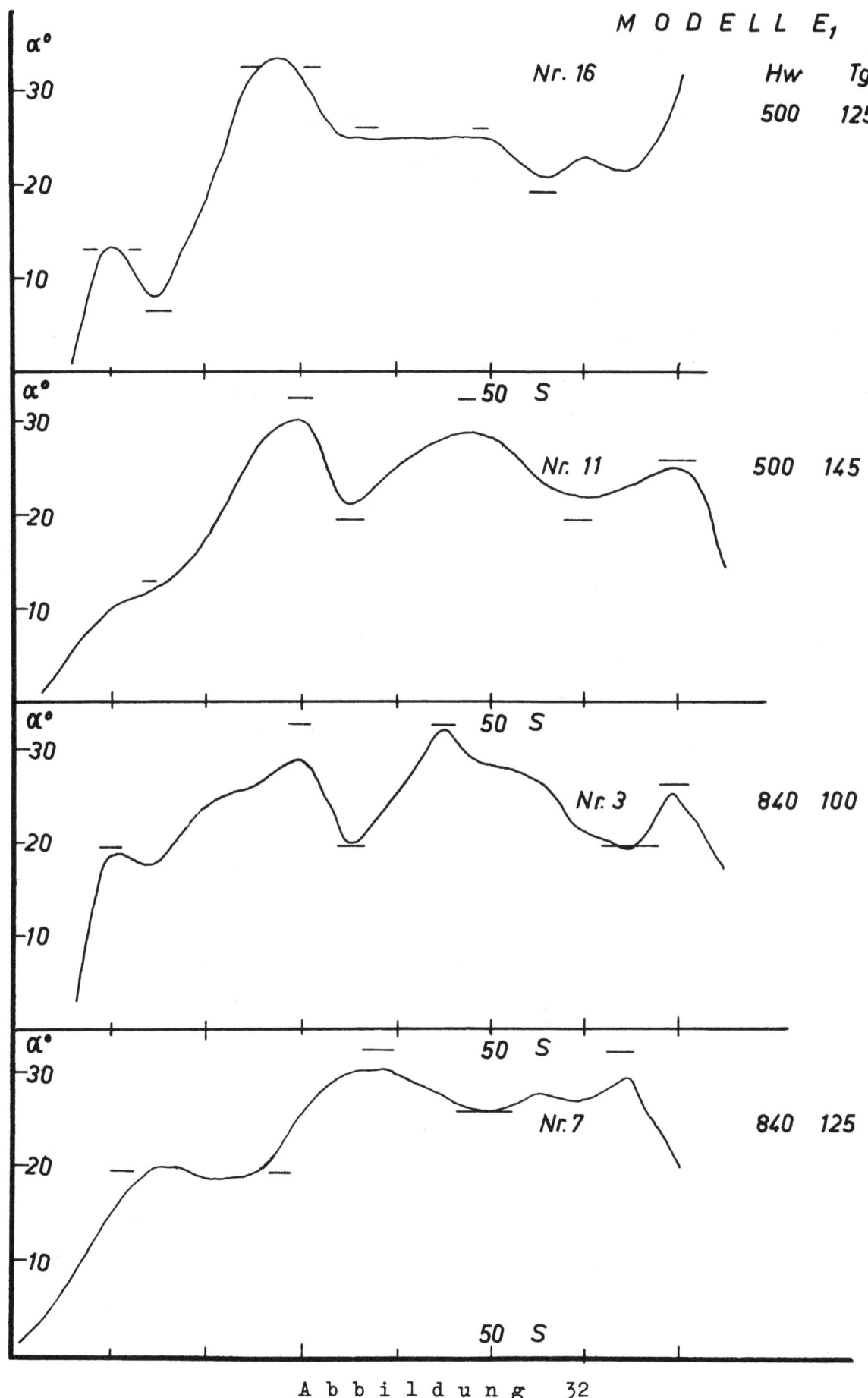

Abbildung 32

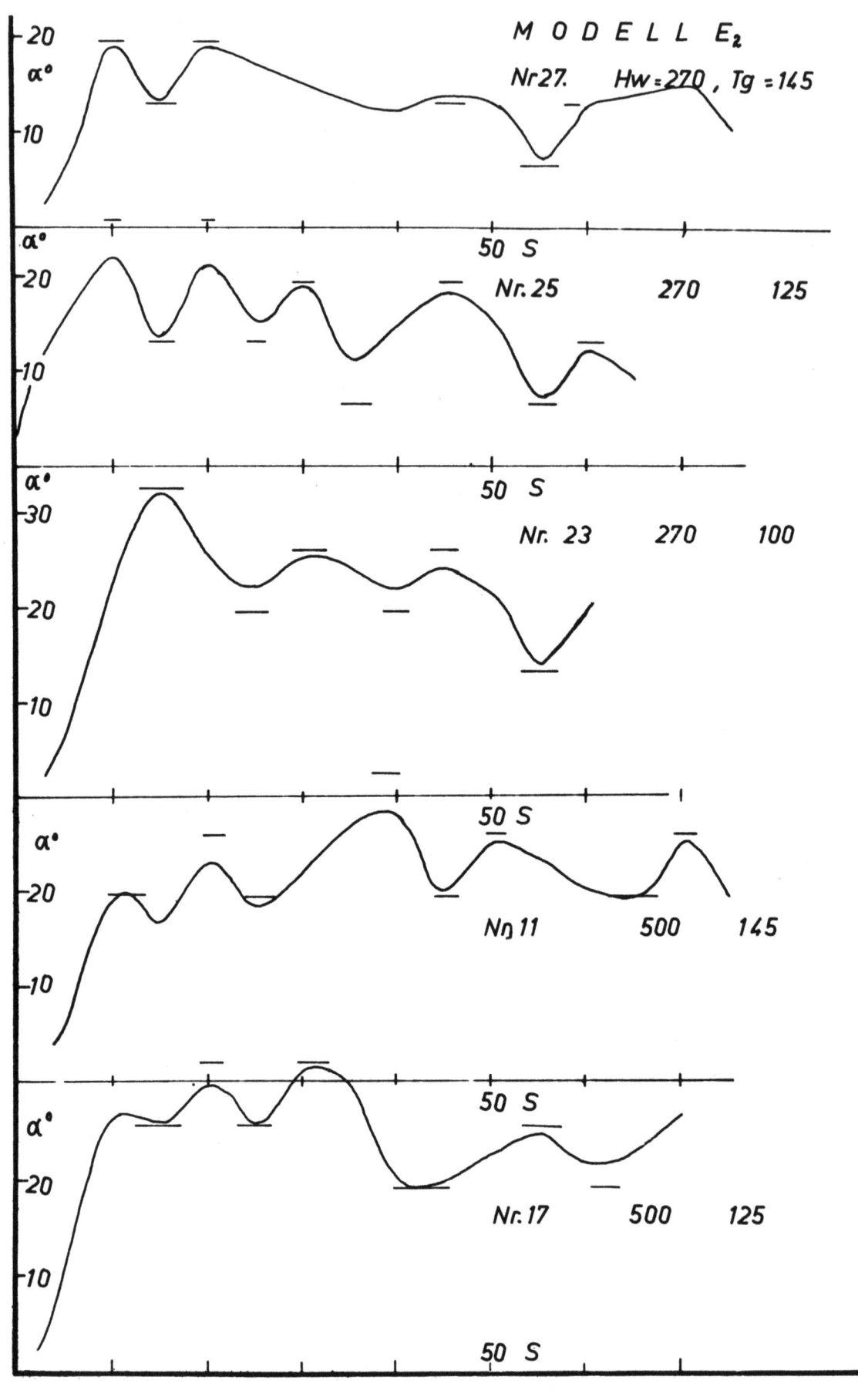

Abbildung 33

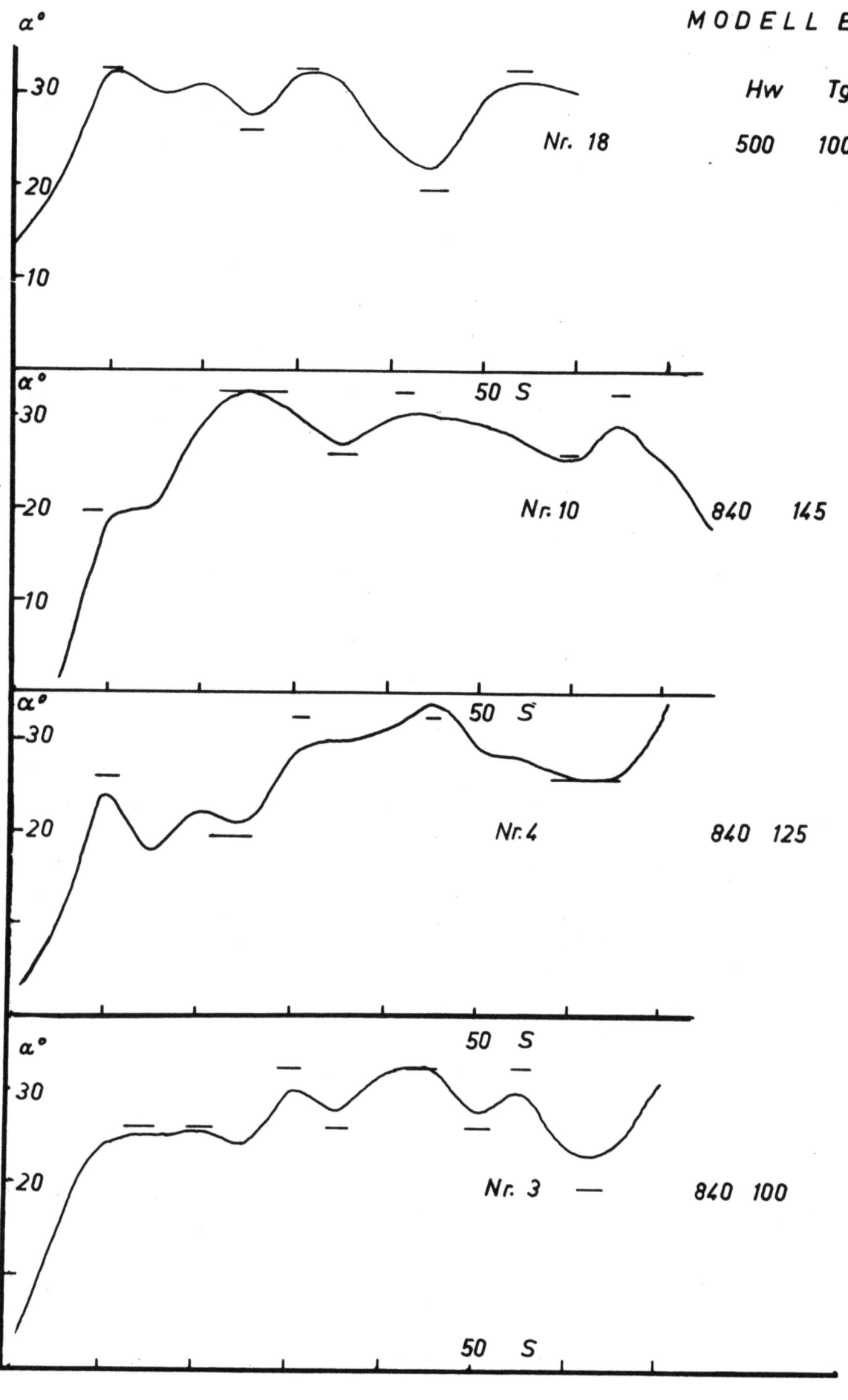

Abbildung 34

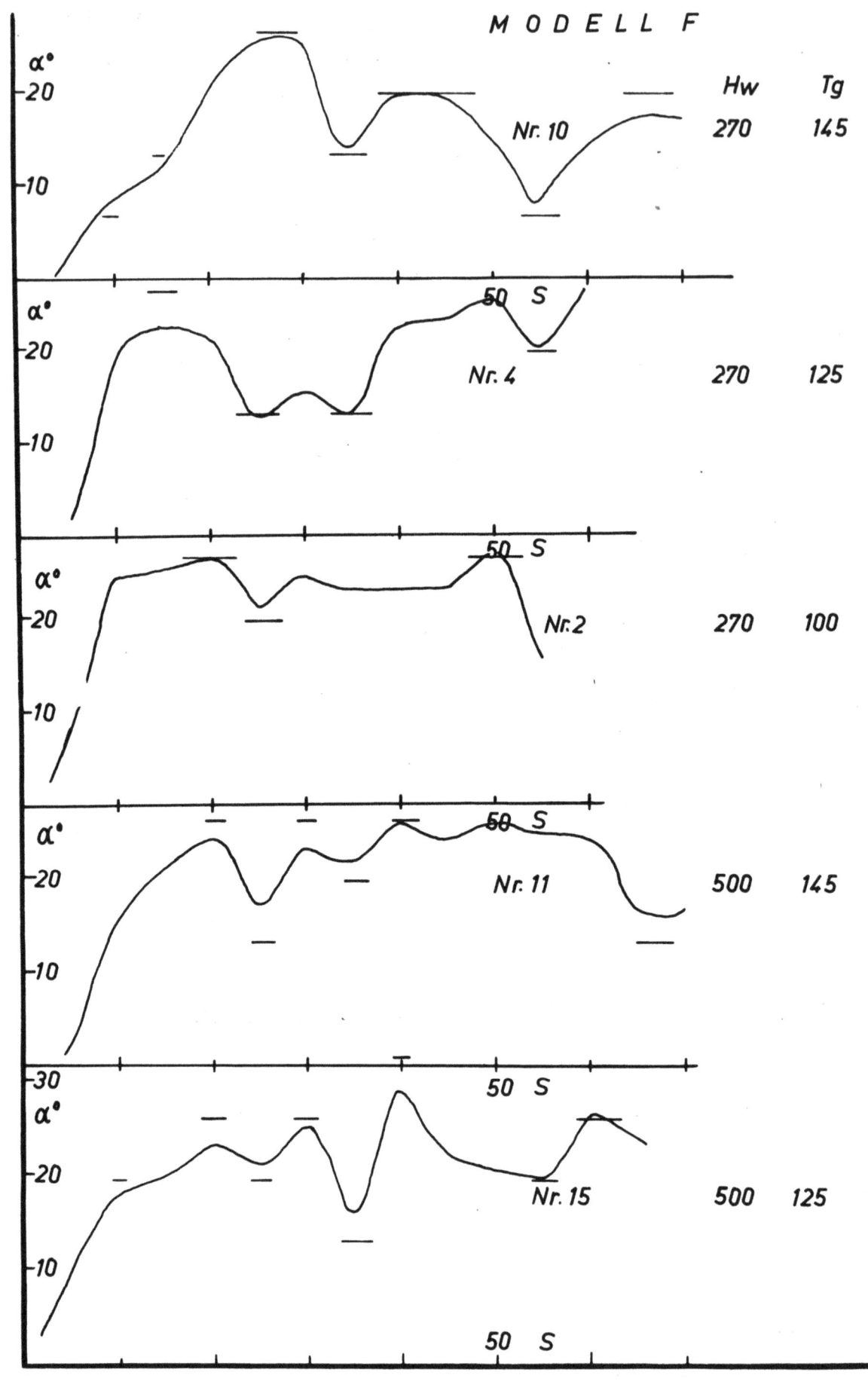

Abbildung 35

MODELL F

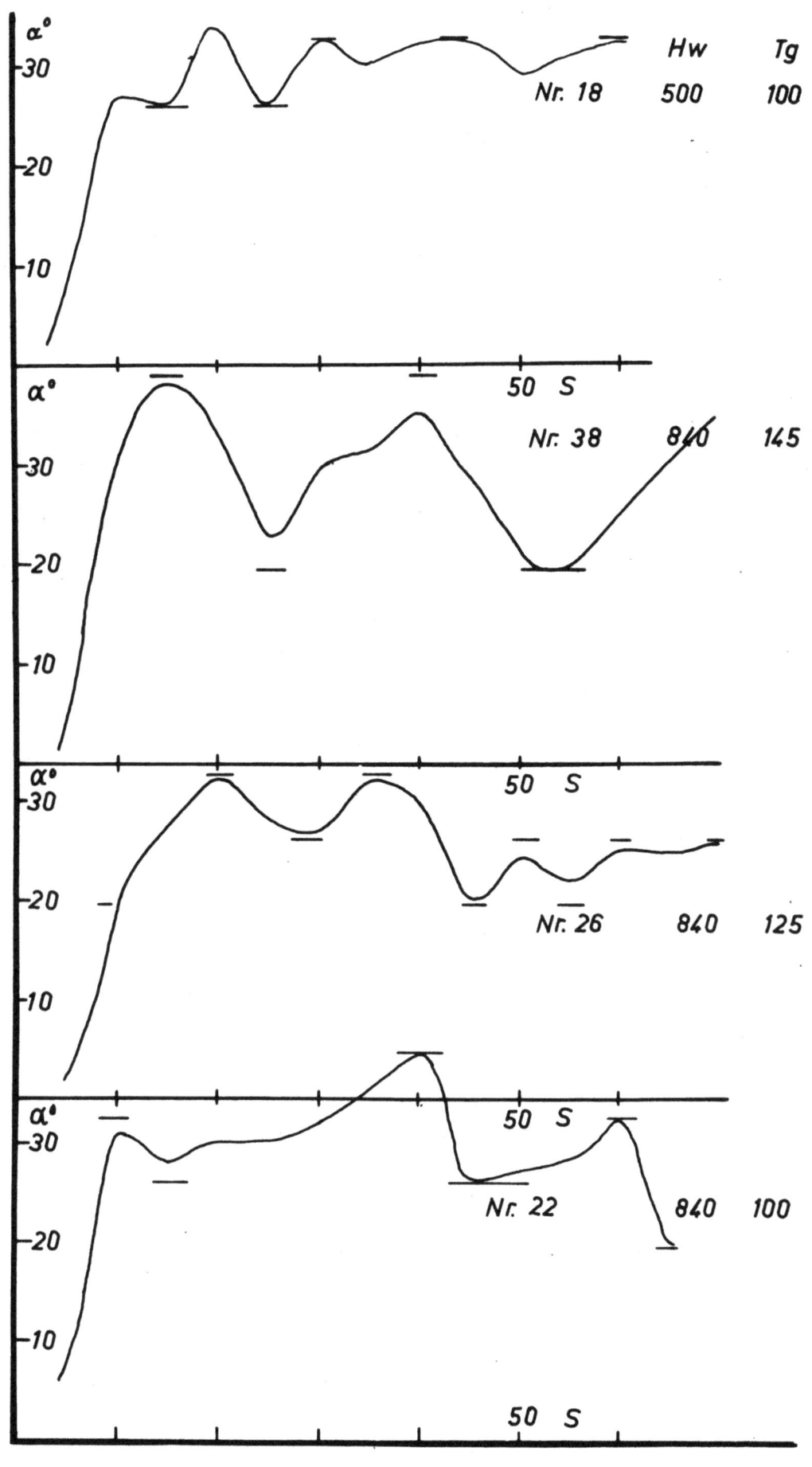

Abbildung 36

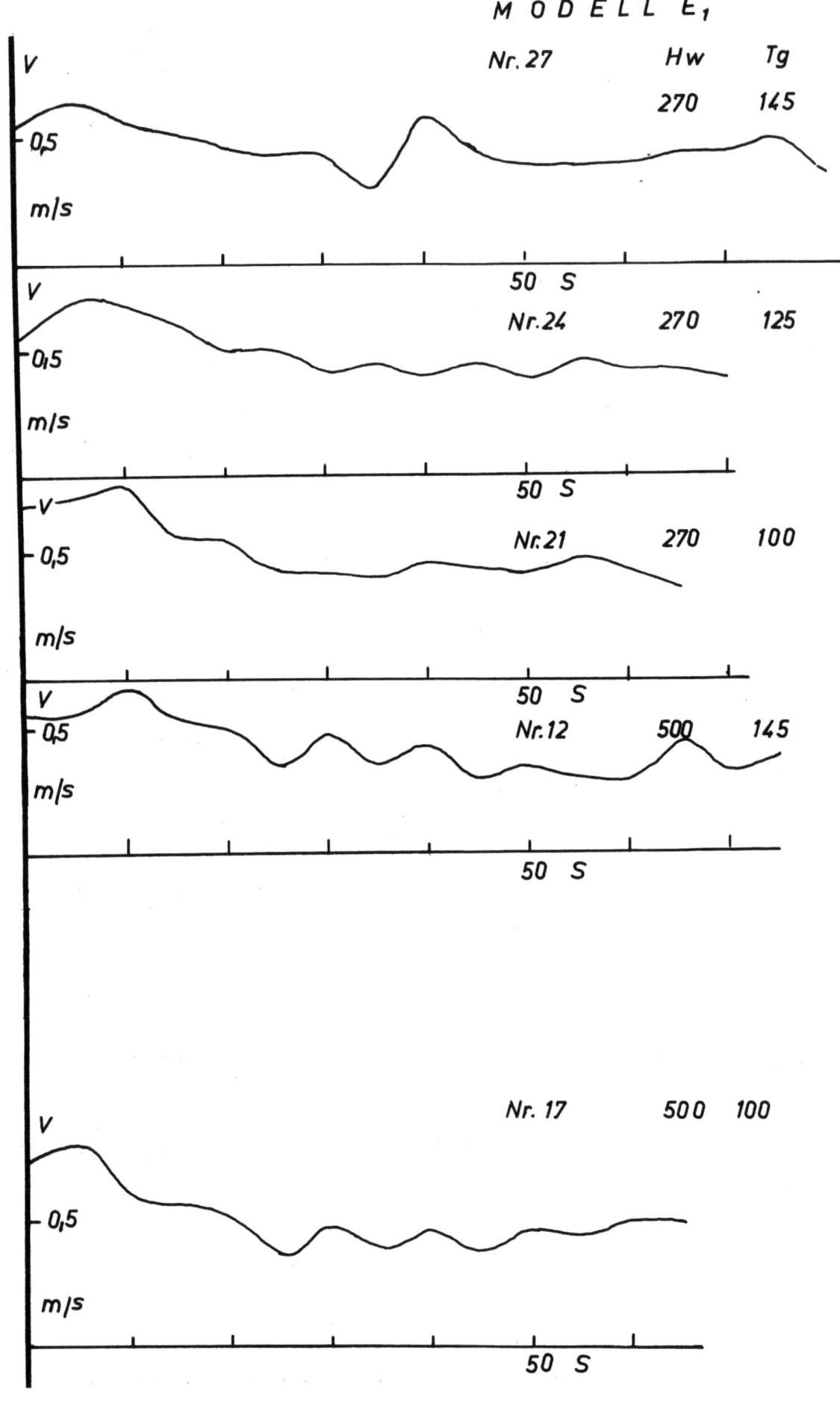

Abbildung 37

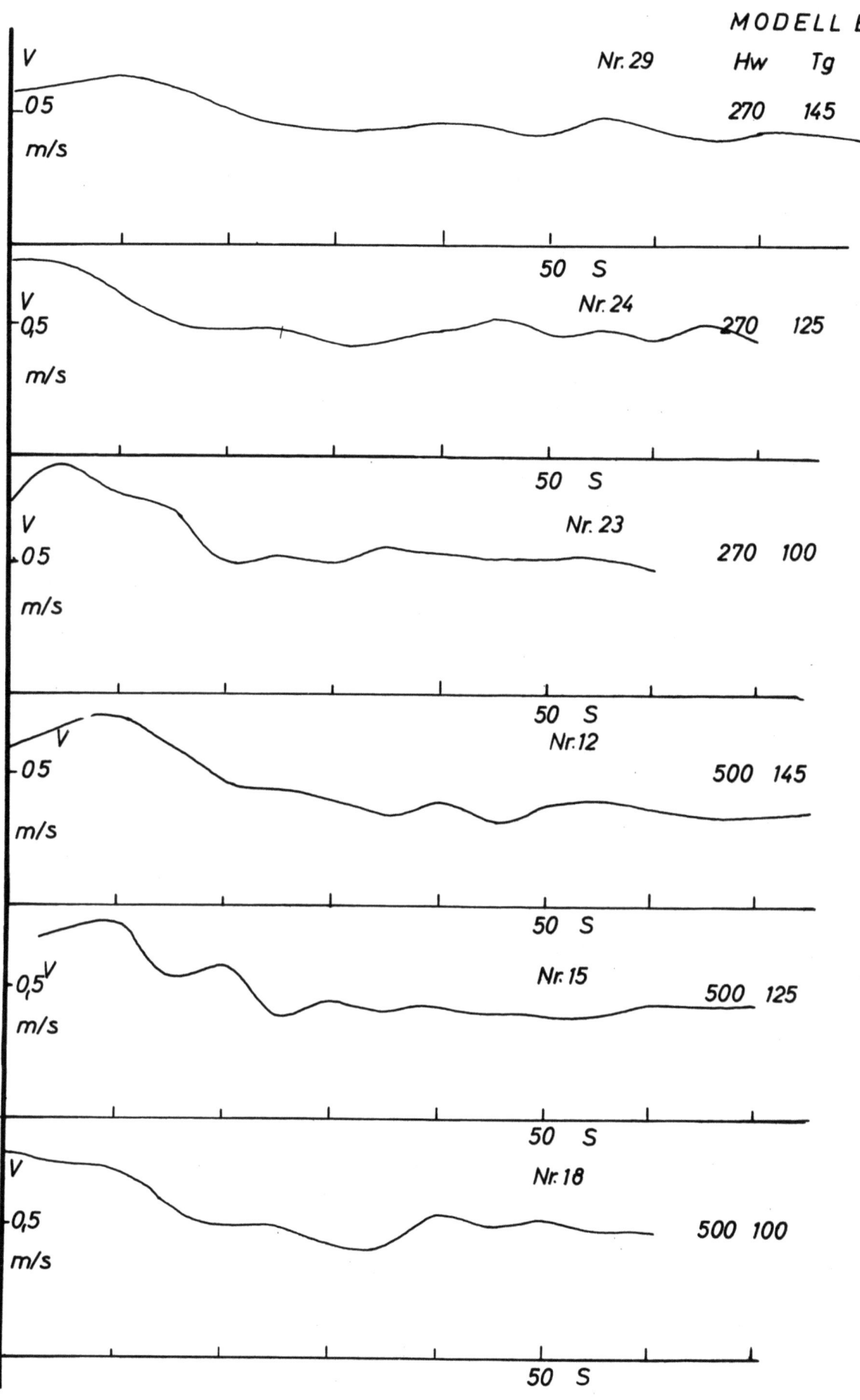

Abbildung 38

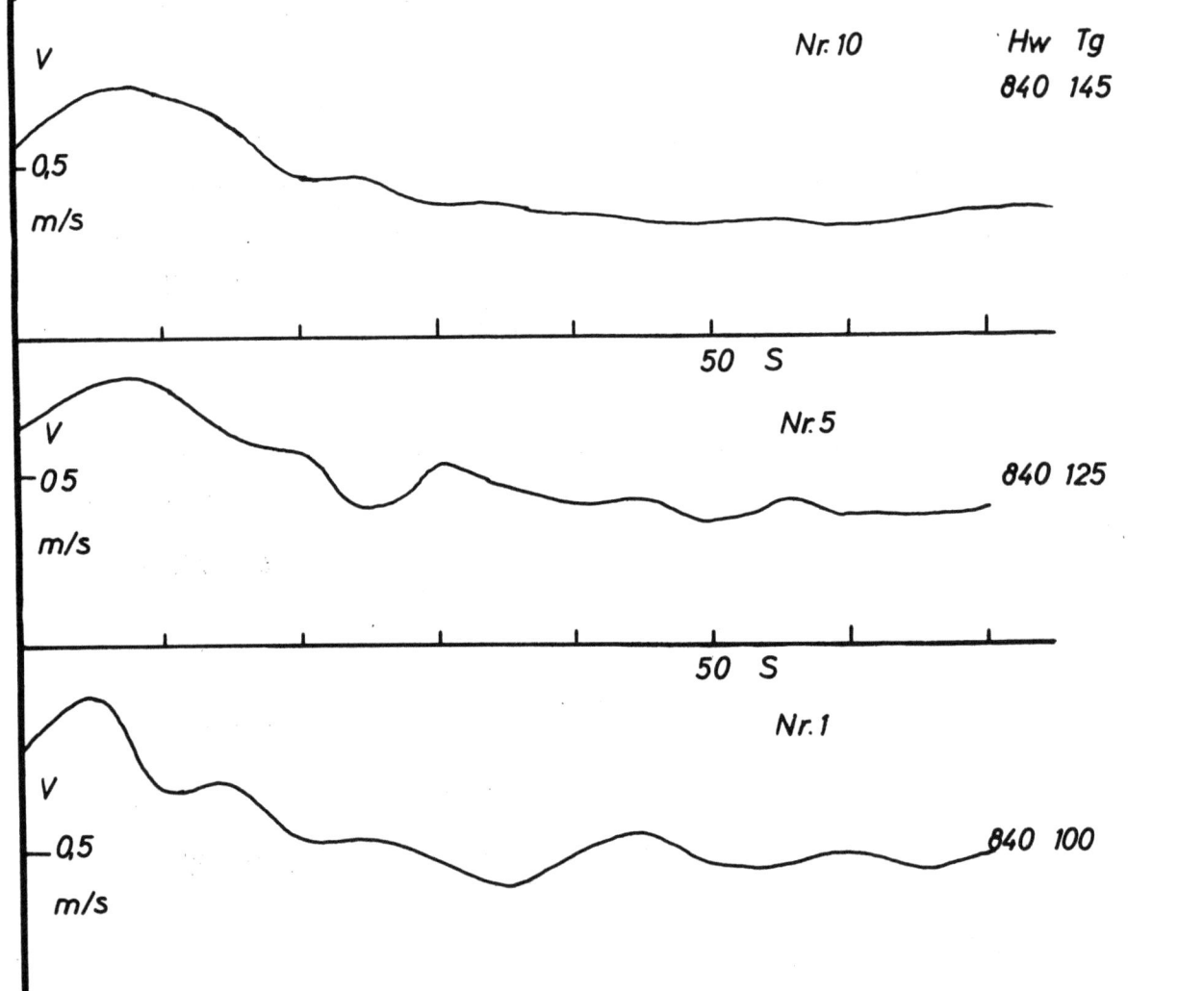

Abbildung 39

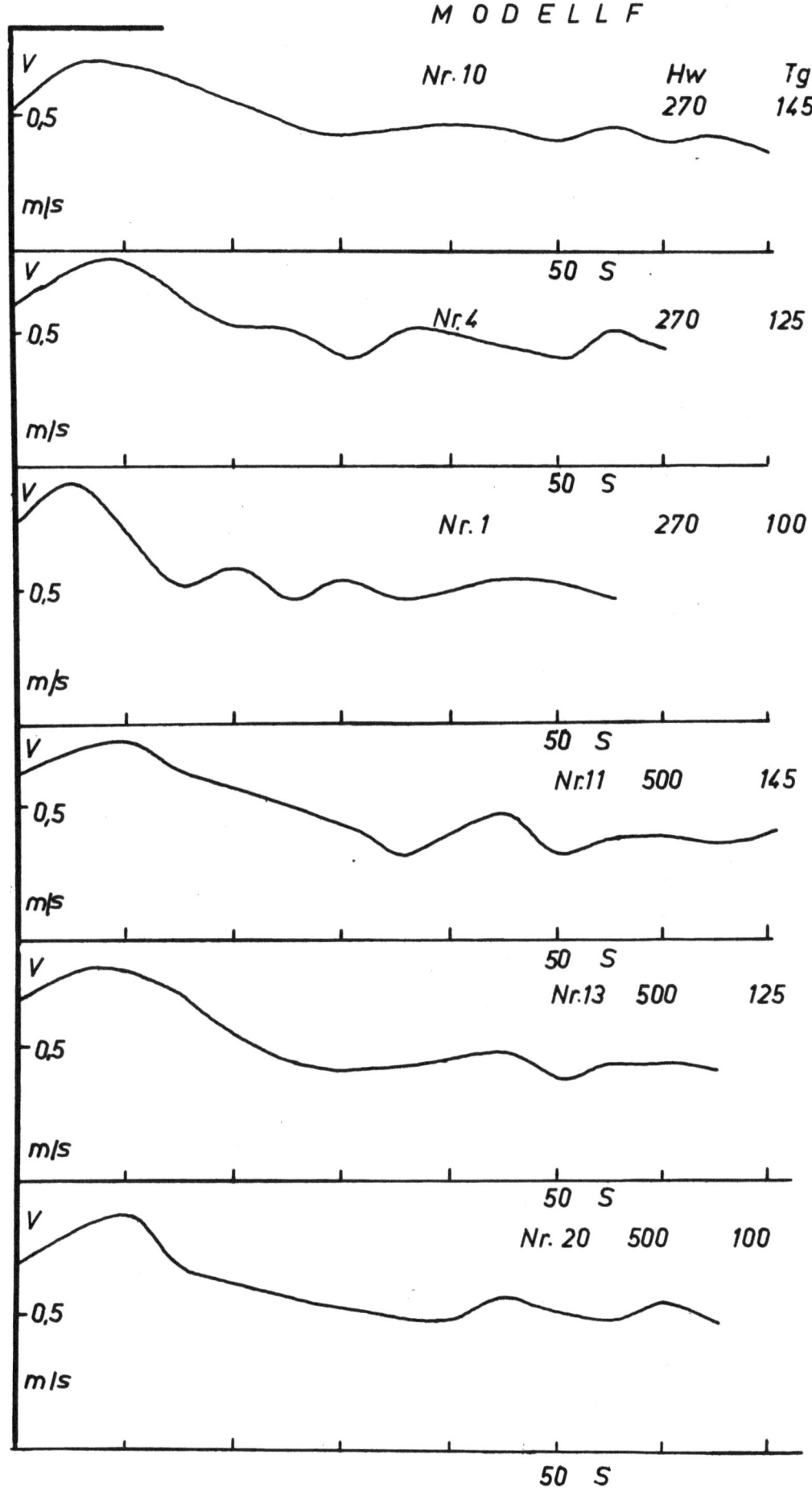

Abbildung 40

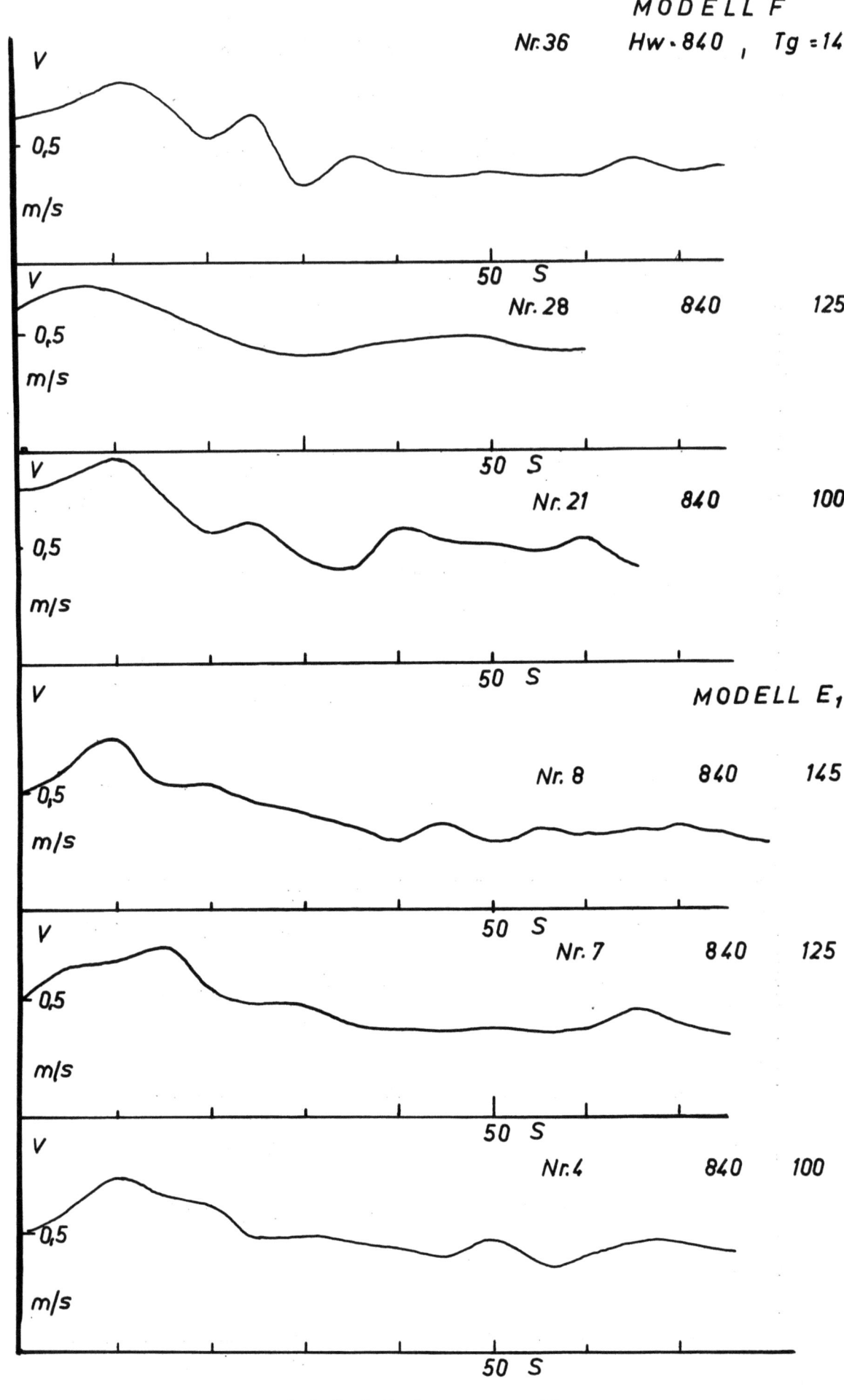

Abbildung 41

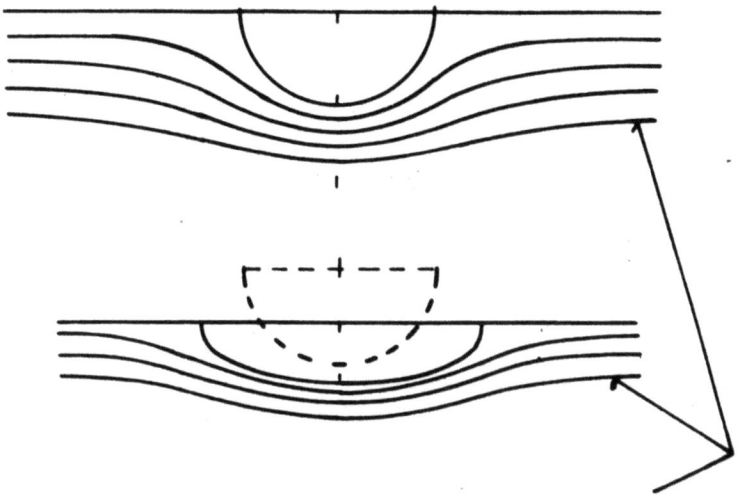

Vergleich zweier Stromlinien gleicher Krümmung

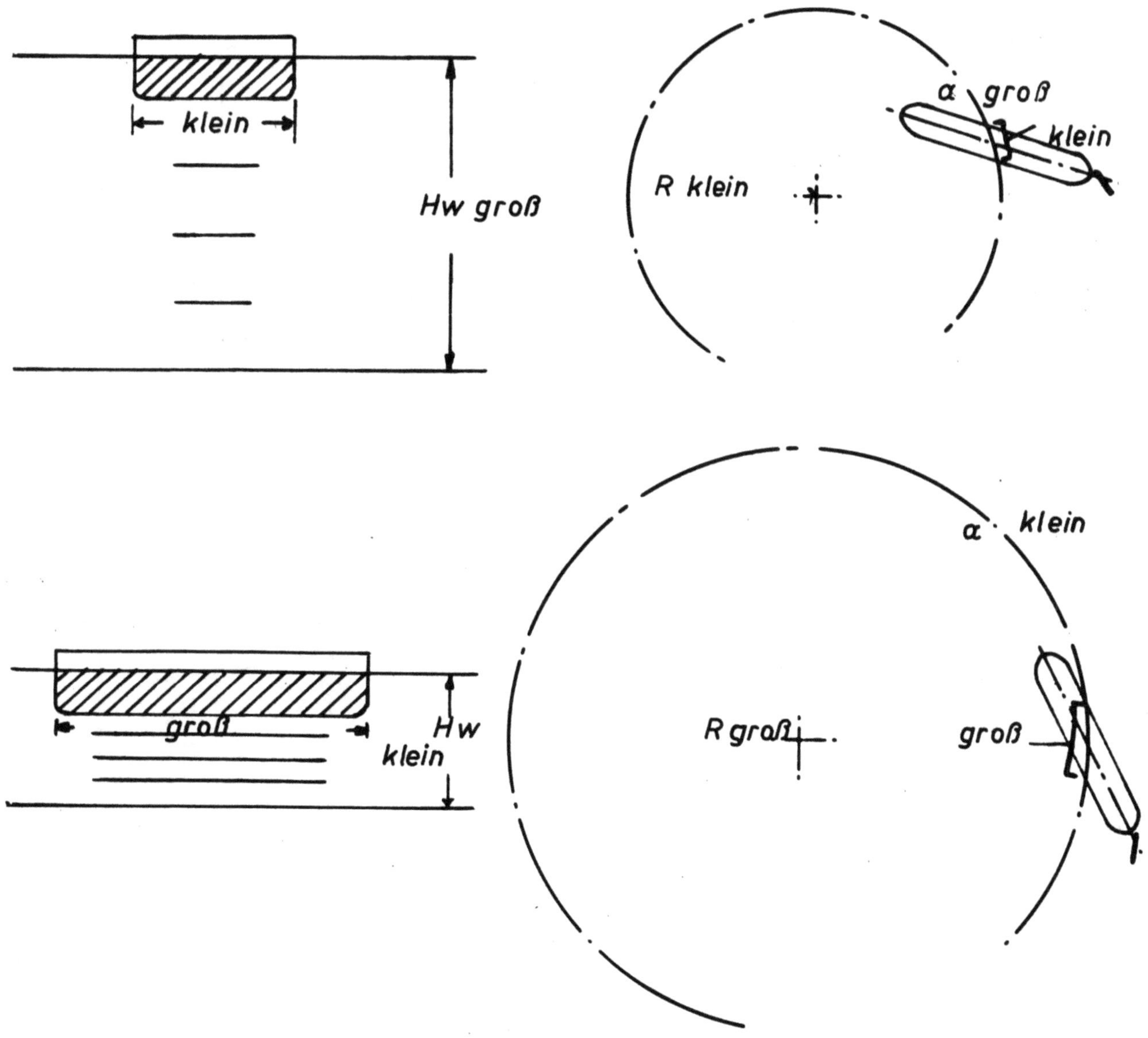

Abbildung 42

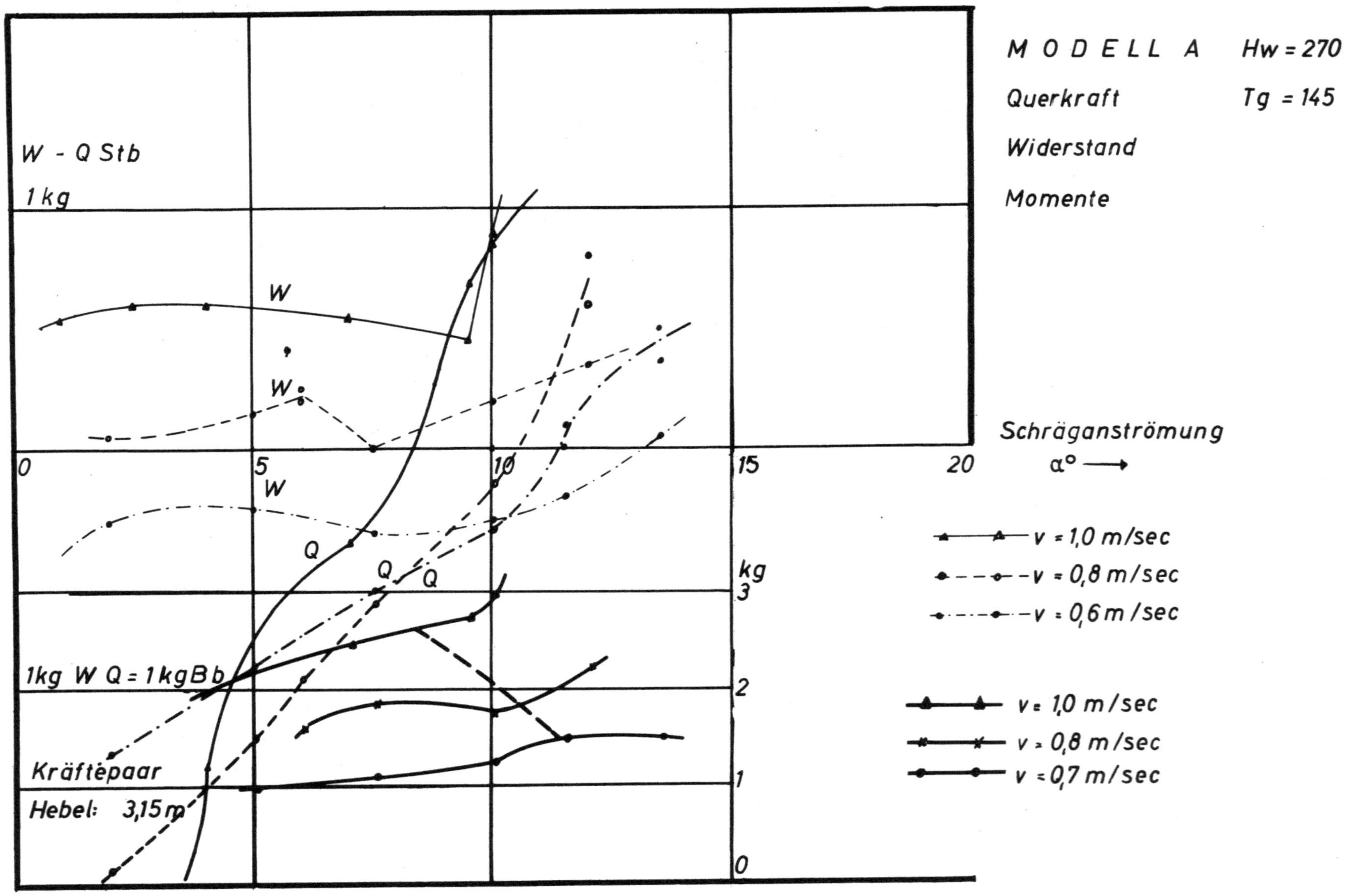

Abbildung 43

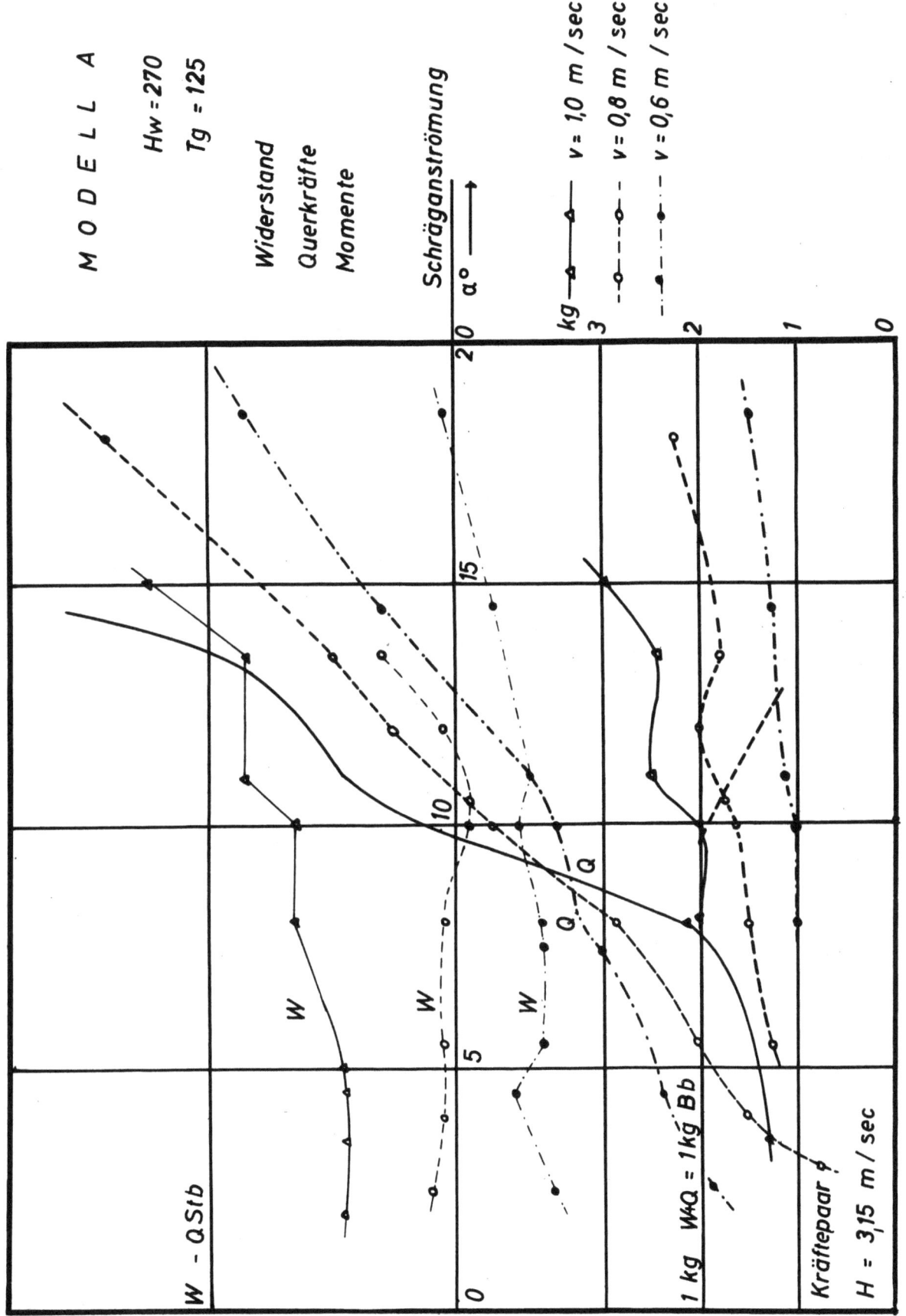

Abbildung 44

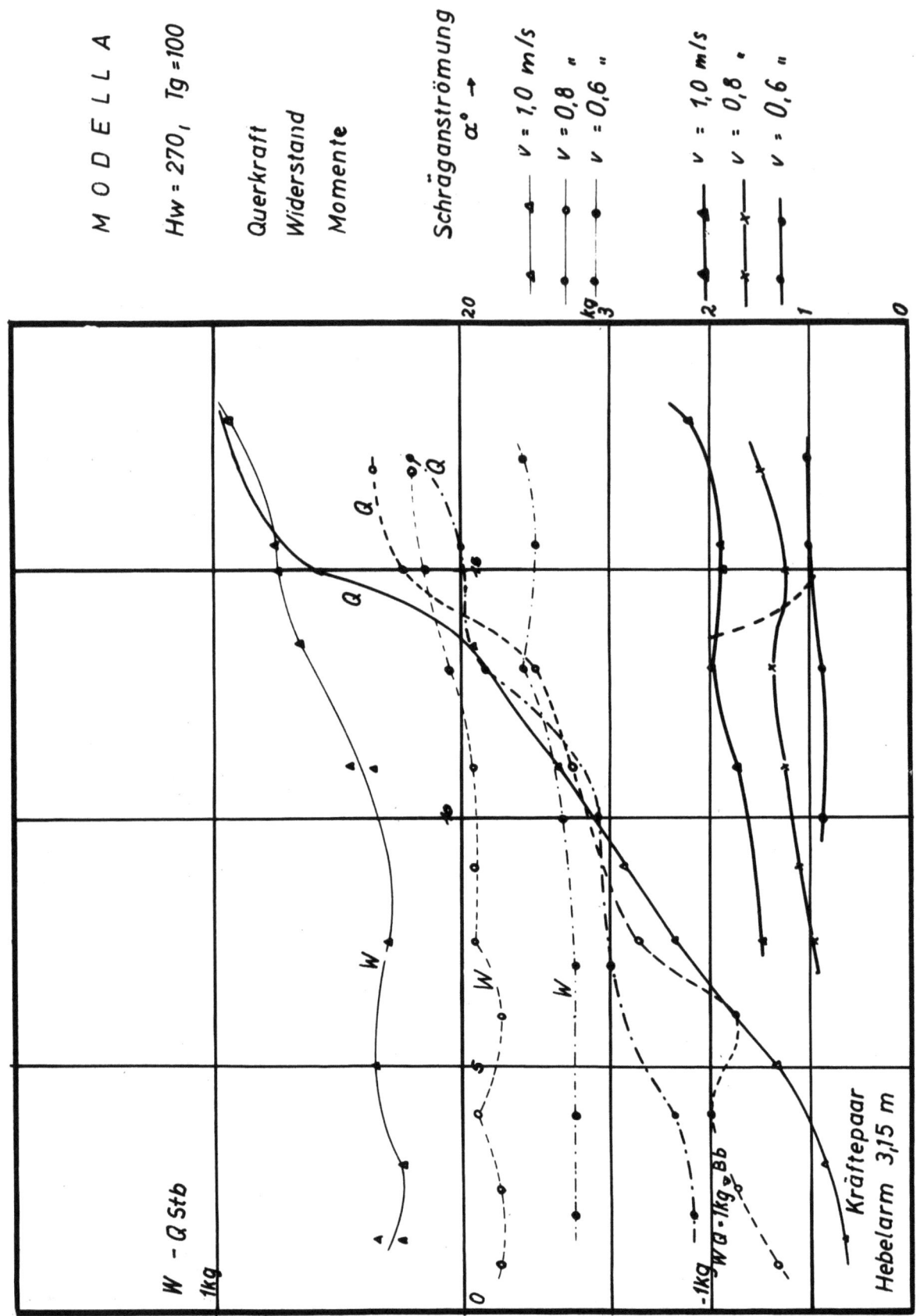

Abbildung 45

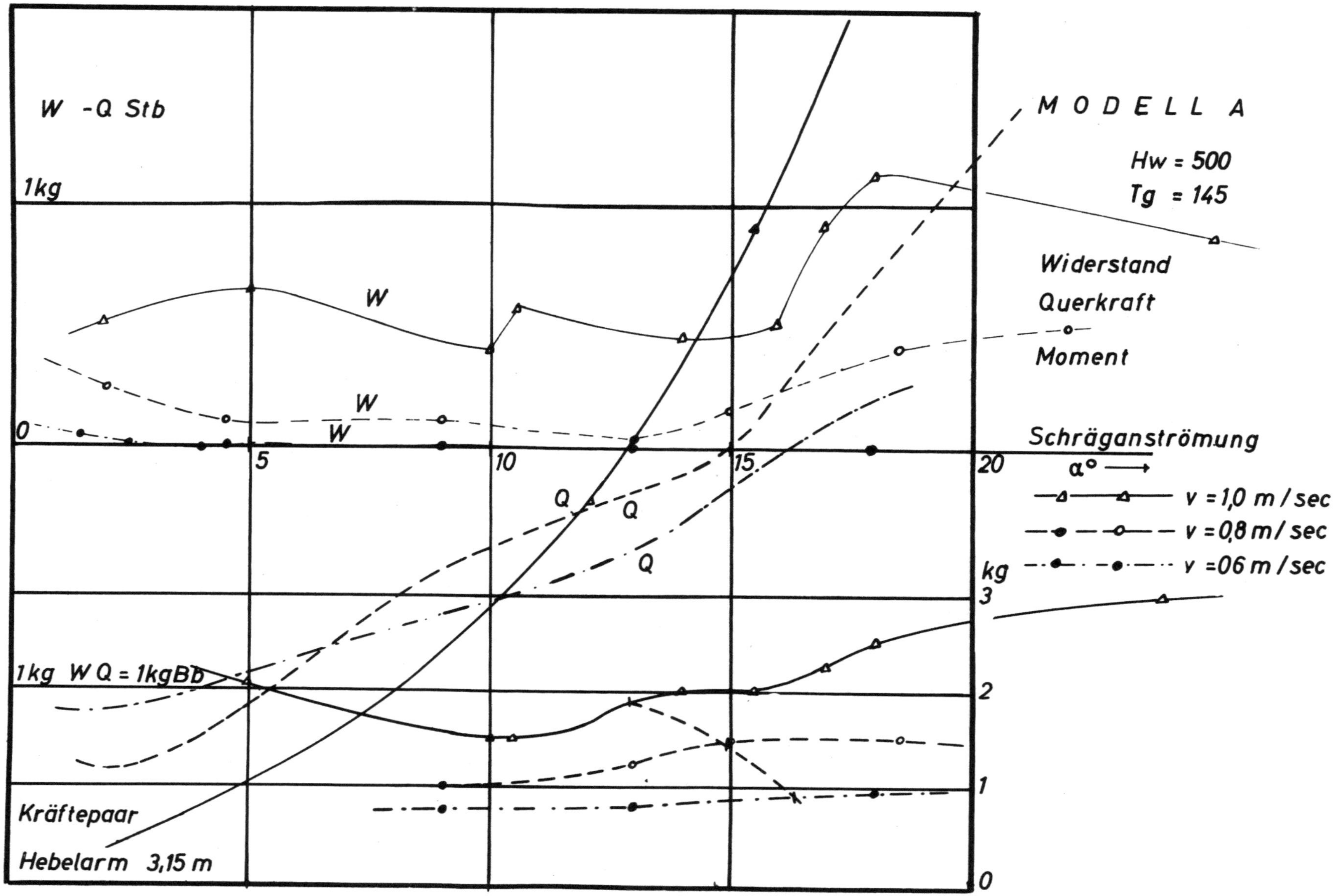

Abbildung 46

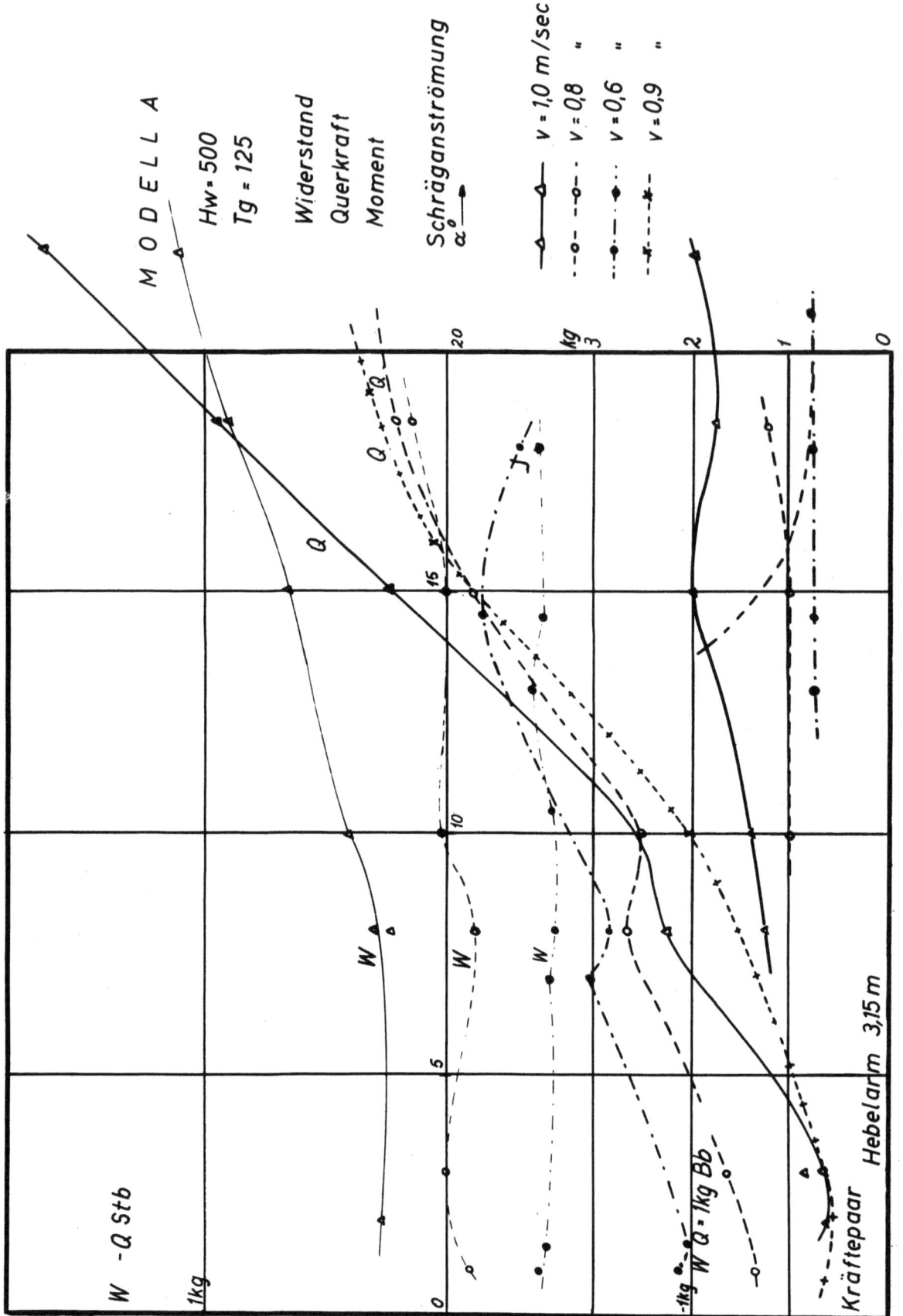

Abbildung 47

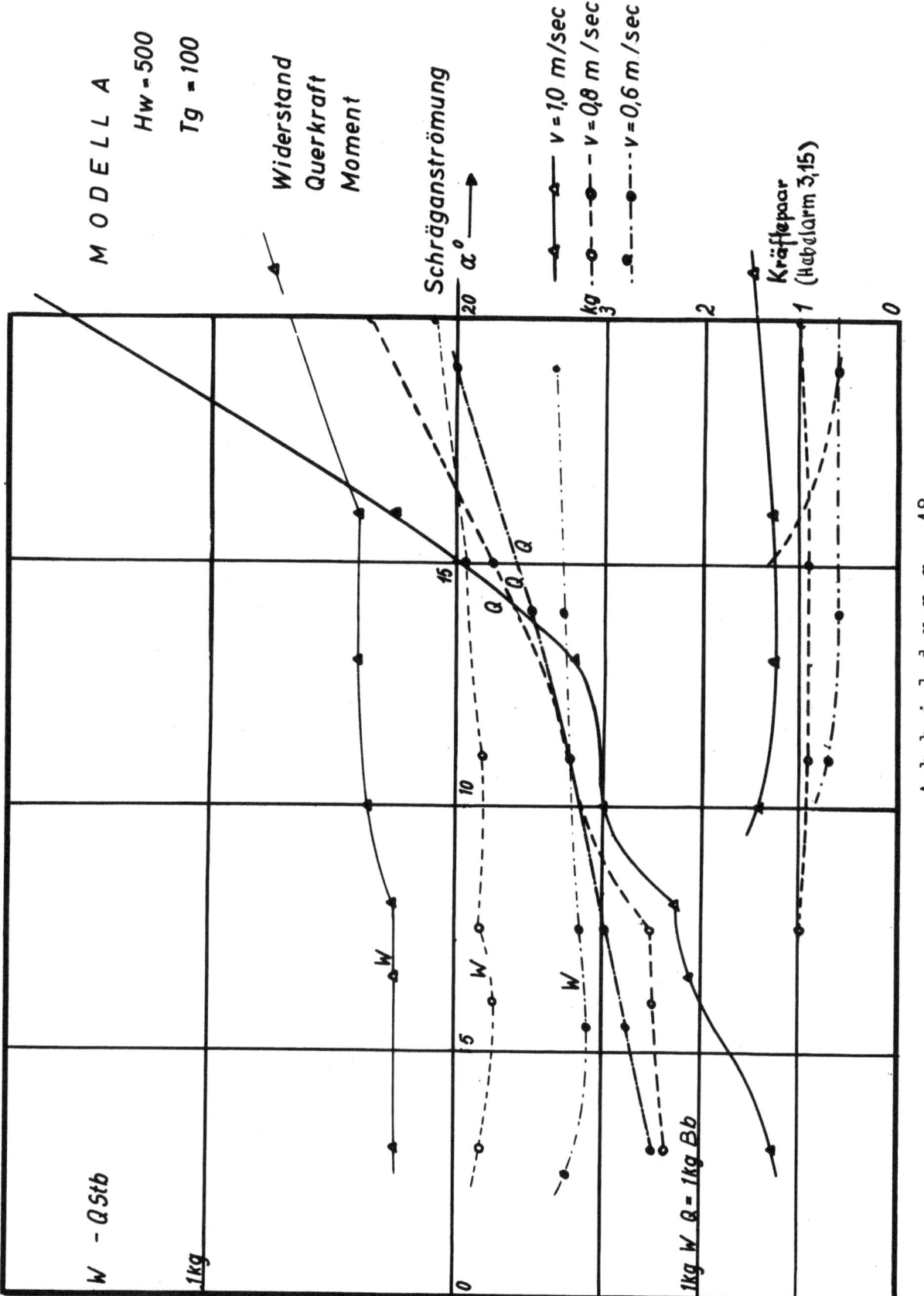

Abbildung 48

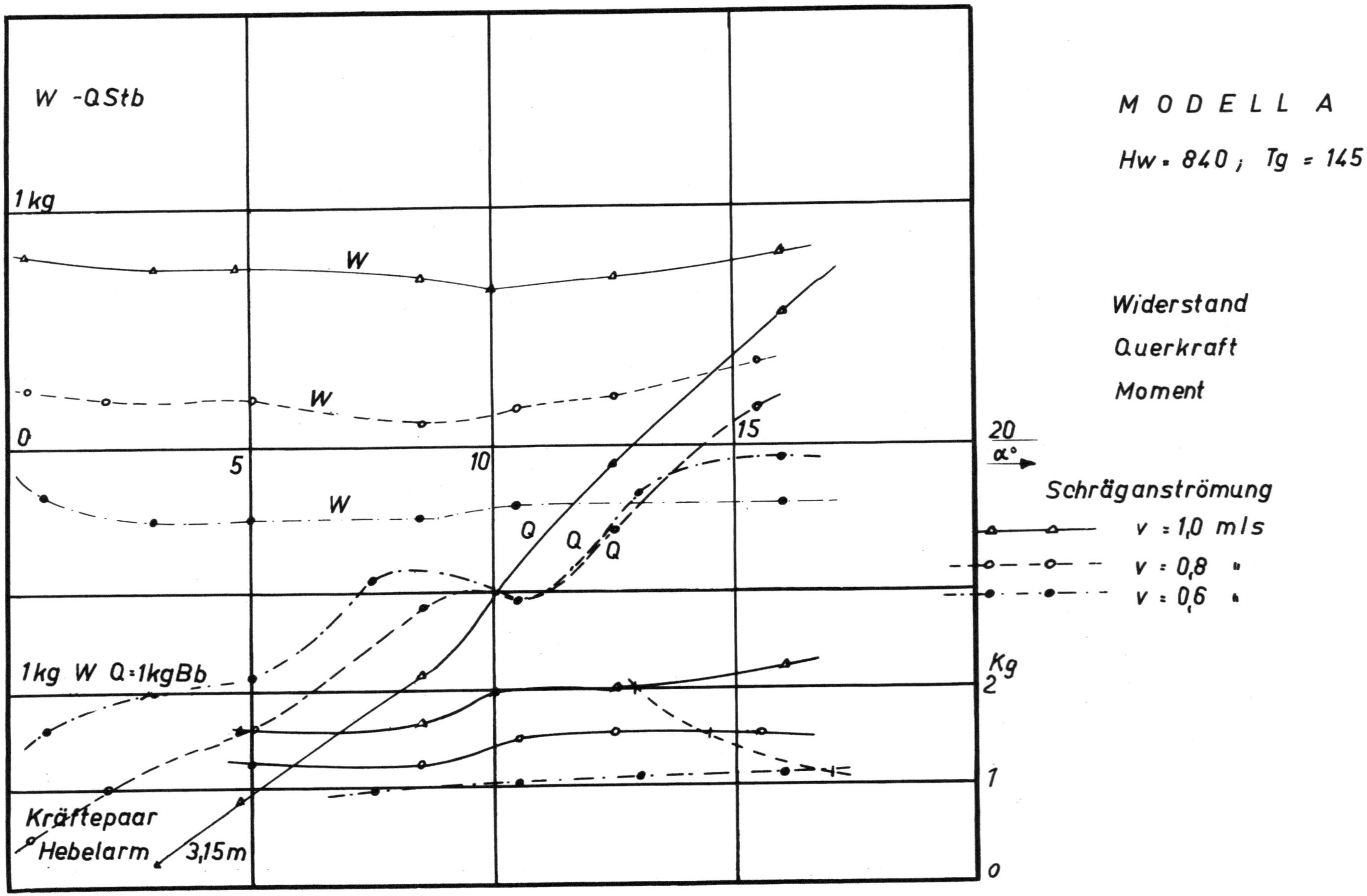

Abbildung 49

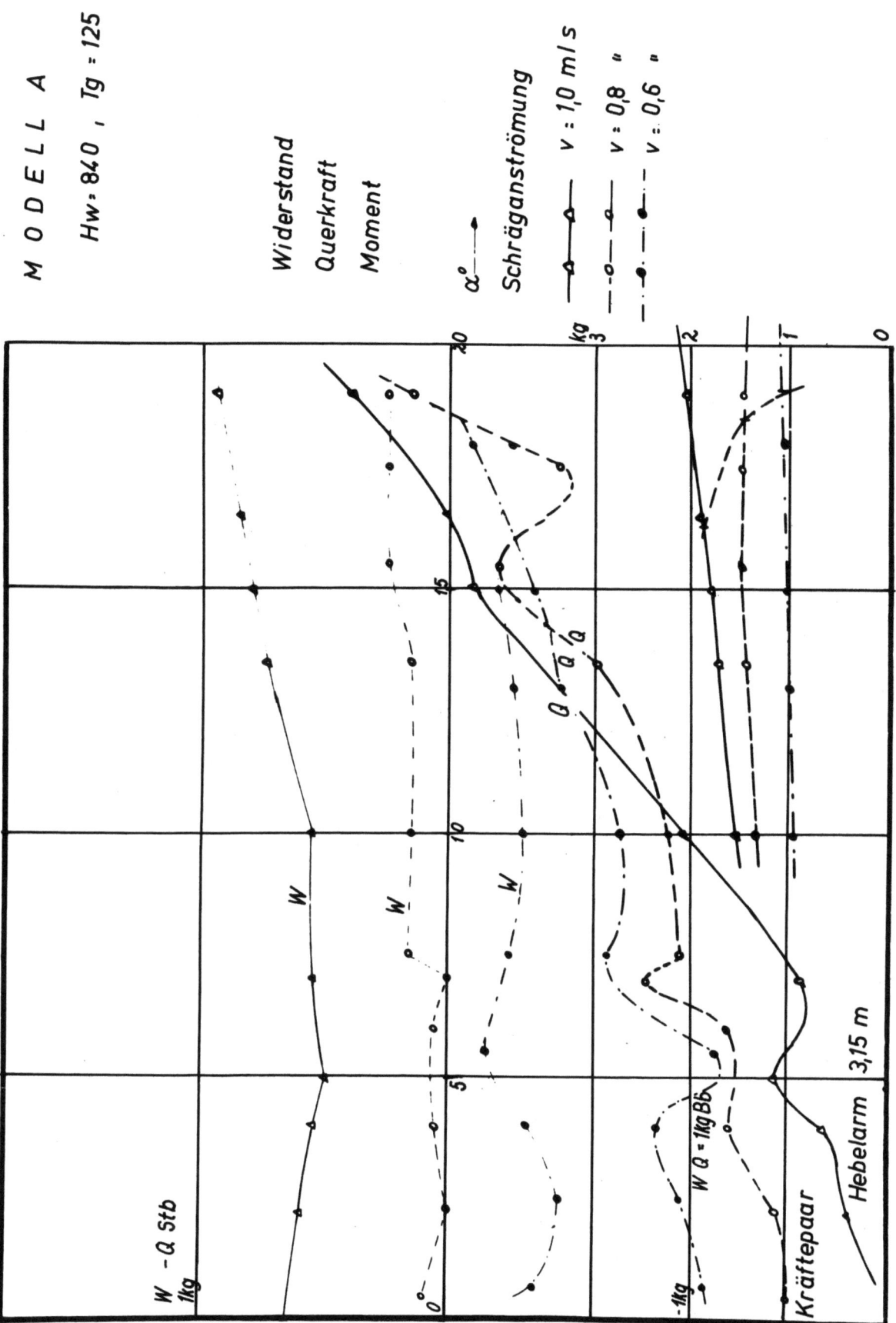

Abbildung 50

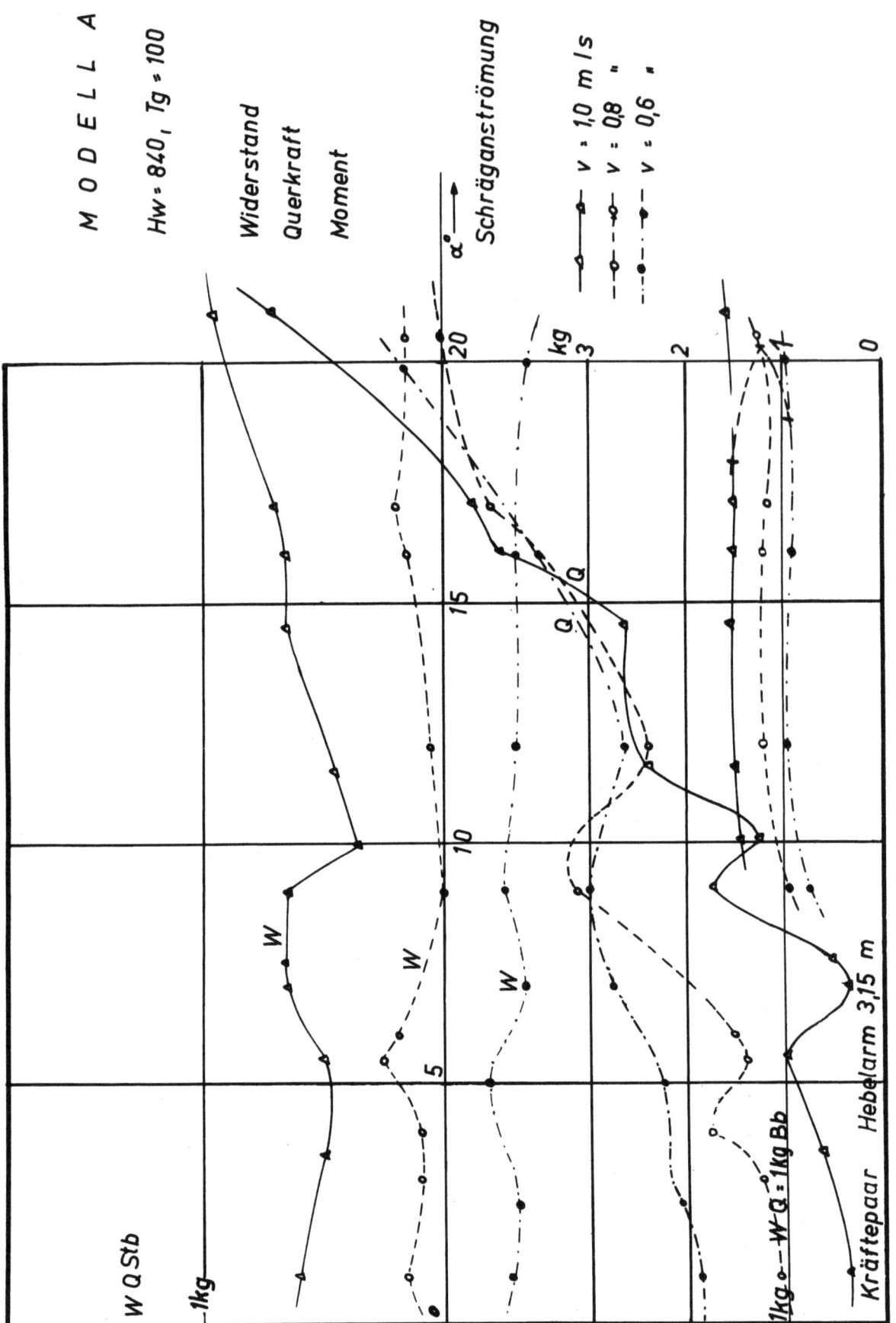

Abbildung 51

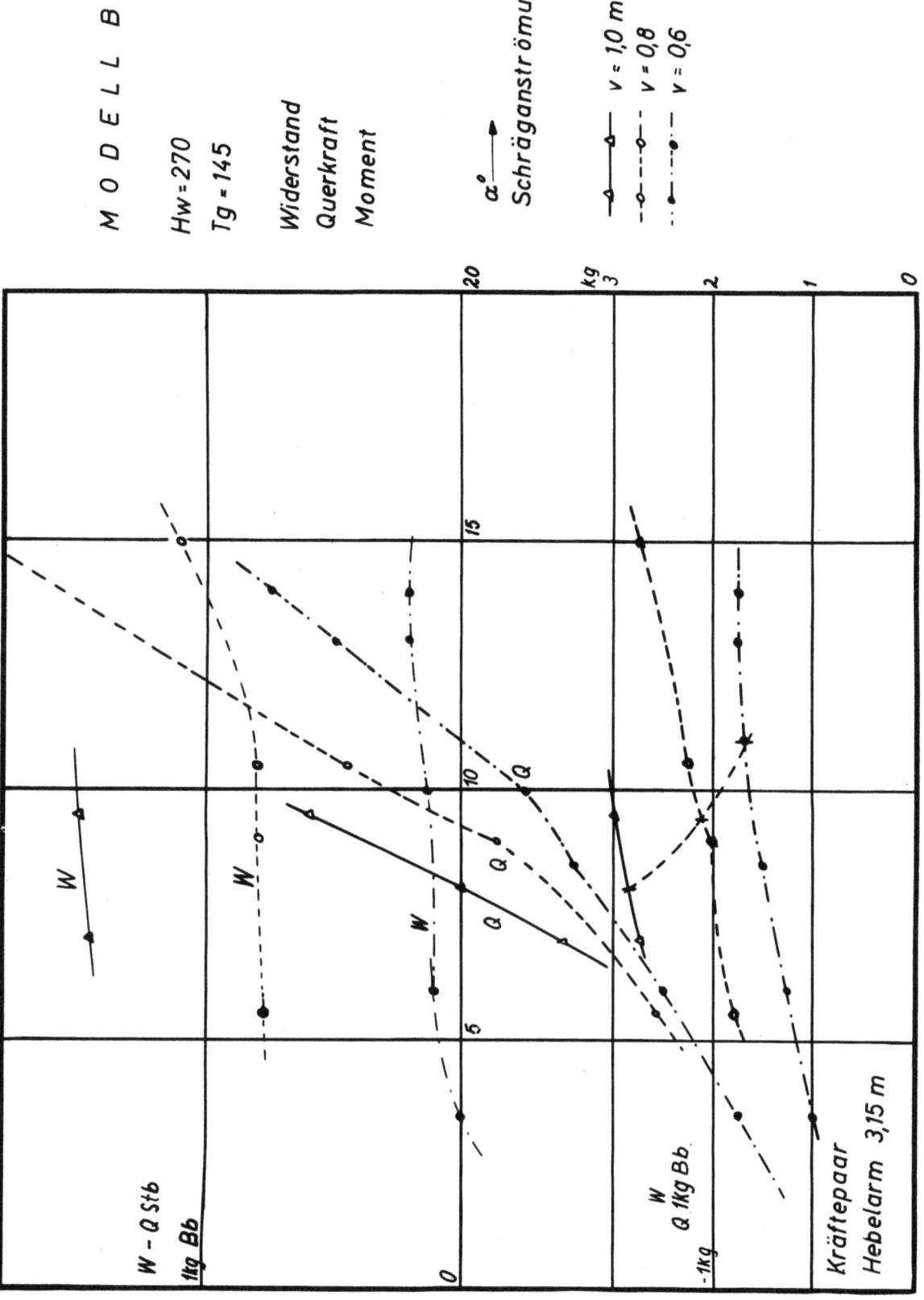

Abbildung 52

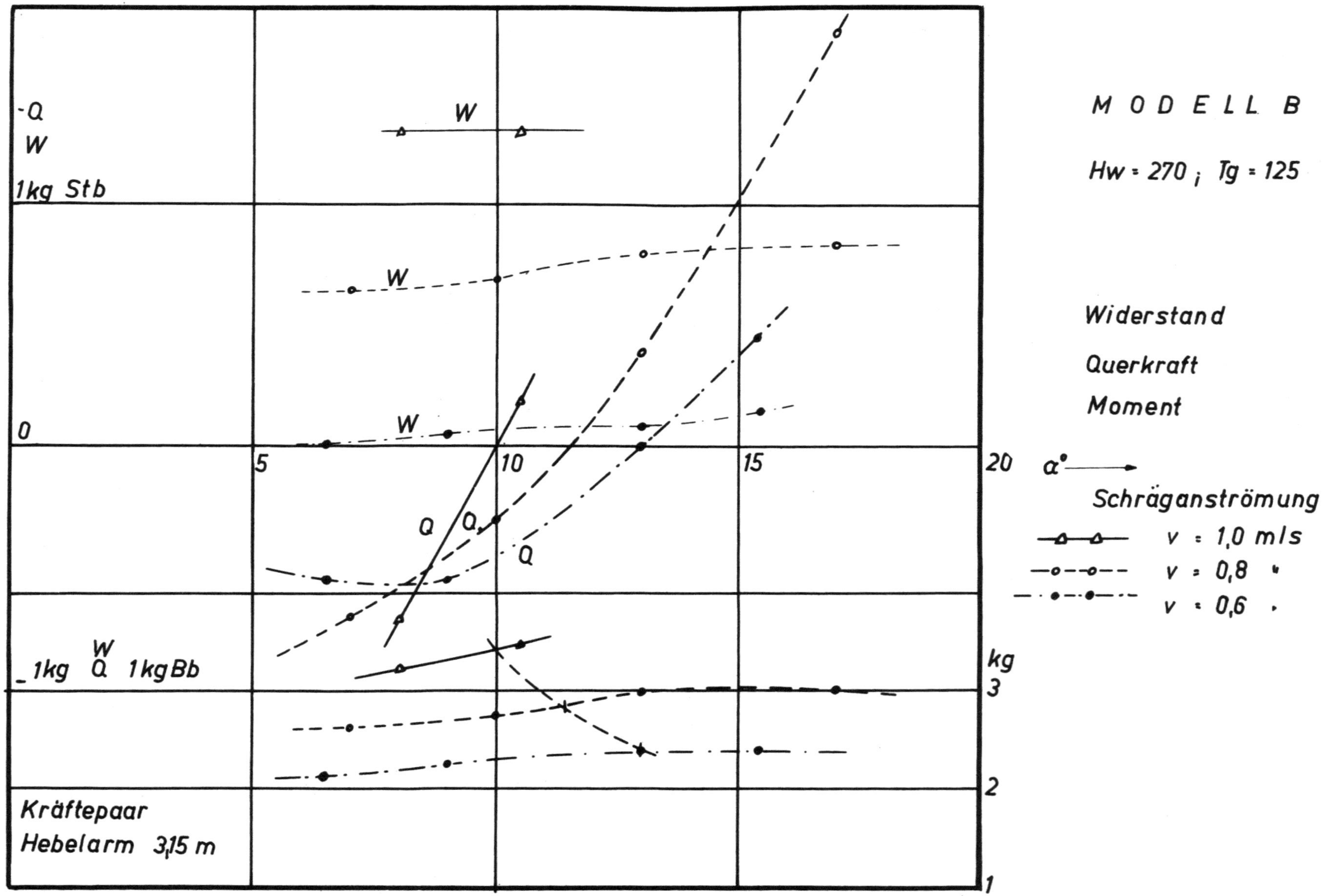

-Q
W
1kg Stb
W
W
W
0
5
10
15
20
Q
Q
Q
W
_1kg Q 1kgBb
kg
3
2
1
Kräftepaar
Hebelarm 3,15 m
M O D E L L B
Hw = 270 ; Tg = 125
Widerstand
Querkraft
Moment
α°
Schräganströmung
v = 1,0 m/s
v = 0,8 "
v = 0,6 "

A b b i l d u n g 53

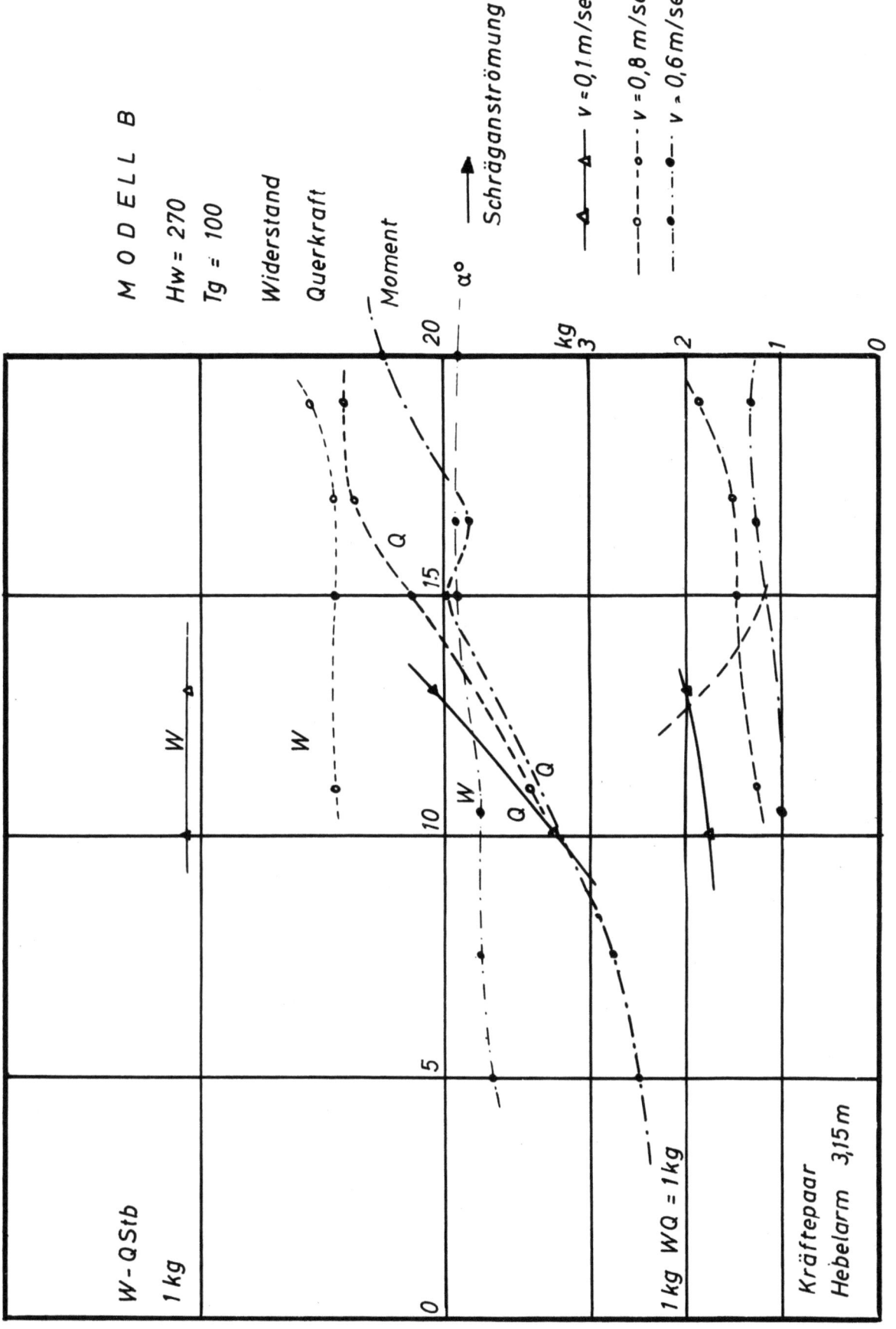

Abbildung 54

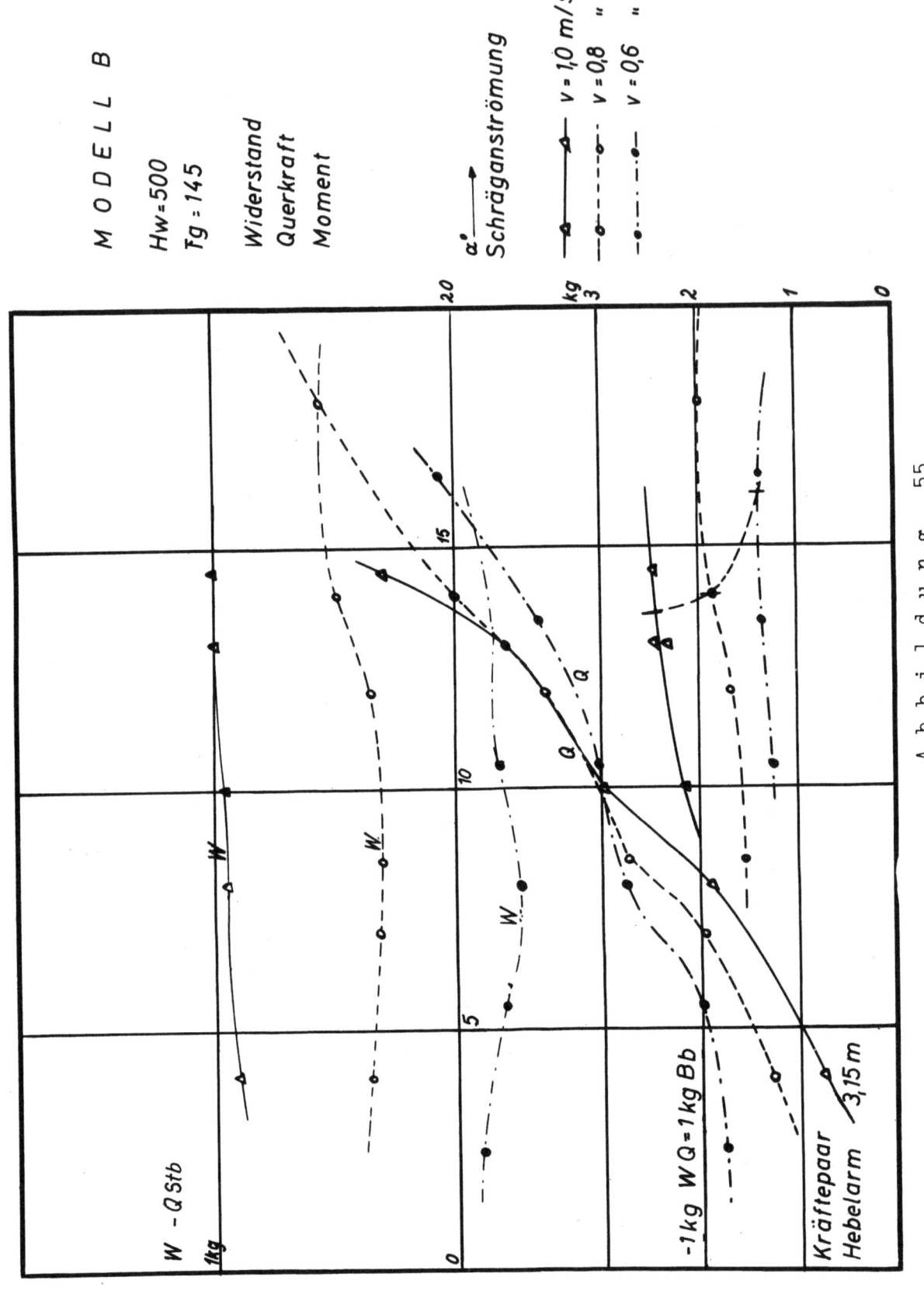

Abbildung 55

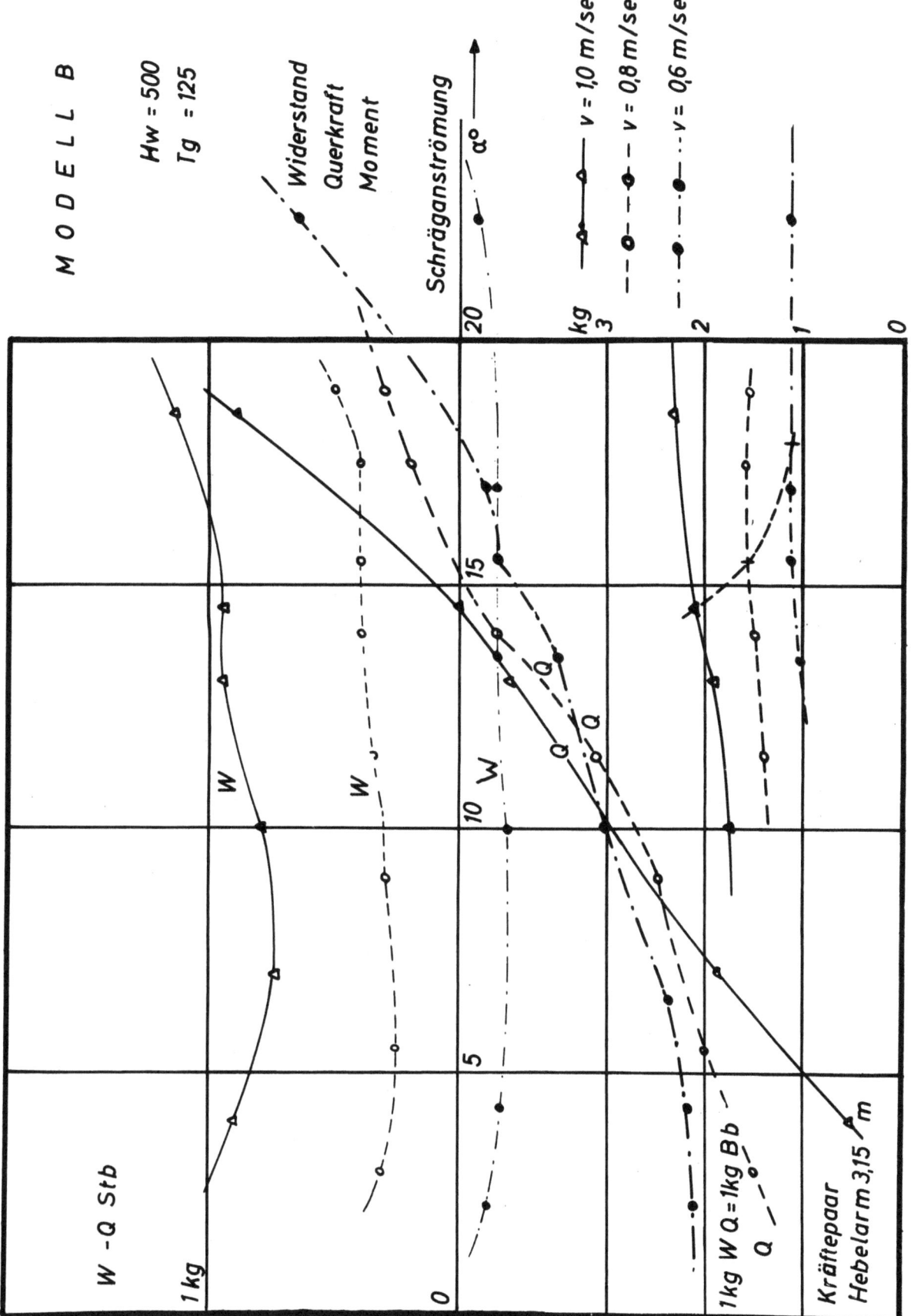

Abbildung 56

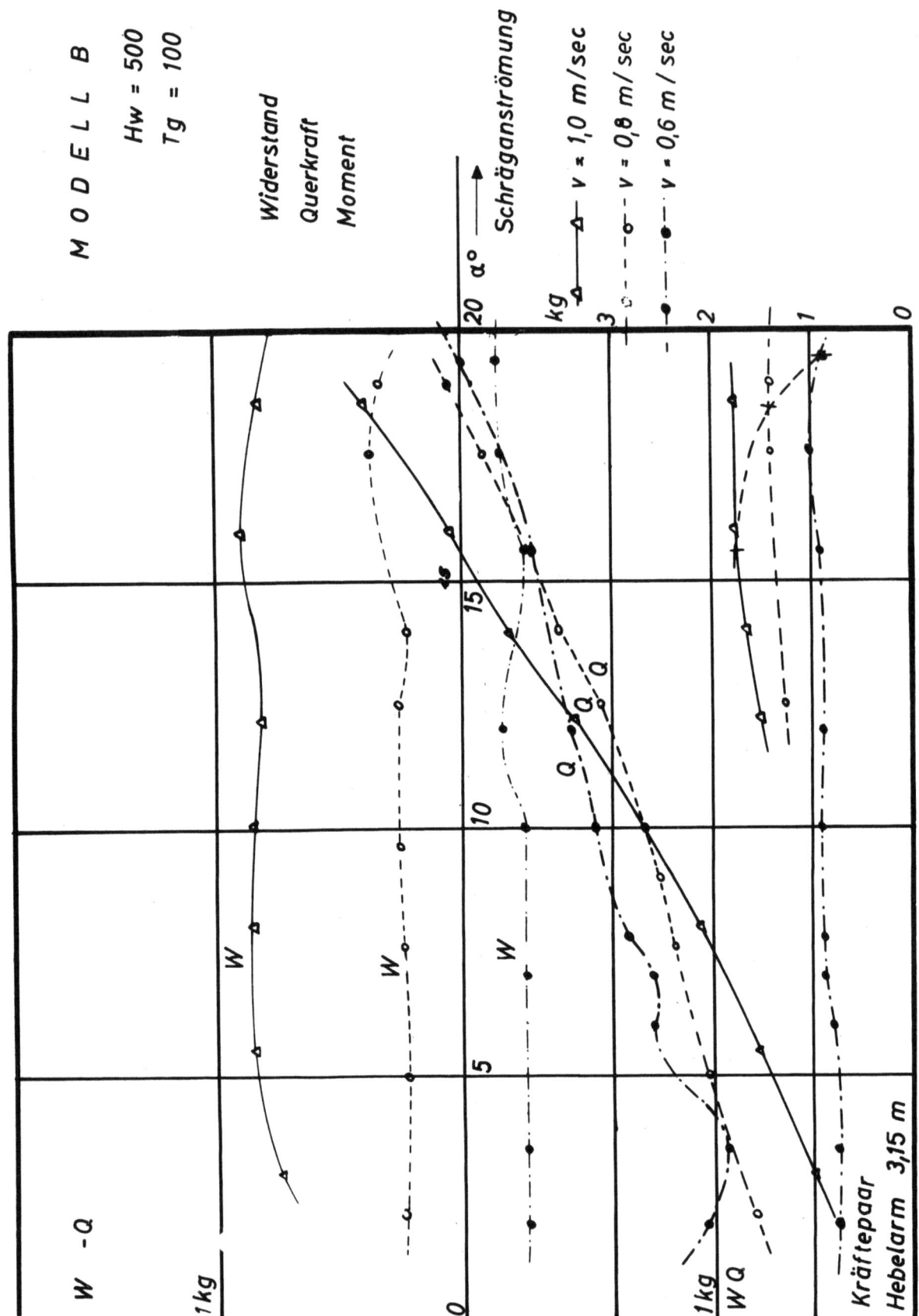

Abbildung 57

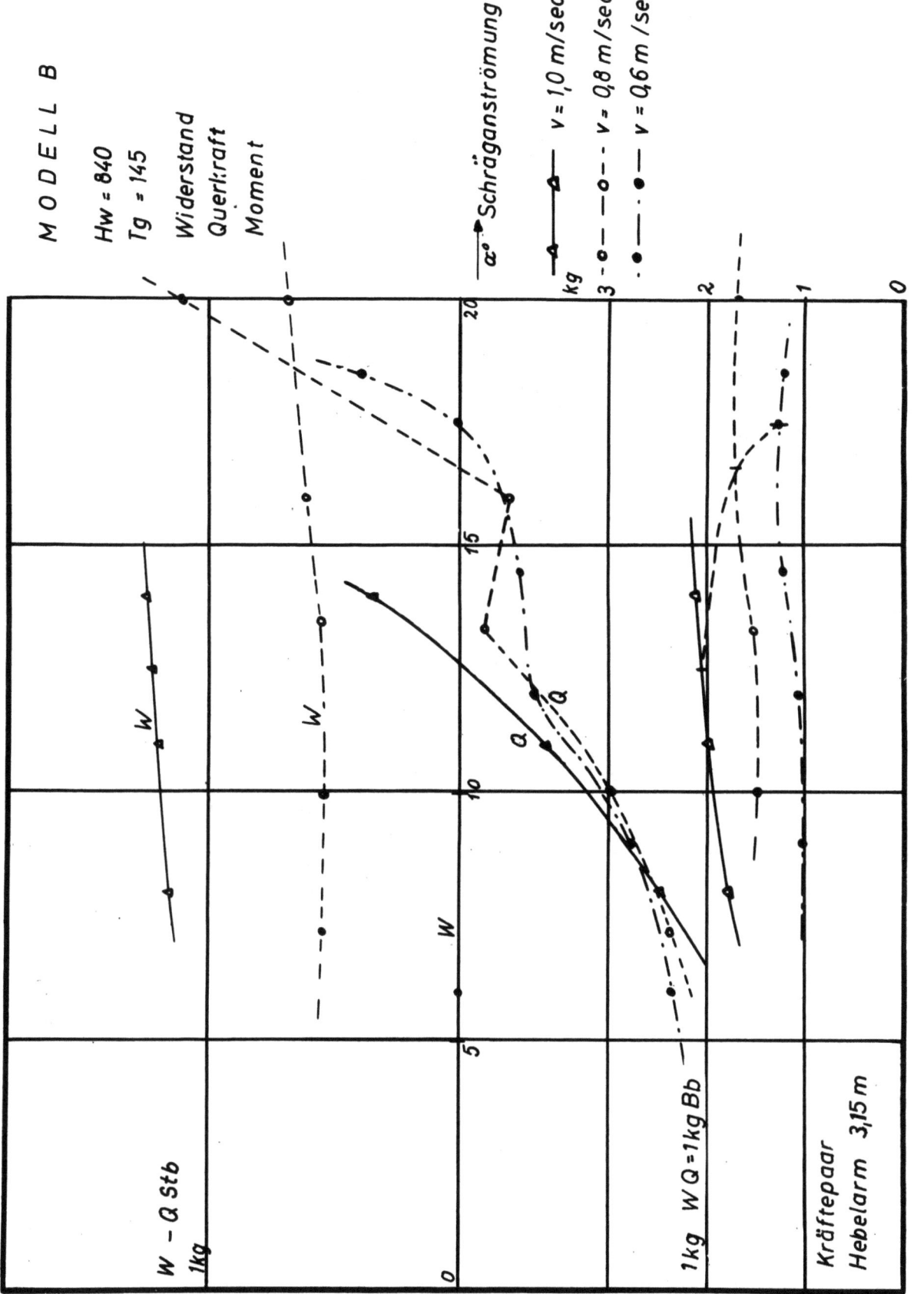

Abbildung 58

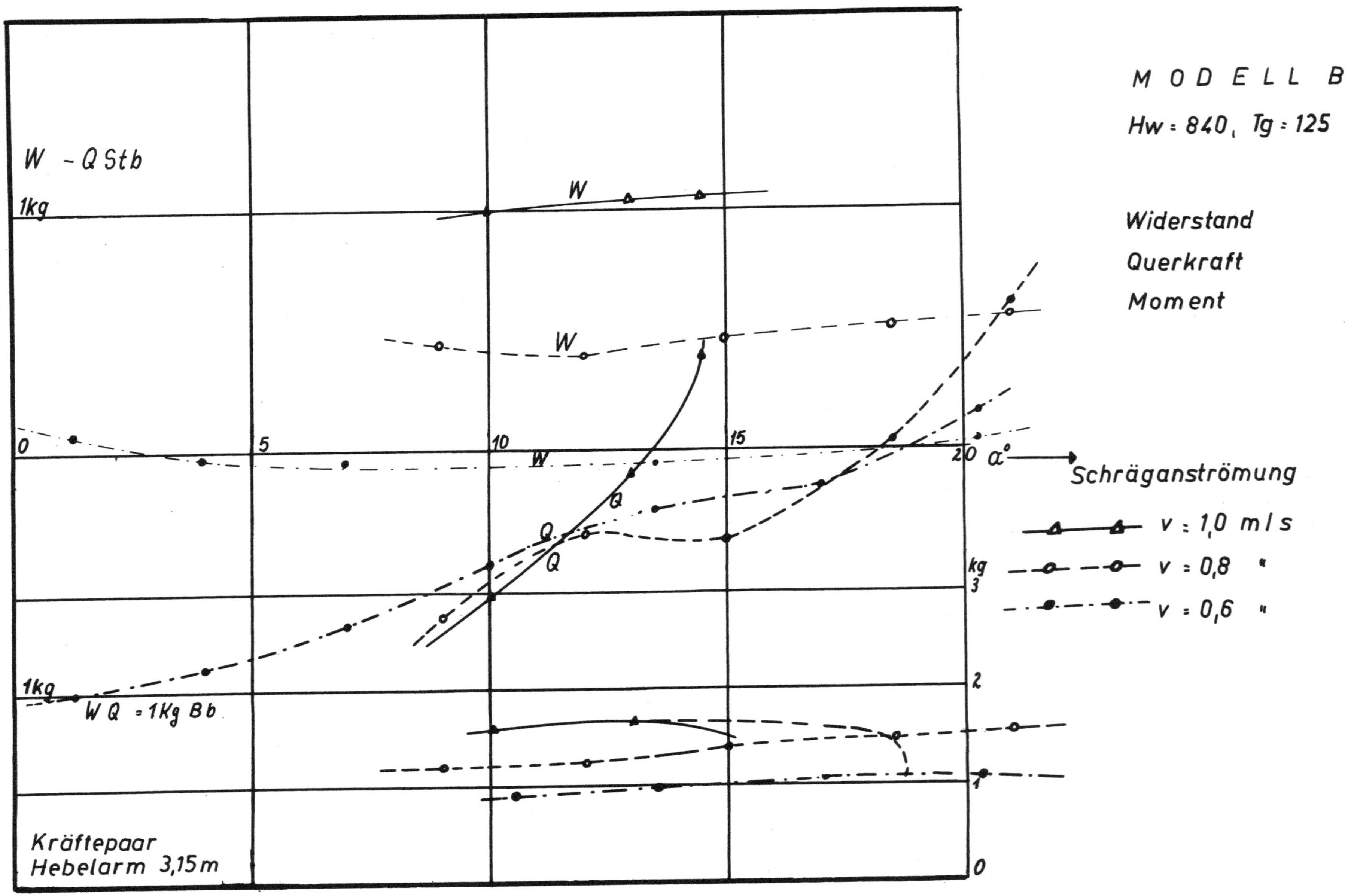

Abbildung 59

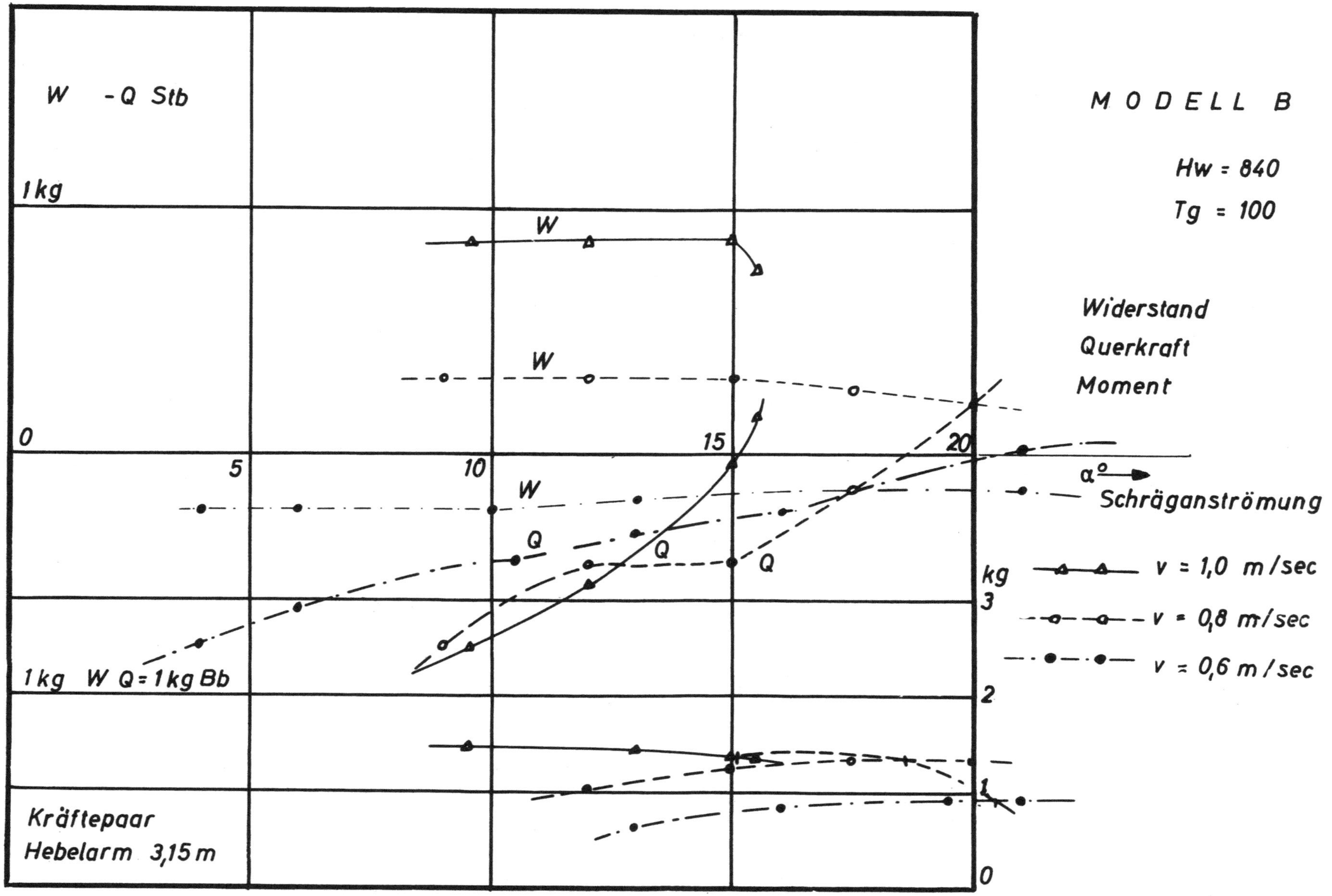

Abbildung 60

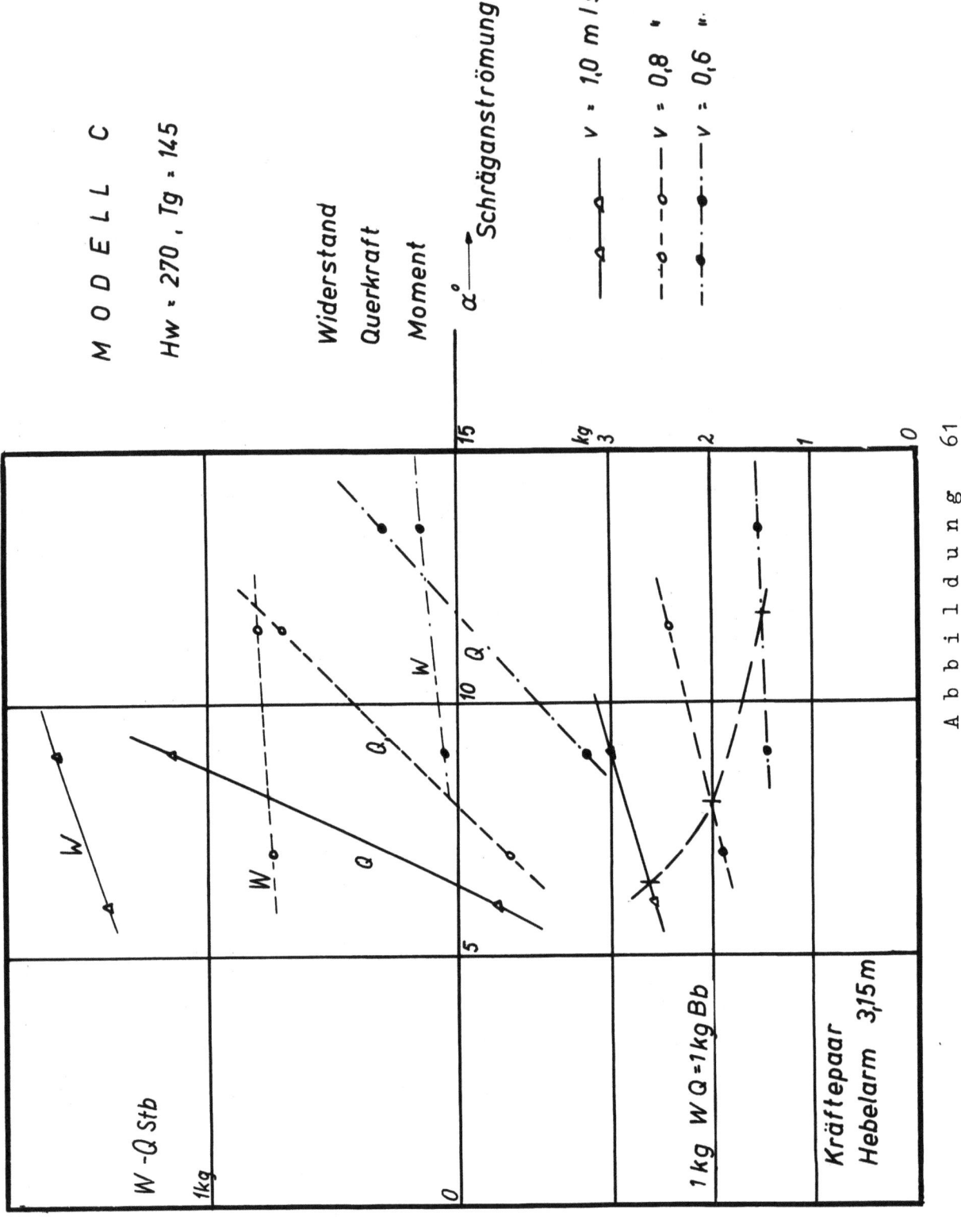

Abbildung 61

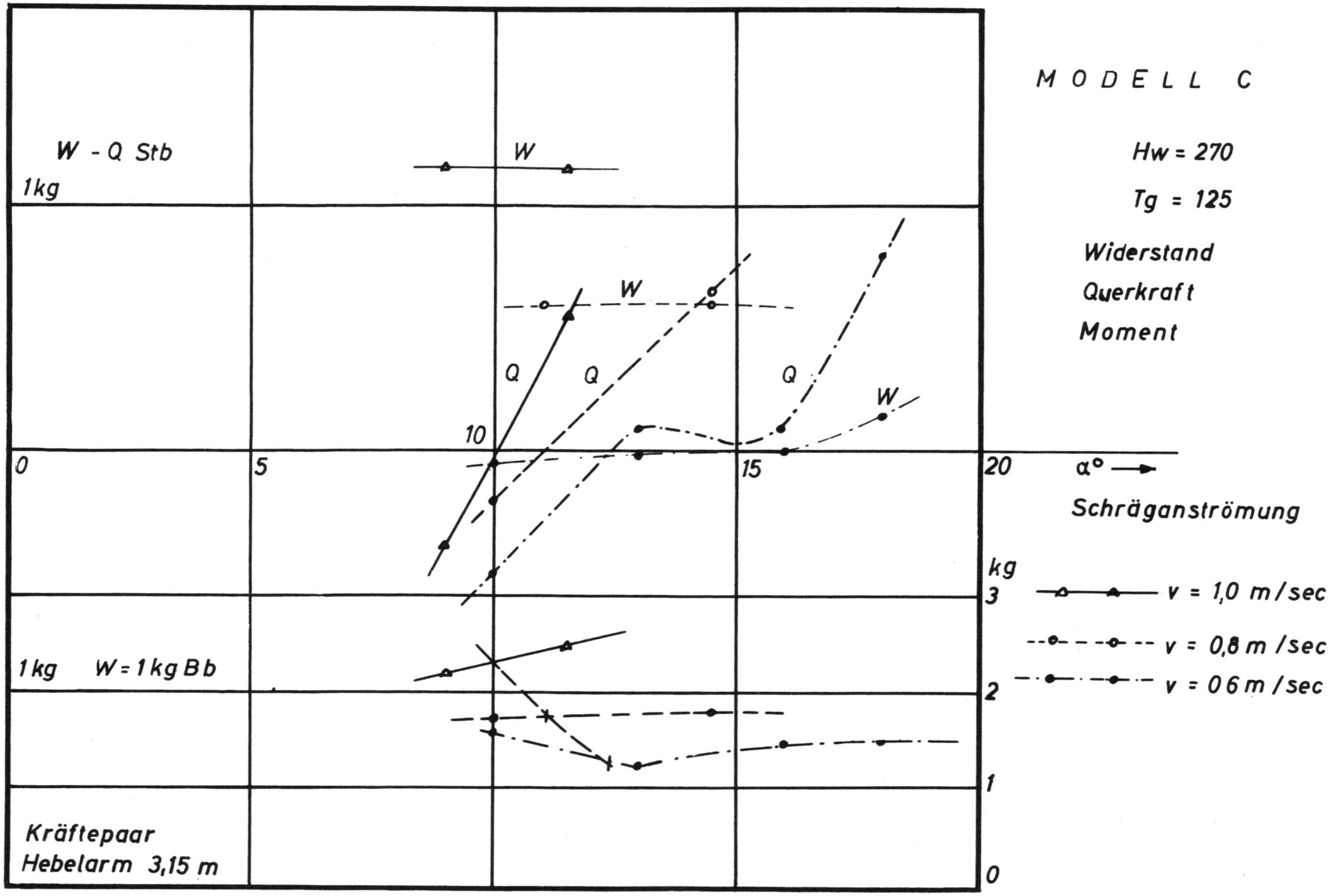

MODELL C

Hw = 270
Tg = 125

Widerstand
Querkraft
Moment

Schräganströmung

— v = 1,0 m/sec
--- v = 0,8 m/sec
-·- v = 0,6 m/sec

W - Q Stb

W = 1 kg Bb

Kräftepaar
Hebelarm 3,15 m

Abbildung 62

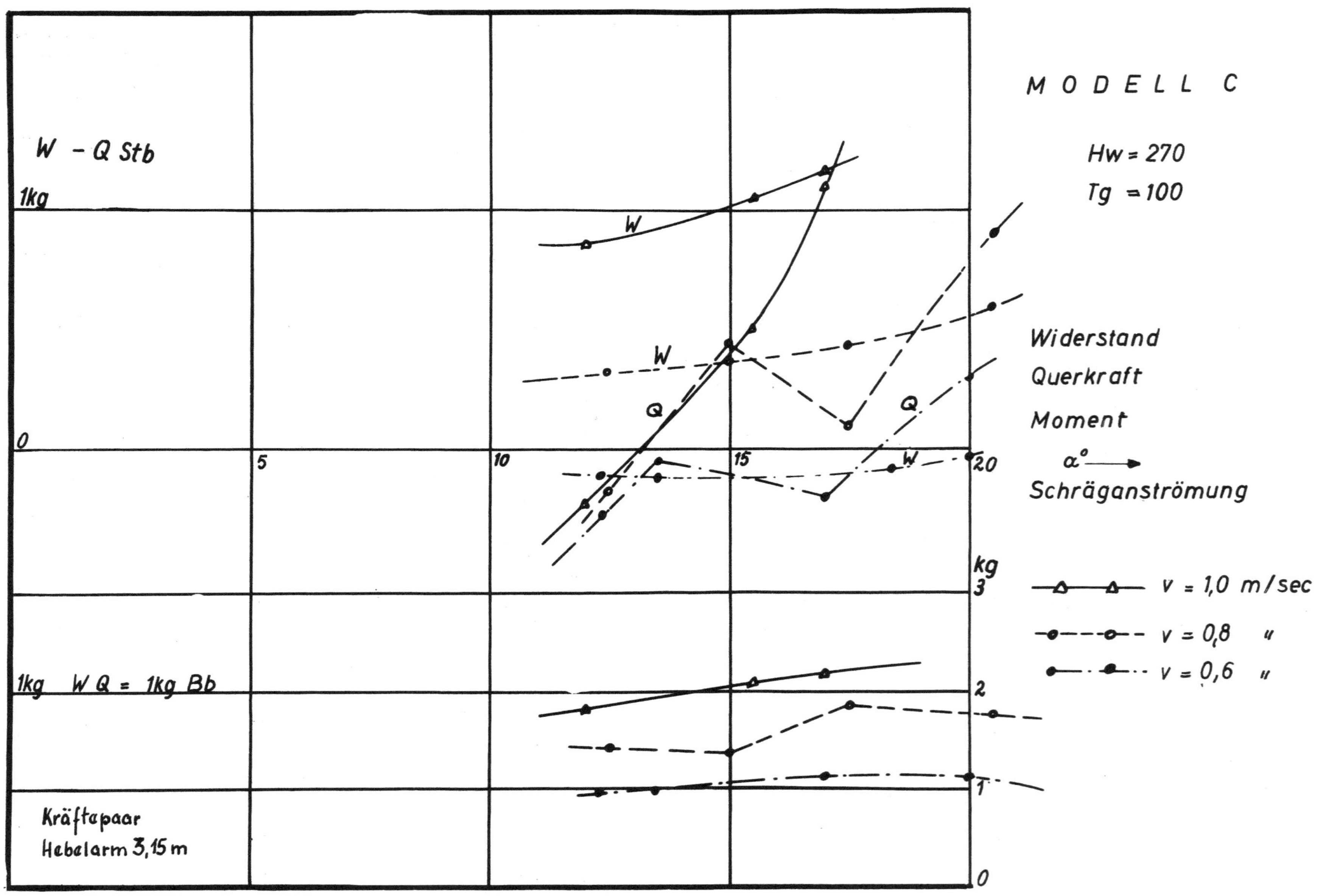

Abbildung 63

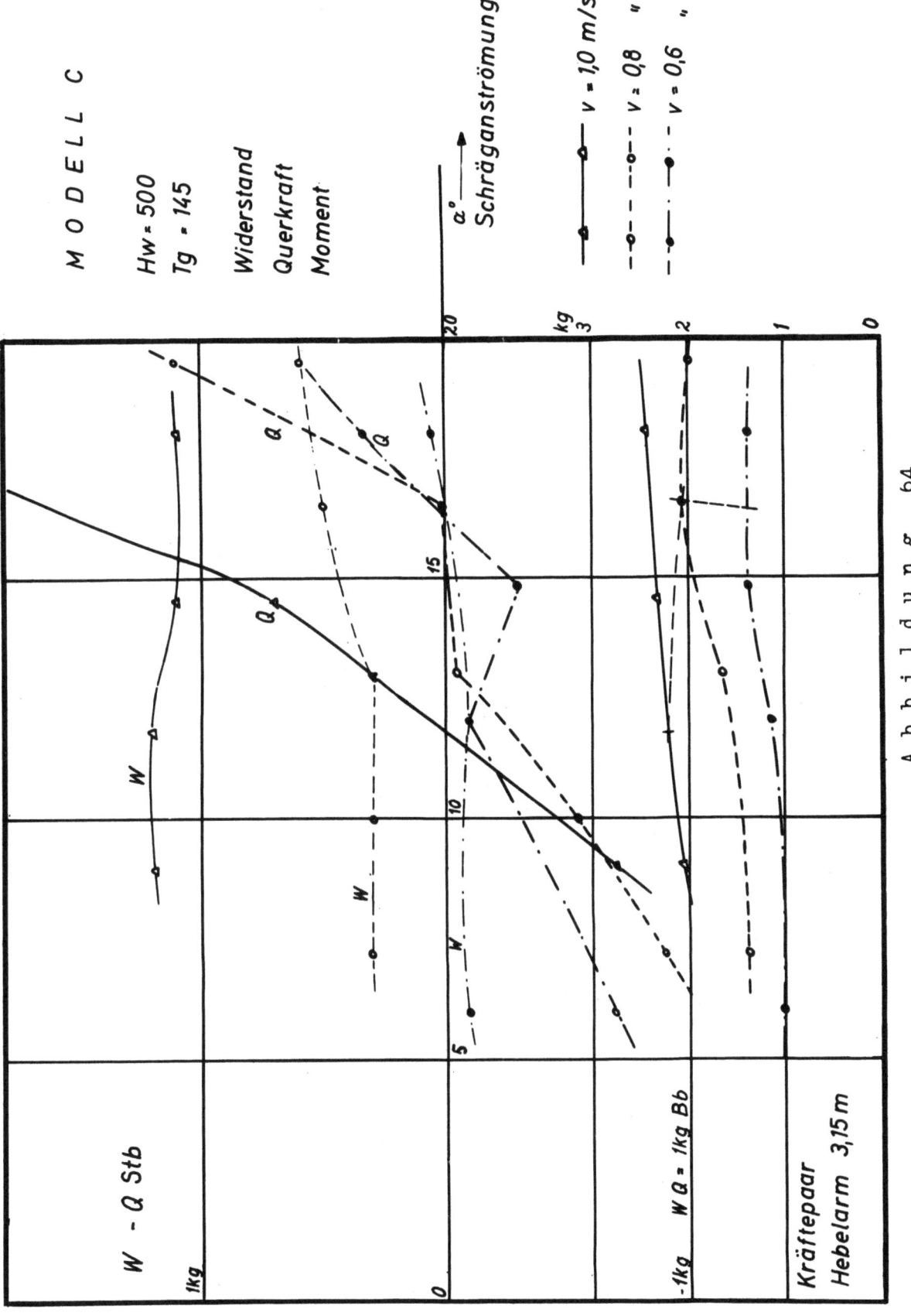

Abbildung 64

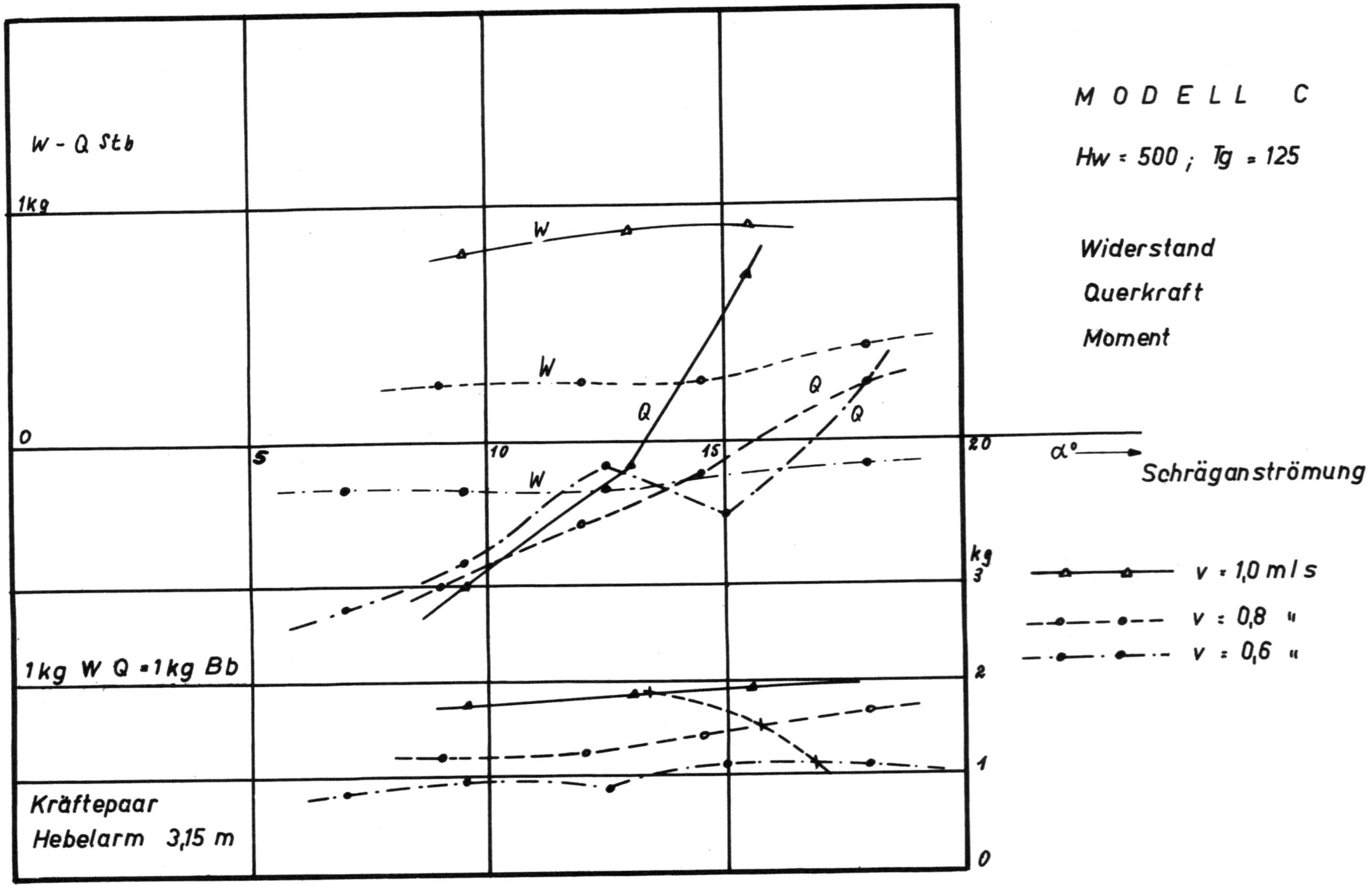
MODELL C
Hw = 500 ; Tg = 125
Widerstand
Querkraft
Moment
W - Q Stb
1kg
0
5
10
15
20
α° Schräganströmung
W
Q
kg
3
2
1
0
1kg W Q = 1kg Bb
Kräftepaar
Hebelarm 3,15 m
v = 1,0 m/s
v = 0,8 "
v = 0,6 "

Abbildung 65

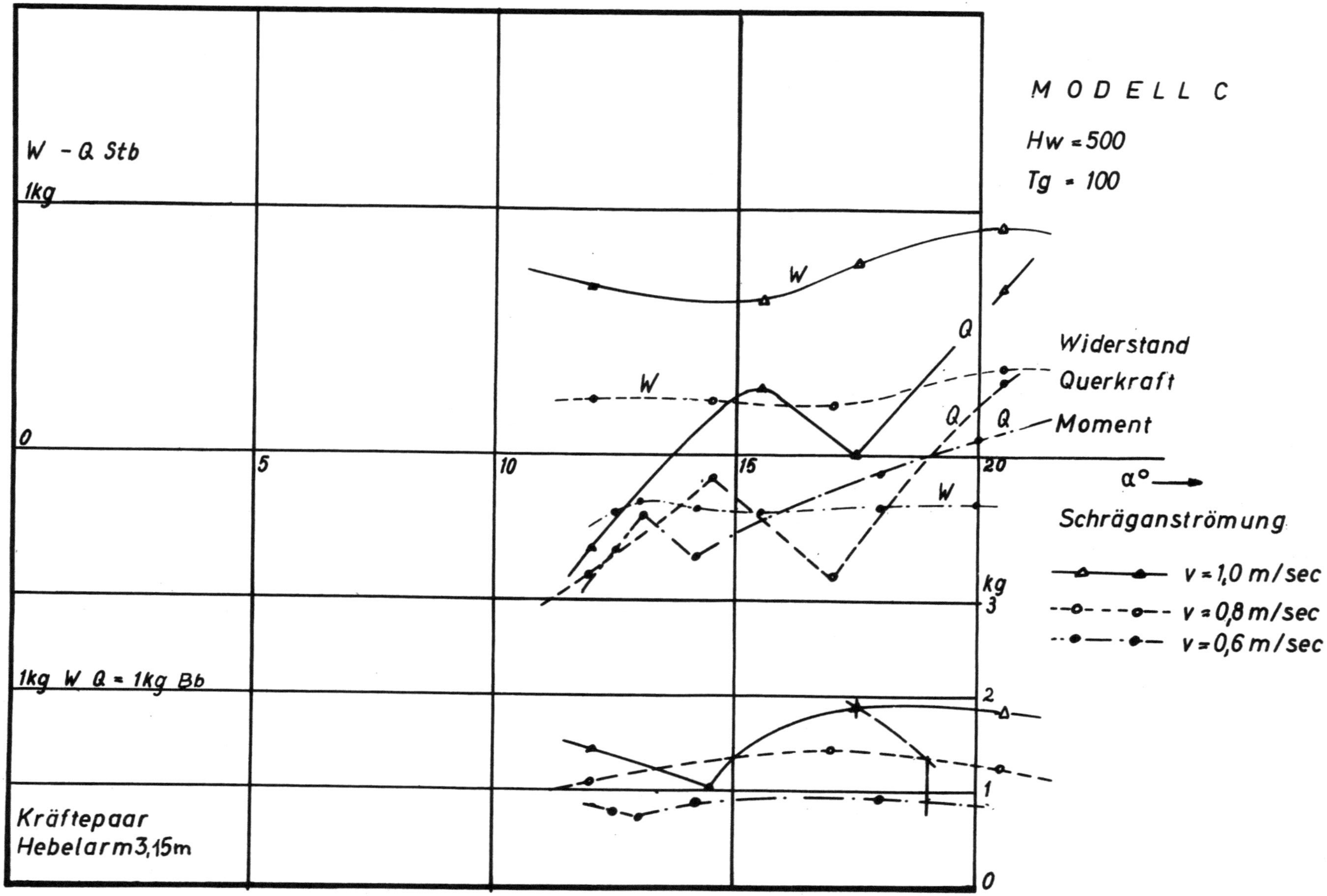

Abbildung 66

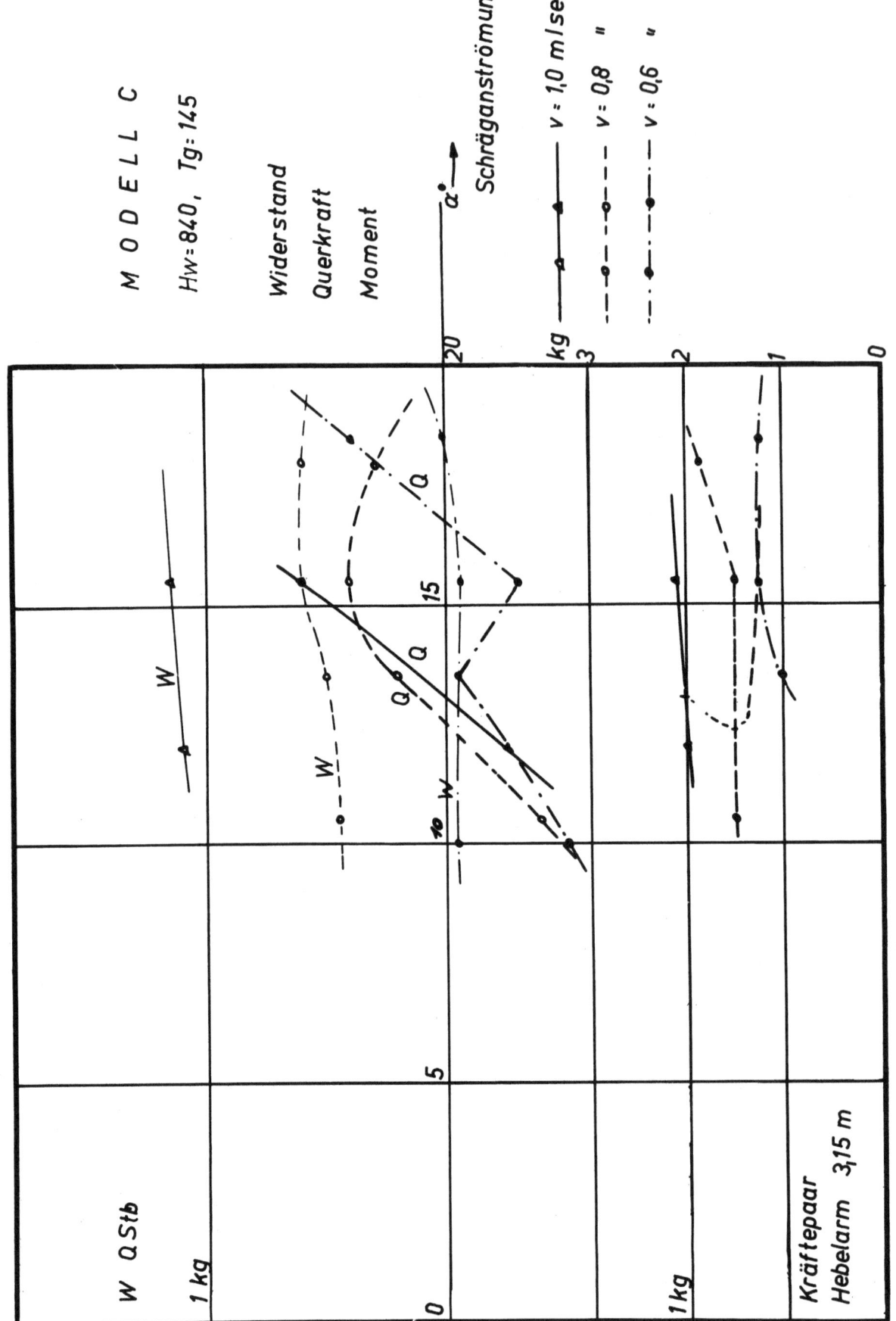

Abbildung 67

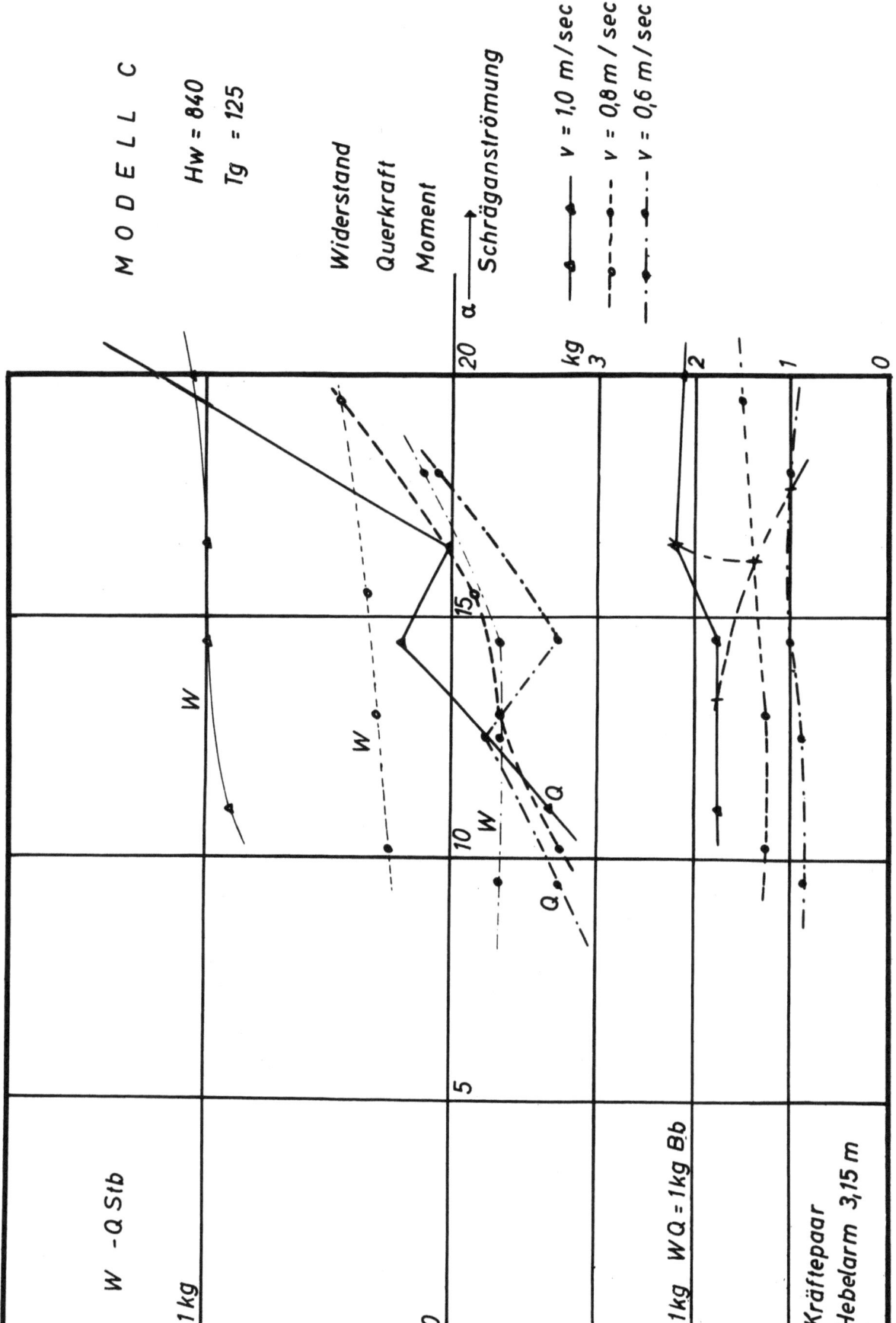

Abbildung 68

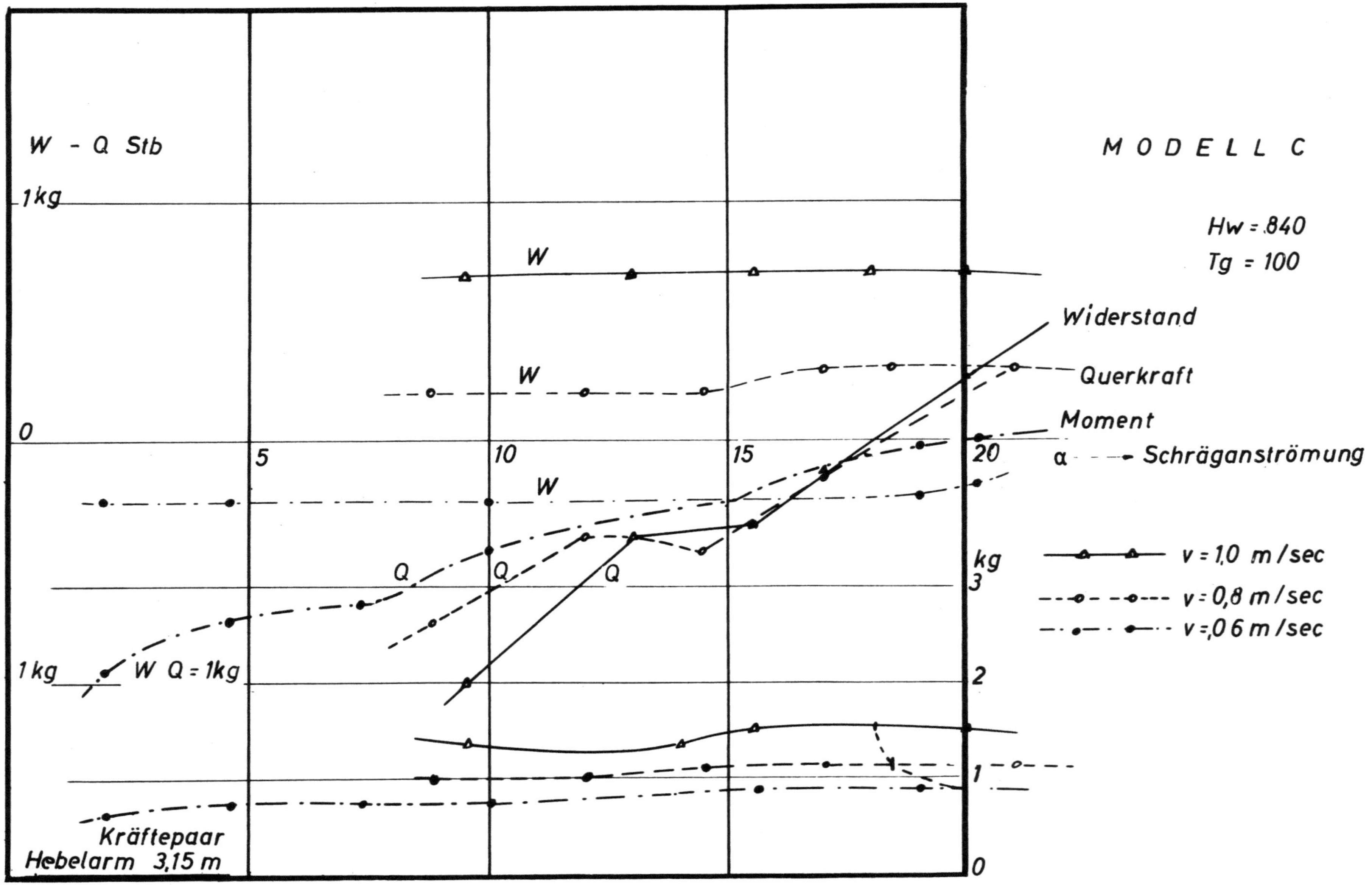

Abbildung 69

MODELL C

Hw = .840
Tg = 100

Widerstand
Querkraft
Moment
α — Schräganströmung

— v = 1,0 m/sec
--- v = 0,8 m/sec
-·- v = 0,06 m/sec

W - Q Stb
1 kg

W Q = 1 kg

Kräftepaar
Hebelarm 3,15 m

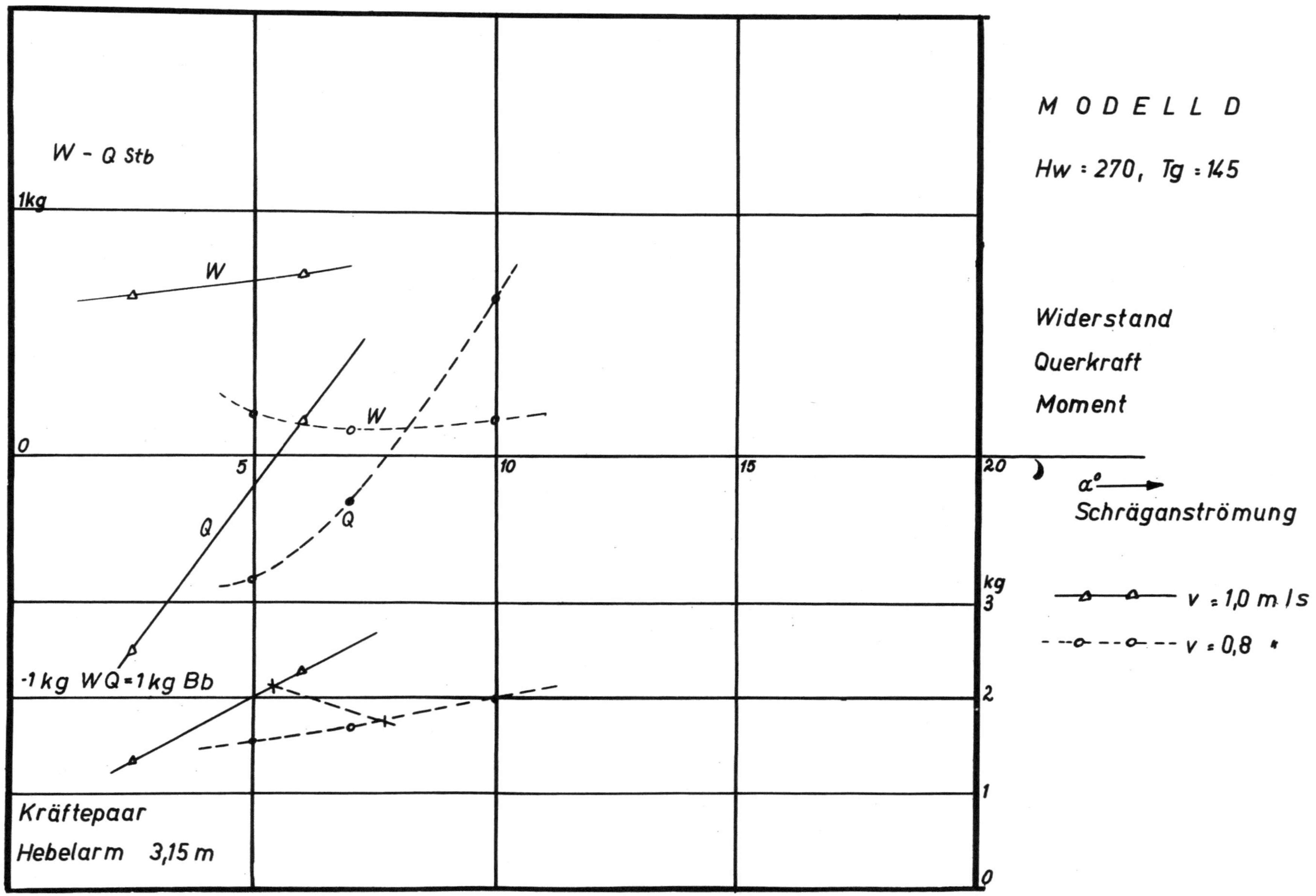
M O D E L L D
Hw = 270, Tg = 145
W - Q Stb
1kg
W
W
Q
Q
0
5
10
15
20
Widerstand
Querkraft
Moment
α°
Schräganströmung
kg
3
2
1
0
v = 1,0 m/s
v = 0,8 "
-1 kg WQ = 1 kg Bb
Kräftepaar
Hebelarm 3,15 m

A b b i l d u n g 70

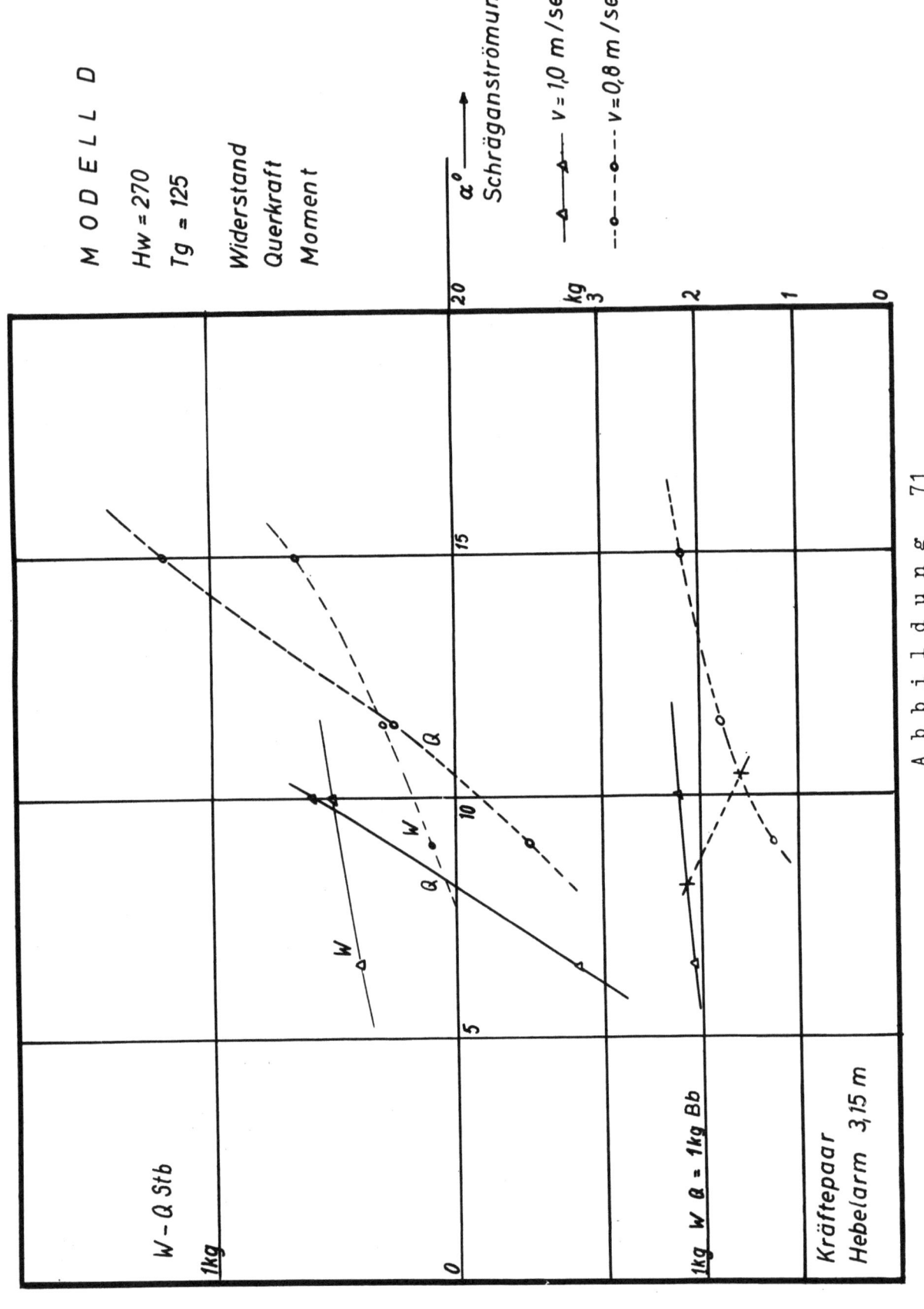

Abbildung 71

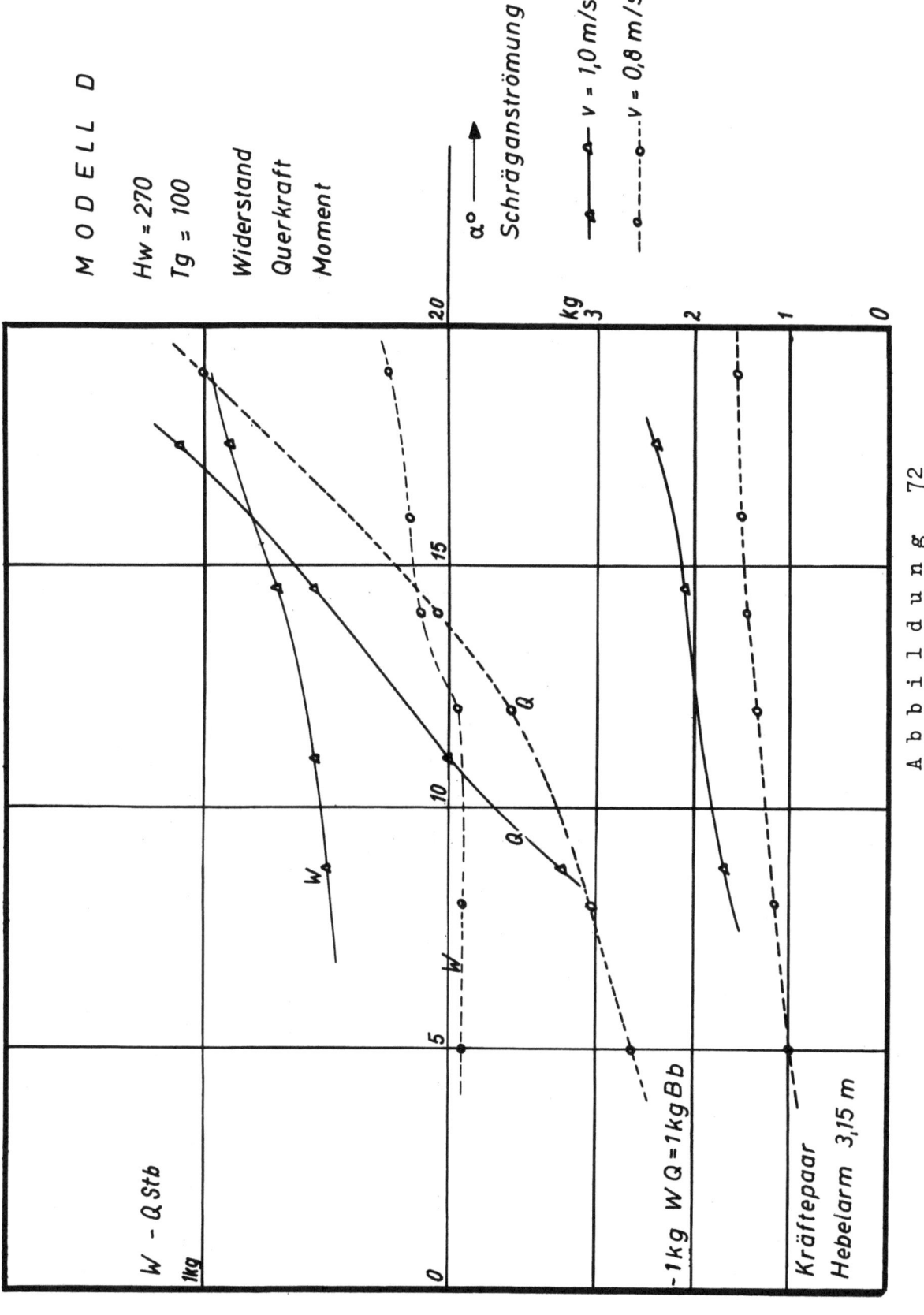

Abbildung 72

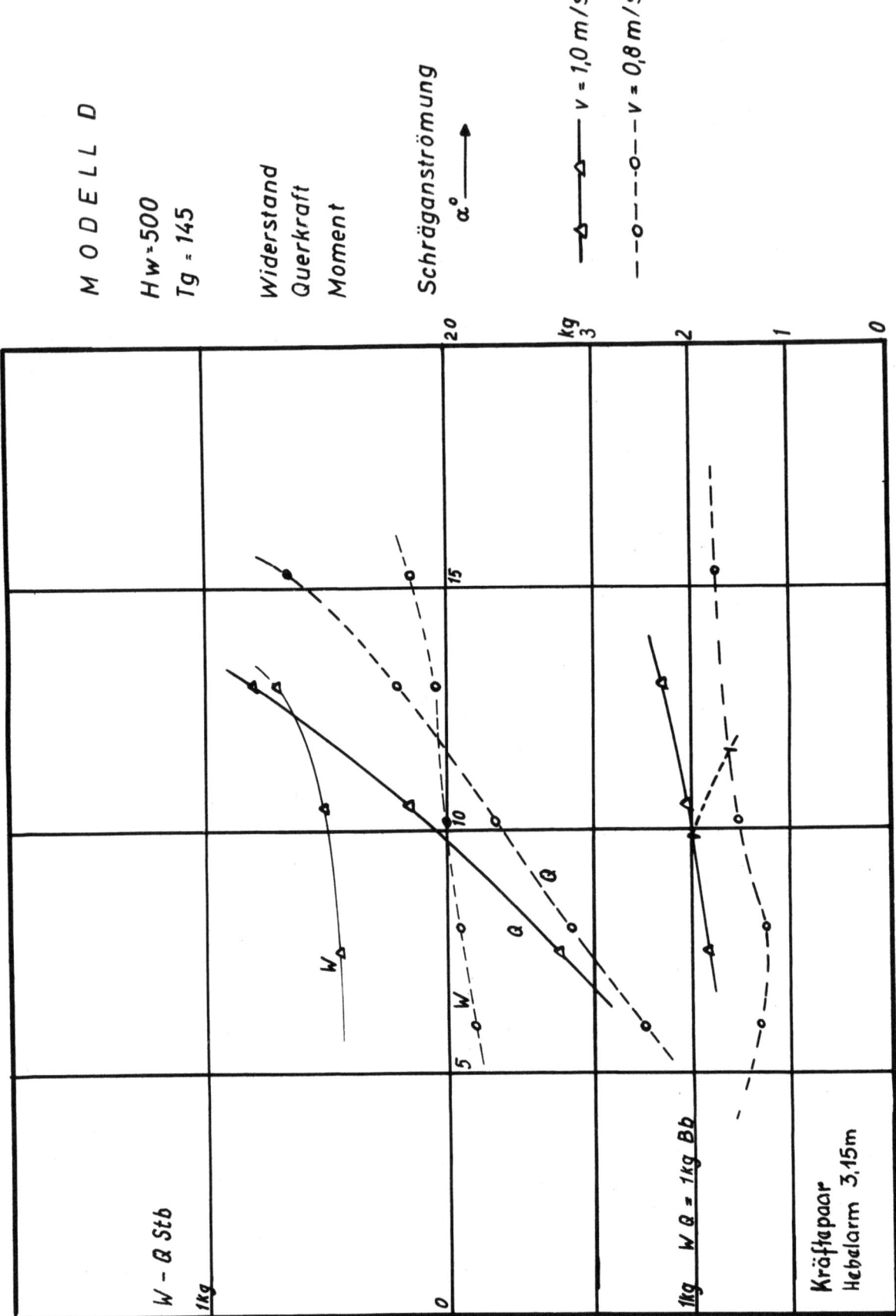

Abbildung 73

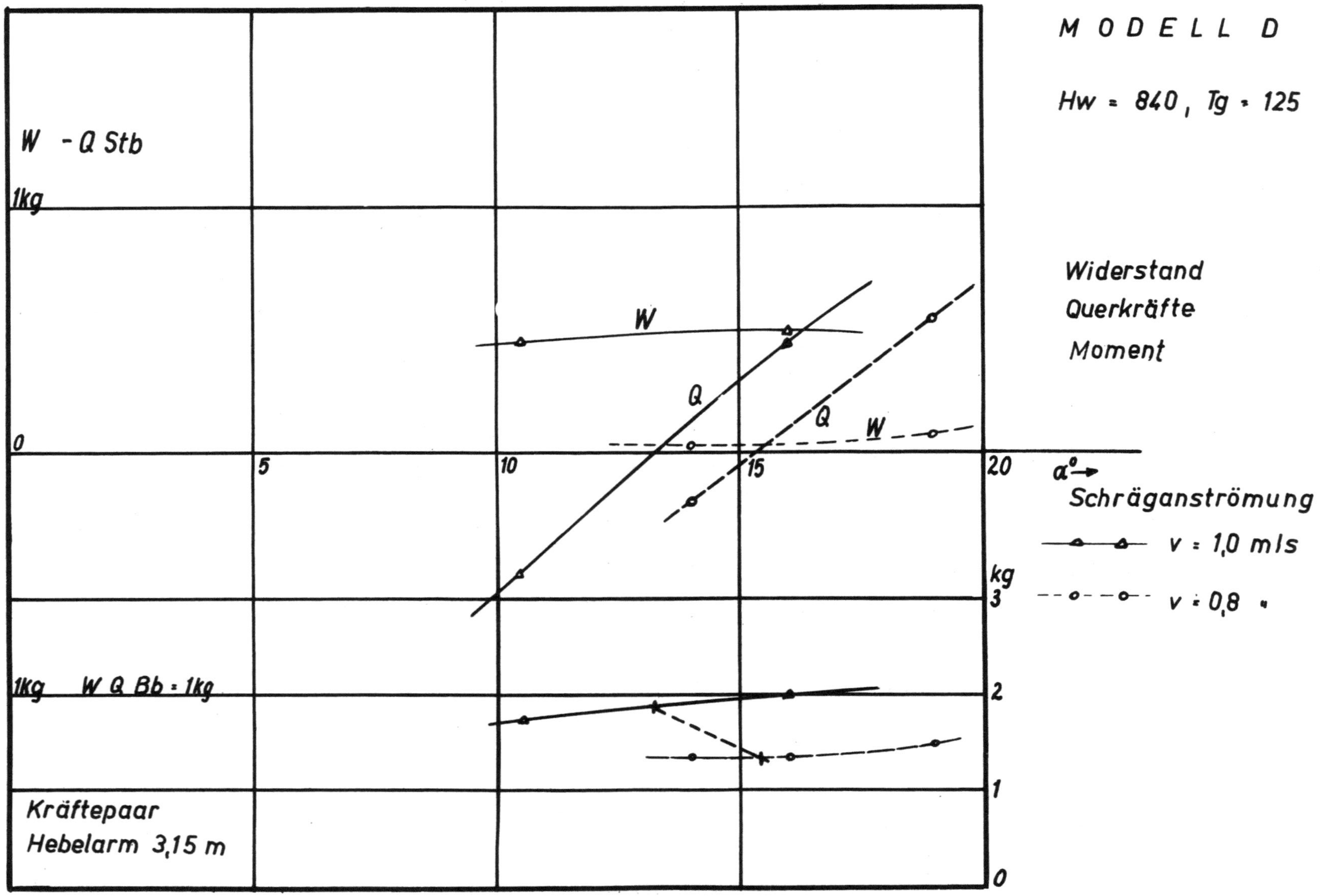

M O D E L L D
Hw = 840, Tg = 125
W - Q Stb
1kg
0
5
10
15
20
α° →
Widerstand
Querkräfte
Moment
W
Q
Q
W
Schräganströmung
v = 1,0 m/s
v = 0,8 "
kg
3
2
1
0
1kg W Q Bb = 1kg
Kräftepaar
Hebelarm 3,15 m

A b b i l d u n g 74

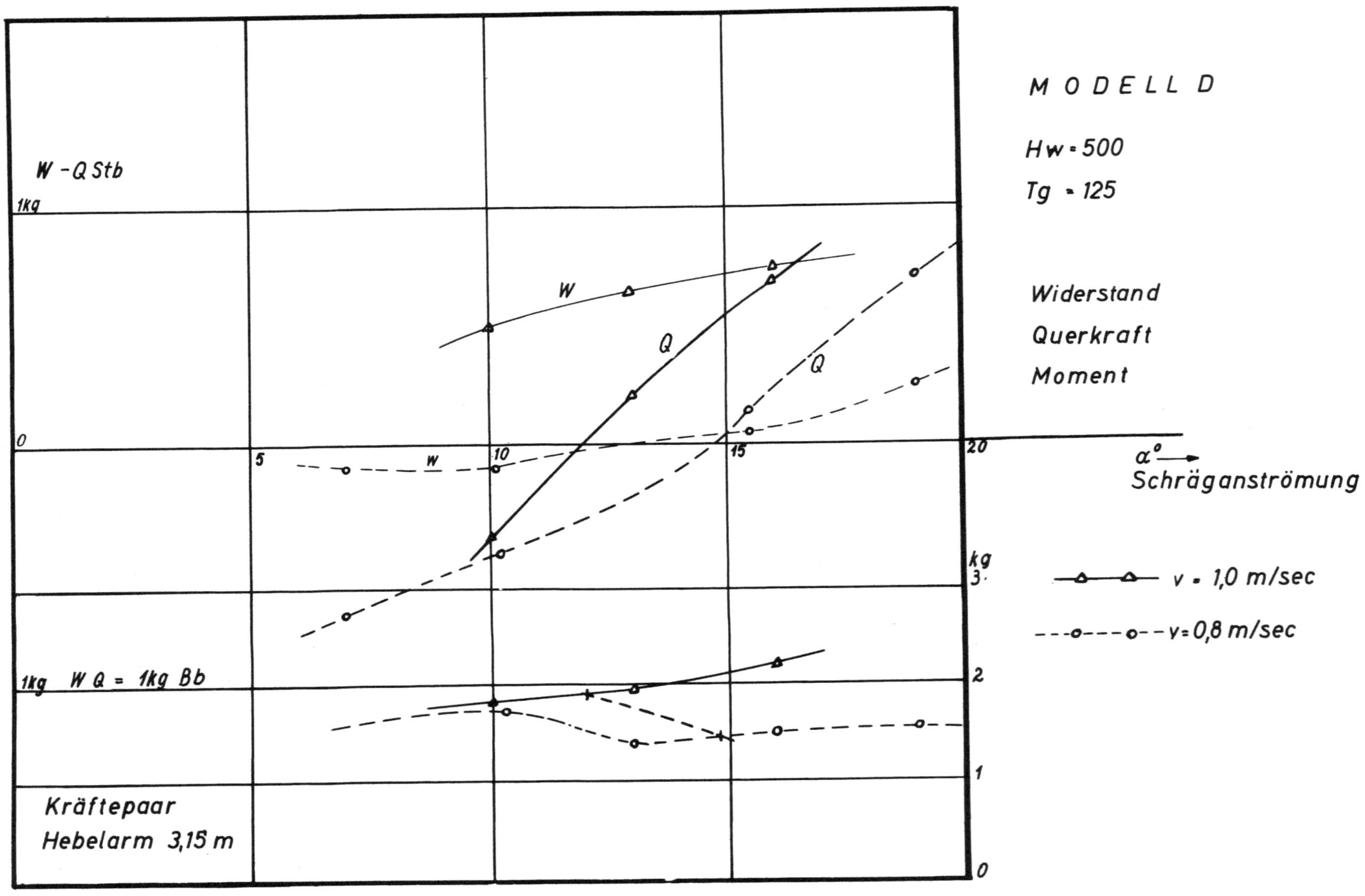

Abbildung 75

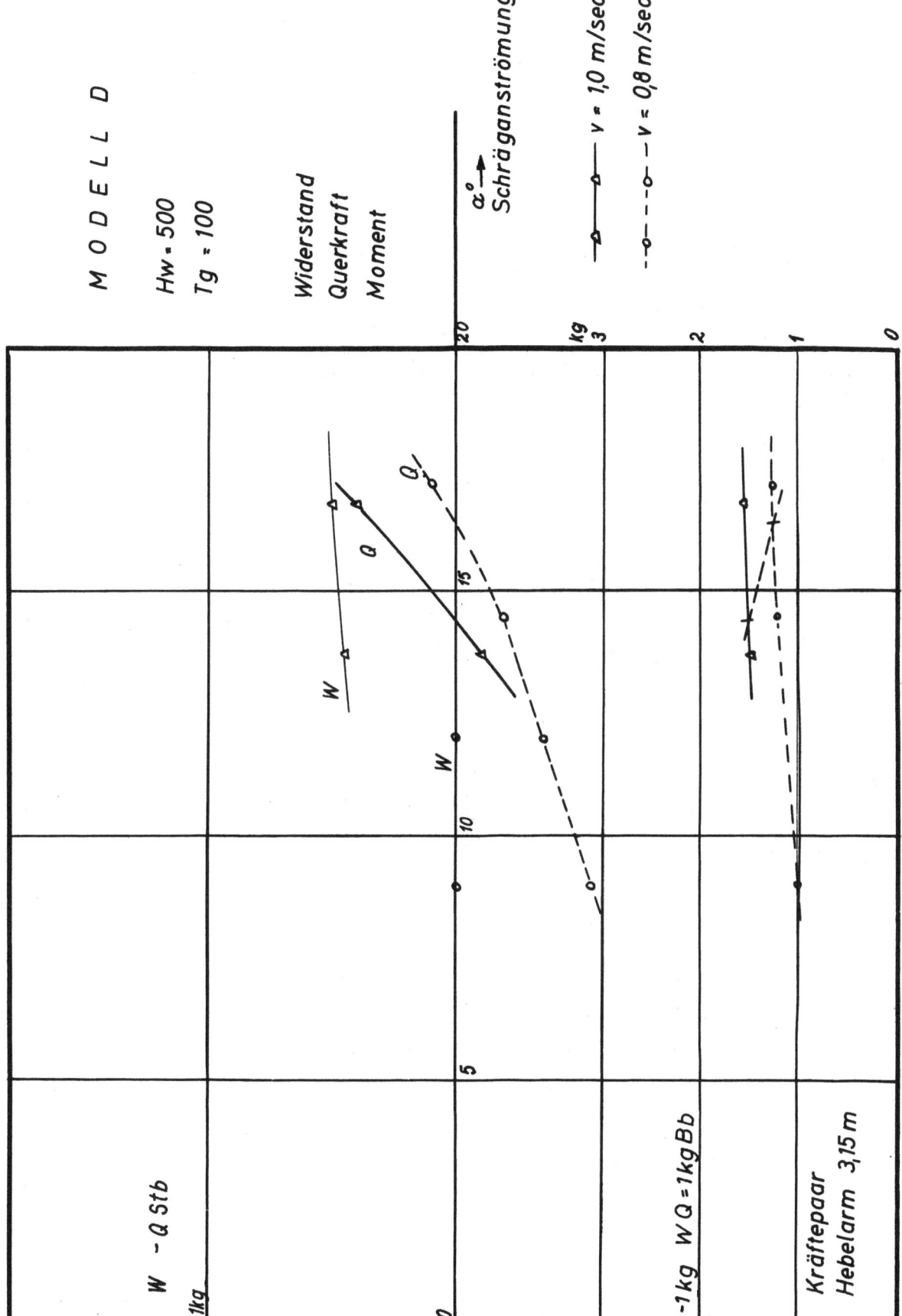

Abbildung 76

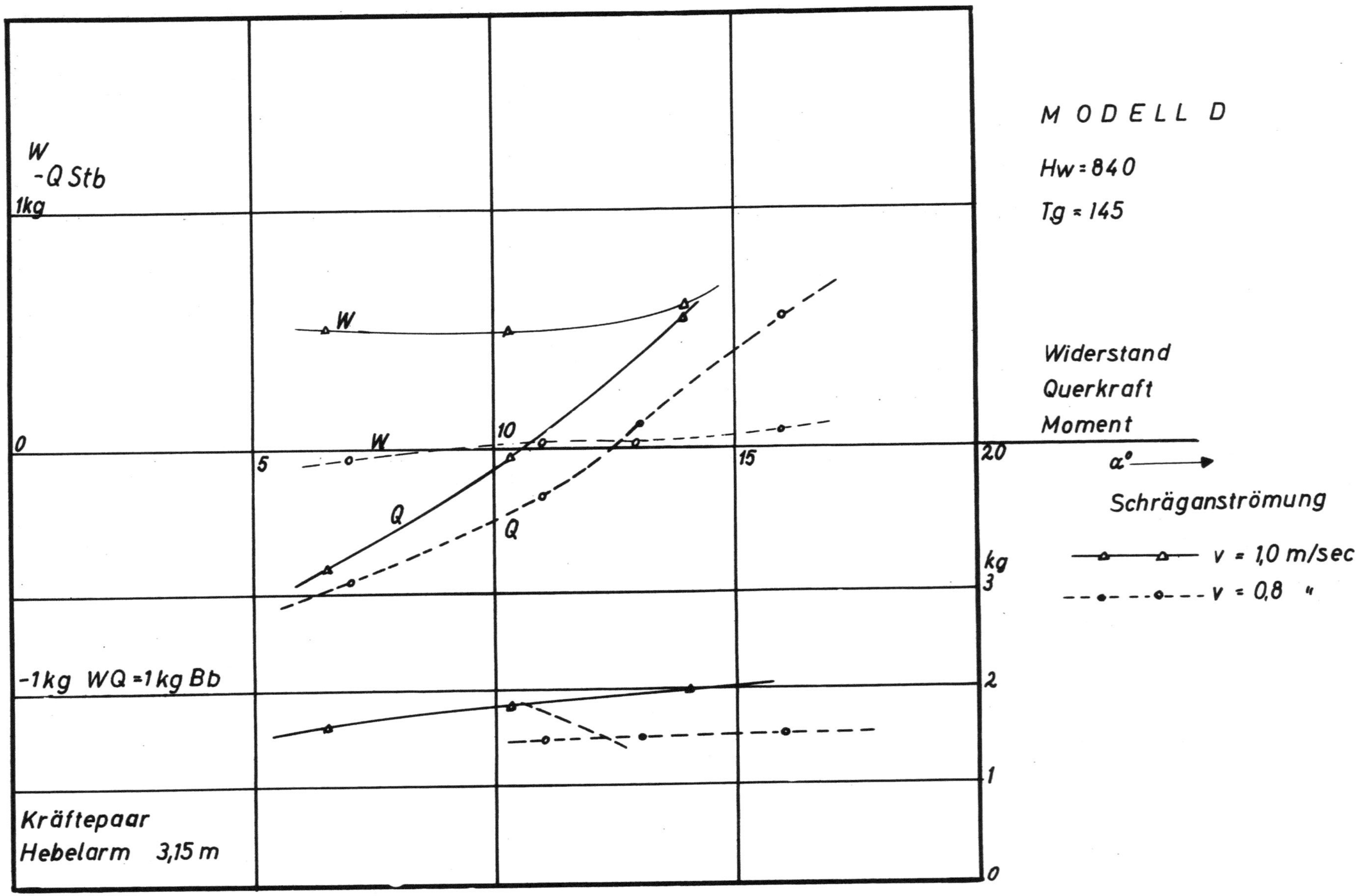

Abbildung 77

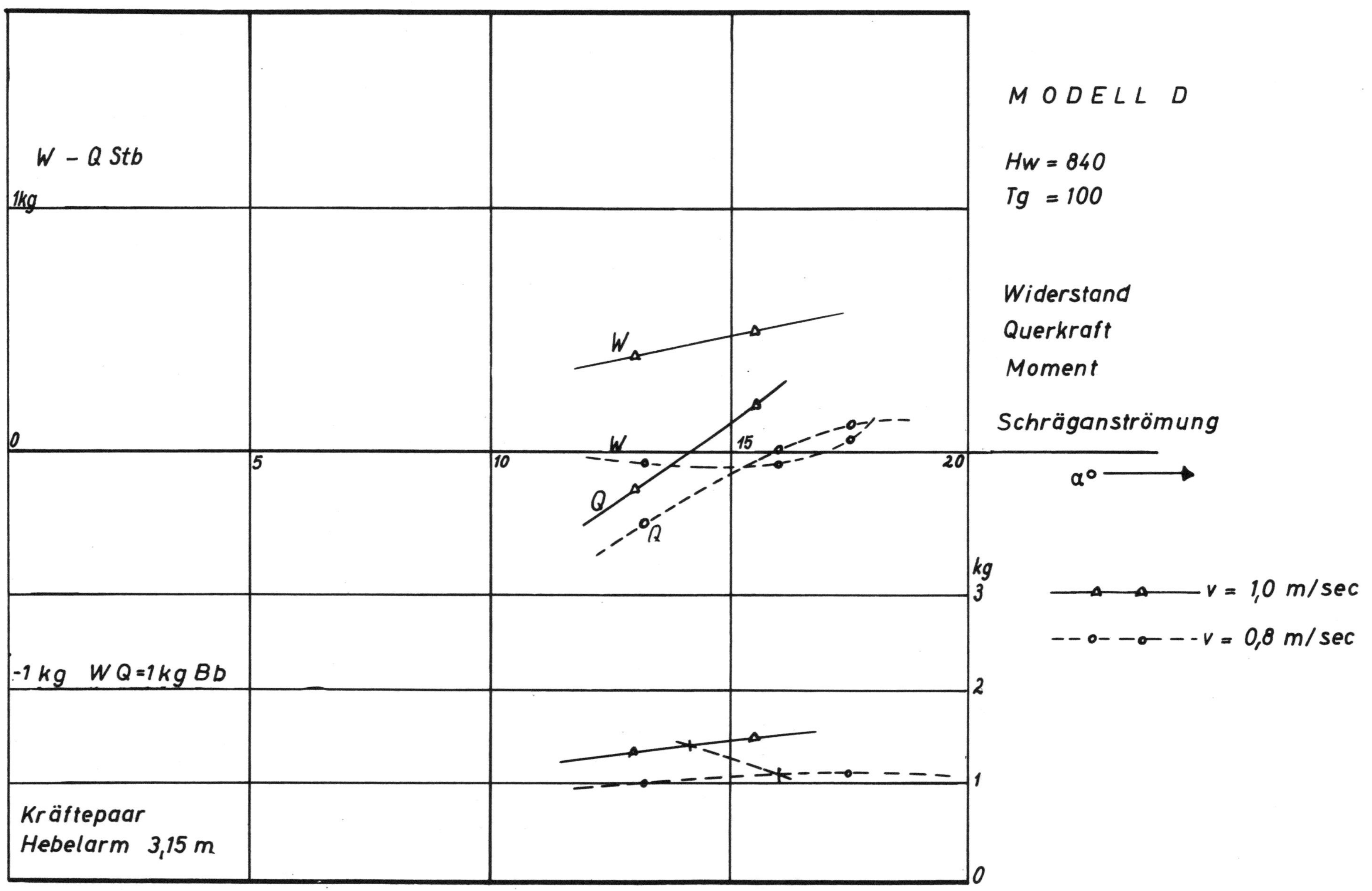
M O D E L L D
Hw = 840
Tg = 100
Widerstand
Querkraft
Moment
Schräganströmung
α°
v = 1,0 m/sec
v = 0,8 m/sec
W - Q Stb
1kg
0
5
10
15
20
W
Q
Ω
kg
3
2
1
0
-1 kg WQ=1kg Bb
Kräftepaar
Hebelarm 3,15 m

Abbildung 78

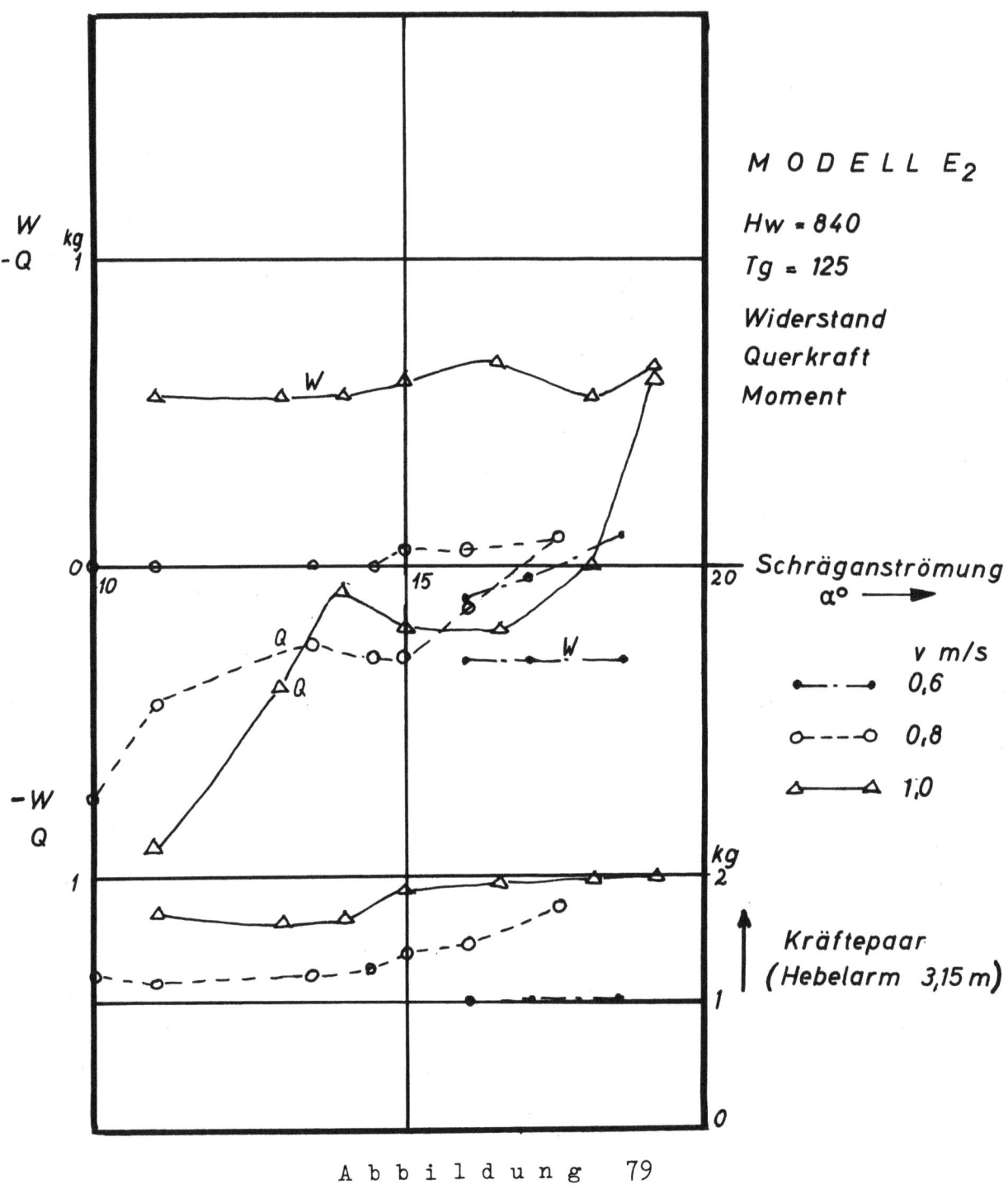

Abbildung 79

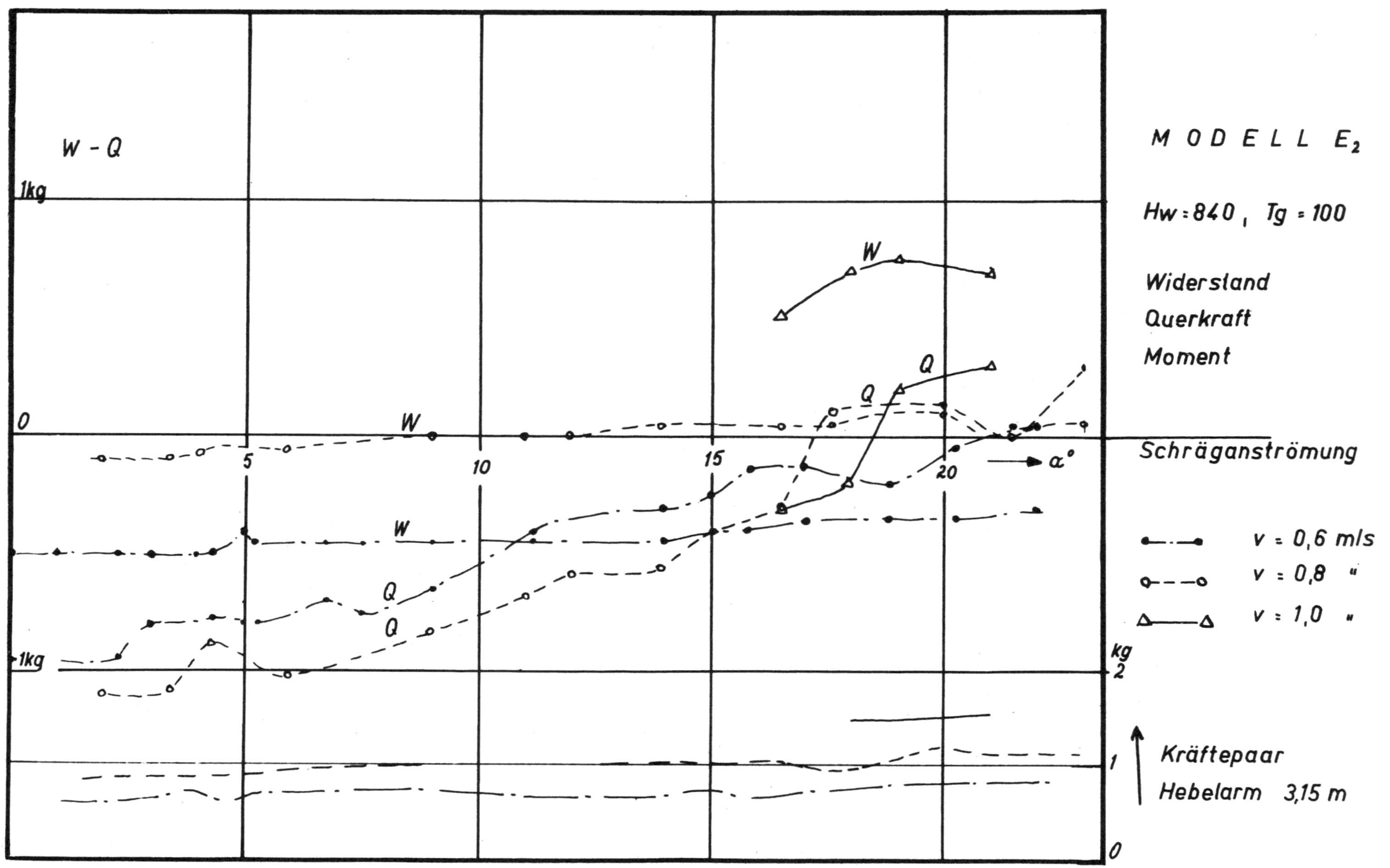

Abbildung 80

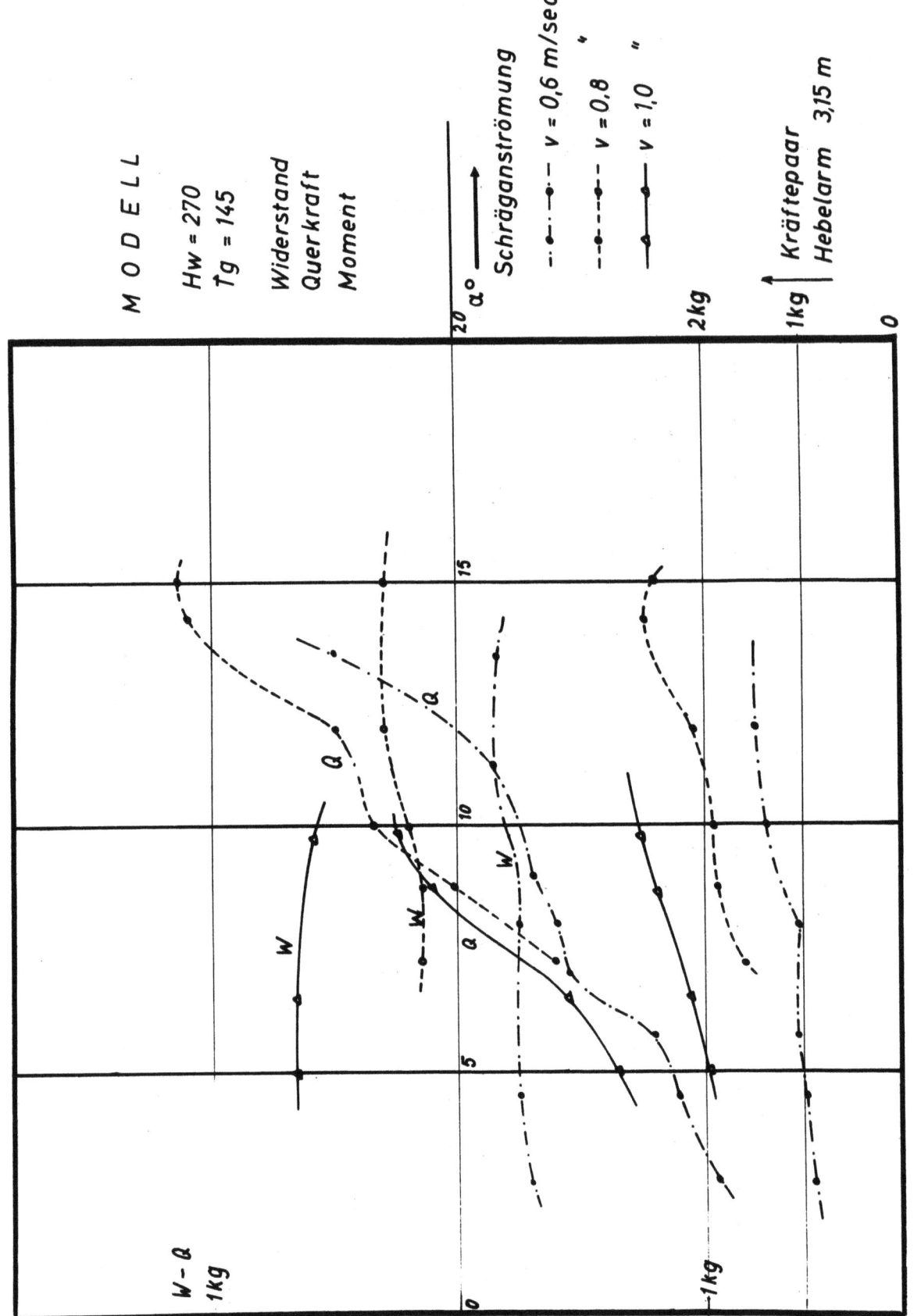

Abbildung 81

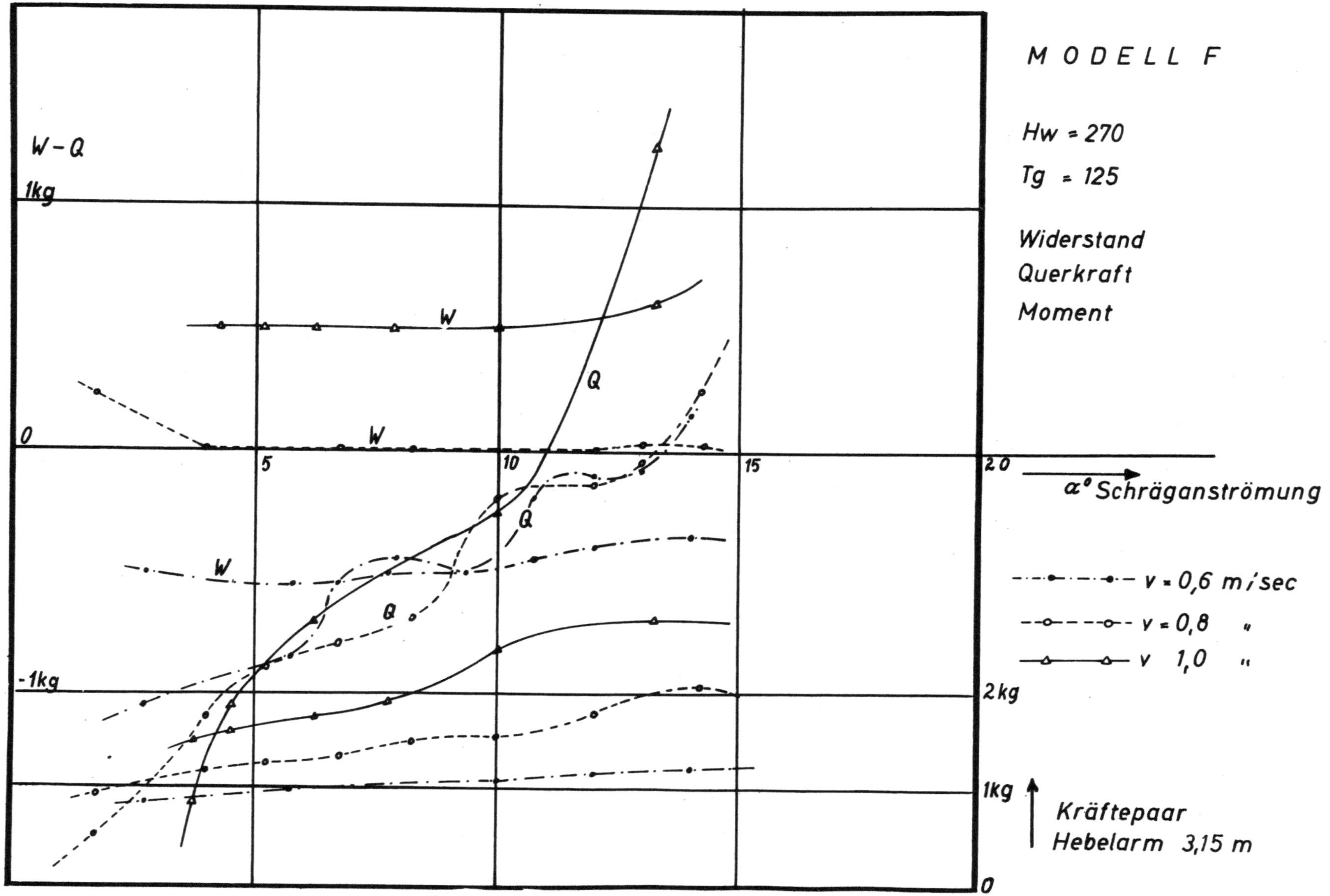

Abbildung 82

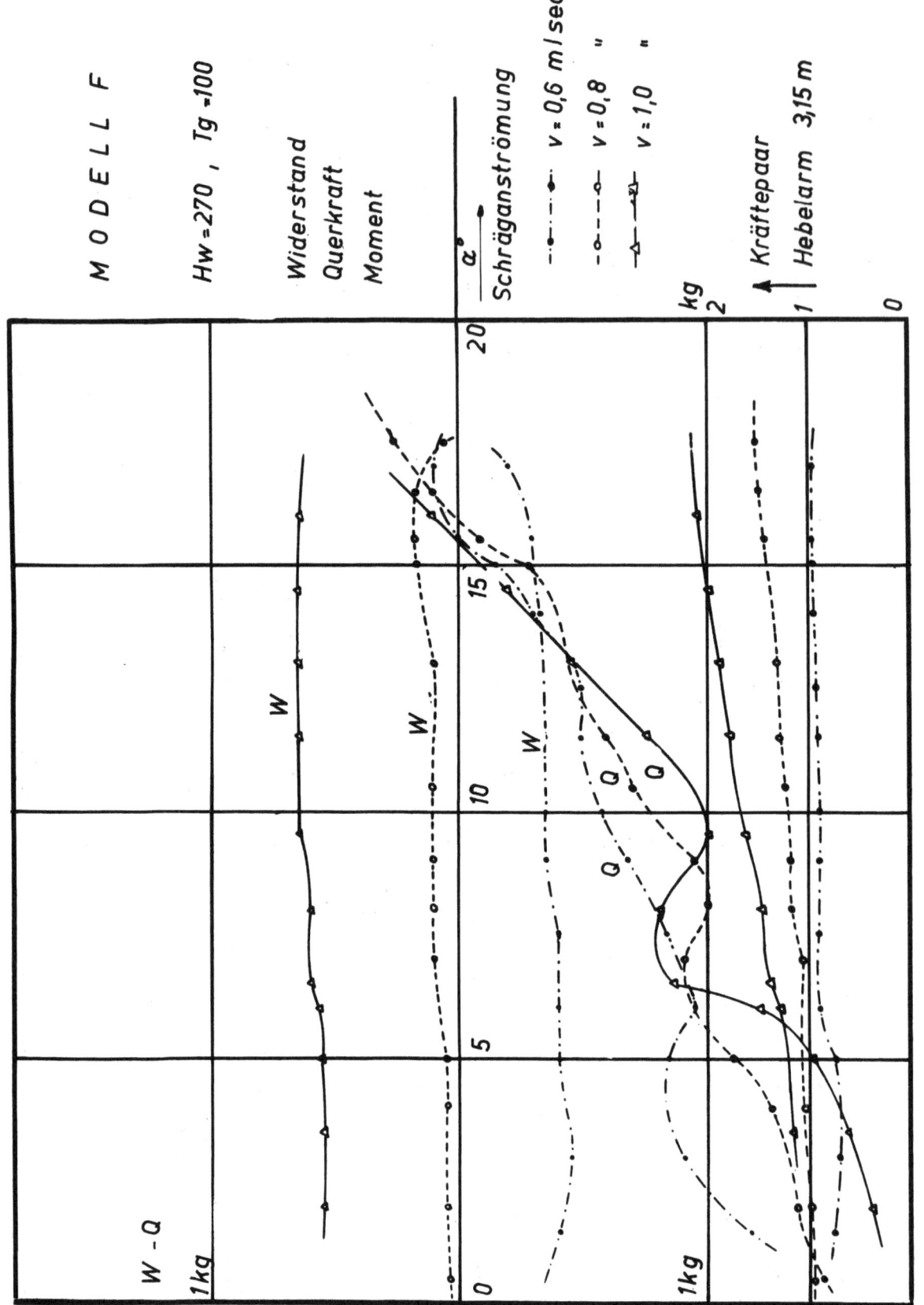

Abbildung 83

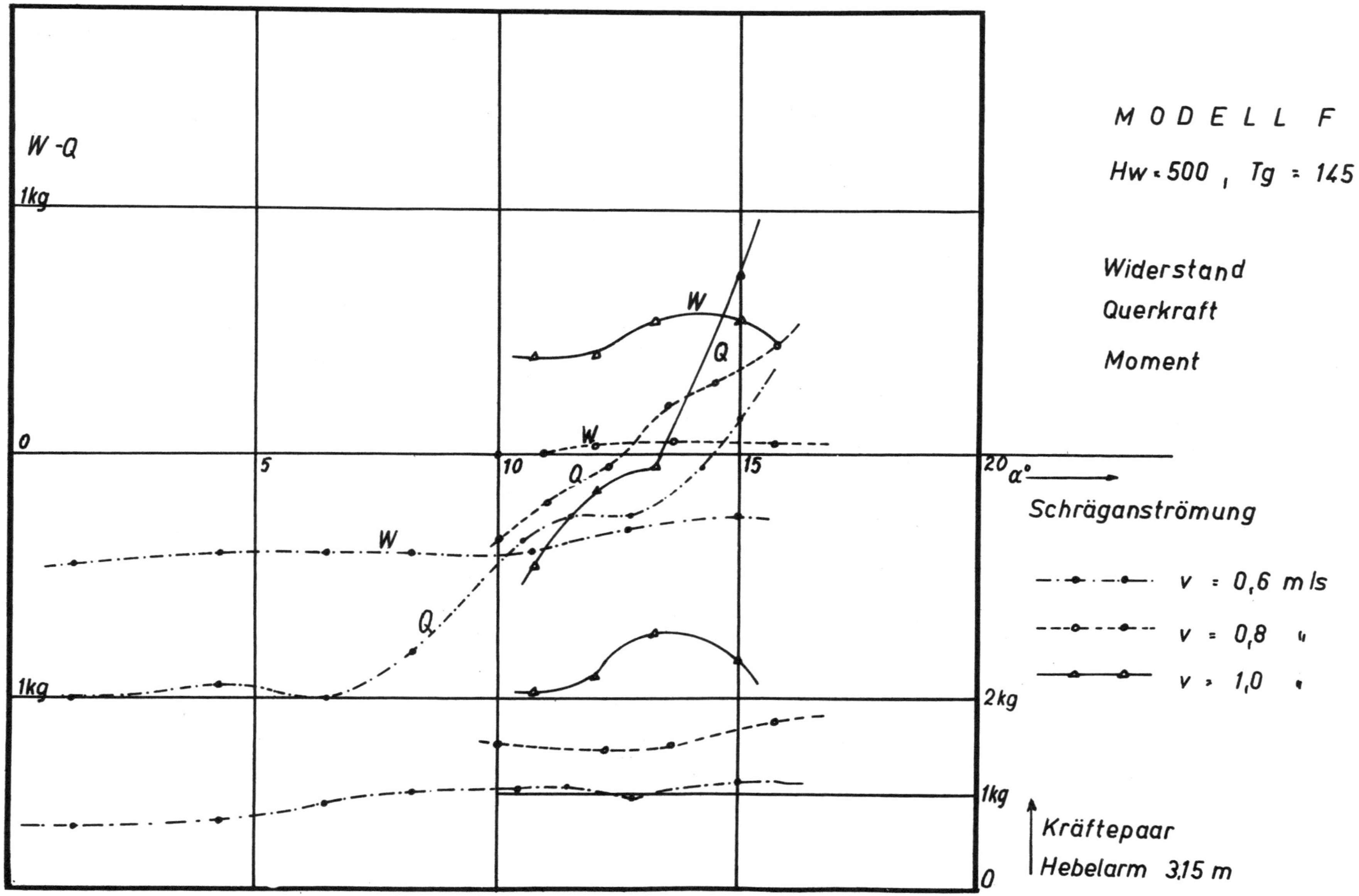
W -Q
1kg
0
1kg
5
10
15
20
α°
W
Q
W
Q
W
Q
2kg
1kg
0
MODELL F
Hw = 500 , Tg = 145
Widerstand
Querkraft
Moment
Schräganströmung
v = 0,6 m/s
v = 0,8 "
v = 1,0 "
Kräftepaar
Hebelarm 3,15 m

A b b i l d u n g 84

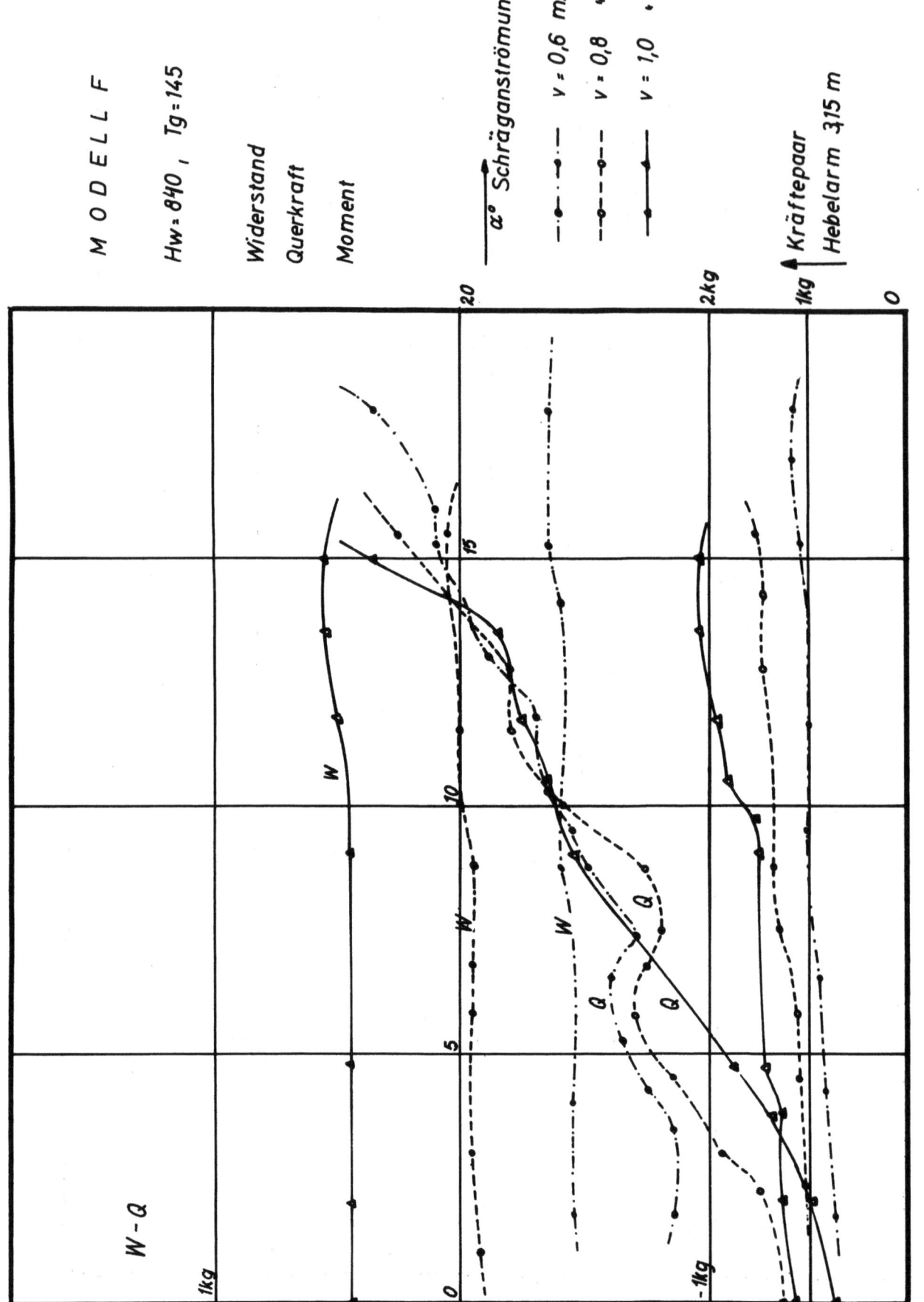

Abbildung 85

Heckform	A	B	C	D	E	F
größtes R/L % größer als kleinstes	110	22	40	34	37	25
auf $H_w = 500$ R/L für $T_g = 145$ % kleiner als R/L für $T_g = 100$	48	8	19	27	17	18
größter Driftwinkel % größer als kleinster	340	275	190	244	210	94

Driftwinkelvergleich Drehkreis - Schrägschlepp

Modell A $H_w = 840$ mm
$T_g = 125$ mm

Drehkreis
$V = 0{,}35$ m/s $\quad R/L = 0{,}76 \quad V = 285$ kg

$$P_z = \frac{G}{g} \cdot \frac{V^2}{R} = \frac{285 \cdot 0{,}122}{9{,}81 \cdot 0{,}76 \cdot 5{,}0} = 0{,}93 \text{ kg}$$

Schrägschlepp (bei v=0,6 m/s)
für $Q=0 \quad \frac{dQ}{d\alpha} = 4$ kg/$_{Bg1}$

aus Anstieg $\quad \alpha = \dfrac{57{,}3° \cdot 0{,}93}{4}$

$\alpha = 13{,}3°$

$Q = 0$ bei $\quad \underline{\alpha = 18°}$

Schrägschlepp $\sum \alpha = 31{,}3°$

Drehkreis $\alpha_{mitt} = 35°$

Modell B $H_w = 840$ mm
$T_g = 145$ mm

$V = 0{,}33$ m/s $\quad R/L = 1{,}04 \quad V = 336$ kg

$$P_z = \frac{336 \cdot 0{,}109}{9{,}81 \cdot 1{,}04 \cdot 5{,}0} = 0{,}72 \text{ kg}$$

für $Q=0 \quad \frac{dQ}{d\alpha} = 5$ kg/$_{Bg1}$

aus Anstieg $\alpha = \dfrac{57{,}3 \cdot 0{,}72}{5}$

$\alpha = 8{,}3°$

$Q = 0$ bei $\quad \underline{\alpha = 17{,}5°}$

$\sum \alpha = 25{,}8°$

$\alpha_{mitt} = 24°$

A b b i l d u n g 86

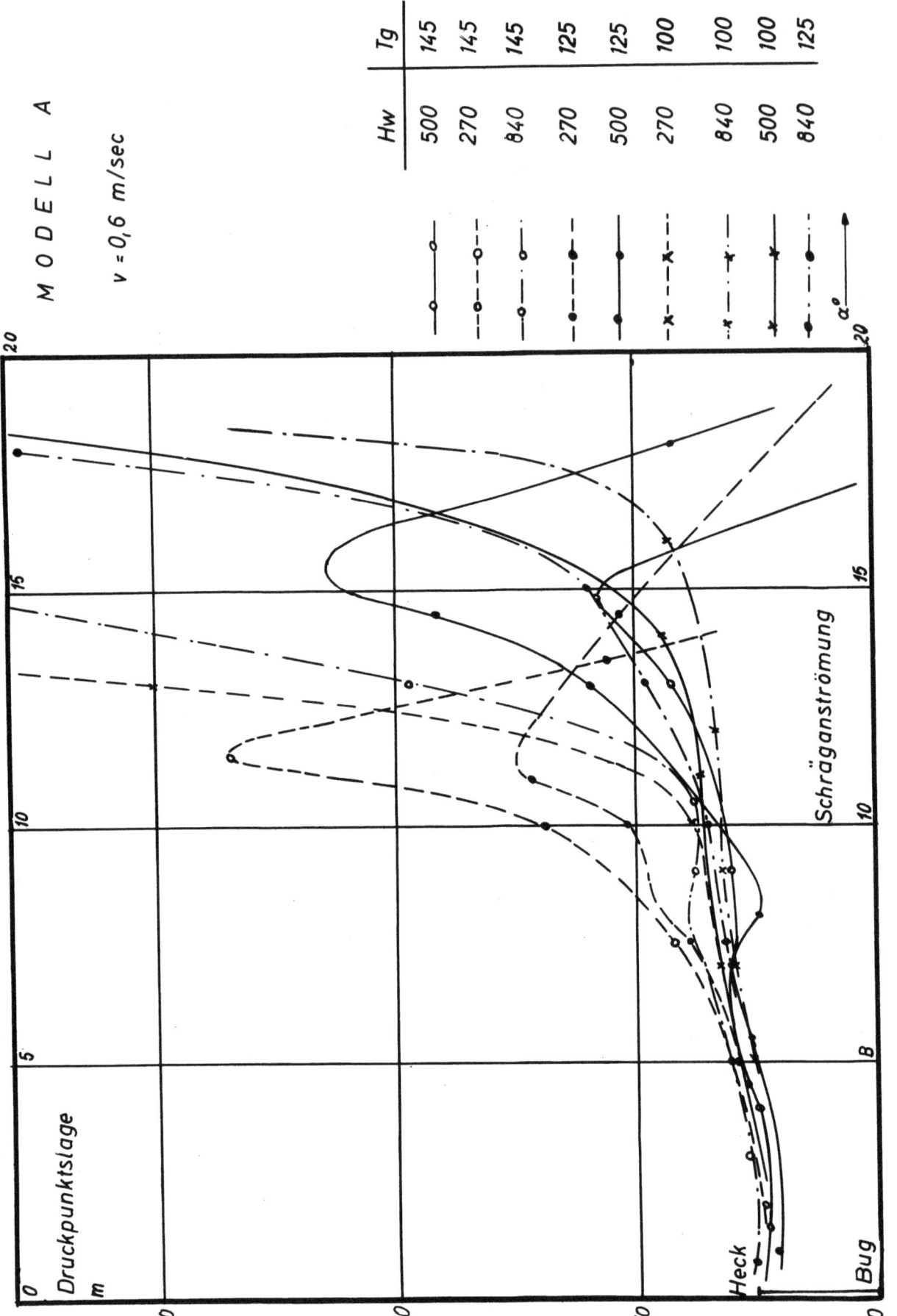

Abbildung 87

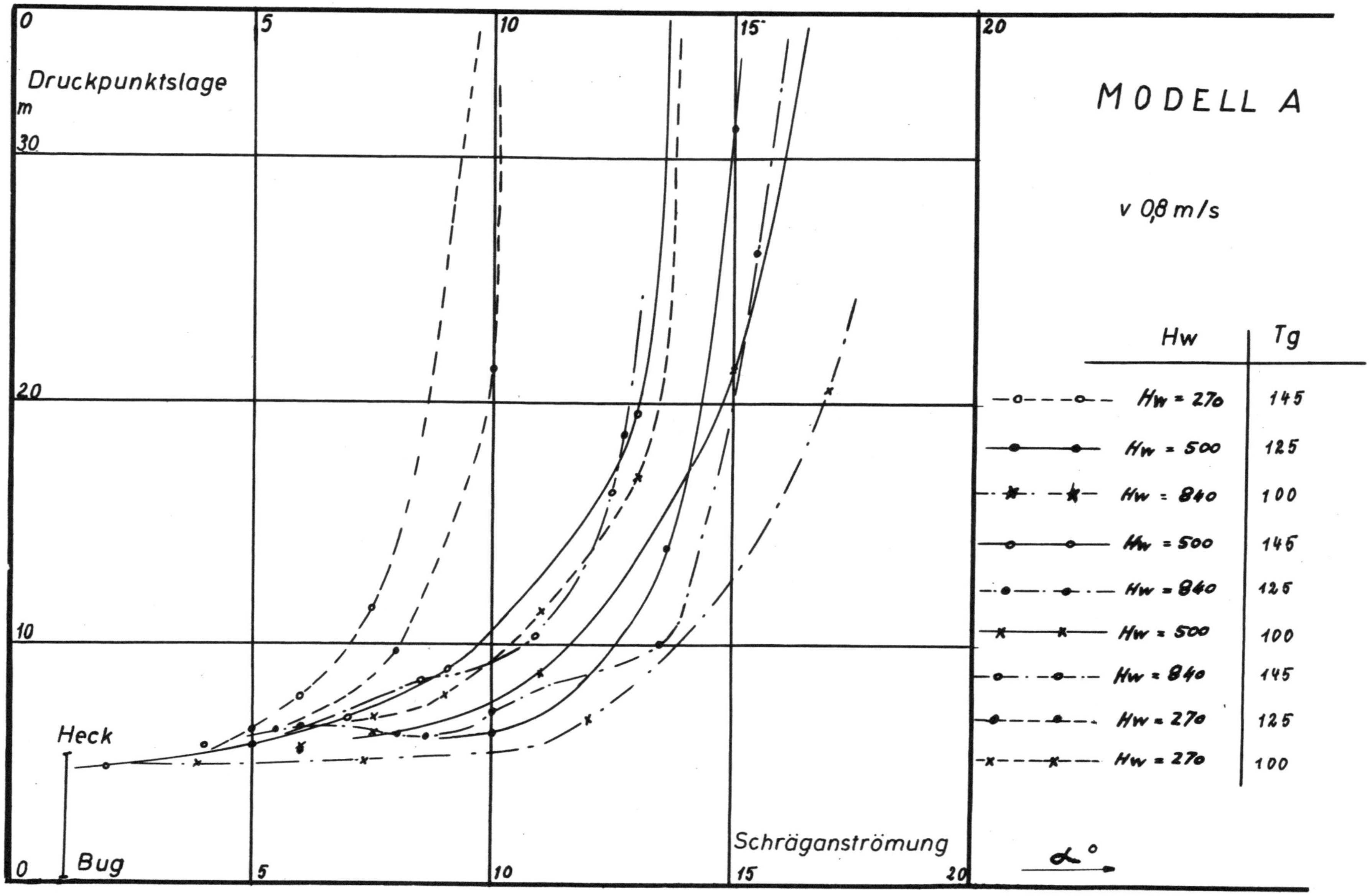

Abbildung 88

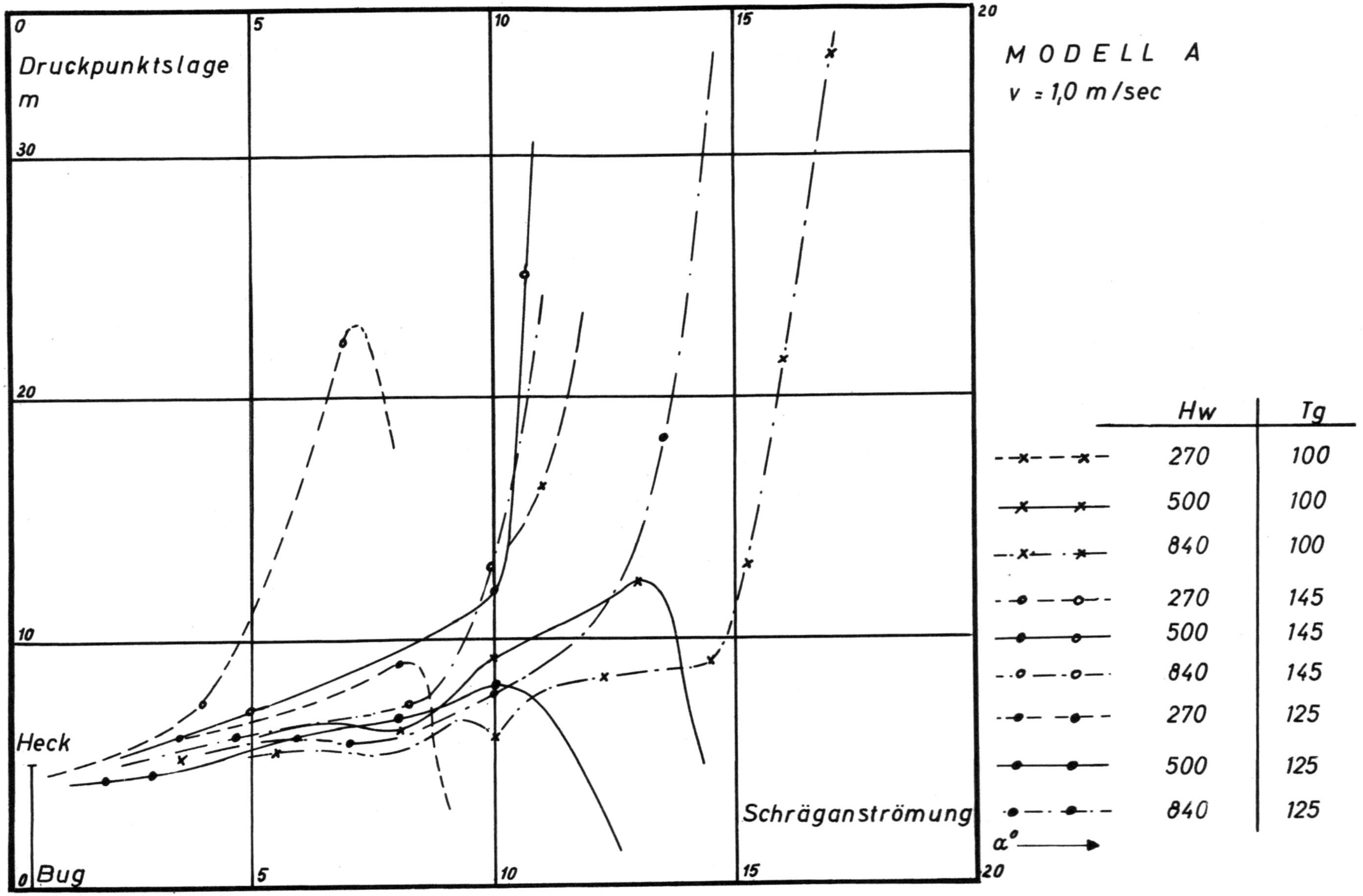

MODELL A
v = 1,0 m/sec

Hw	Tg
270	100
500	100
840	100
270	145
500	145
840	145
270	125
500	125
840	125

Druckpunktslage m

Bug — Heck

Schräganströmung $\alpha°$

Abbildung 89

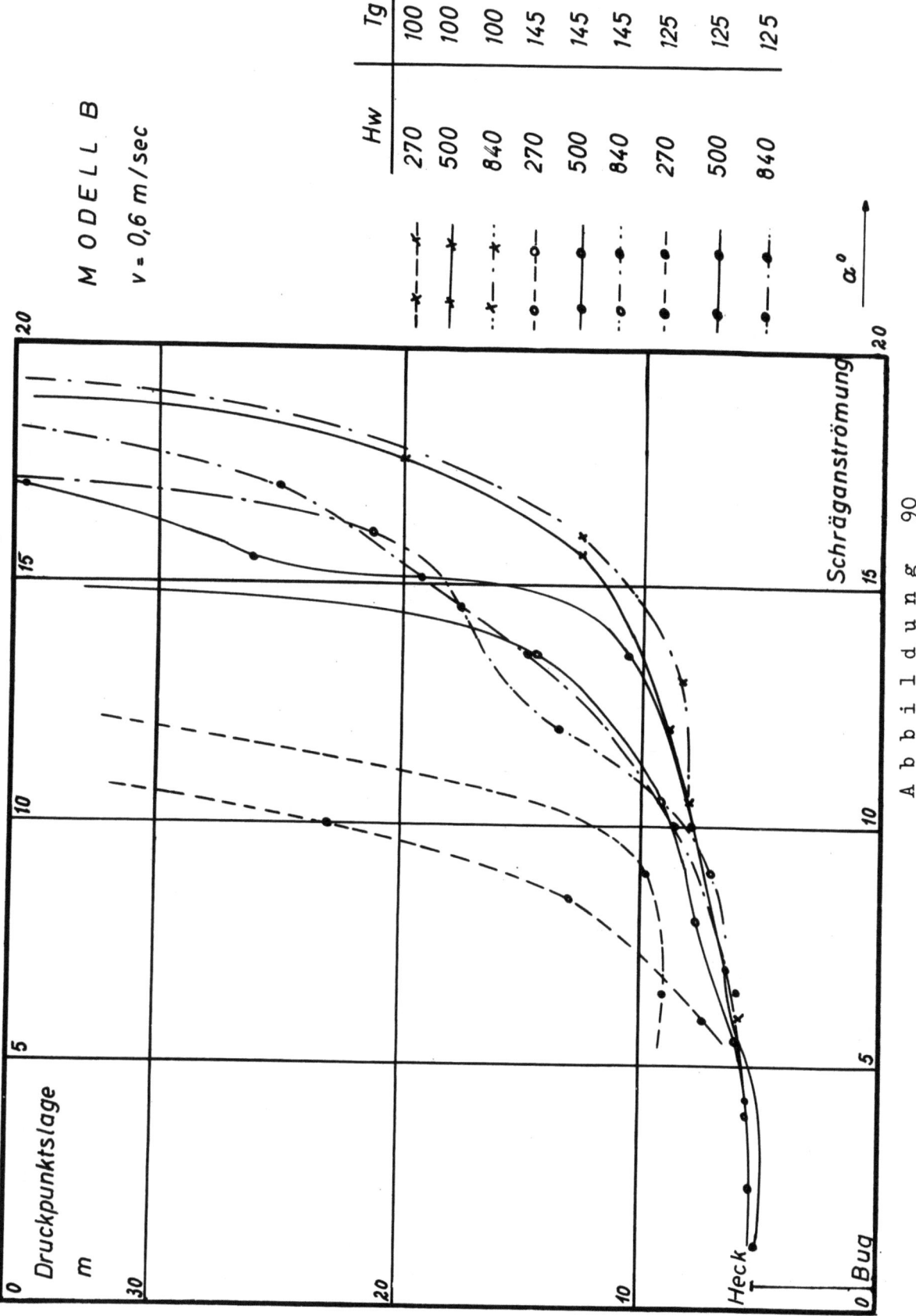

Abbildung 90

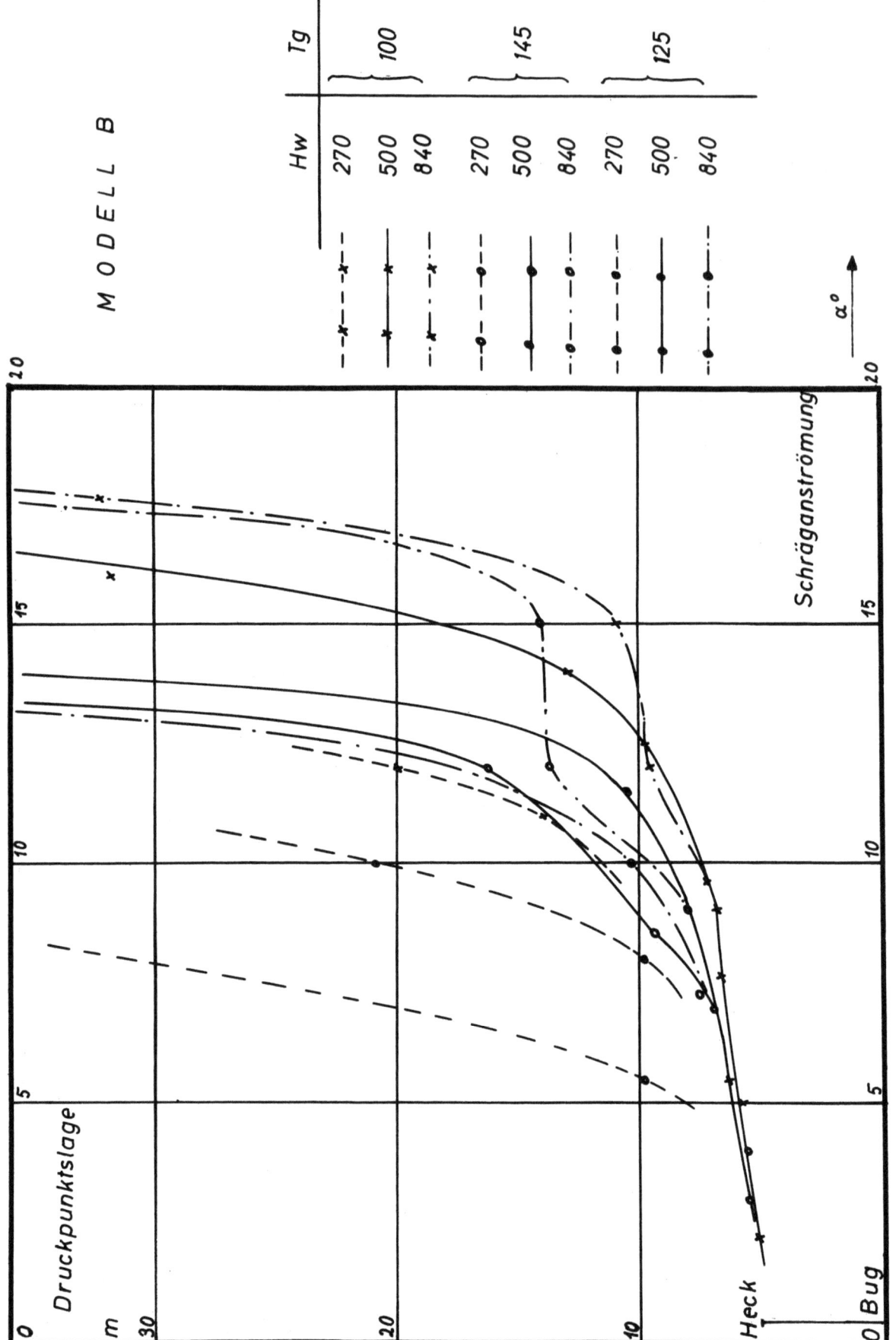

Abbildung 91

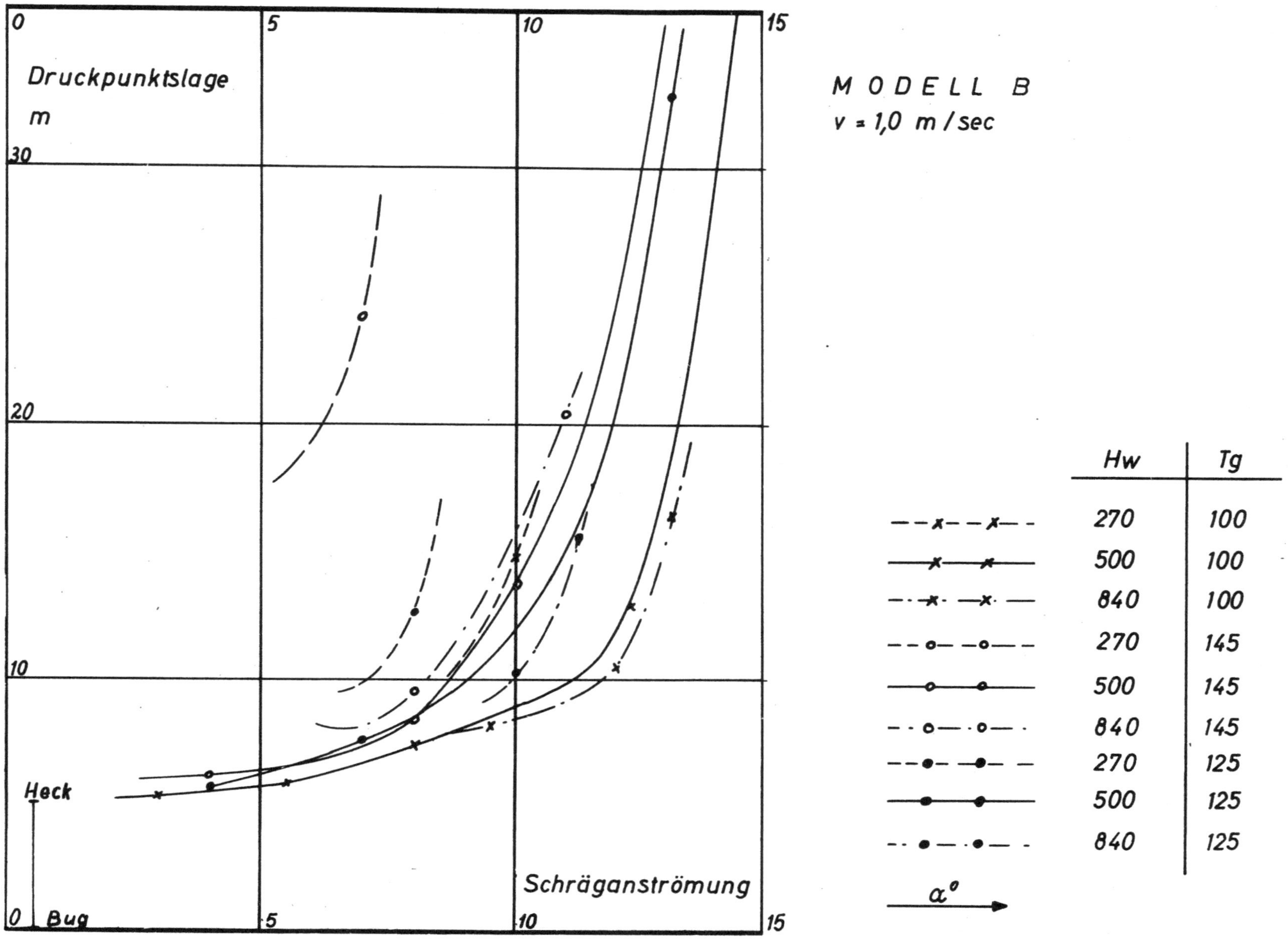

MODELL B
v = 1,0 m/sec

	Hw	Tg
–x–x–	270	100
—x—x—	500	100
–·x·–	840	100
–o–o–	270	145
—o—o—	500	145
–·o·–	840	145
–●–●–	270	125
—●—●—	500	125
–·●·–	840	125

Druckpunktslage m

Schräganströmung α°

Heck — Bug

Abbildung 92

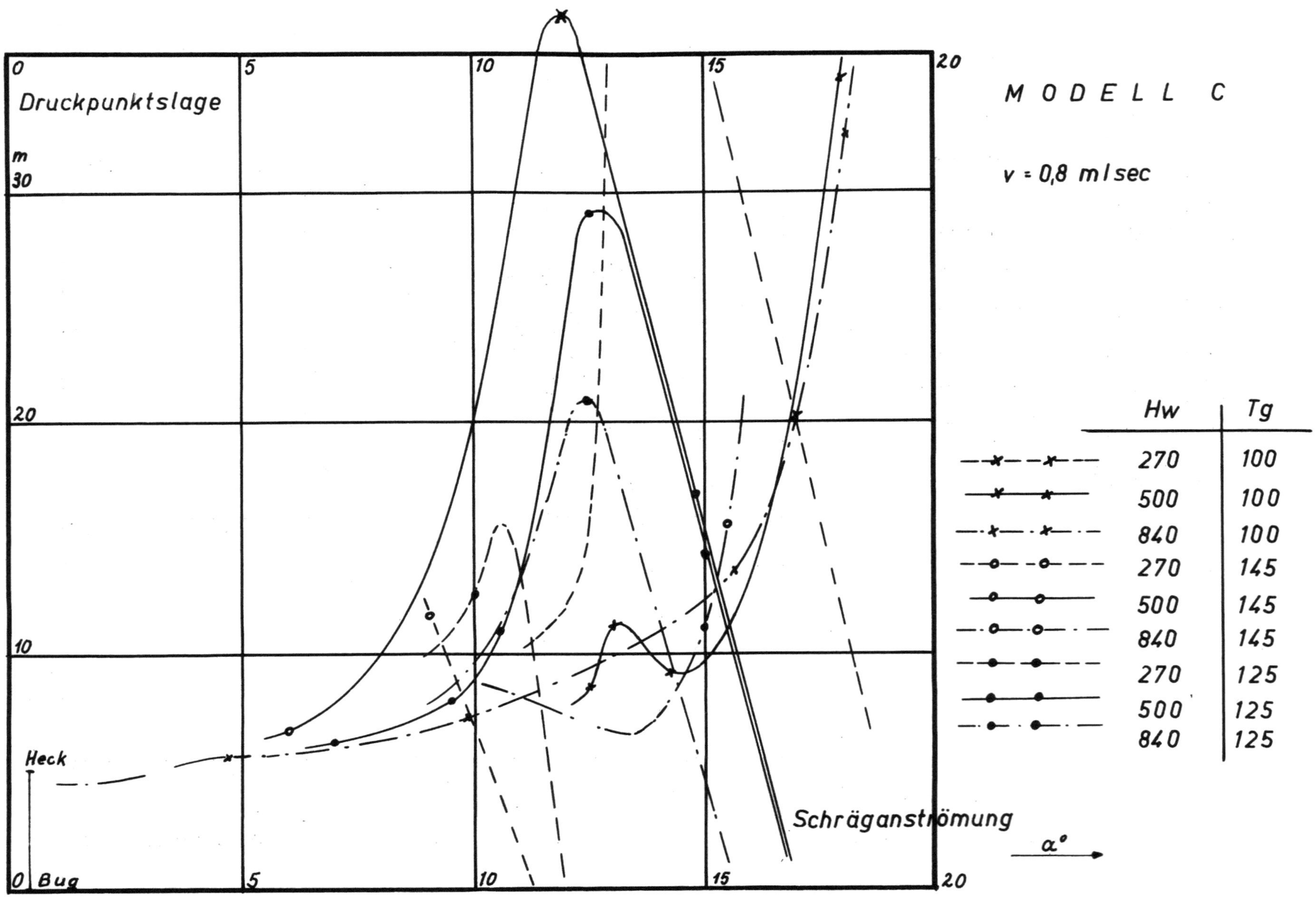

Abbildung 93

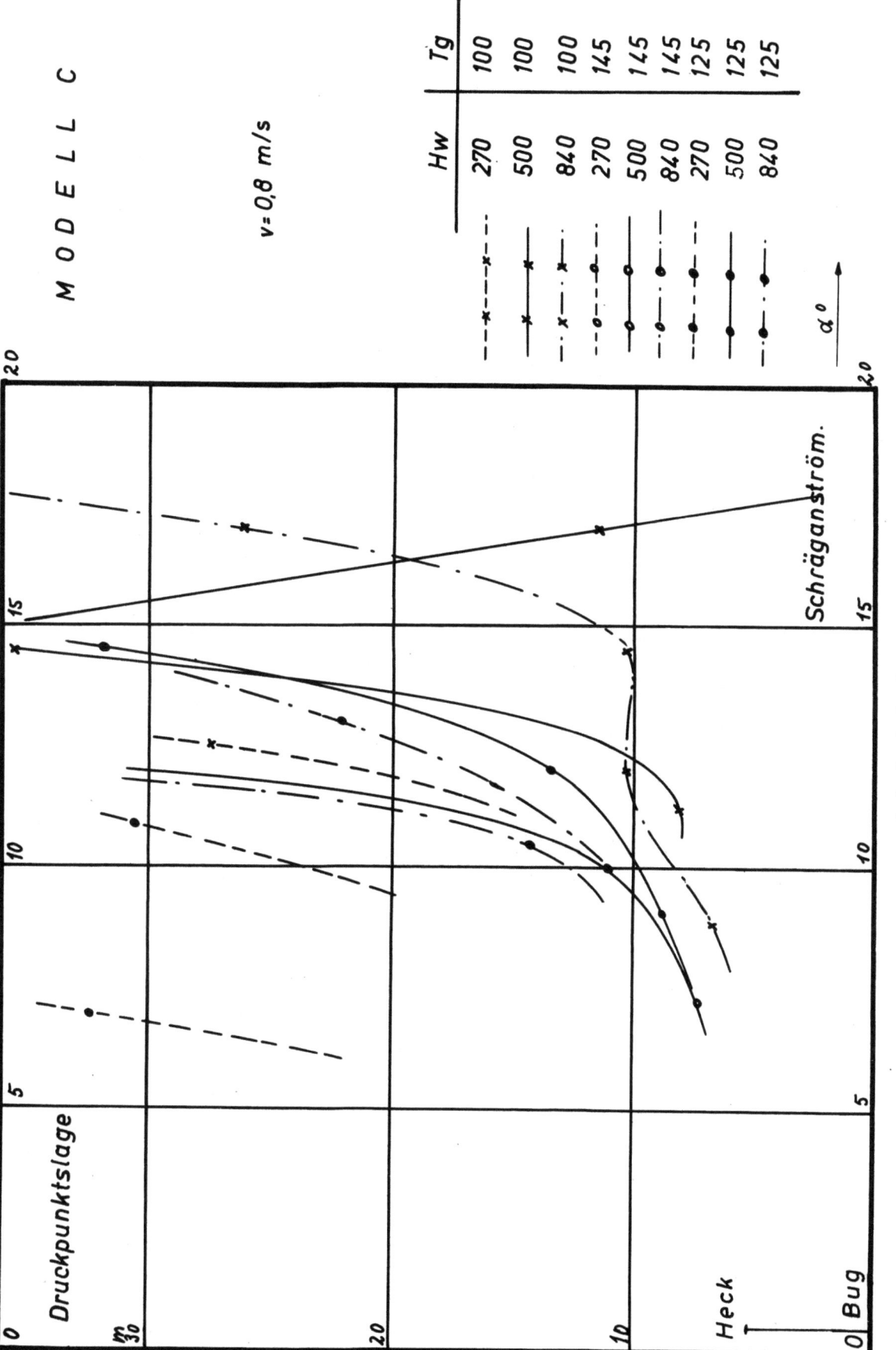

Abbildung 94

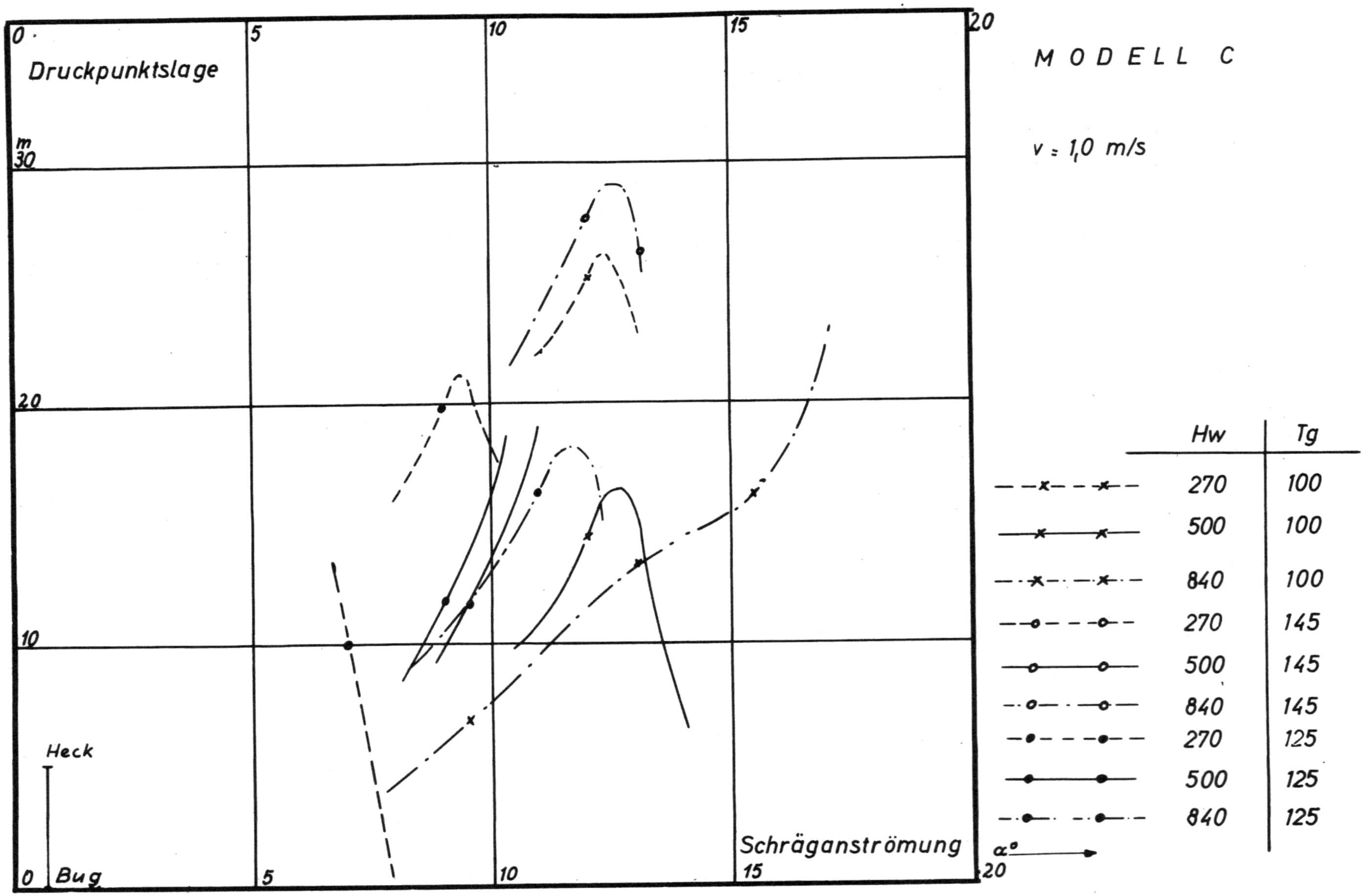

Abbildung 95

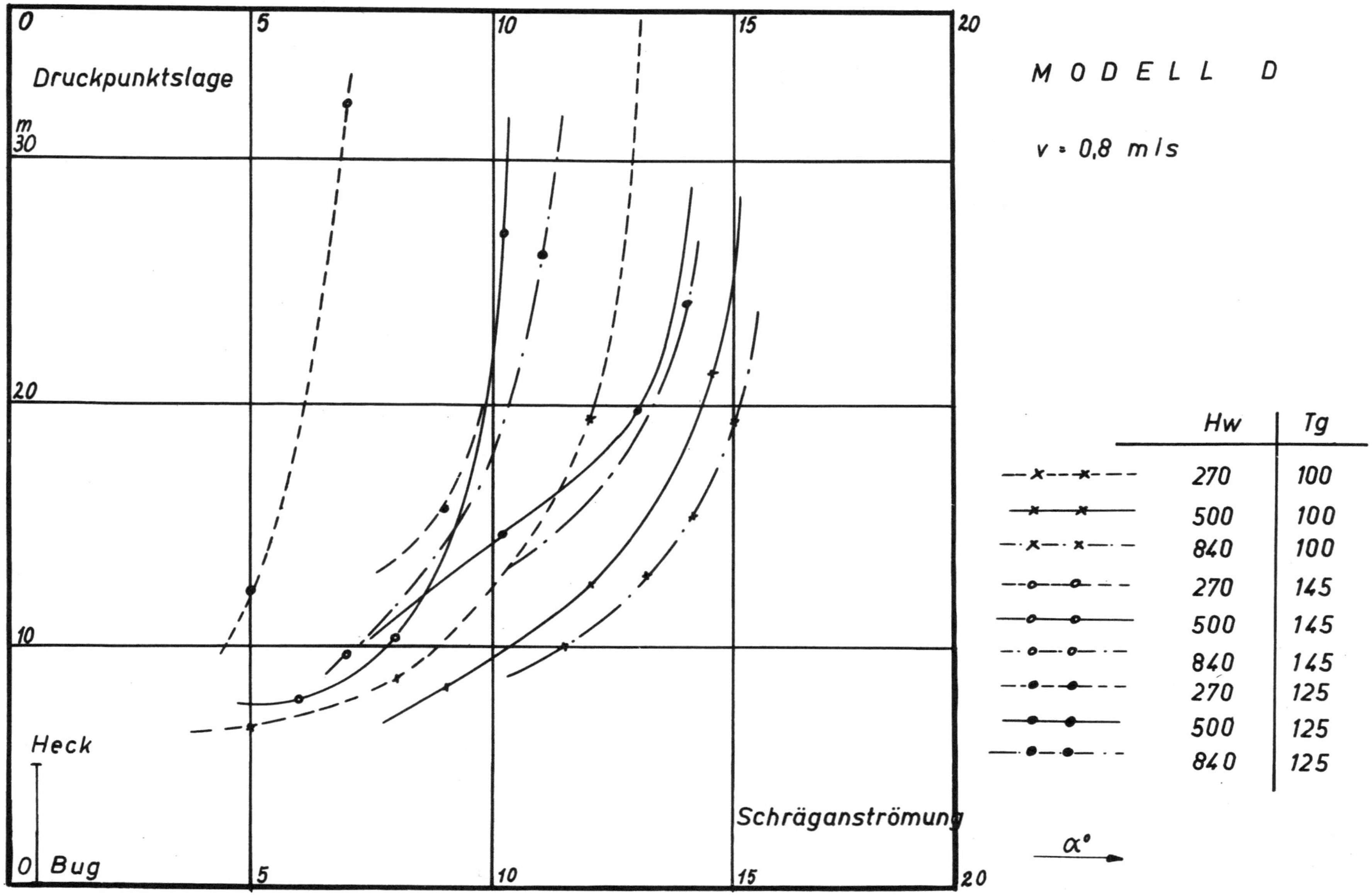

Abbildung 96

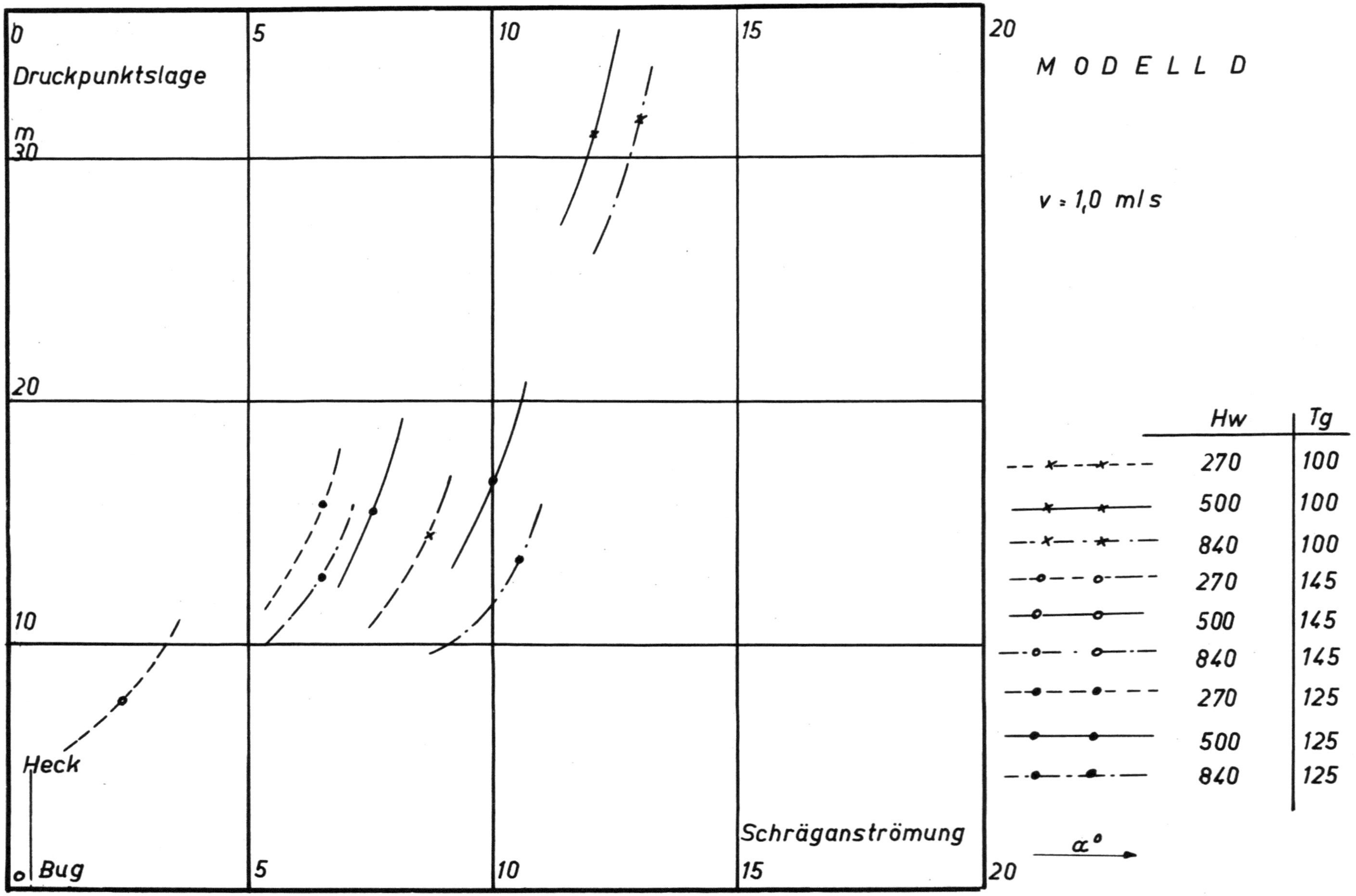

Abbildung 97

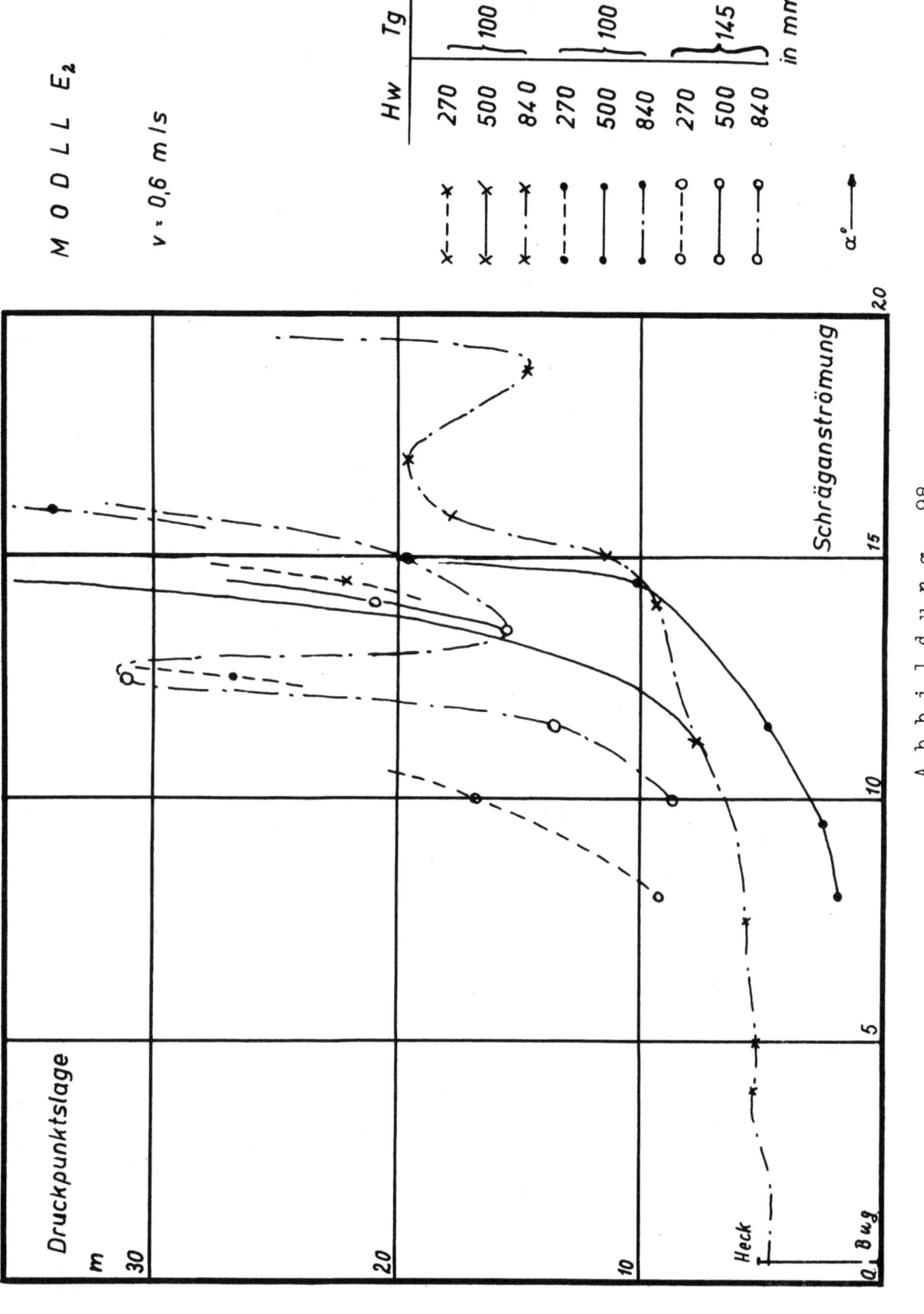

Abbildung 98

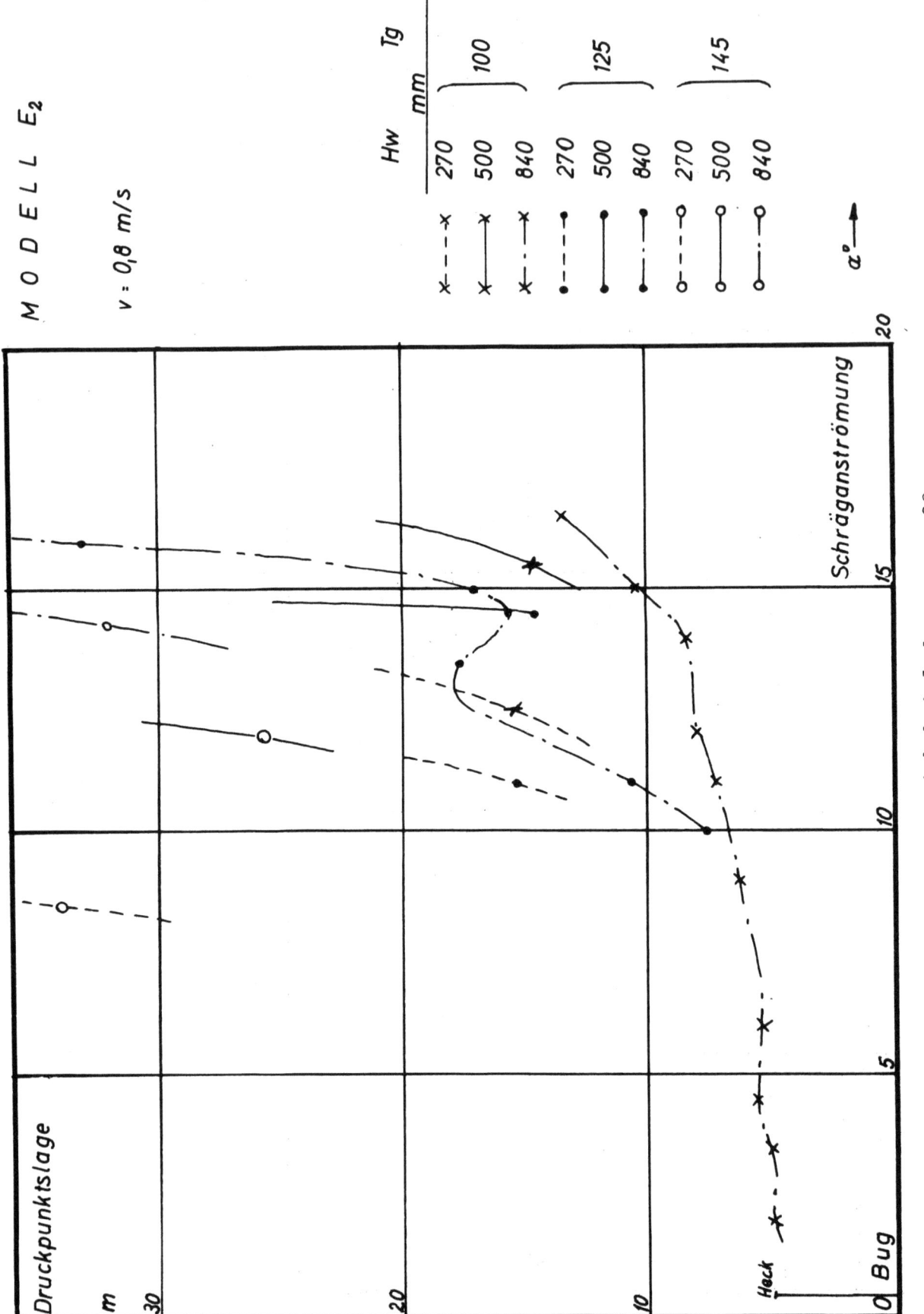

Abbildung 99

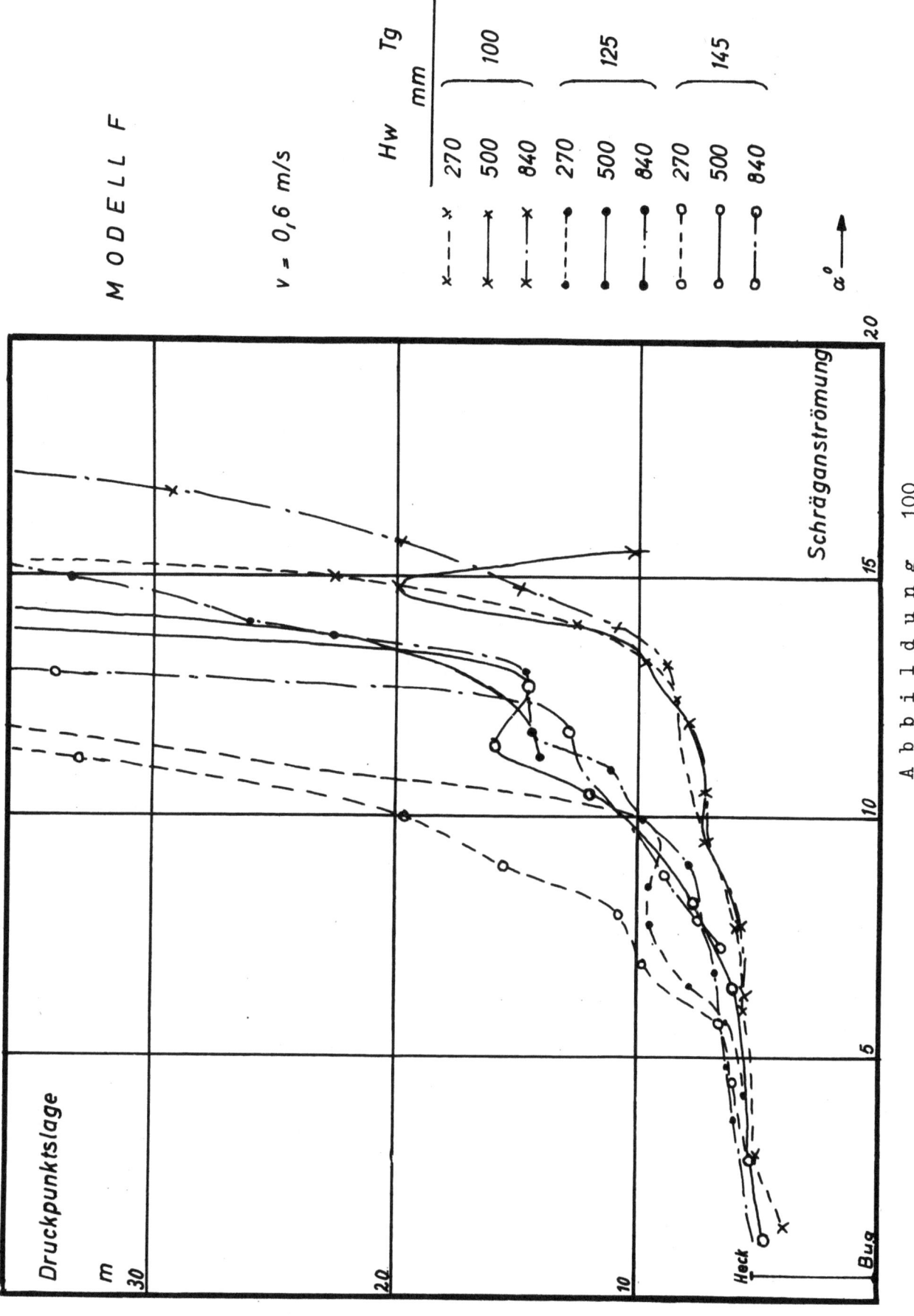
Abbildung 100

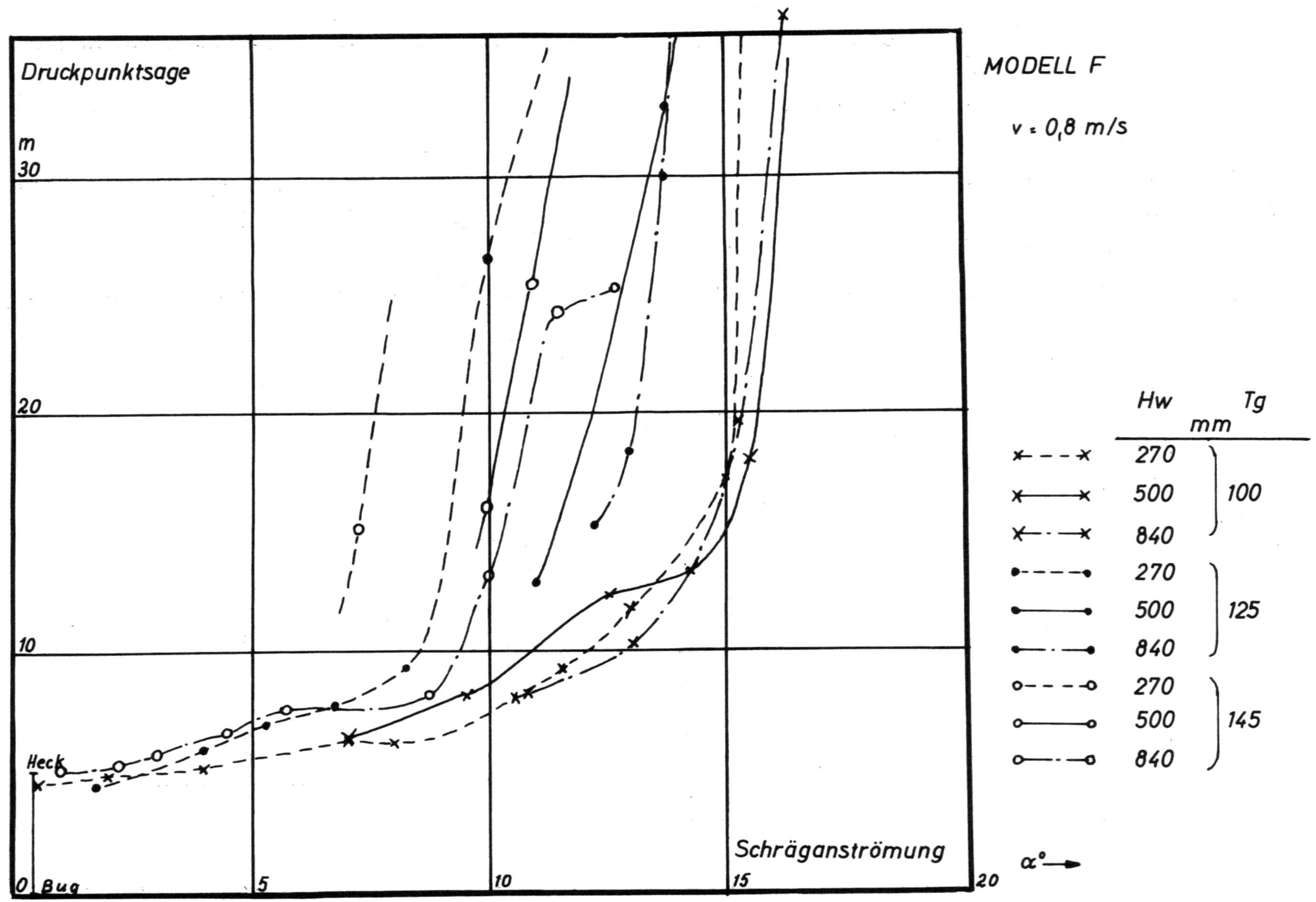

Abbildung 101

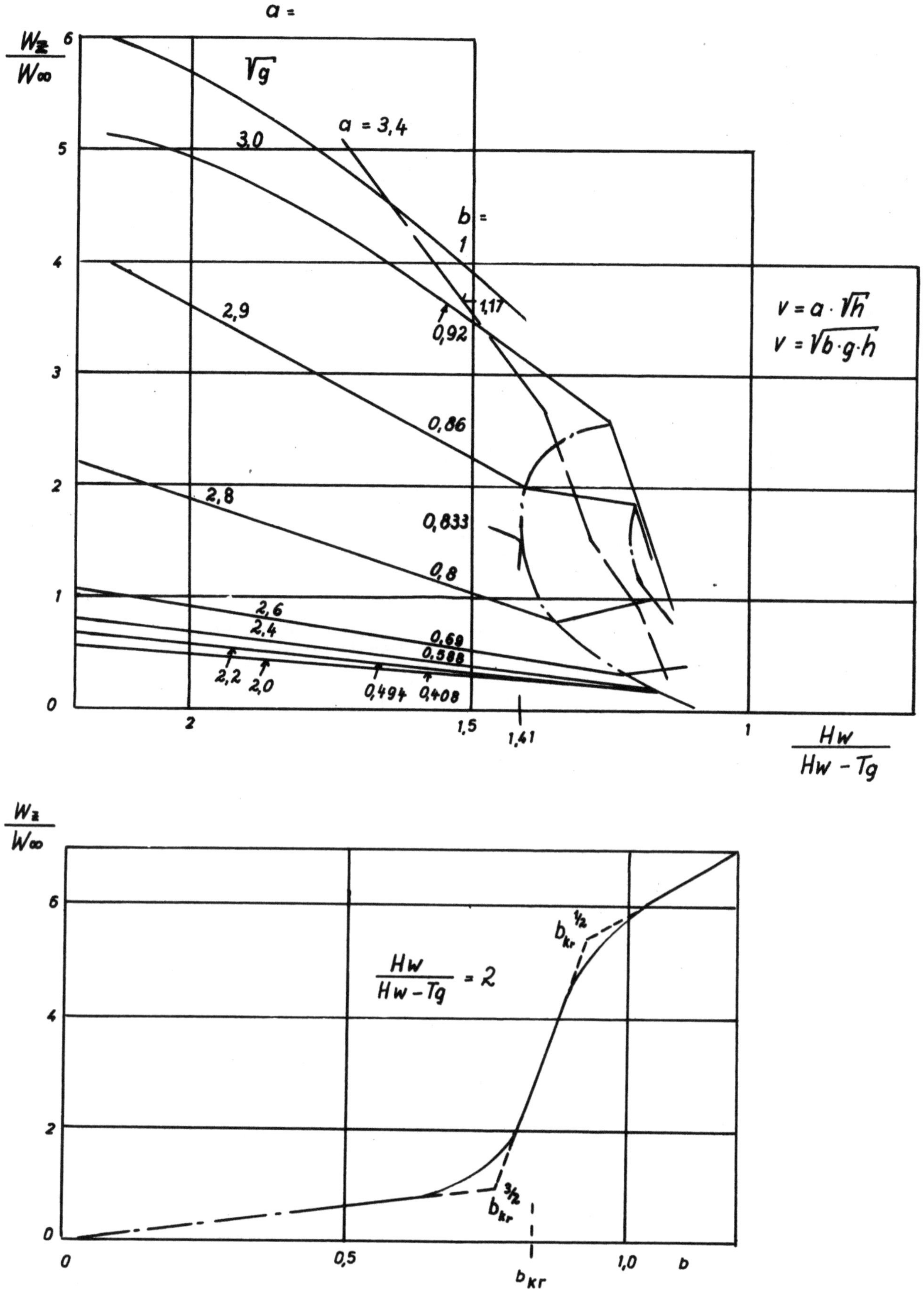

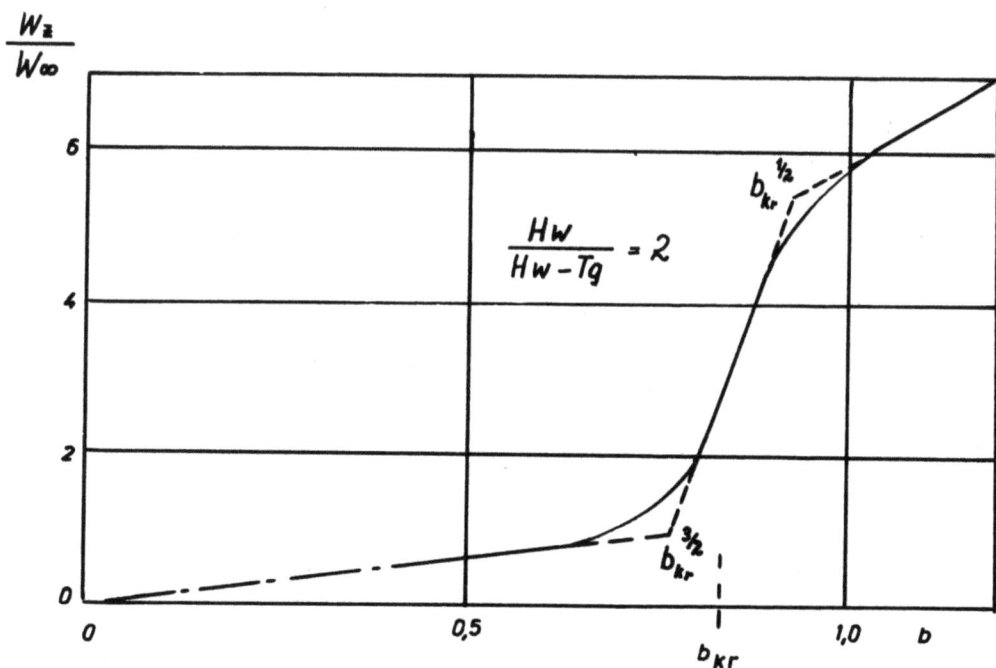

Abbildung 102
Widerstandszuwachs durch Flachwassereinfluß

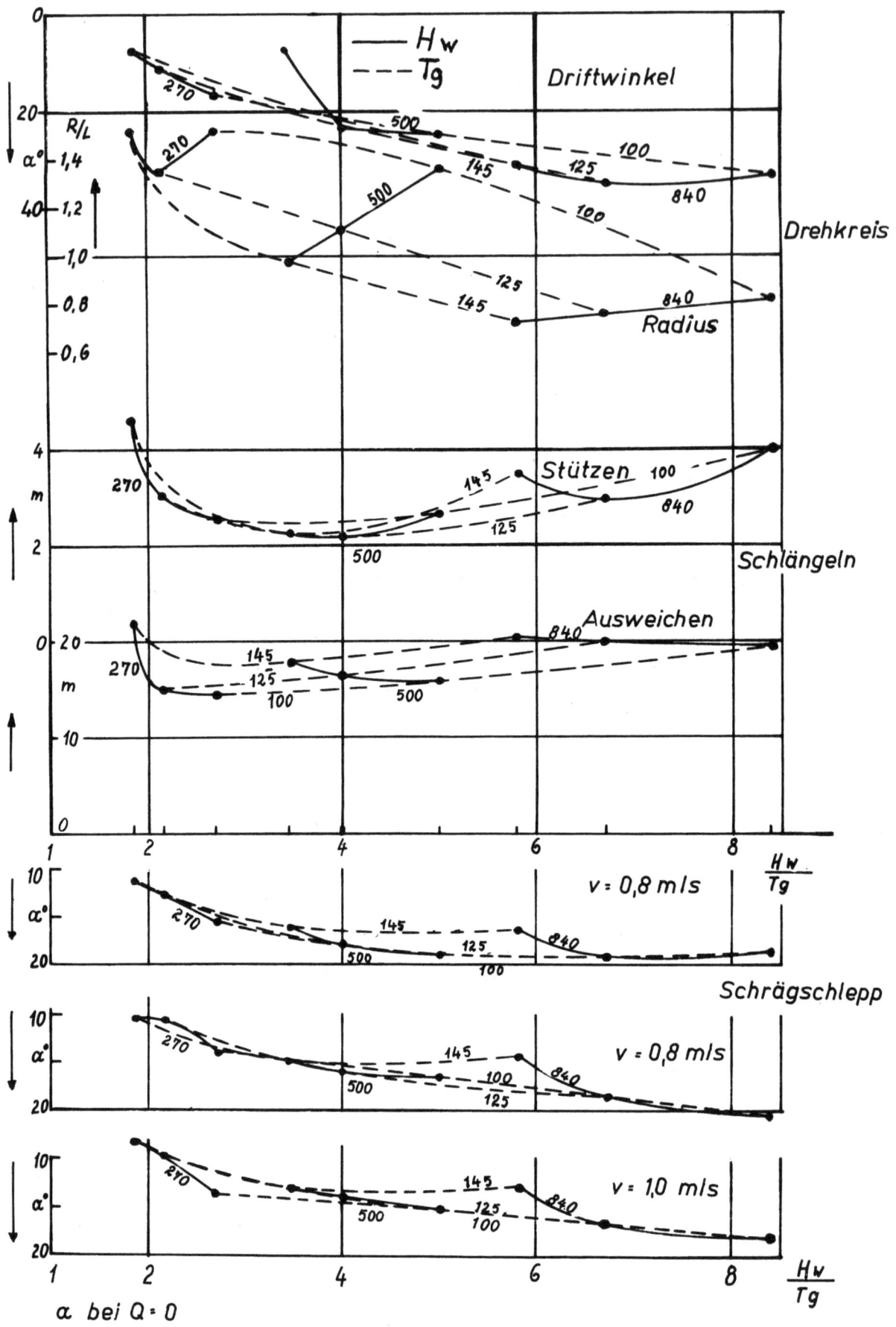

Abbildung 103

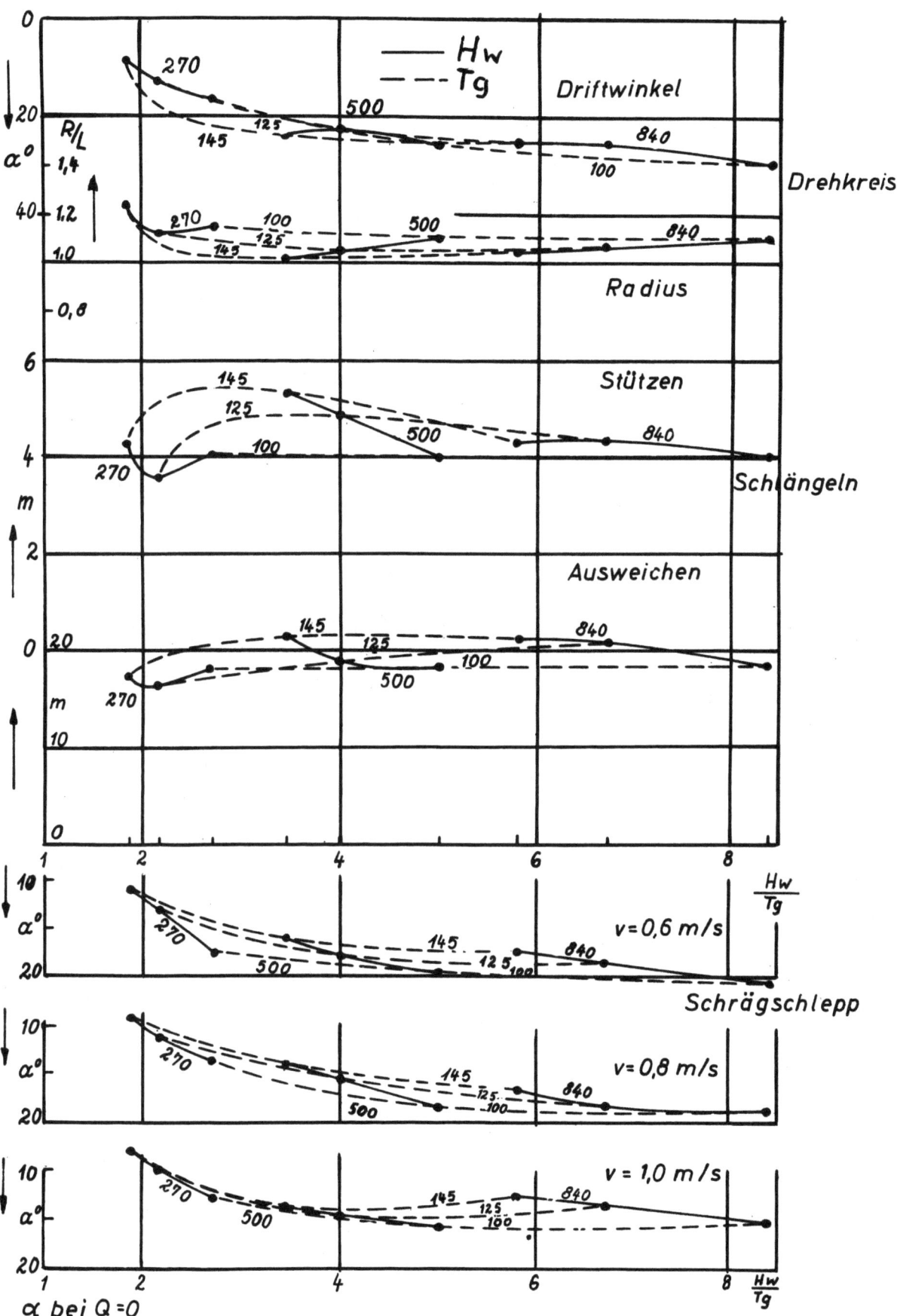

Abbildung 104

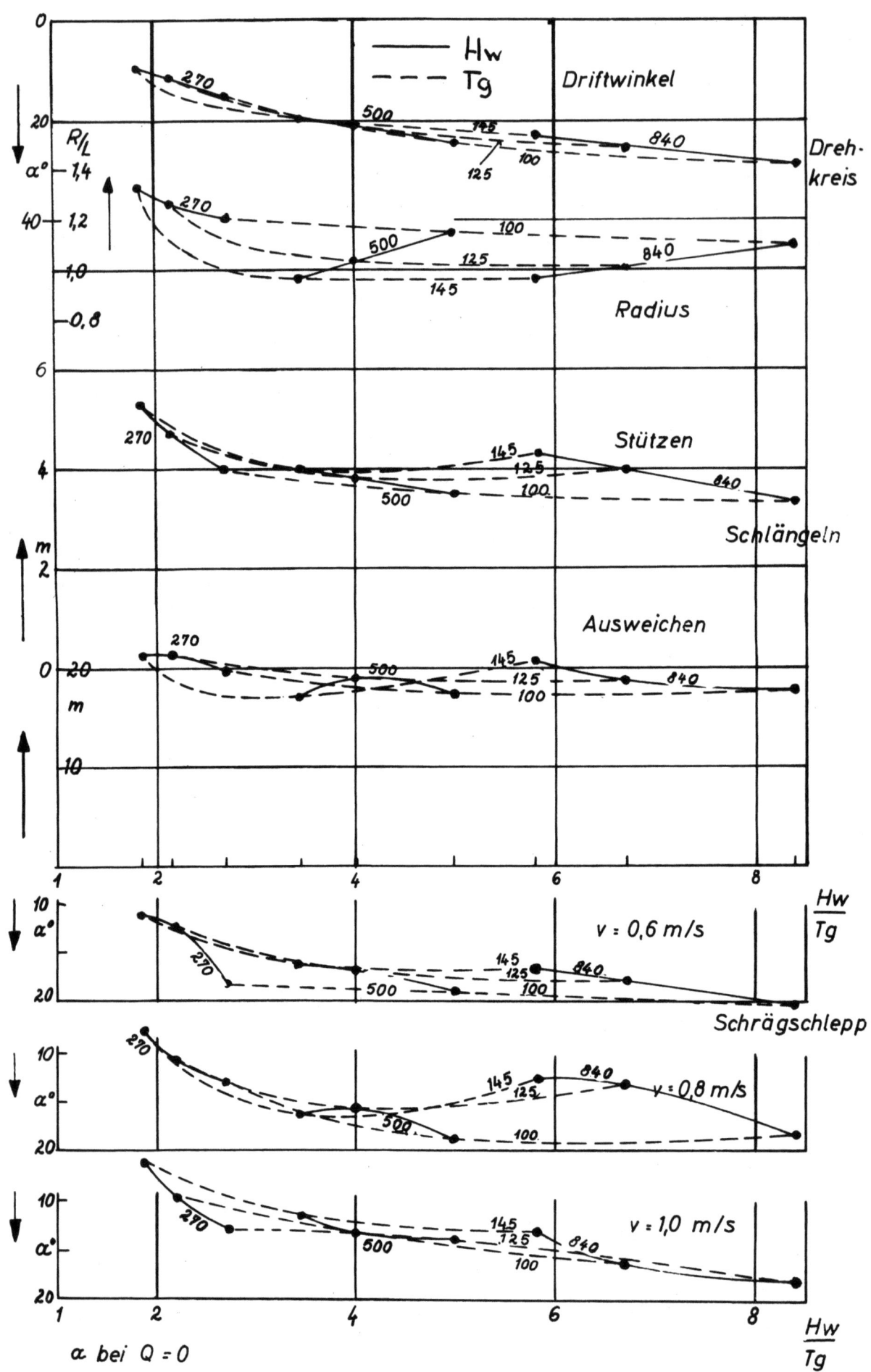

Abbildung 105

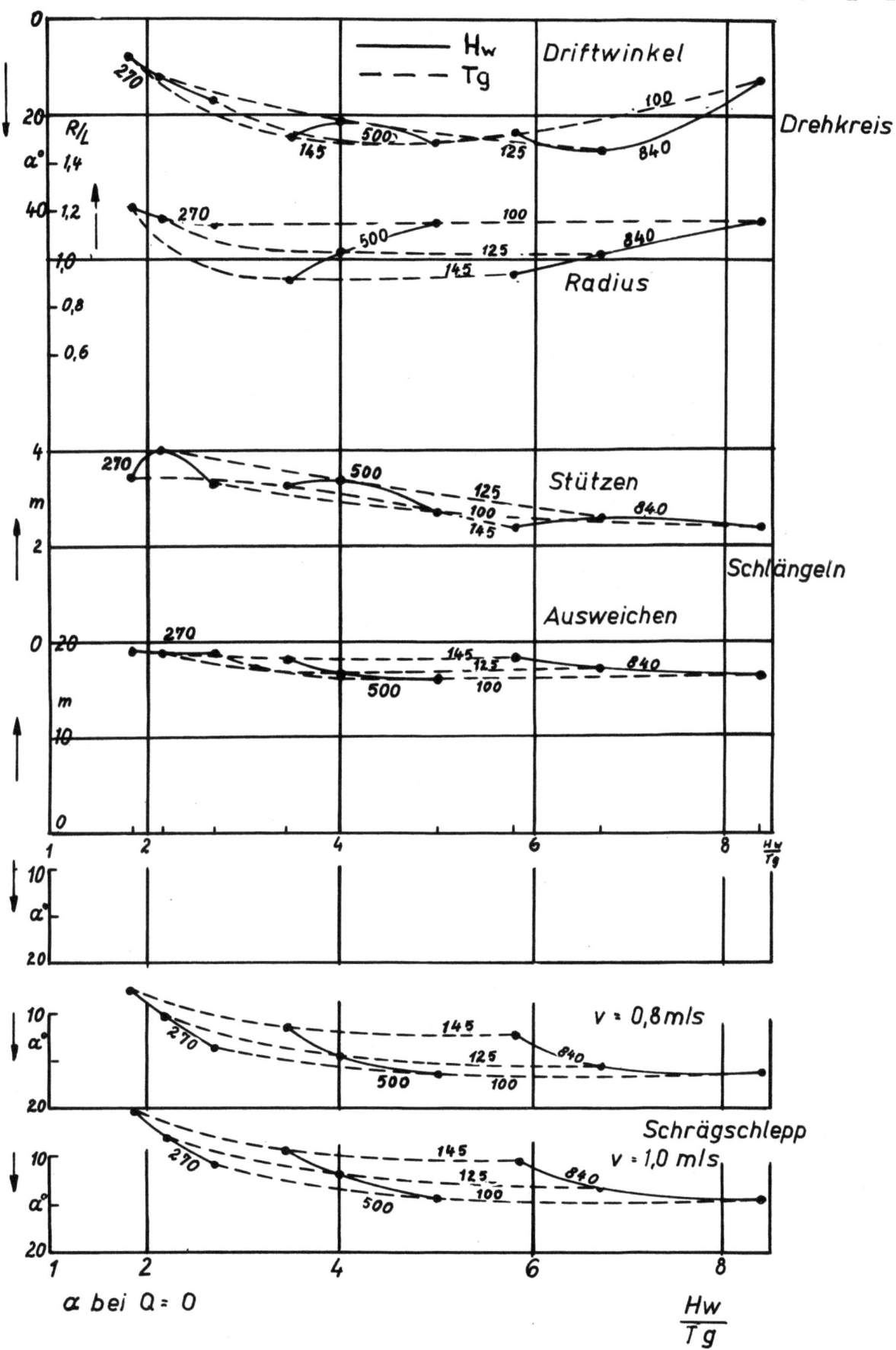

Abbildung 106

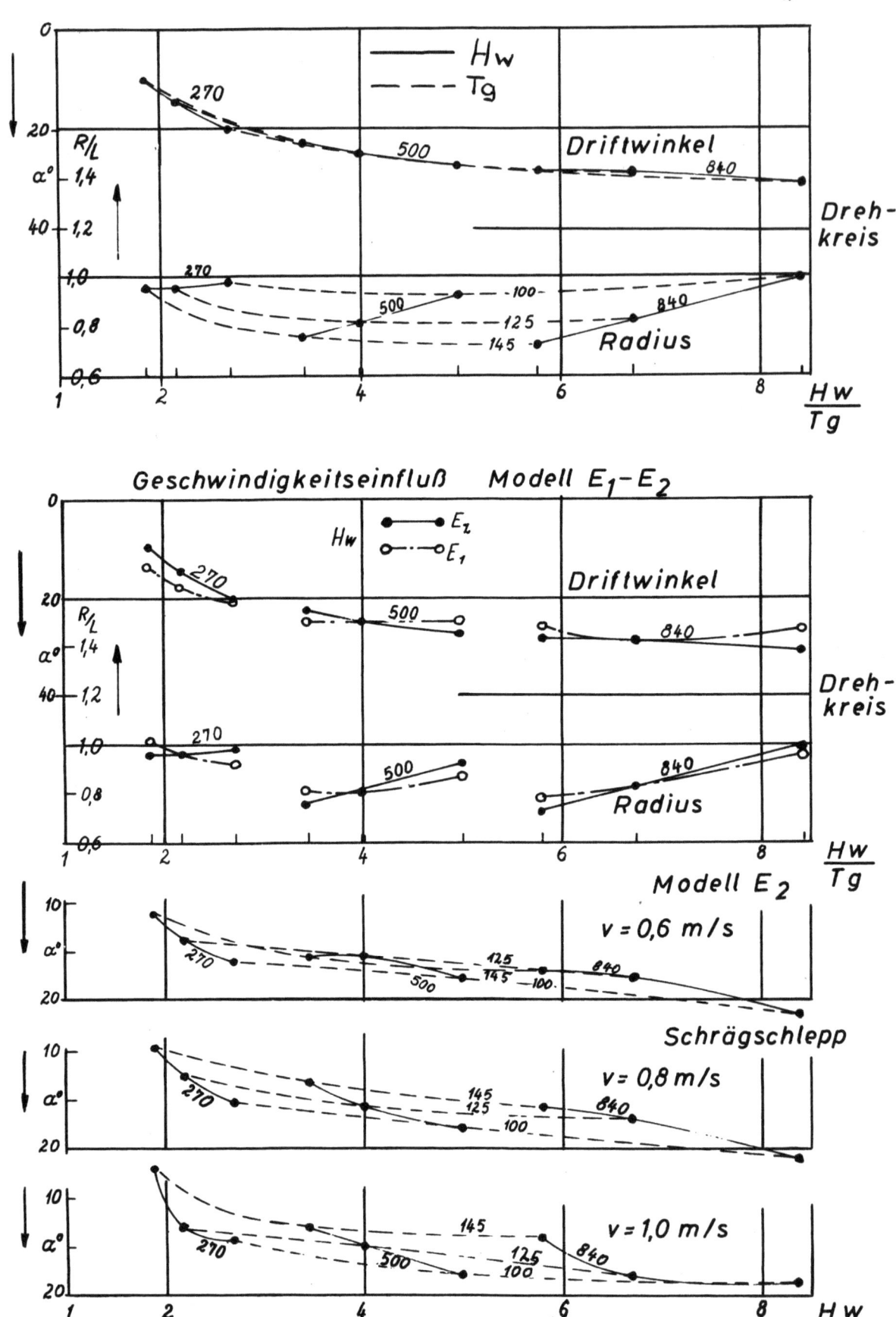

Abbildung 107

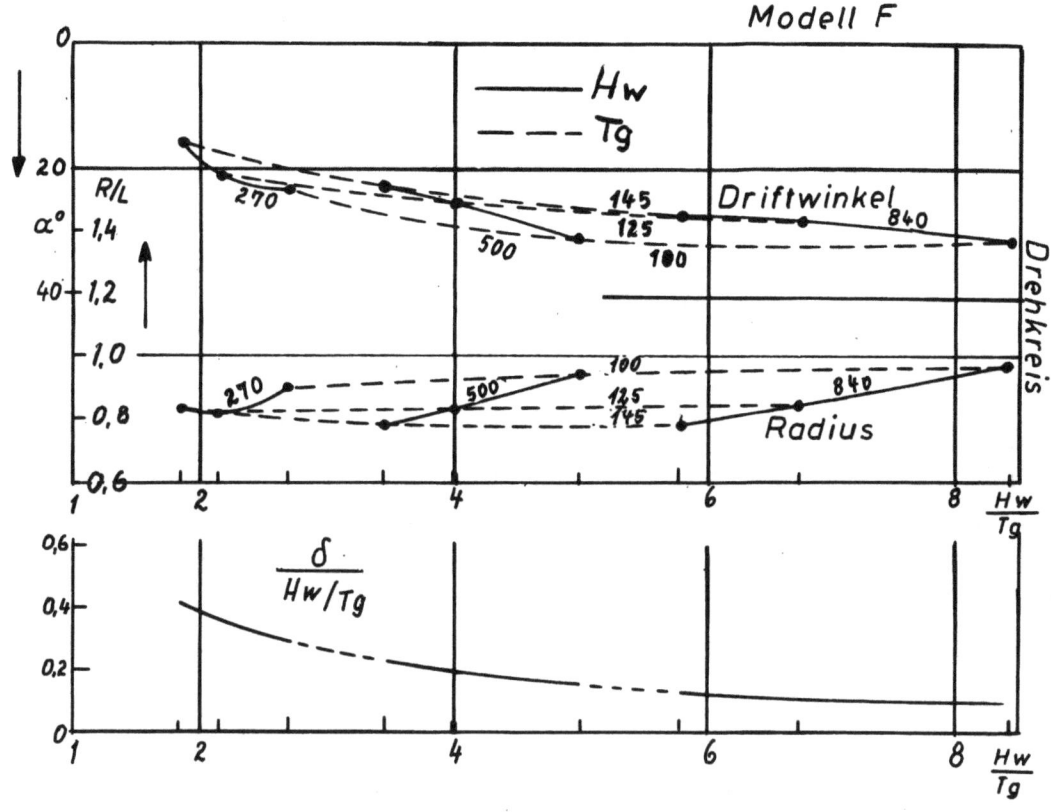
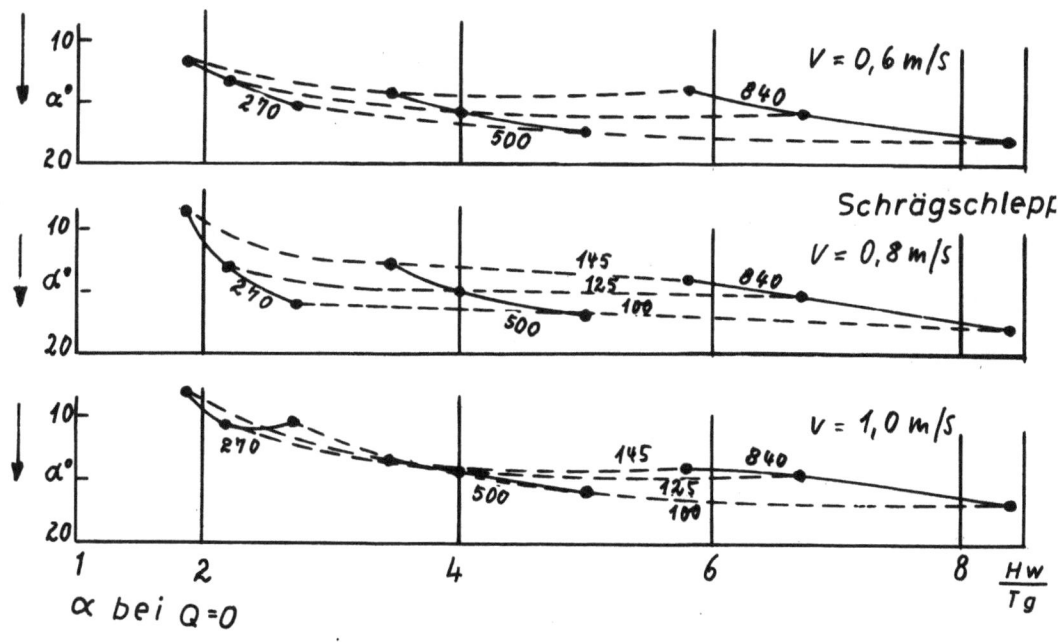

Abbildung 108

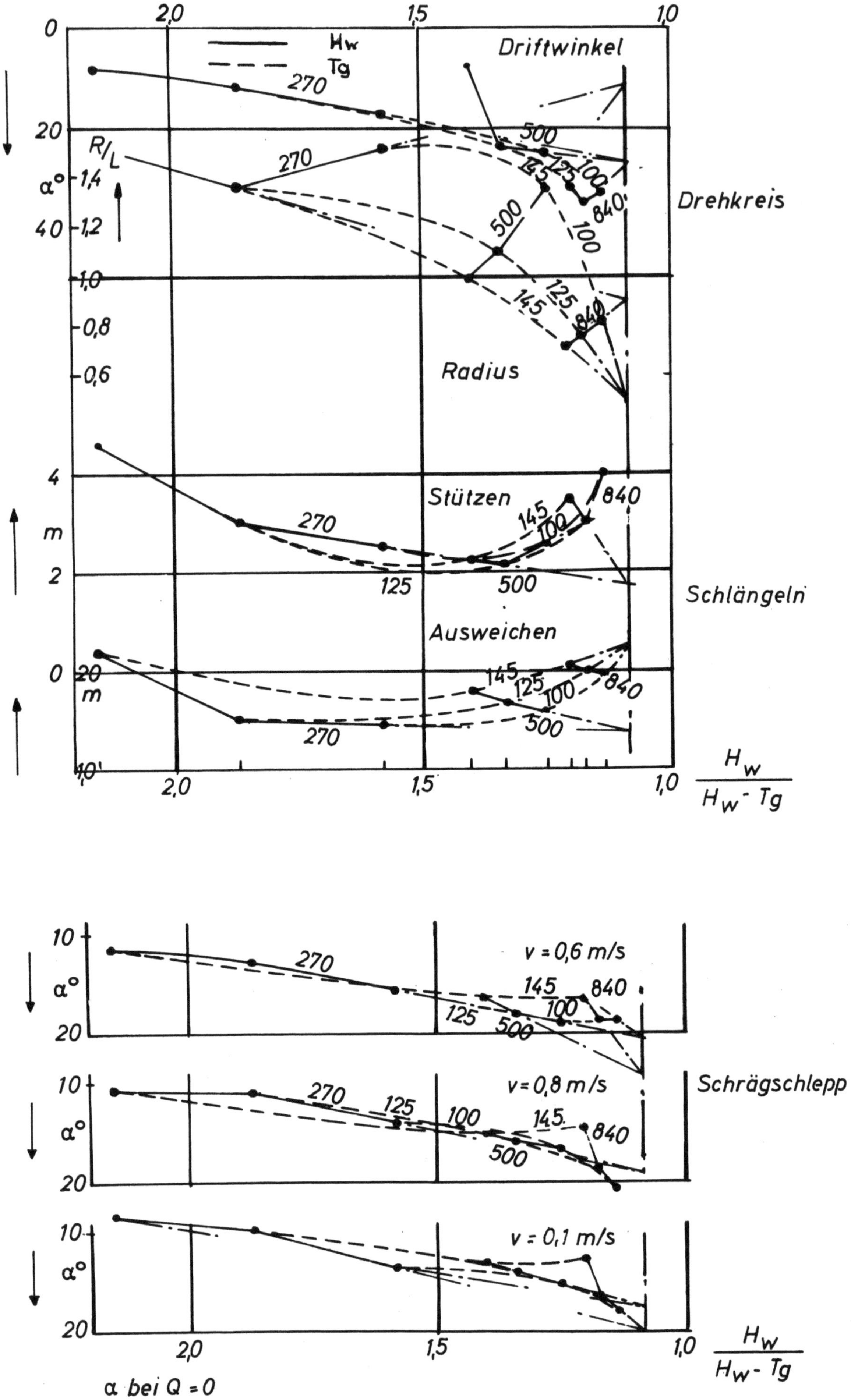

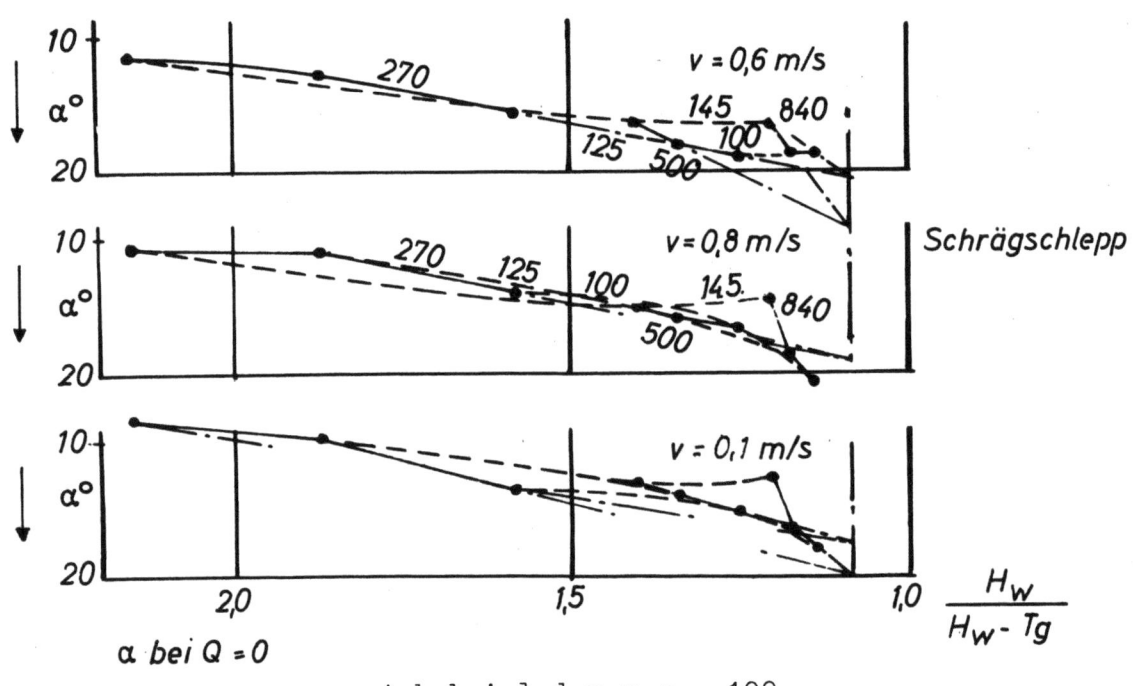

Abbildung 109

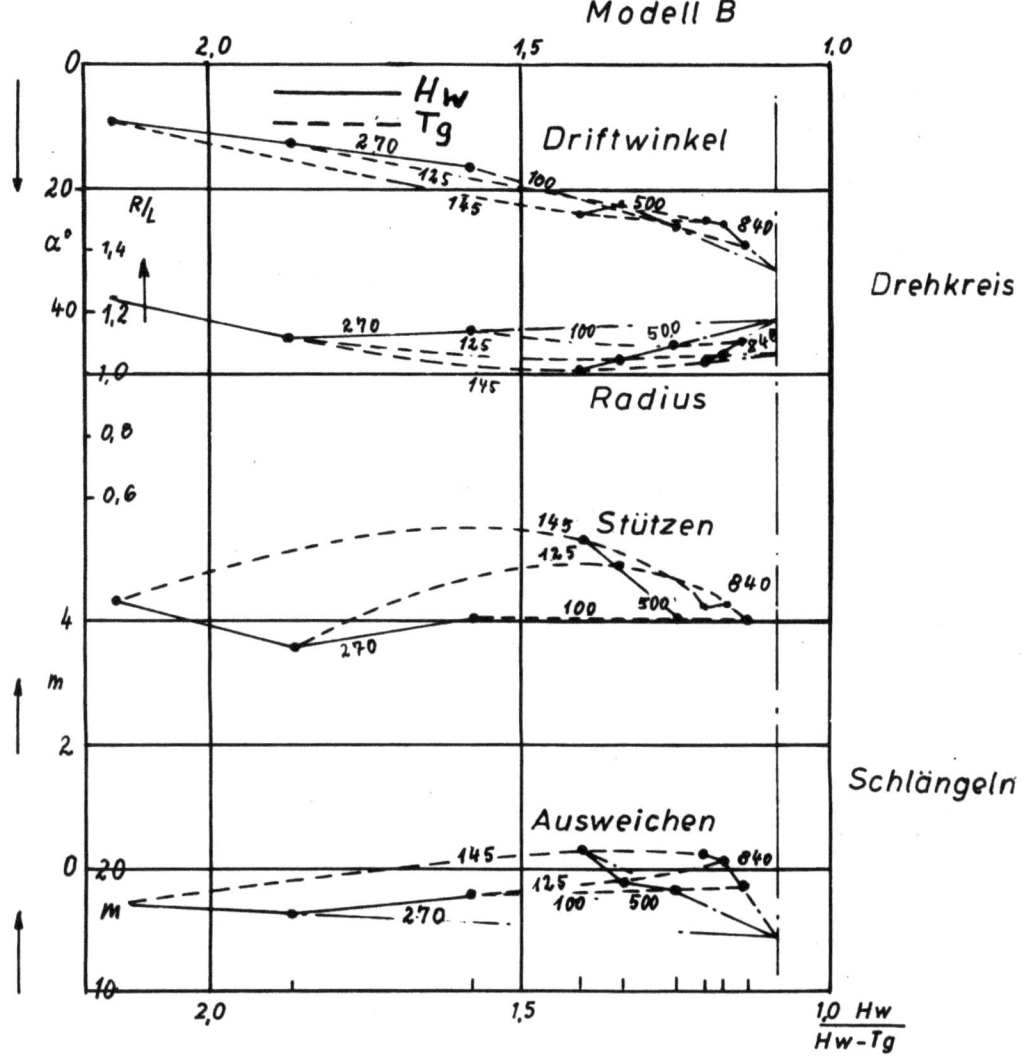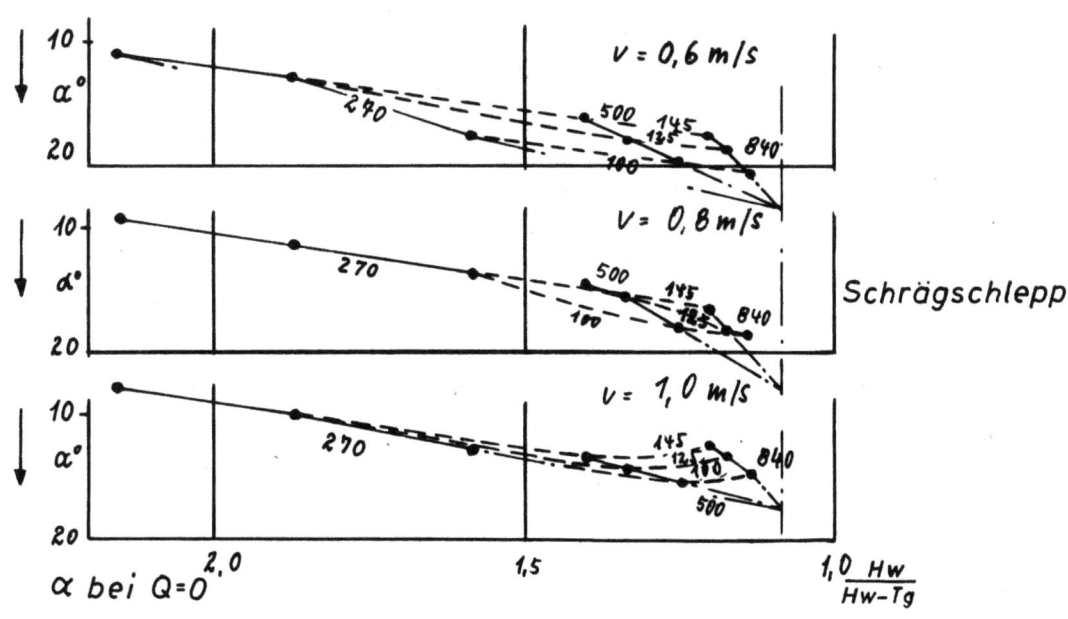

Abbildung 110

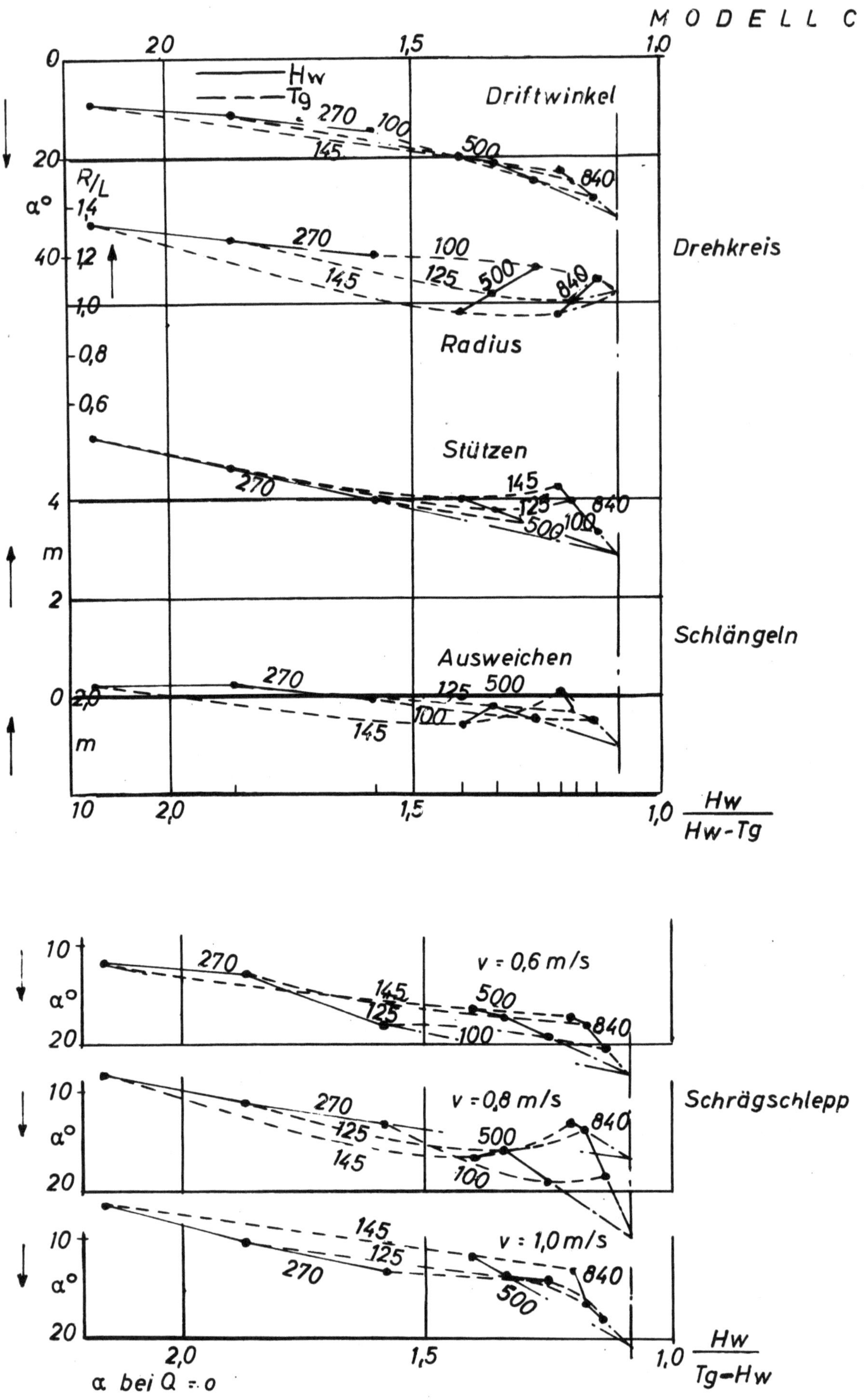

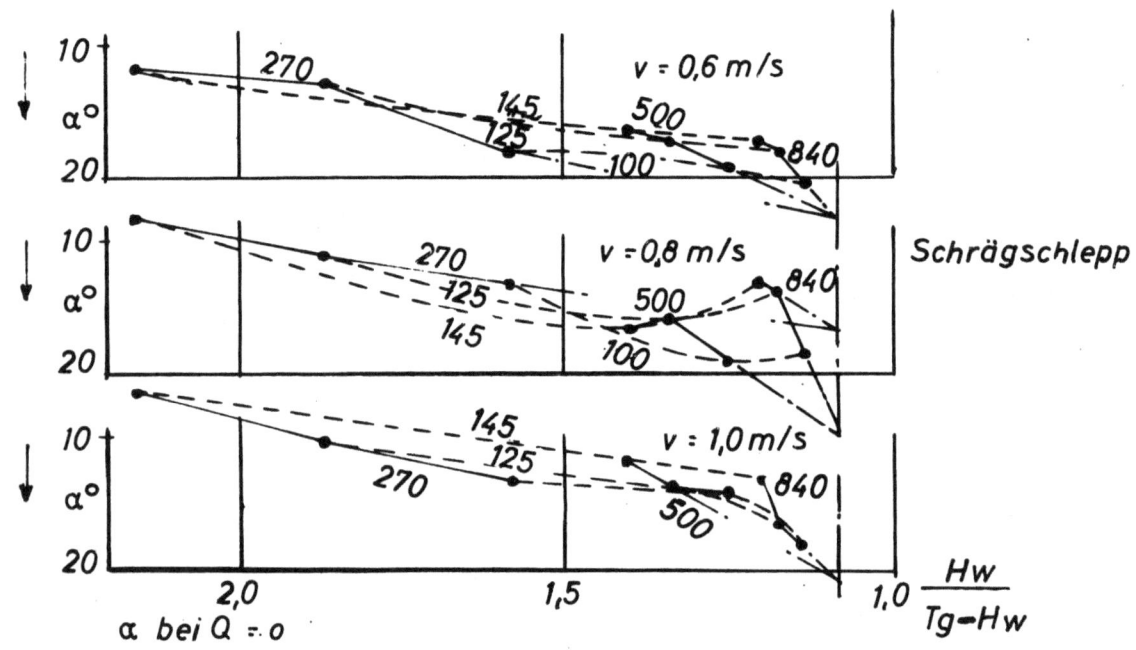

Abbildung 111

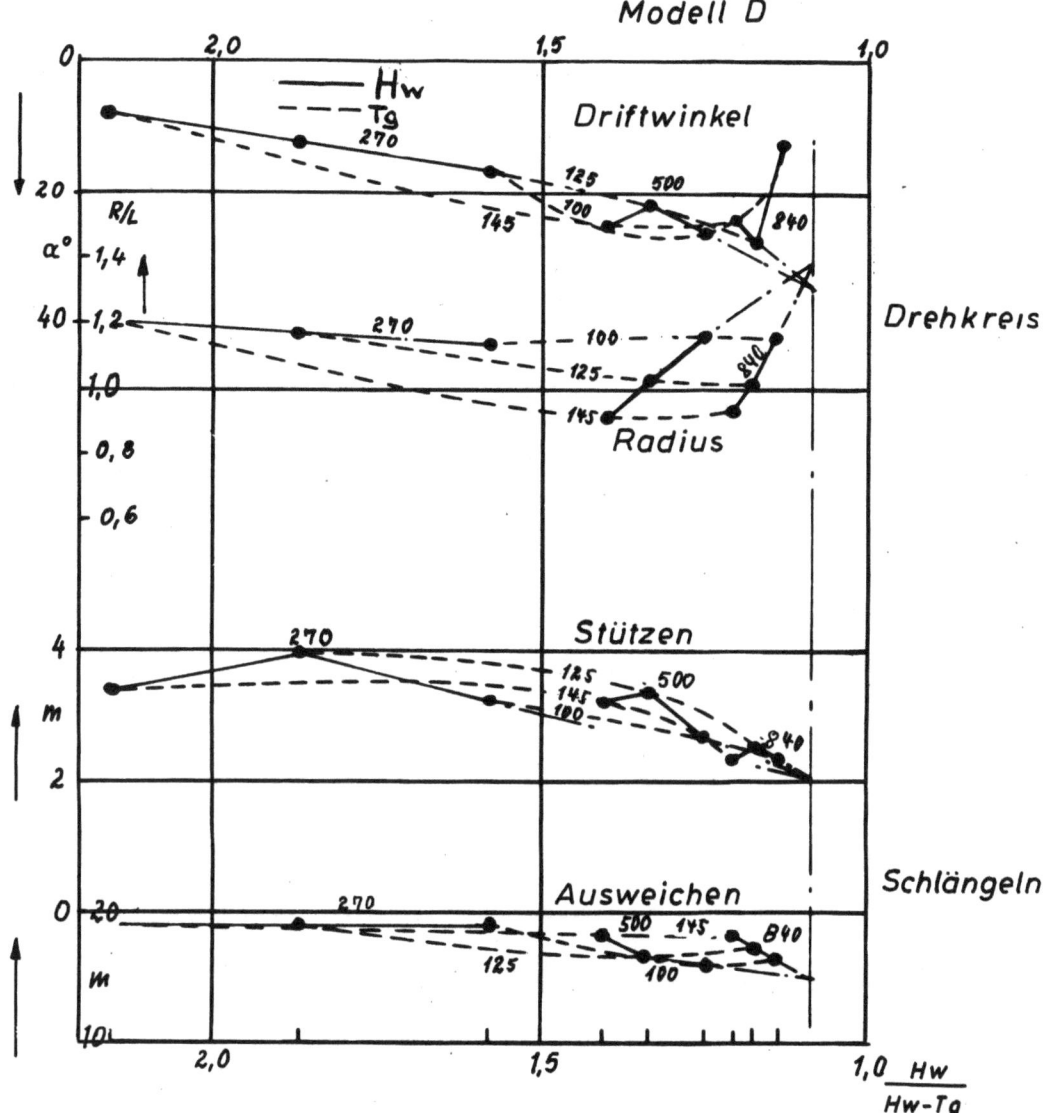
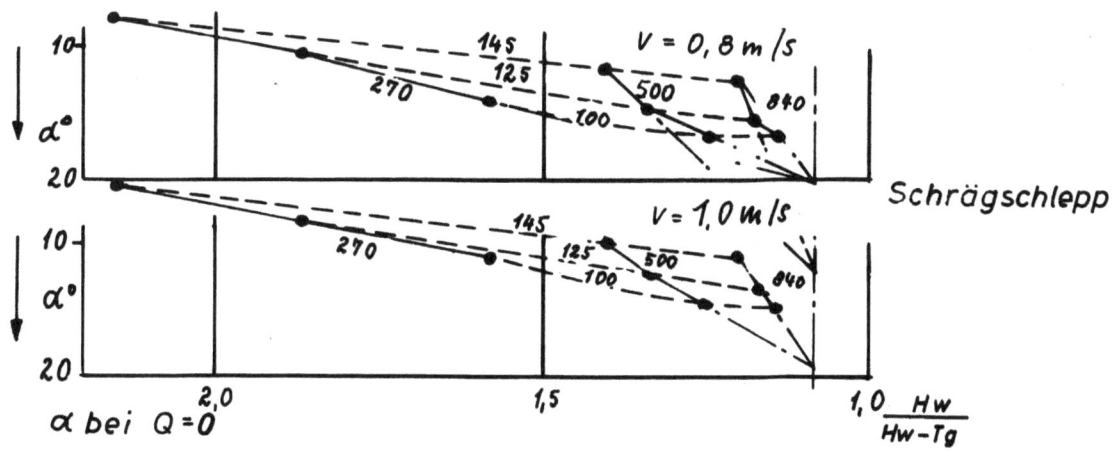

Abbildung 112

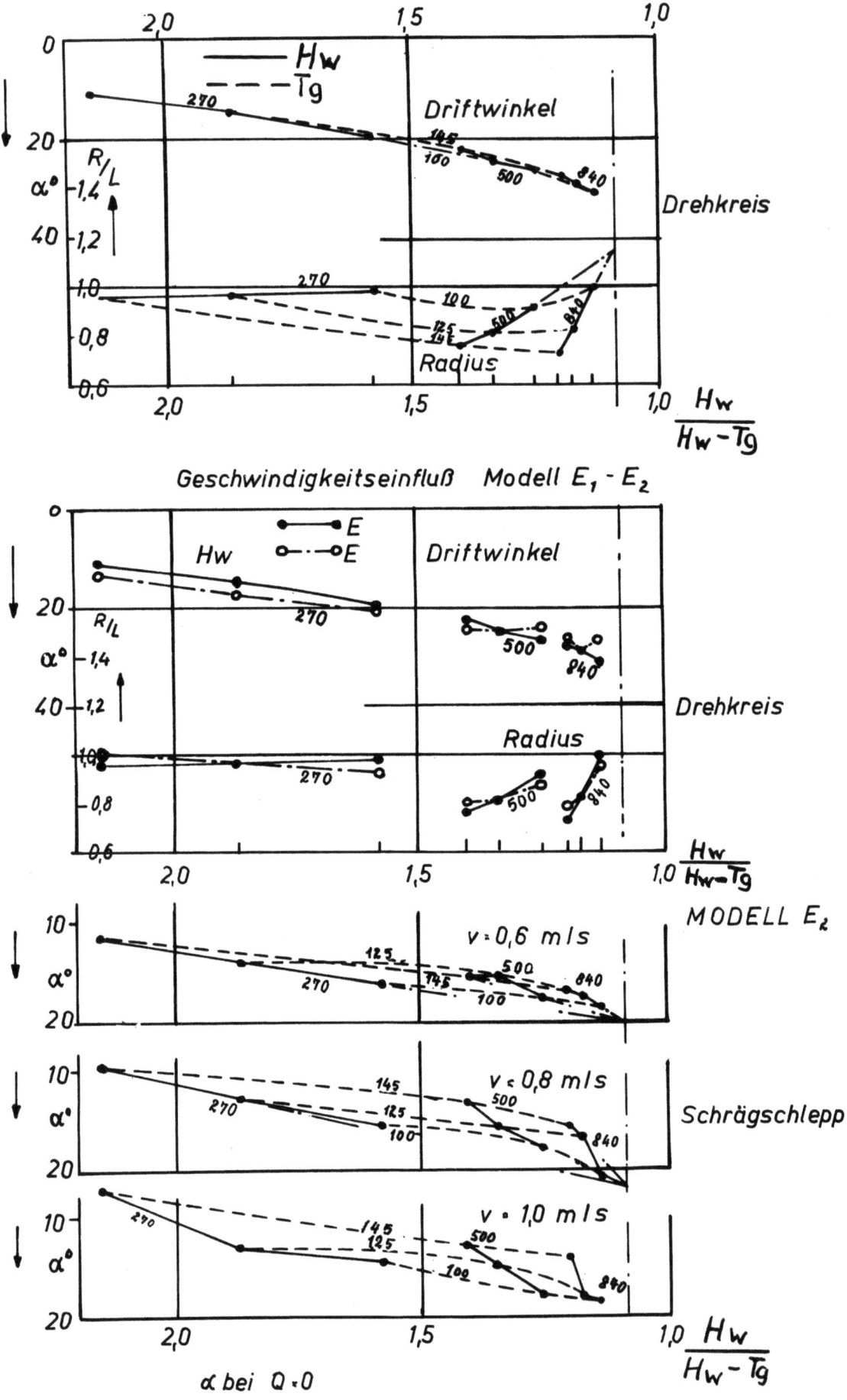

Abbildung 113

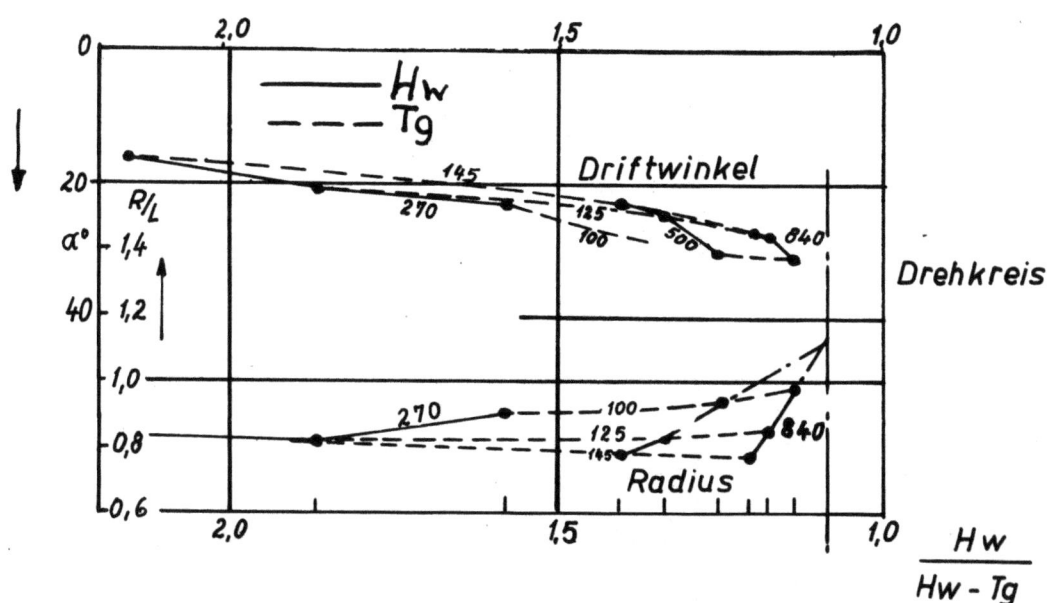
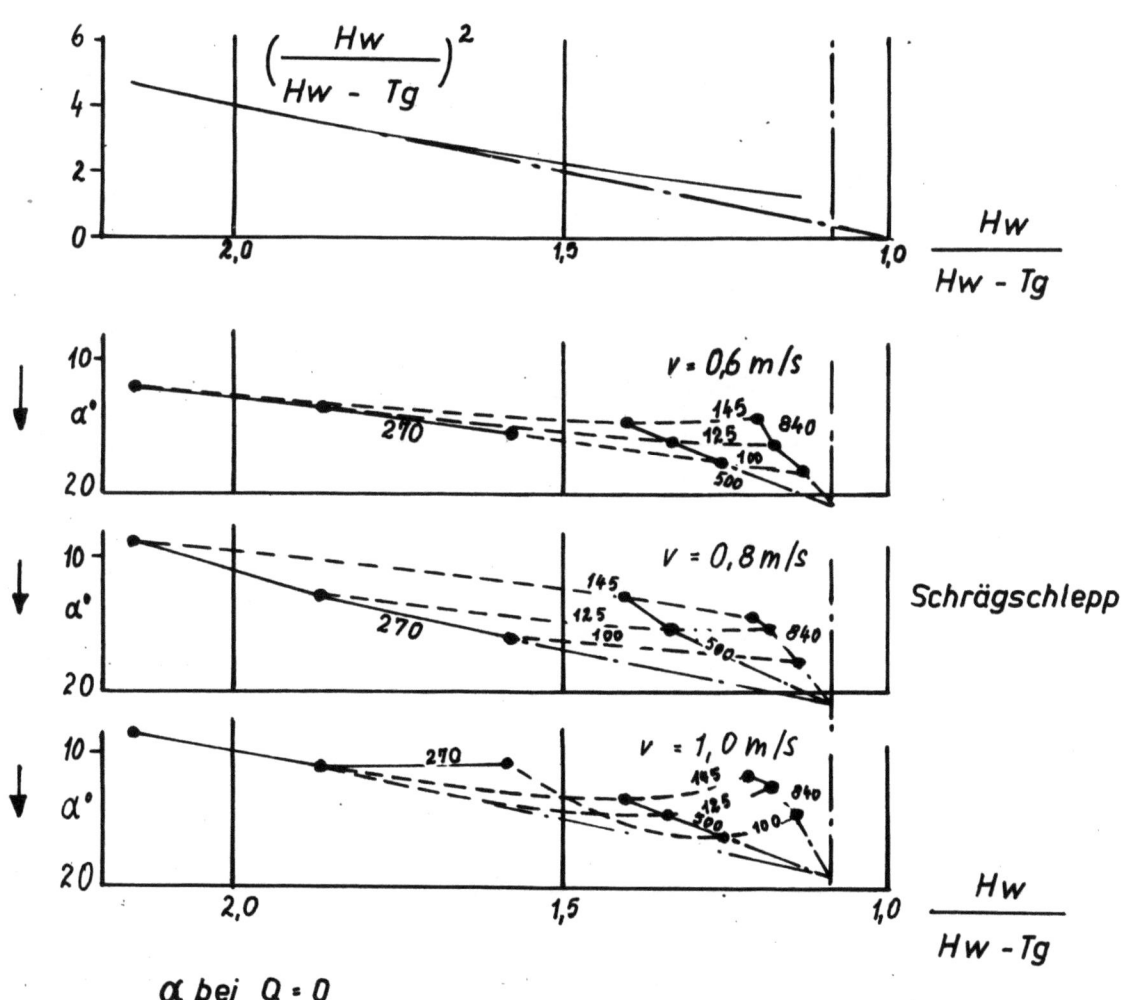

α bei $Q = 0$

Abbildung 114

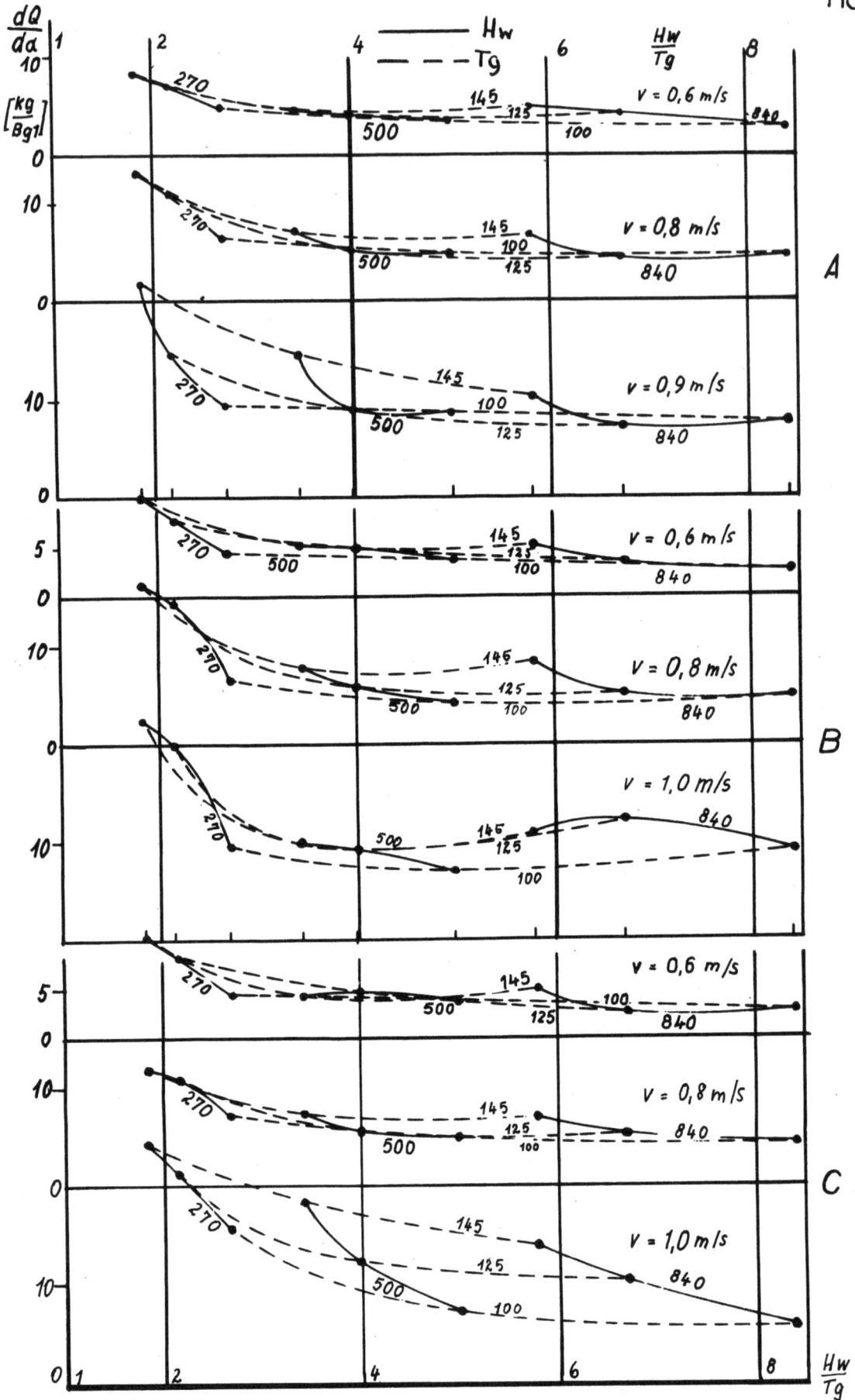

Abbildung 115
Querkraftanstieg beim Schrägschlepp

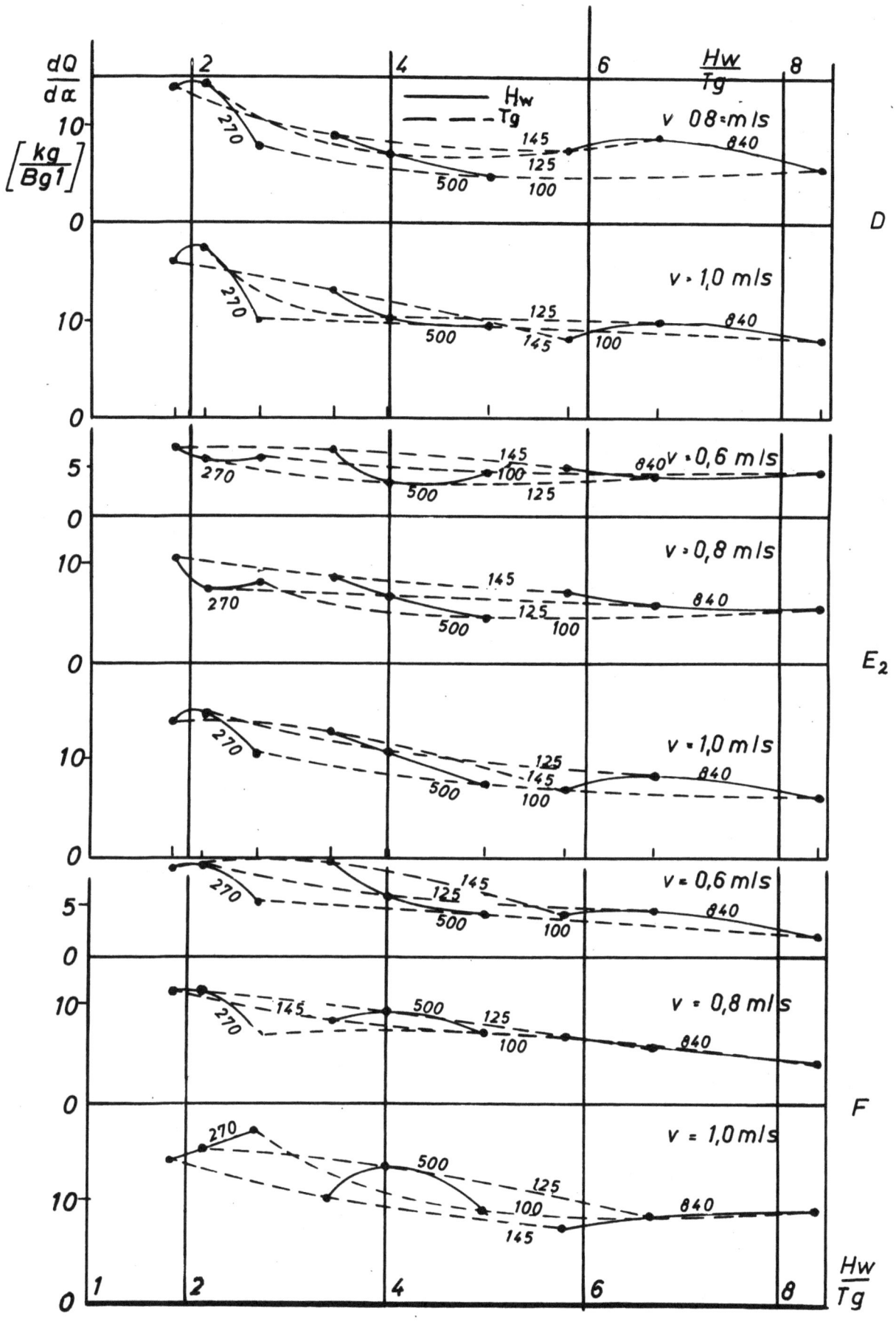

Abbildung 116
Querkraftanstieg beim Schrägschlepp

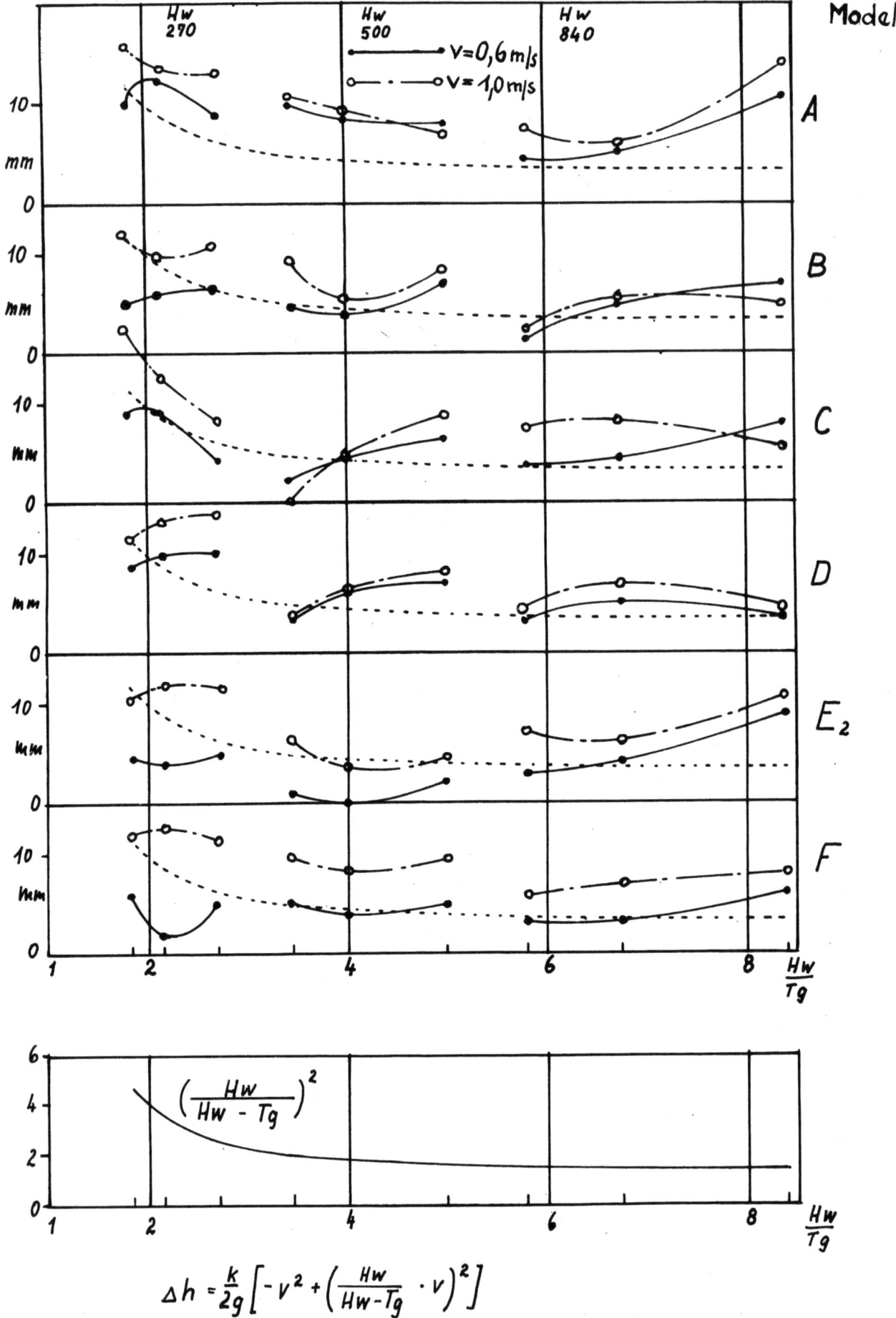

$$\Delta h = \frac{k}{2g}\left[-v^2 + \left(\frac{H_w}{H_w - T_g} \cdot v\right)^2\right]$$

Abbildung 117
Absenkung bei verschwindender Querkraft

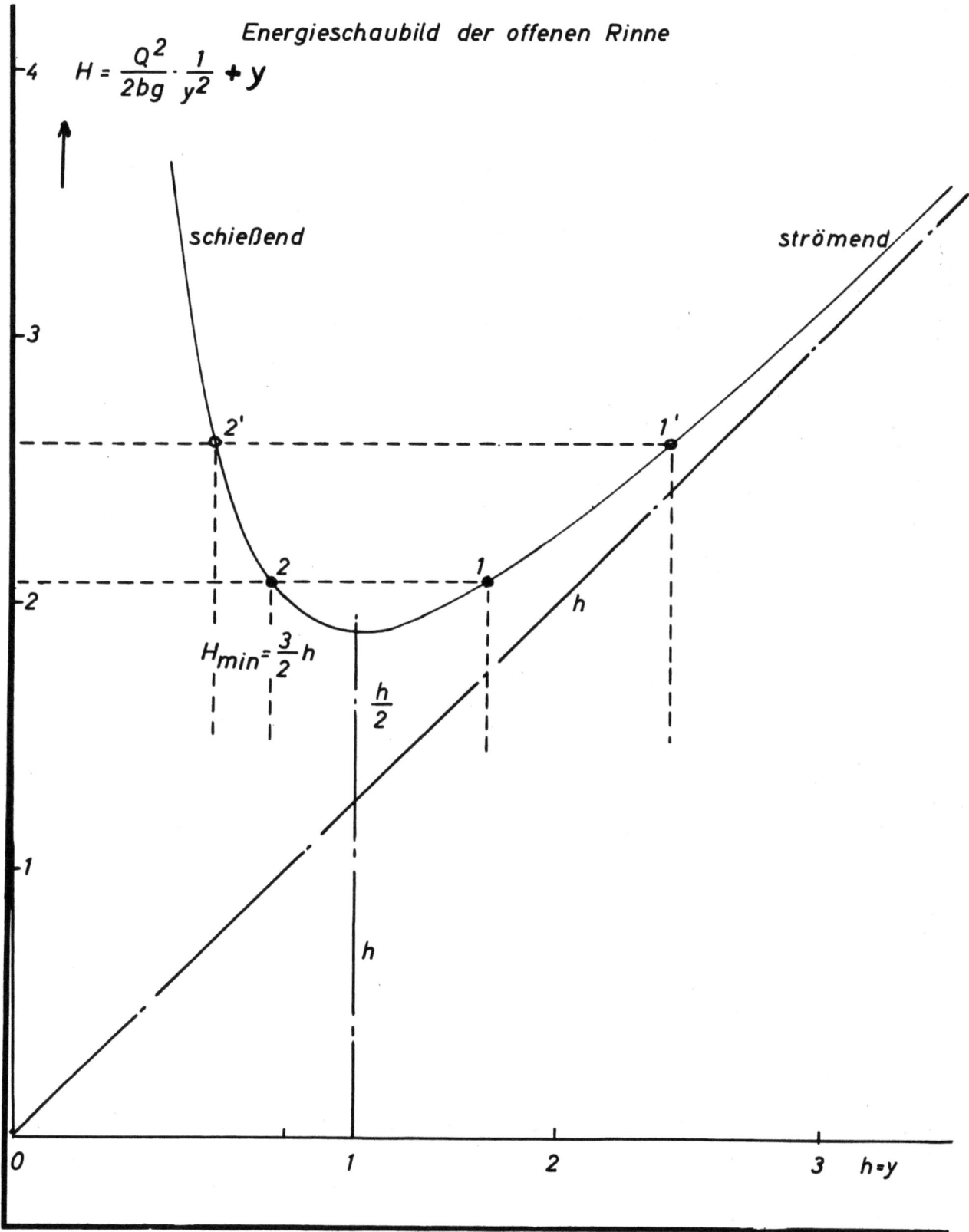

Abbildung 118
Energieschaubild der offenen Rinne

Längsschnitt länge des schrägangeströmten Modells

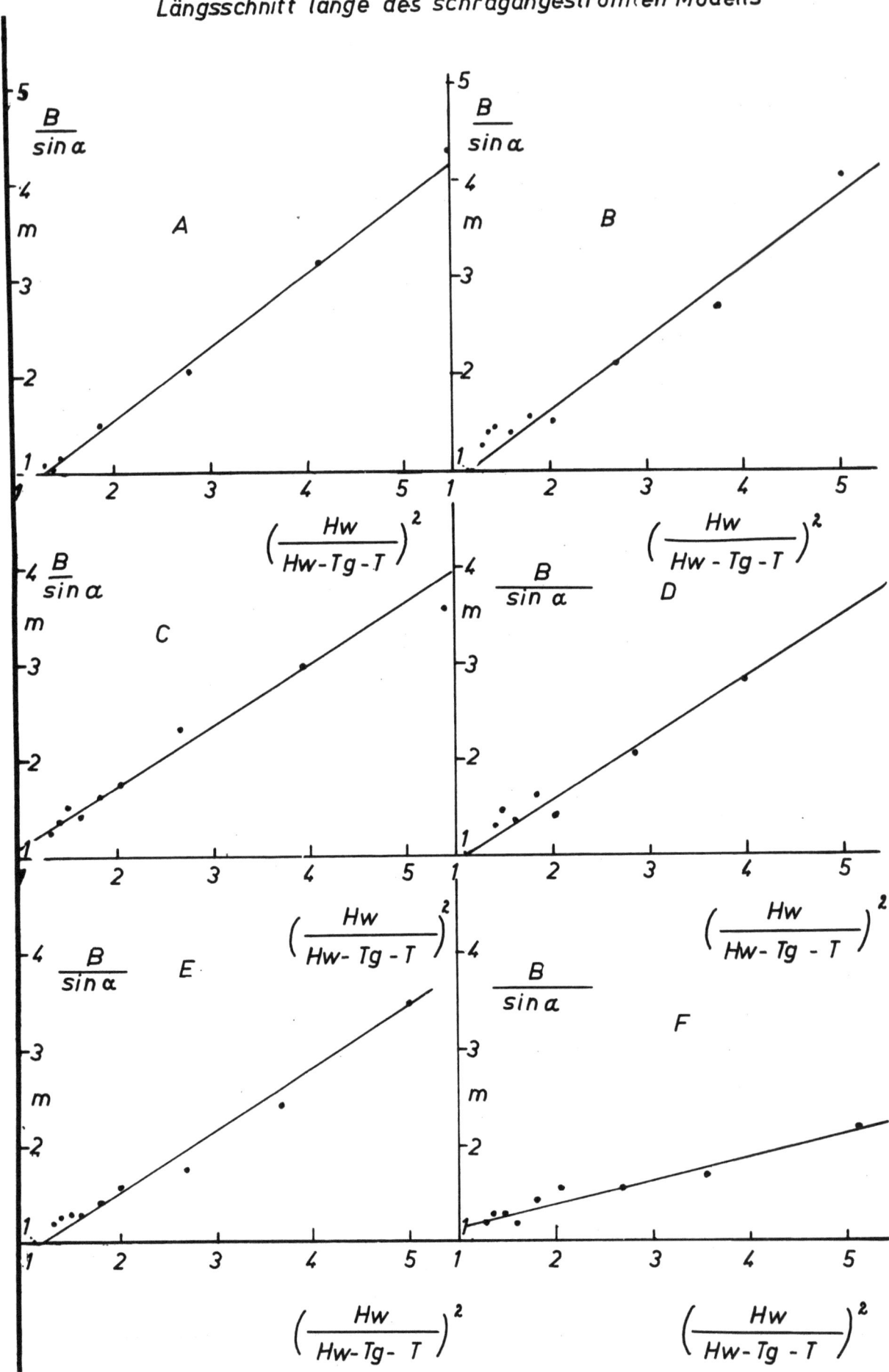

Abbildung 119

Längsschnittlänge des schrägangeströmten Modells

aus [6] R.Fuchs, L.Hopf, Fr.Seewald
Bd.2, S.76

Bd.1, S.162

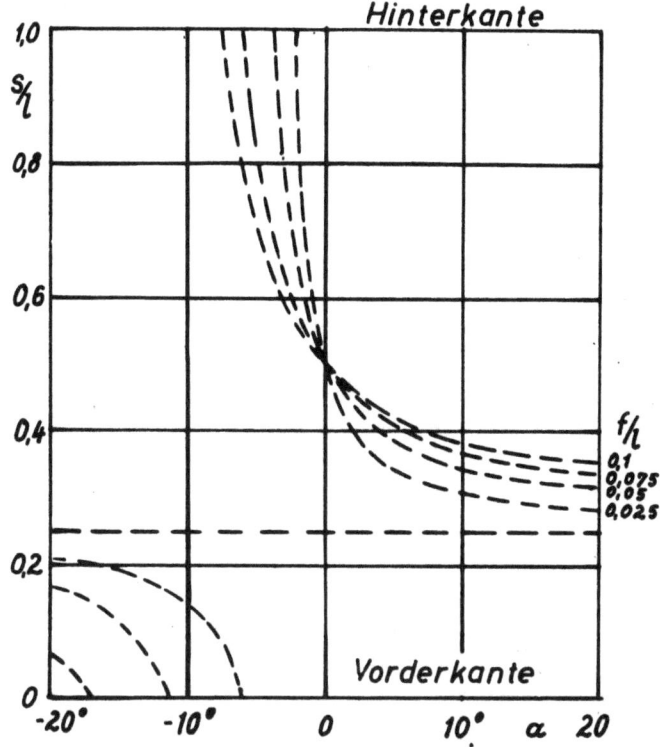

Druckpunktswanderung bei Kreis-
bogenprofilen [6]

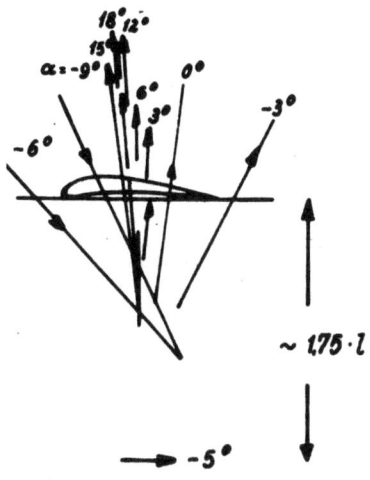

Kraftstrahlendiagramm
eines Flügels. [6]

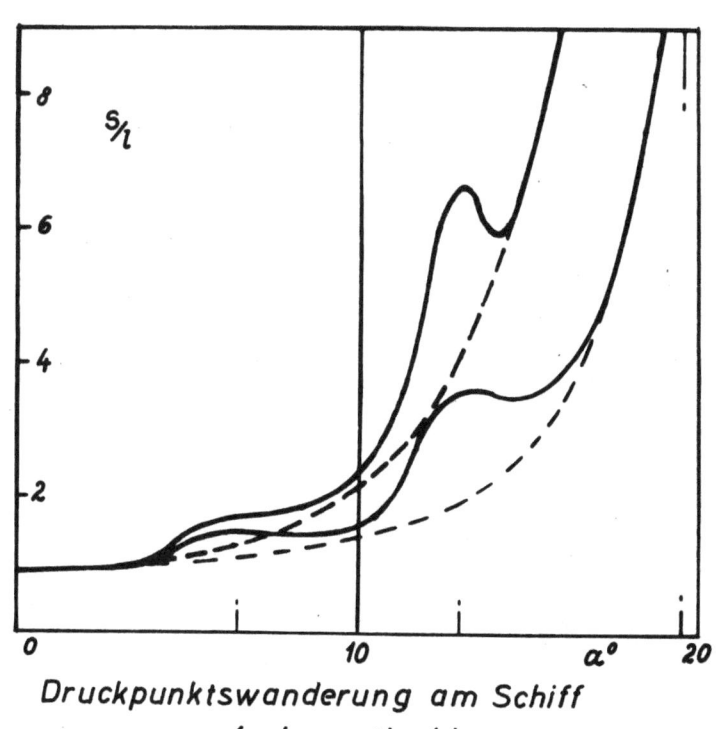

Druckpunktswanderung am Schiff
(schematisch)

Abbildung 120

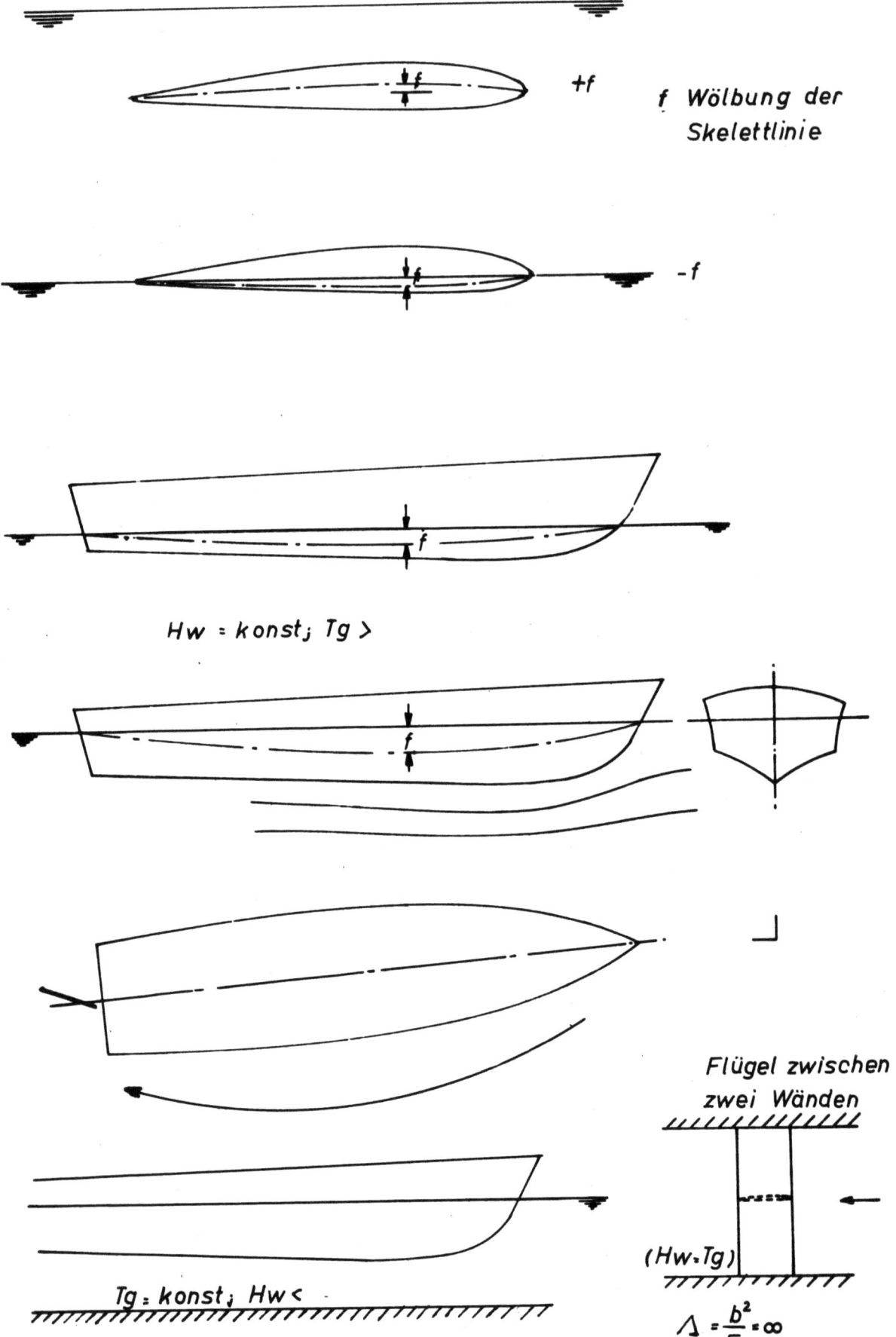

Abbildung 121

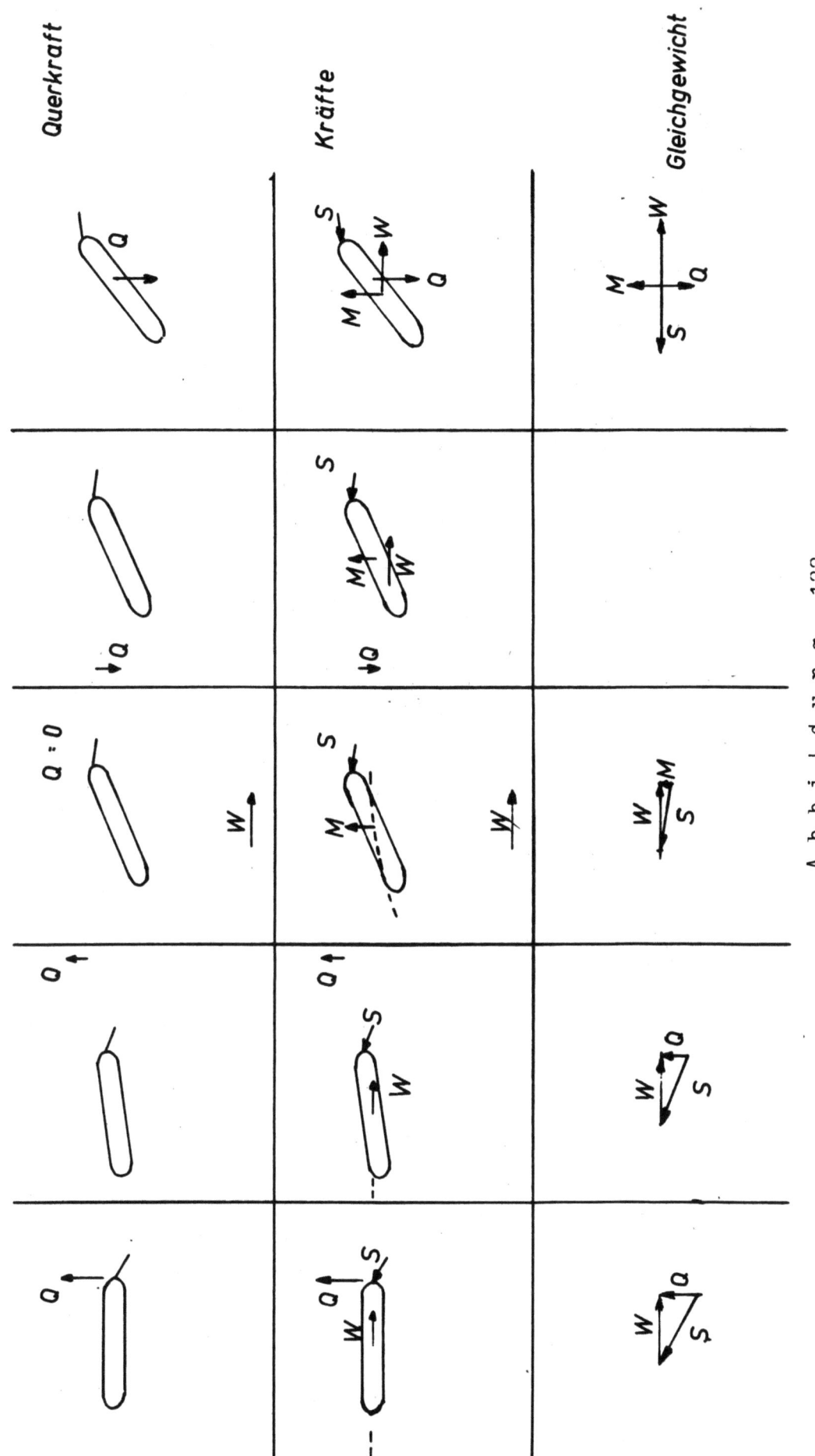

Abbildung 122

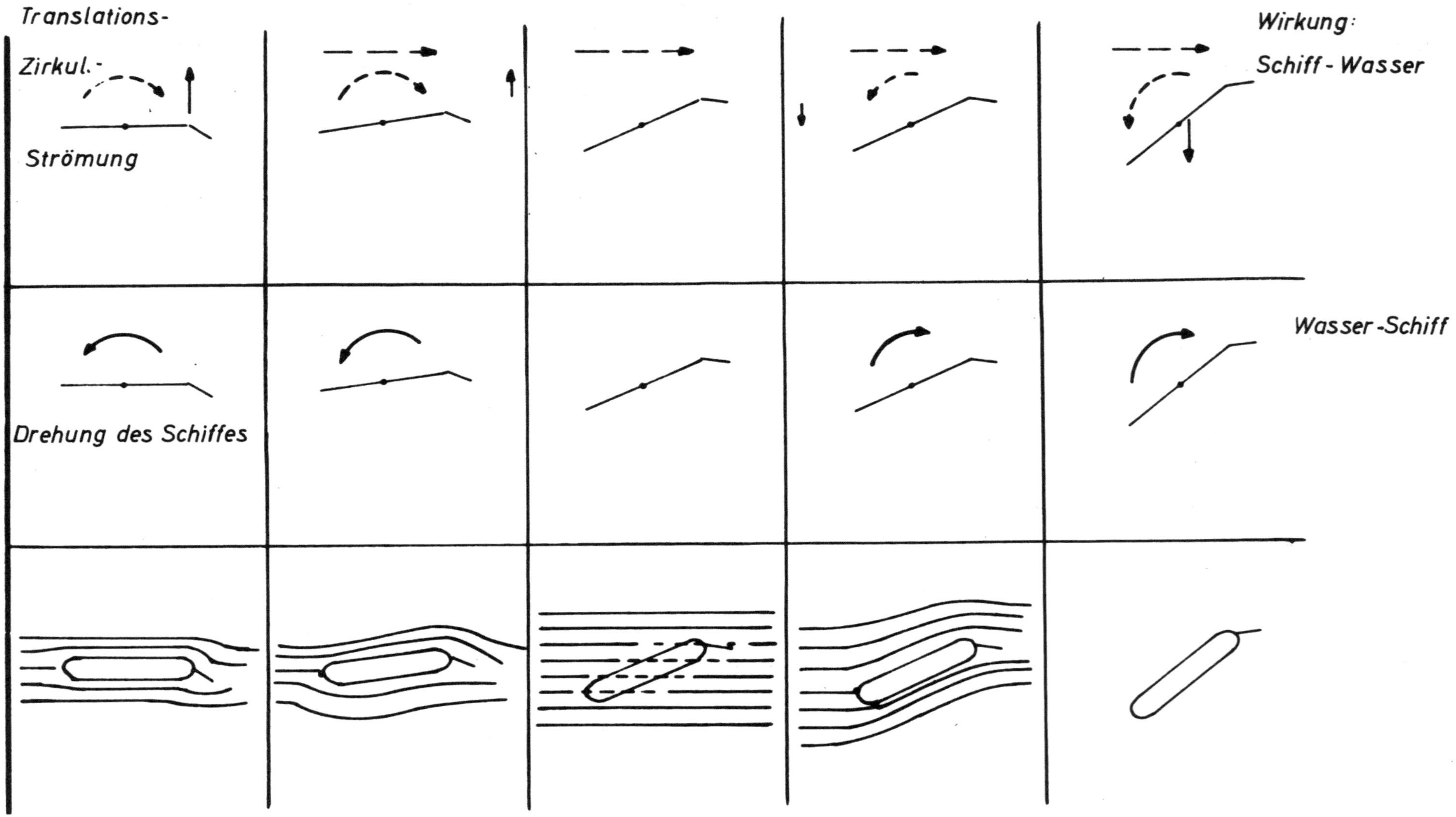

Abbildung 123

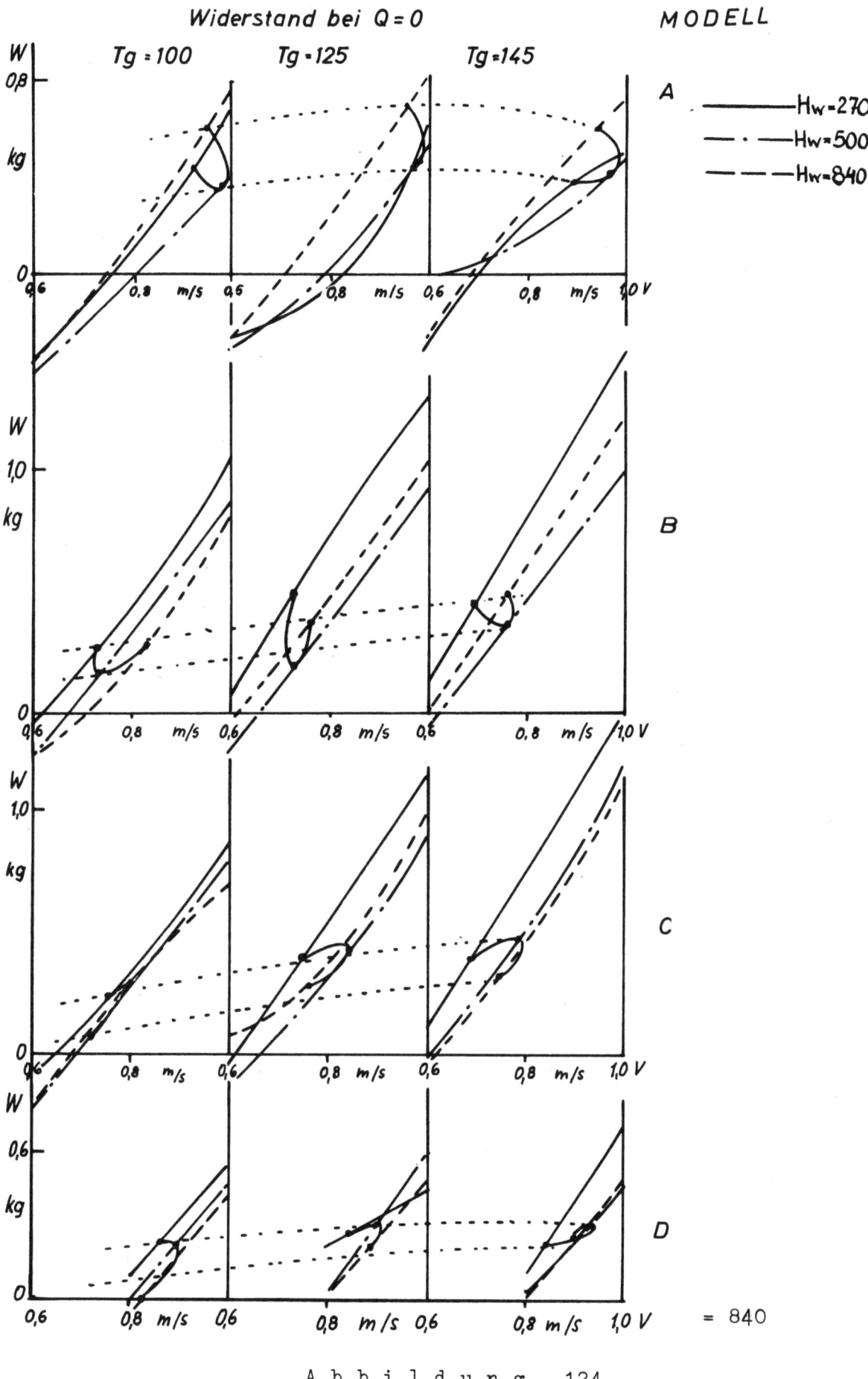

Abbildung 124

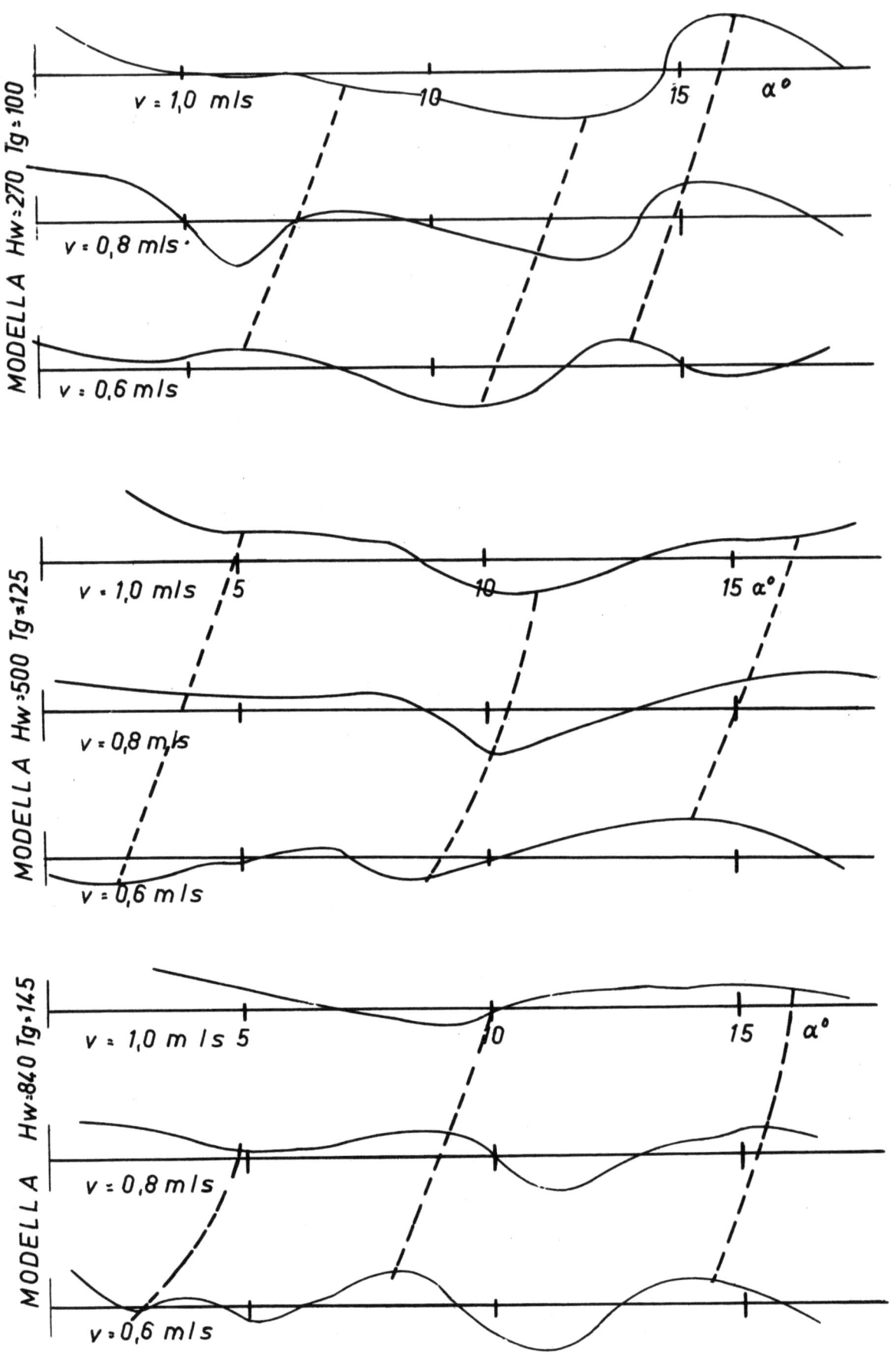

Abbildung 125

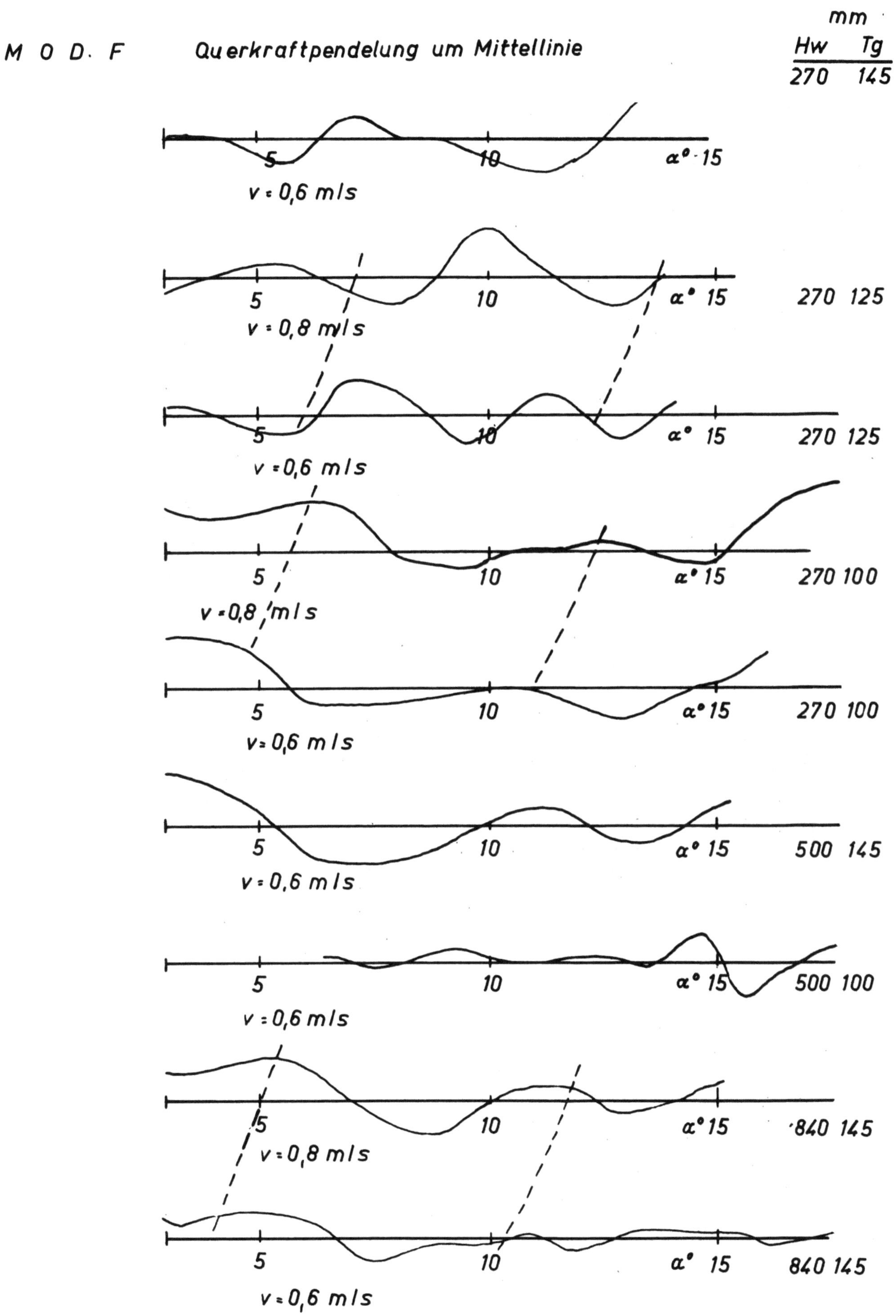

Abbildung 126

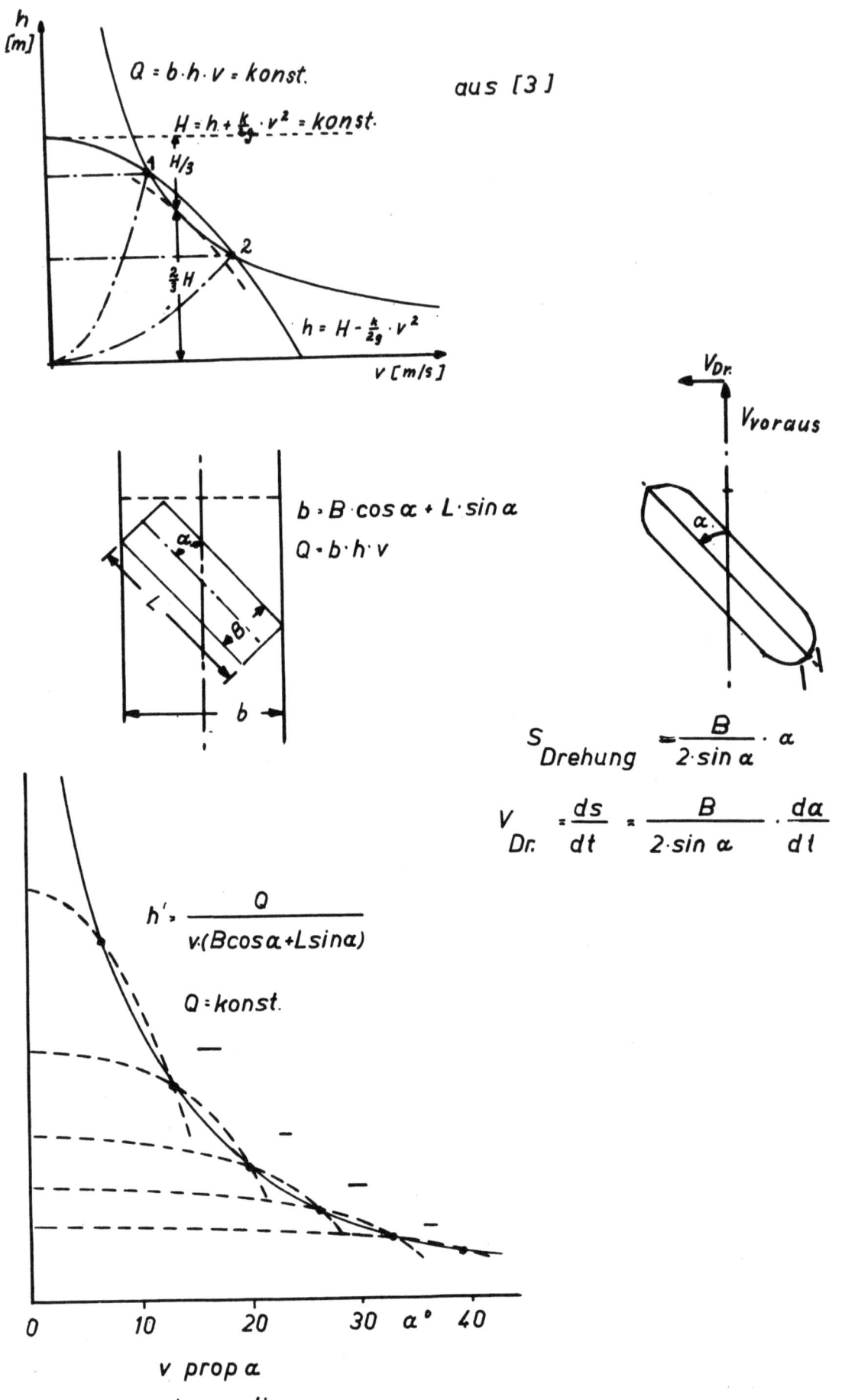

Abbildung 127

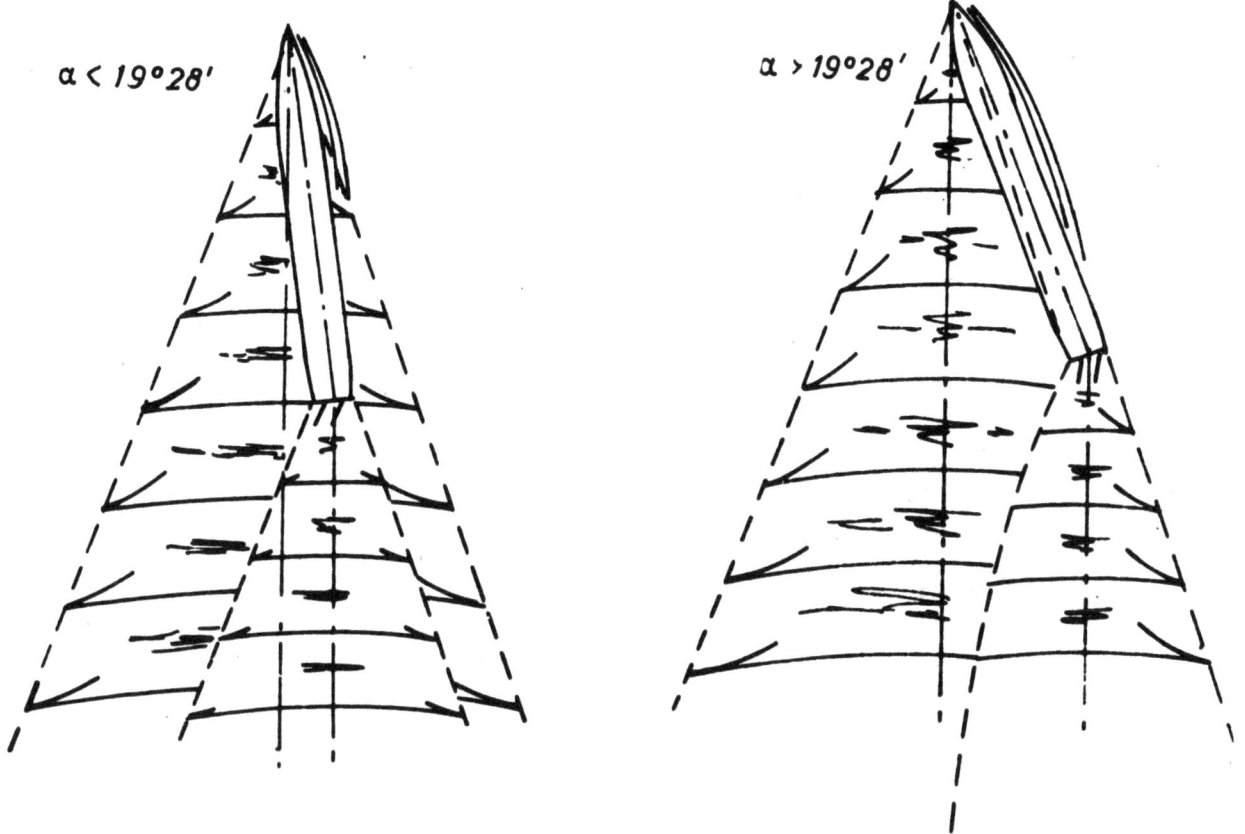

Auswertung des Schrägschlepps:

für verschwindende Querkraft   *Werte von* $M = P \cdot 3{,}15$

$$Q = 0$$ *u. W*

daraus $R' = \dfrac{M}{W} = \dfrac{3{,}15 \cdot P}{W}$

bei veränderlicher Geschwindigkeit

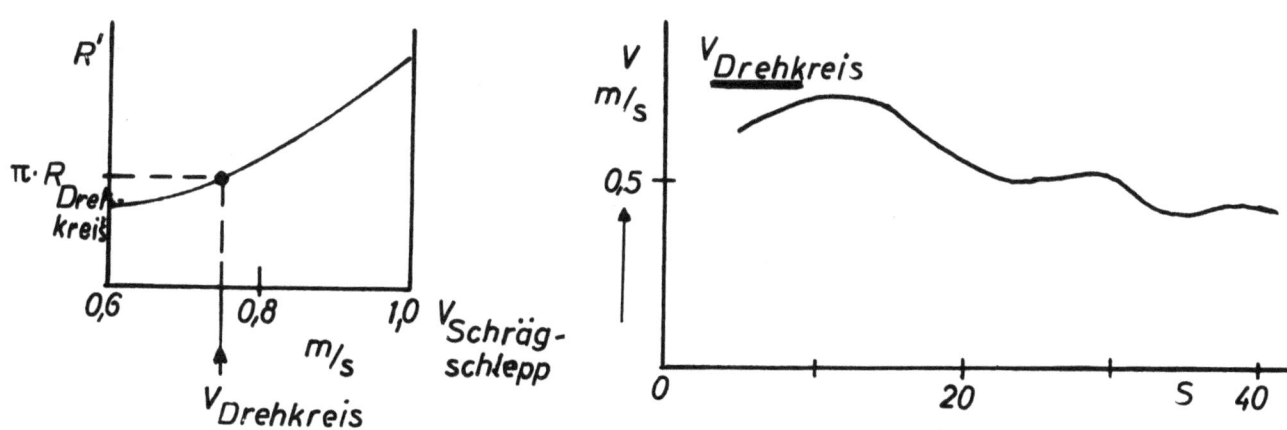

Abbildung 128
Wellenbild beim Schrägschlepp
(Schematisch)

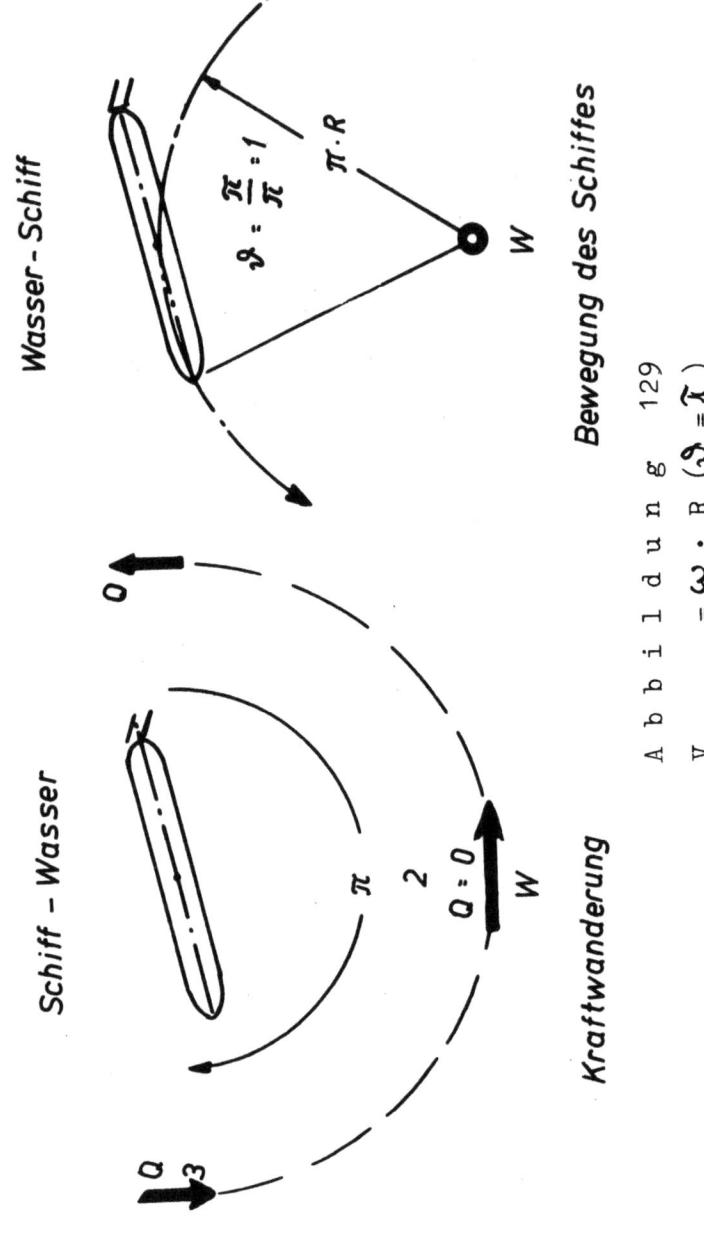

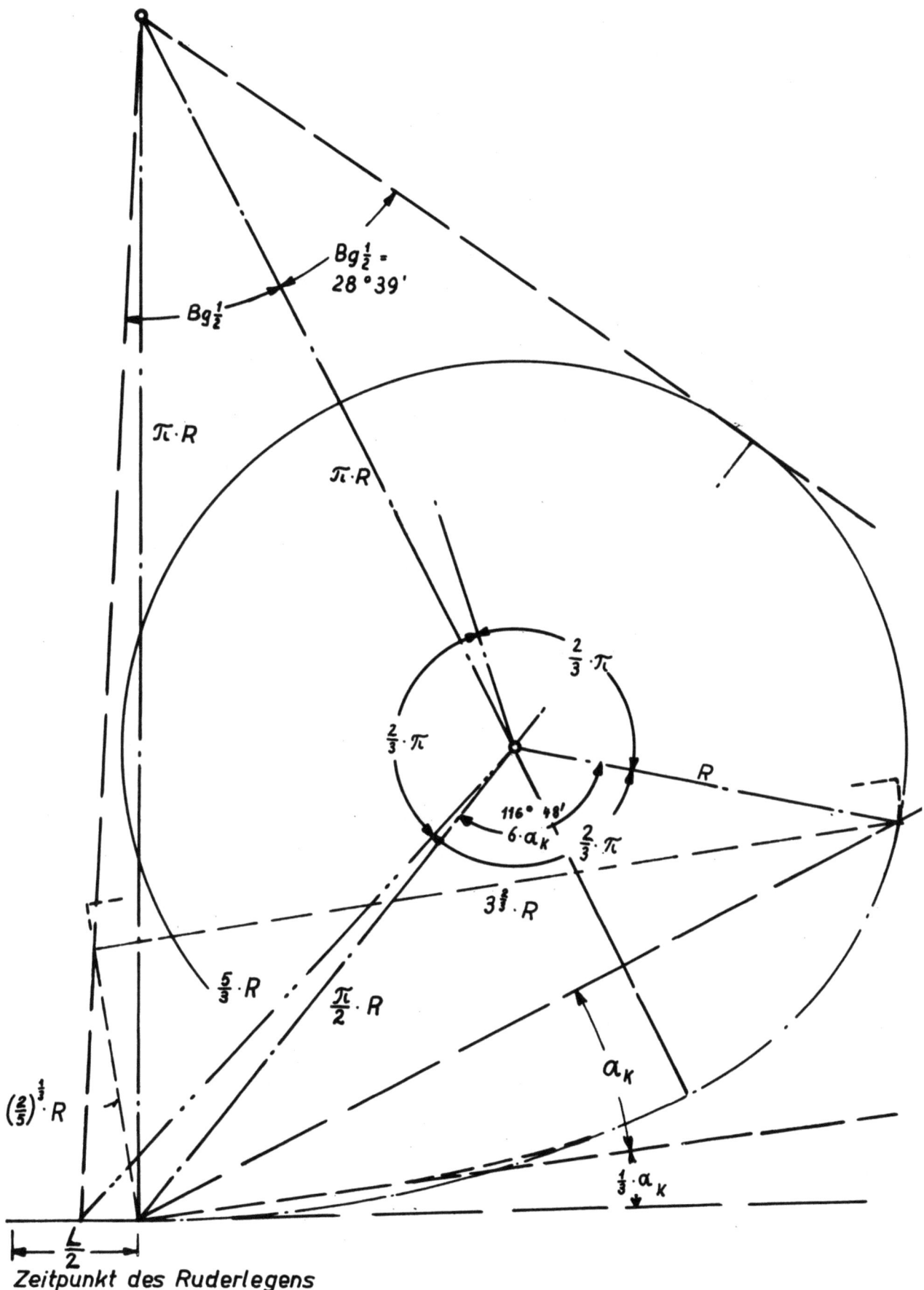

Abbildung 130

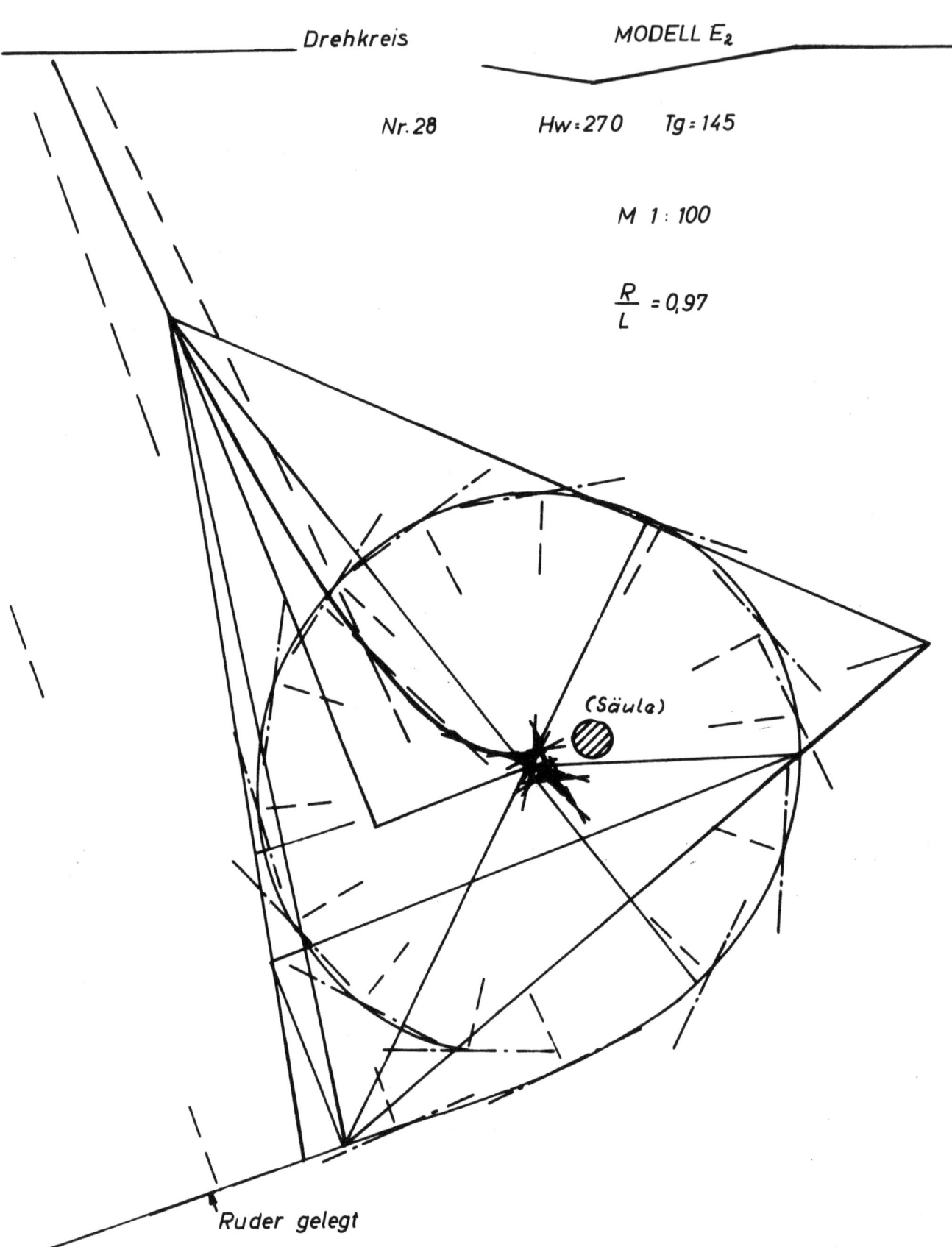

Abbildung 131

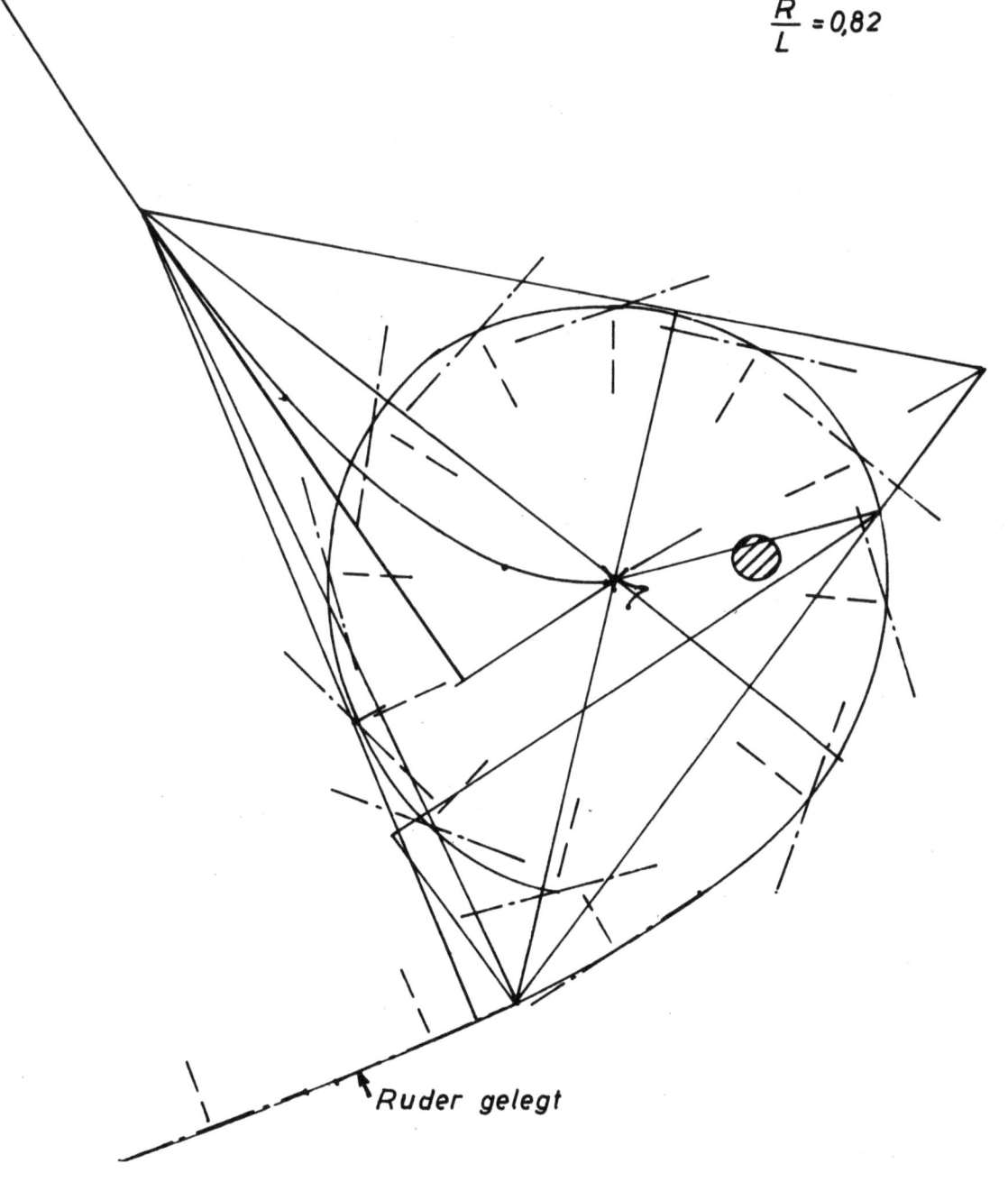

Abbildung 132

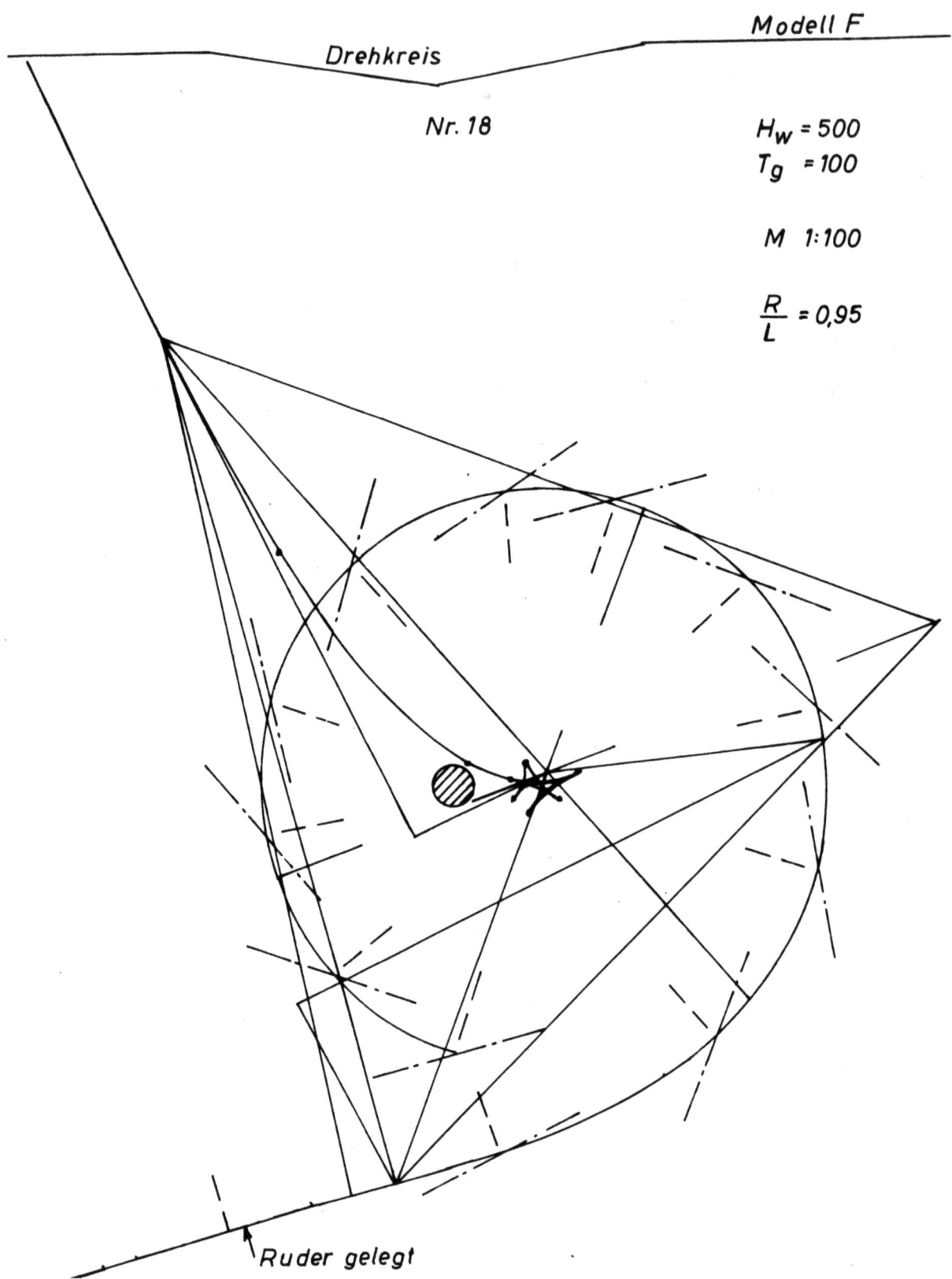

Abbildung 133

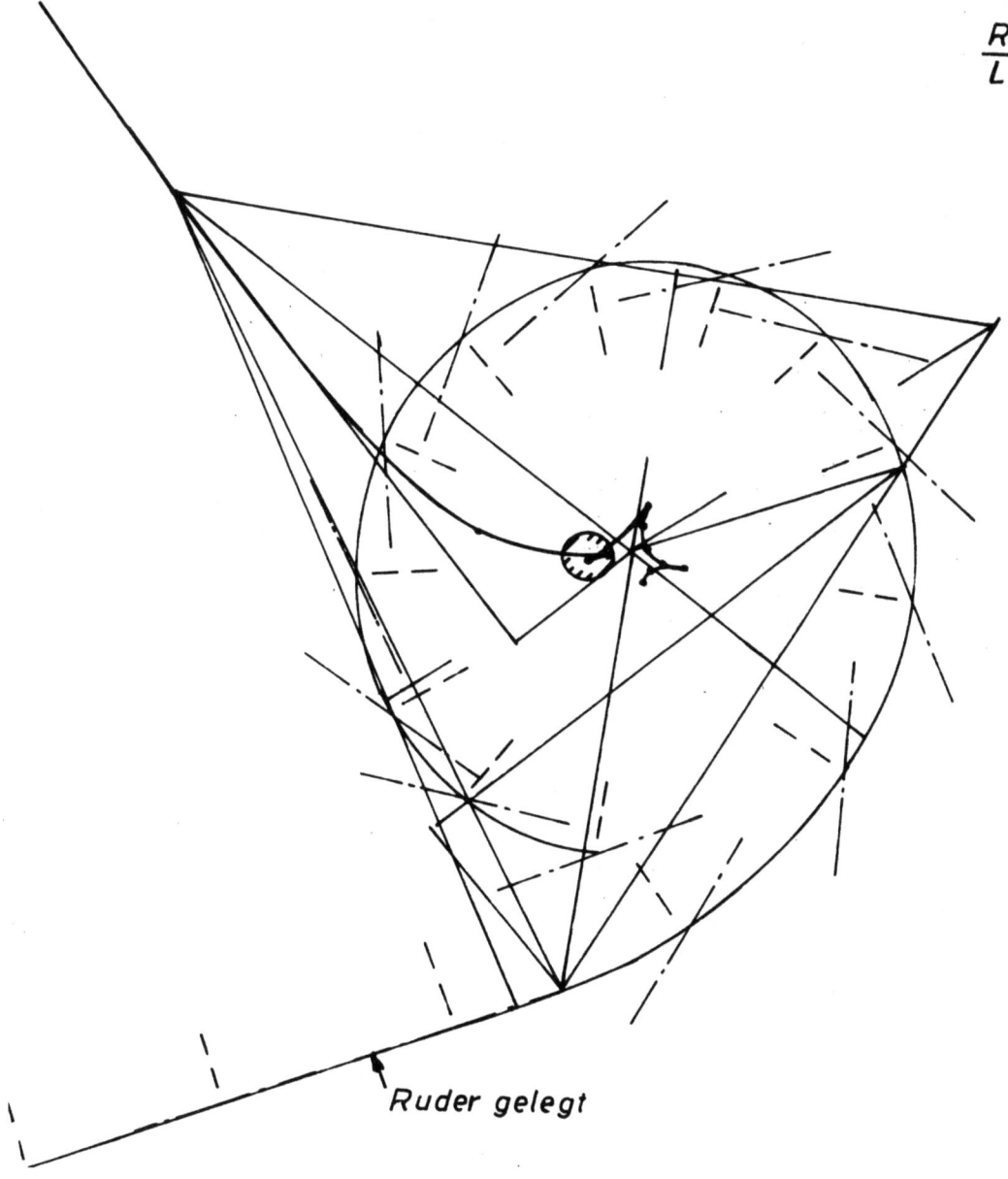

Abbildung 134

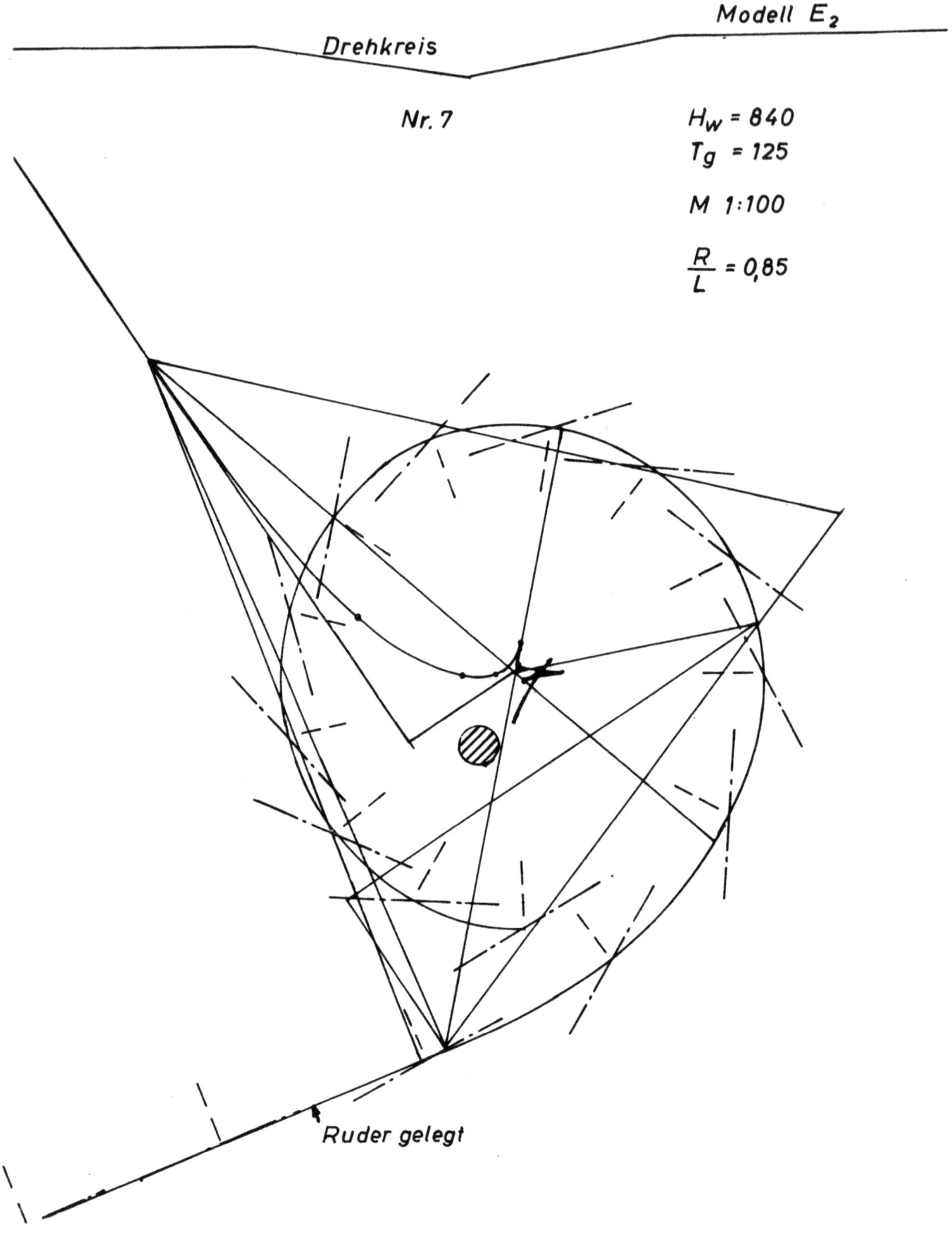

Drehkreis Modell E_2

Nr. 7

$H_w = 840$
$T_g = 125$

M 1:100

$\frac{R}{L} = 0,85$

Ruder gelegt

Abbildung 135

Drehkreise

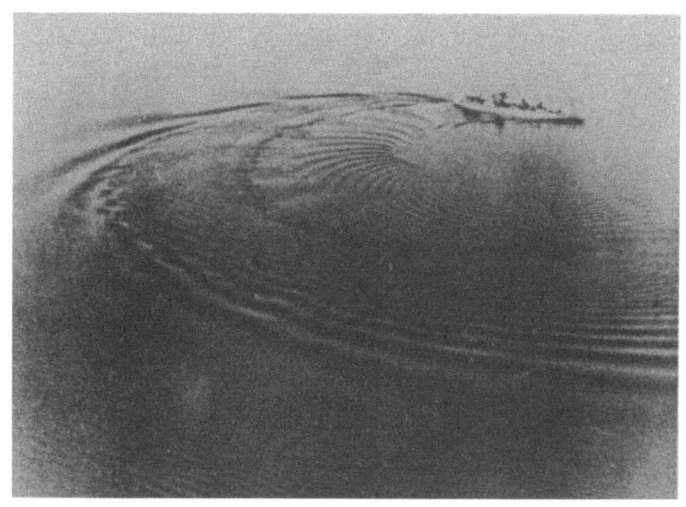

L ~ 3 m

aus HSVA-Katalog 1936 S. 27

L ~ 40 m

aus VOITH-SCHNEIDER Propulsion S. 8

L ~ 300 m

aus WRH 1936 S. 157

Abbildung 136

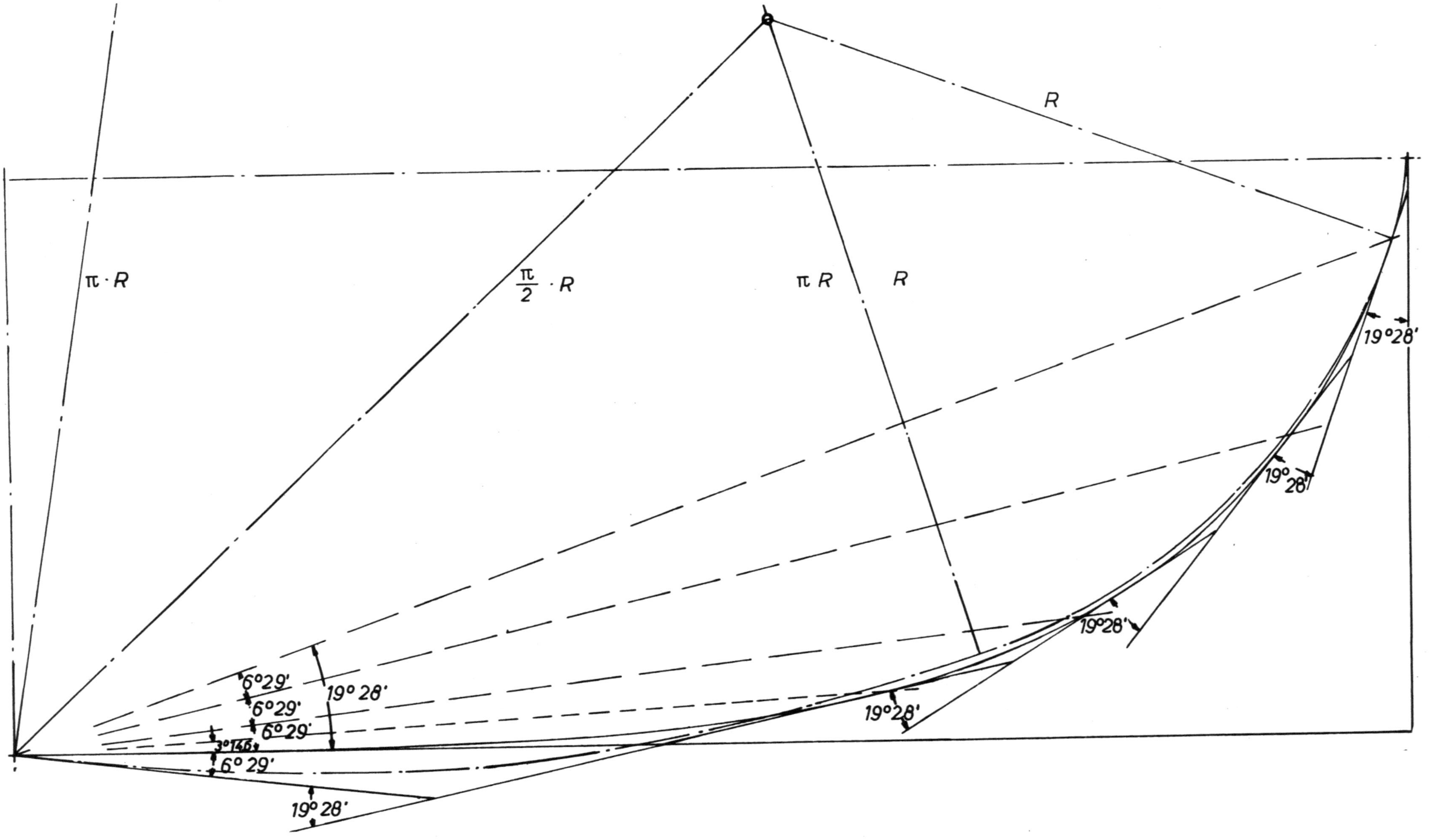

Abbildung 137

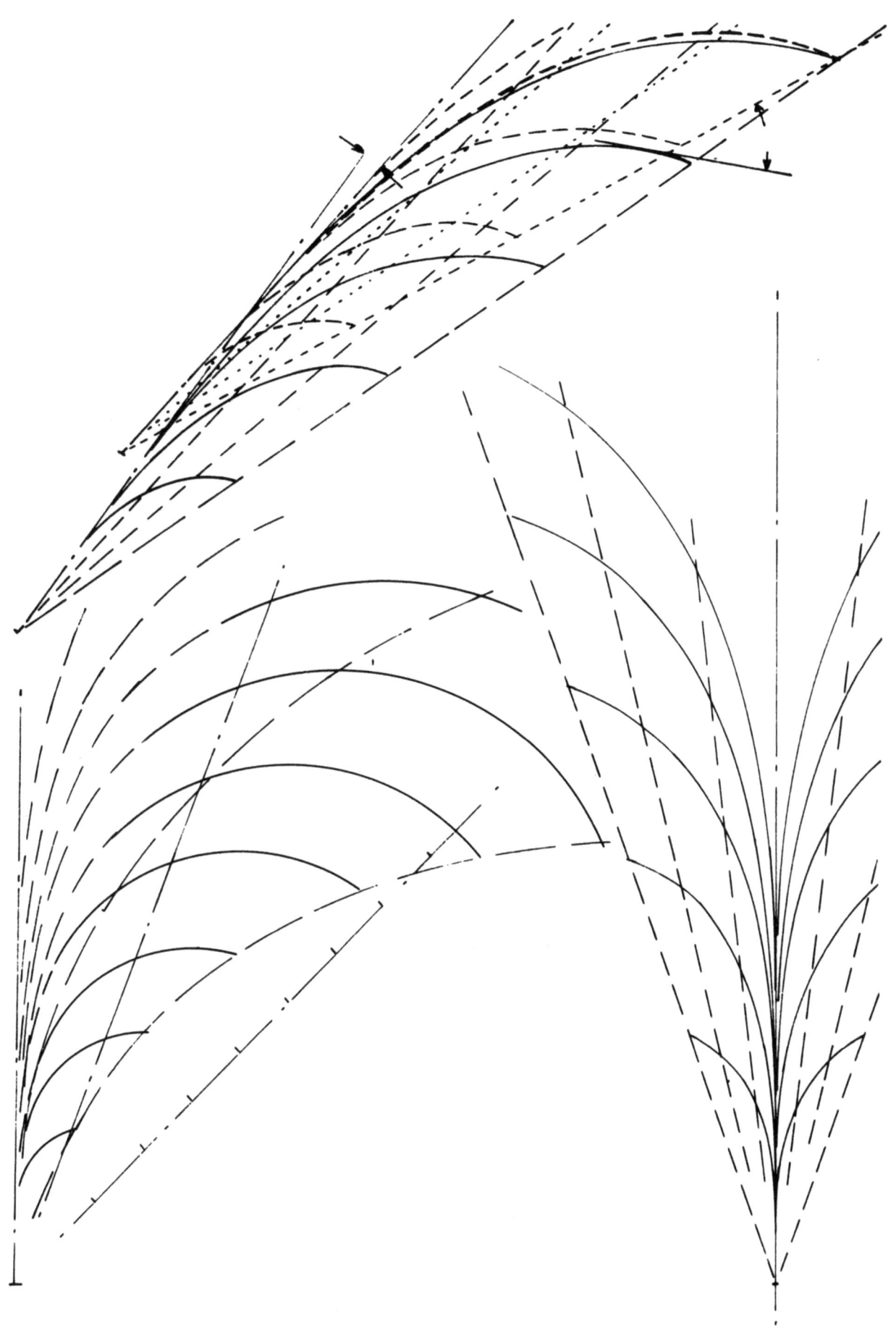

Abbildung 138

FORSCHUNGSBERICHTE DES WIRTSCHAFTS- UND VERKEHRSMINISTERIUMS NORDRHEIN-WESTFALEN

Herausgegeben von Staatssekretär Prof. Dr. h. c. Leo Brandt

HEFT 1
Prof. Dr.-Ing. E. Flegler, Aachen
Untersuchungen oxydischer Ferromagnet-Werkstoffe
1952, 20 Seiten, DM 6,75

HEFT 2
Prof. Dr. W. Fuchs, Aachen
Untersuchungen über absatzfreie Teeröle
1952, 32 Seiten, 5 Abb., 6 Tabellen, DM 10,—

HEFT 3
Techn.-Wissenschaftl. Büro für die Bastfaserindustrie, Bielefeld
Untersuchungsarbeiten zur Verbesserung des Leinenwebstuhls
1952, 44 Seiten, 7 Abb., 3 Tabellen, DM 12,50

HEFT 4
Prof. Dr. E. A. Müller und Dipl.-Ing. H. Spitzer, Dortmund
Untersuchungen über die Hitzebelastung in Hüttenbetrieben
1952, 28 Seiten, 5 Abb., 1 Tabelle, DM 9,—

HEFT 5
Dipl.-Ing. W. Fister, Aachen
Prüfstand der Turbinenuntersuchungen
1952, 40 Seiten, 30 Abb., 3 Schaltbilder, DM 1,—

HEFT 6
Prof. Dr. W. Fuchs, Aachen
Untersuchungen über die Zusammensetzung und Verwendbarkeit von Schwelteerfraktionen
1952, 36 Seiten, DM 10,50

HEFT 7
Prof. Dr. W. Fuchs, Aachen
Untersuchungen über emsländisches Petrolatum
1952, 36 Seiten, 1 Abb., 17 Tabellen, DM 10,50

HEFT 8
M. E. Meffert und H. Stratmann, Essen
Algen-Großkulturen im Sommer 1951
1953, 52 Seiten, 4 Abb., 20 Tabellen, DM 9,75

HEFT 9
Techn.-Wissenschaftl. Büro für die Bastfaserindustrie, Bielefeld
Untersuchungen über die zweckmäßige Wicklungsart von Leinengarnkreuzspulen unter Berücksichtigung der Anwendung hoher Geschwindigkeiten des Garnes
Vorversuche für Zetteln und Schären von Leinengarnen auf Hochleistungsmaschinen
1952, 48 Seiten, 7 Abb., 7 Tabellen, DM 9,25

HEFT 10
Prof. Dr. W. Vogel, Köln
„Das Streifenpaar" als neues System zur mechanischen Vergrößerung kleiner Verschiebungen und seine technischen Anwendungsmöglichkeiten
1953, 20 Seiten, 6 Abb., DM 4,50

HEFT 11
Laboratorium für Werkzeugmaschinen und Betriebslehre, Technische Hochschule Aachen
1. Untersuchungen über Metallbearbeitung im Fräsvorgang mit Hartmetallwerkzeugen und negativem Spanwinkel
2. Weiterentwicklung des Schleifverfahrens für die Herstellung von Präzisionswerkstücken unter Vermeidung hoher Temperaturen
3. Untersuchung von Oberflächenveredlungsverfahren zur Steigerung der Belastbarkeit hochbeanspruchter Bauteile
1953, 80 Seiten, 61 Abb., DM 15,75

HEFT 12
Elektrowärme-Institut, Langenberg (Rhld.)
Induktive Erwärmung mit Netzfrequenz
1952, 22 Seiten, 6 Abb., DM 5,20

HEFT 13
Techn.-Wissenschaftl. Büro für die Bastfaserindustrie, Bielefeld
Das Naßspinnen von Bastfasergarnen mit chemischen Zusätzen zum Spinnbad
1953, 52 Seiten, 4 Abb., 19 Tabellen, DM 10,—

HEFT 14
Forschungsstelle für Acetylen, Dortmund
Untersuchungen über Aceton als Lösungsmittel für Acetylen
1952, 64 Seiten, 10 Abb., 26 Tabellen, DM 12,25

HEFT 15
Wäschereiforschung Krefeld
Trocknen von Wäschestoffen
1953, 48 Seiten, 14 Abb., 2 Tabellen, DM 9,—

HEFT 16
Max-Planck-Institut für Kohlenforschung, Mülheim a. d. Ruhr
Arbeiten des MPI für Kohlenforschung
1953, 104 Seiten, 9 Abb., DM 17,80

HEFT 17
Ingenieurbüro Herbert Stein, M.-Gladbach
Untersuchung der Verzugsvorgänge in den Streckwerken verschiedener Spinnereimaschinen. 1. Bericht: Vergleichende Prüfung mit verschiedenen Dickenmeßgeräten
1952, 36 Seiten, 15 Abb., DM 8,—

HEFT 18
Wäschereiforschung Krefeld
Grundlagen zur Erfassung der chemischen Schädigung beim Waschen
1953, 68 Seiten, 15 Abb., 15 Tabellen, DM 12,75

HEFT 19
Techn.-Wissenschaftl. Büro für die Bastfaserindustrie, Bielefeld
Die Auswirkung des Schlichtens von Leinengarnketten auf den Verarbeitungswirkungsgrad, sowie die Festigkeit und Dehnungsverhältnisse der Garne und Gewebe
1953, 48 Seiten, 1 Abb., 9 Tabellen, DM 9,—

HEFT 20
Techn.-Wissenschaftl. Büro für die Bastfaserindustrie, Bielefeld
Trocknung von Leinengarnen I
Vorgang und Einwirkung auf die Garnqualität
1953, 62 Seiten, 18 Abb., 5 Tabellen, DM 12,—

HEFT 21
Techn.-Wissenschaftl. Büro für die Bastfaserindustrie, Bielefeld
Trocknung von Leinengarnen II
Spulenanordnung und Luftführung beim Trocknen von Kreuzspulen
1953, 66 Seiten, 22 Abb., 9 Tabellen, DM 13,—

HEFT 22
Techn.-Wissenschaftl. Büro für die Bastfaserindustrie, Bielefeld
Die Reparaturanfälligkeit von Webstühlen
1953, 28 Seiten, 7 Abb., 5 Tabellen, DM 5,80

HEFT 23
Institut für Starkstromtechnik, Aachen
Rechnerische und experimentelle Untersuchungen zur Kenntnis der Metadyne als Umformer von konstanter Spannung auf konstanten Strom
1953, 52 Seiten, 20 Abb., 4 Tafeln, DM 9,75

HEFT 24
Institut für Starkstromtechnik, Aachen
Vergleich verschiedener Generator-Metadyne-Schaltungen in bezug auf statisches Verhalten
1952, 44 Seiten, 23 Abb., DM 8,50

HEFT 25
Gesellschaft für Kohlentechnik mbH., Dortmund-Eving
Struktur der Steinkohlen und Steinkohlen-Kokse
1953, 58 Seiten, DM 11,—

HEFT 26
Techn.-Wissenschaftl. Büro für die Bastfaserindustrie, Bielefeld
Vergleichende Untersuchungen zweier neuzeitlicher Ungleichmäßigkeitsprüfer für Bänder und Garne hinsichtlich ihrer Eignung für die Bastfaserspinnerei
1953, 64 Seiten, 30 Abb., DM 12,50

HEFT 27
Prof. Dr. E. Schratz, Münster
Untersuchungen zur Rentabilität des Arzneipflanzenanbaues Römische Kamille, Anthemis nobilis L.
1953, 16 Seiten, 1 Tabelle, DM 3,60

HEFT 28
Prof. Dr. E. Schratz, Münster
Calendula officinalis L. Studien zur Ernährung, Blütenfüllung und Rentabilität der Drogengewinnung
1953, 24 Seiten, 2 Abb., 3 Tabellen, DM 5,20

HEFT 29
Techn.-Wissenschaftl. Büro für die Bastfaserindustrie, Bielefeld
Die Ausnützung der Leinengarne in Geweben
1953, 100 Seiten, 14 Abb., 10 Tabellen, DM 17,80

HEFT 30
Gesellschaft für Kohlentechnik mbH., Dortmund-Eving
Kombinierte Entaschung und Verschwelung von Steinkohle; Aufarbeitung von Steinkohlenschlämmen zu verkokbarer oder verschwelbarer Kohle
1953, 56 Seiten, 16 Abb., 10 Tabellen, DM 10,50

HEFT 31
Dipl.-Ing. A. Stormanns, Essen
Messung des Leistungsbedarfs von Doppelsteg-Kettenförderern
1954, 54 Seiten, 18 Abb., 3 Anlagen, DM 11,—

HEFT 32
Techn.-Wissenschaftl. Büro für die Bastfaserindustrie, Bielefeld
Der Einfluß der Natriumchloridbleiche auf Qualität und Verwebbarkeit von Leinengarnen und die Eigenschaften der Leinengewebe unter besonderer Berücksichtigung des Einsatzes von Schützen- und Spulenwechselautomaten in der Leinenweberei
1953, 64 Seiten, 2 Abb., 12 Tabellen, DM 11,50

HEFT 33
Kohlenstoffbiologische Forschungsstation e. V.
Eine Methode zur Bestimmung von Schwefeldioxyd und Schwefelwasserstoff in Rauchgasen und in der Atmosphäre
1953, 32 Seiten, 8 Abb., 3 Tabellen, DM 6,50

HEFT 34
Textilforschungsanstalt Krefeld
Quellungs- und Entquellungsvorgänge bei Faserstoffen
1953, 52 Seiten, 13 Abb., 13 Tabellen, DM 9,80

WESTDEUTSCHER VERLAG · KÖLN UND OPLADEN

HEFT 35
Professor Dr. W. Kast, Krefeld
Feinstrukturuntersuchungen an künstlichen Zellulosefasern verschiedener Herstellungsverfahren. Teil I: Der Orientierungszustand
1953, 74 Seiten, 30 Abb., 7 Tabellen, DM 13,80

HEFT 36
Forschungsinstitut der feuerfesten Industrie, Bonn
Untersuchungen über die Trocknung von Rohton
Untersuchungen über die chemische Reinigung von Silika- und Schamotte-Rohstoffen mit chlorhaltigen Gasen
1953, 60 Seiten, 5 Abb., 5 Tabellen, DM 11,—

HEFT 37
Forschungsinstitut der feuerfesten Industrie, Bonn
Untersuchungen über den Einfluß der Probenvorbereitung auf die Kaltdruckfestigkeit feuerfester Steine
1953, 40 Seiten, 2 Abb., 5 Tabellen, DM 7,80

HEFT 38
Forschungsstelle für Acetylen, Dortmund
Untersuchungen über die Trocknung von Acetylen zur Herstellung von Dissousgas
1953, 36 Seiten, 11 Abb., 3 Tabellen, DM 6,80

HEFT 39
Forschungsgesellschaft Blechverarbeitung e. V., Düsseldorf
Untersuchungen an prägegemusterten und vorgelochten Blechen
1953, 46 Seiten, 34 Abb., DM 9,50

HEFT 40
Landesgeologe Dr.-Ing. W. Wolff, Amt für Bodenforschung, Krefeld
Untersuchungen über die Anwendbarkeit geophysikalischer Verfahren zur Untersuchung von Spateisengängen im Siegerland
1953, 46 Seiten, 8 Abb., DM 8,80

HEFT 41
Techn.-Wissenschaftl. Büro für die Bastfaserindustrie, Bielefeld
Untersuchungsarbeiten zur Verbesserung des Leinenwebstuhles II
1953, 40 Seiten, 4 Abb., 5 Tabellen, DM 7,80

HEFT 42
Professor Dr. B. Helferich, Bonn
Untersuchungen über Wirkstoffe — Fermente — in der Kartoffel und die Möglichkeit ihrer Verwendung
1953, 58 Seiten, 9 Abb., DM 11,—

HEFT 43
Forschungsgesellschaft Blechverarbeitung e. V., Düsseldorf
Forschungsergebnisse über das Beizen von Blechen
1953, 48 Seiten, 38 Abb., 2 Tabellen, DM 11,30

HEFT 44
Arbeitsgemeinschaft für praktische Dehnungsmessung, Düsseldorf
Eigenschaften und Anwendungen von Dehnungsmeßstreifen
1953, 68 Seiten, 43 Abb., 2 Tabellen, DM 13,70

HEFT 45
Losenhausenwerk Düsseldorfer Maschinenbau AG., Düsseldorf
Untersuchungen von störenden Einflüssen auf die Lastgrenzenanzeige von Dauerschwingprüfmaschinen
1953, 36 Seiten, 11 Abb., 3 Tabellen, DM 7,25

HEFT 46
Prof. Dr. W. Fuchs, Aachen
Untersuchungen über die Aufbereitung von Wasser für die Dampferzeugung in Benson-Kesseln
1953, 58 Seiten, 18 Abb., 9 Tabellen, DM 11,20

HEFT 47
Prof. Dr.-Ing. K. Krekeler, Aachen
Versuche über die Anwendung der induktiven Erwärmung zum Sintern von hochschmelzenden Metallen sowie zur Anlegierung und Vergütung von aufgespritzten Metallschichten mit dem Grundwerkstoff
1954, 66 Seiten, 39 Abb., DM 13,90

HEFT 48
Max-Planck-Institut für Eisenforschung, Düsseldorf
Spektrochemische Analyse der Gefügebestandteile in Stählen nach ihrer Isolierung
1953, 38 Seiten, 8 Abb., 5 Tabellen, DM 7,80

HEFT 49
Max-Planck-Institut für Eisenforschung, Düsseldorf
Untersuchungen über Ablauf der Desoxydation und die Bildung von Einschlüssen in Stählen
1953, 52 Seiten, 19 Abb., 3 Tabellen, DM 12,40

HEFT 50
Max-Planck-Institut für Eisenforschung, Düsseldorf
Flammenspektralanalytische Untersuchung der Ferritzusammensetzung in Stählen
1953, 44 Seiten, 15 Abb., 4 Tabellen, DM 8,60

HEFT 51
Verein zur Förderung von Forschungs- und Entwicklungsarbeiten in der Werkzeugindustrie e. V., Remscheid
Untersuchungen an Kreissägeblättern für Holz, Fehler- und Spannungsprüfverfahren
1953, 50 Seiten, 23 Abb., DM 10,—

HEFT 52
Forschungsstelle für Acetylen, Dortmund
Untersuchungen über den Umsatz bei der explosiblen Zersetzung von Azetylen
a) Zersetzung von gasförmigem Azetylen
b) Zersetzung von an Silikagel absorbiertem Azetylen
1954, 48 Seiten, 8 Abb., 10 Tabellen, DM 9,25

HEFT 53
Professor Dr.-Ing. H. Opitz, Aachen
Reibwert und Verschleißmessungen an Kunststoffgleitführungen für Werkzeugmaschinen
1954, 38 Seiten, 18 Abb., DM 8,20

HEFT 54
Professor Dr.-Ing. F. A. F. Schmidt, Aachen
Schaffung von Grundlagen für die Erhöhung der spez. Leistung und Herabsetzung des spez. Brennstoffverbrauches bei Ottomotoren mit Teilbericht über Arbeiten an einem neuen Einspritzverfahren
1954, 34 Seiten, 15 Abb., DM 7,40

HEFT 55
Forschungsgesellschaft Blechverarbeitung e. V., Düsseldorf
Chemisches Glänzen von Messing und Neusilber
1954, 50 Seiten, 21 Abb., 1 Tabelle, DM 10,20

HEFT 56
Forschungsgesellschaft Blechverarbeitung e. V., Düsseldorf
Untersuchungen über einige Probleme der Behandlung von Blechoberflächen
1954, 52 Seiten, 42 Abb., DM 11,20

HEFT 57
Prof. Dr.-Ing. F. A. F. Schmidt, Aachen
Untersuchungen zur Erforschung des Einflusses des chemischen Aufbaues des Kraftstoffes auf sein Verhalten im Motor und in Brennkammern von Gasturbinen
1954, 70 Seiten, 32 Abb., DM 14,60

HEFT 58
Gesellschaft für Kohlentechnik mbH., Dortmund
Herstellung und Untersuchung von Steinkohlenschwelteer
1954, 74 Seiten, 9 Abb., 9 Tabellen, DM 13,75

HEFT 59
Forschungsinstitut der Feuerfest-Industrie e. V., Bonn
Ein Schnellanalysenverfahren zur Bestimmung von Aluminiumoxyd, Eisenoxyd und Titanoxyd in feuerfestem Material mittels organischer Farbreagenzien auf photometrischem Wege
Untersuchung des Alkali-Gehaltes feuerfester Stoffe mit dem Flammenphotometer nach Riehm-Lange
1954, 62 Seiten, 12 Abb., 3 Tabellen, DM 11,60

HEFT 60
Forschungsgesellschaft Blechverarbeitung e. V., Düsseldorf
Untersuchungen über das Spritzlackieren im elektrostatischen Hochspannungsfeld
1954, 82 Seiten, 53 Abb., 7 Tabellen, DM 17,—

HEFT 61
Verein zur Förderung von Forschungs- und Entwicklungsarbeiten in der Werkzeugindustrie e. V., Remscheid
Schwingungs- und Arbeitsverhalten von Kreissägeblättern für Holz
1954, 54 Seiten, 31 Abb., DM 11,40

HEFT 62
Professor Dr. W. Franz, Institut für theoretische Physik der Universität Münster
Berechnung des elektrischen Durchschlags durch feste und flüssige Isolatoren
1954, 36 Seiten, DM 7,—

HEFT 63
Textilforschungsanstalt Krefeld
Neue Methoden zur Untersuchung der Wirkungsweise von Textilhilfsmitteln
Untersuchungen über Schlichtungs- und Entschlichtungsvorgänge
1954, 34 Seiten, 1 Abb., 5 Tabellen, DM 6,80

HEFT 64
Textilforschungsanstalt Krefeld
Die Kettenlängenverteilung von hochpolymeren Faserstoffen
Über die fraktionierte Fällung von Polyamiden
1954, 44 Seiten, 13 Abb., DM 8,60

HEFT 65
Fachverband Schneidwarenindustrie, Solingen
Untersuchungen über das elektrolytische Polieren von Tafelmesserklingen aus rostfreiem Stahl
1954, 90 Seiten, 38 Abb., 9 Tabellen, DM 17,35

HEFT 66
Dr.-Ing. P. Füsgen VDI †, Düsseldorf
Untersuchungen über das Auftreten des Ratterns bei selbsthemmenden Schneckengetrieben und seine Verhütung
1954, 32 Seiten, 5 Abb., DM 6,60

HEFT 67
Heinrich Wösthoff o. H. G., Apparatebau, Bochum
Entwicklung einer chemisch-physikalischen Apparatur zur Bestimmung kleinster Kohlenoxyd-Konzentrationen
1954, 94 Seiten, 48 Abb., 2 Tabellen, DM 18,25

HEFT 68
Kohlenstoffbiologische Forschungsstation e. V., Essen
Algengroßkulturen im Sommer 1952
II. Über die unsterile Großkultur von Scenedesmus obliquus
1954, 62 Seiten, 3 Abb., 29 Tabellen, DM 11,40

HEFT 69
Wäschereiforschung Krefeld
Bestimmung des Faserabbaues bei Leinen unter besonderer Berücksichtigung der Leinengarnbleiche
1954, 48 Seiten, 15 Abb., 3 Tabellen, DM 9,60

HEFT 70
Wäschereiforschung Krefeld
Trocknen von Wäschestoffen
1954, 52 Seiten, 18 Abb., 3 Tabellen, DM 10,—

HEFT 71
Prof. Dr.-Ing. K. Leist, Aachen
Kleingasturbinen, insbesondere zum Fahrzeugantrieb
1954, 114 Seiten, 85 Abb., DM 22,—

HEFT 72
Prof. Dr.-Ing. K. Leist, Aachen
Beitrag zur Untersuchung von stehenden geraden Turbinengittern mit Hilfe von Druckverteilungsmessungen
1954, 152 Seiten, 111 Abb., DM 36,20

HEFT 73
Prof. Dr.-Ing. K. Leist, Aachen
Spannungsoptische Untersuchungen von Turbinenschaufelfüßen
1954, 66 Seiten, 46 Abb., 2 Tabellen, DM 14,60

HEFT 74
Max-Planck-Institut für Eisenforschung, Düsseldorf
Versuche zur Klärung des Umwandlungsverhaltens eines sonderkarbidbildenden Chromstahls
1954, 58 Seiten, 10 Abb., DM 14,—

HEFT 75
Max-Planck-Institut für Eisenforschung, Düsseldorf
Zeit-Temperatur-Umwandlungs-Schaubilder als Grundlage der Wärmebehandlung der Stähle
1954, 44 Seiten, 13 Abb., DM 8,70

HEFT 76
Max-Planck-Institut für Arbeitsphysiologie, Dortmund
Arbeitstechnische und arbeitsphysiologische Rationalisierung von Mauersteinen
1954, 52 Seiten, 12 Abb., 3 Tabellen, DM 10,20

HEFT 77
Meteor Apparatebau Paul Schmeck GmbH., Siegen
Entwicklung von Leuchtstoffröhren hoher Leistung
1954, 46 Seiten, 12 Abb., 2 Tabellen, DM 9,15

HEFT 78
Forschungsstelle für Acetylen, Dortmund
Über die Zustandsgleichung des gasförmigen Acetylens und das Gleichgewicht Acetylen — Aceton
1954, 42 Seiten, 3 Abb., 8 Tabellen, DM 8,—

HEFT 79
Techn.-Wissenschaftl. Büro für die Bastfaserindustrie, Bielefeld
Trocknung von Leinengarnen III
Spinnspulen- und Spinnkopftrocknung
Vorgang und Einwirkung auf die Garnqualität
1954, 74 Seiten, 18 Abb., 10 Tabellen, DM 14,—

WESTDEUTSCHER VERLAG · KÖLN UND OPLADEN

HEFT 80
Techn.-Wissenschaftl. Büro für die Bastfaserindustrie, Bielefeld
Die Verarbeitung von Leinengarn auf Webstühlen mit und ohne Oberbau
1954, 30 Seiten, 2 Abb., 2 Tabellen, DM 6,—

HEFT 81
Prüf- und Forschungsinstitut für Ziegeleierzeugnisse, Essen-Kray
Die Einführung des großformatigen Einheits-Gitterziegels im Lande Nordrhein-Westfalen
1954, 54 Seiten, 2 Abb., 2 Tabellen, DM 10,—

HEFT 82
Vereinigte Aluminium-Werke AG., Bonn
Forschungsarbeiten auf dem Gebiet der Veredelung von Aluminium-Oberflächen
1954, 46 Seiten, 34 Abb., DM 9,60

HEFT 83
Prof. Dr. S. Strugger, Münster
Über die Struktur der Proplastiden
1954, 30 Seiten, 15 Abb., DM 8,40

HEFT 84
Dr. H. Baron, Düsseldorf
Über Standardisierung von Wundtextilien
1954, 32 Seiten, DM 6,40

HEFT 85
Textilforschungsanstalt Krefeld
Physikalische Untersuchungen an Fasern, Fäden, Garnen und Geweben:
Untersuchungen am Knickscheuergerät nach Weltzien
1954, 40 Seiten, 11 Abb., 8 Tabellen, DM 10,—

HEFT 86
Prof. Dr.-Ing. H. Opitz, Aachen
Untersuchungen über das Fräsen von Baustahl sowie über den Einfluß des Gefüges auf die Zerspanbarkeit
1954, 108 Seiten, 73 Abb., 7 Tabellen, DM 22,—

HEFT 87
Gemeinschaftsausschuß Verzinken, Düsseldorf
Untersuchungen über Güte von Verzinkungen
1954, 68 Seiten, 56 Abb., 3 Tabellen, DM 15,30

HEFT 88
Gesellschaft für Kohlentechnik mbH., Dortmund-Eving
Oxydation von Steinkohle mit Salpetersäure
1954, 62 Seiten, 2 Abb., 1 Tabelle, DM 11,50

HEFT 89
Verein Deutscher Ingenieure, Gleitlagerforschung, Düsseldorf und Prof. Dr.-Ing. G. Vogelpohl, Göttingen
Versuche mit Preßstoff-Lagern für Walzwerke
1954, 70 Seiten, 34 Abb., DM 14,10

HEFT 90
Forschungs-Institut der Feuerfest-Industrie, Bonn
Das Verhalten von Silikasteinen im Siemens-Martin-Ofengewölbe
1954, 62 Seiten, 15 Abb., 11 Tabellen, DM 11,90

HEFT 91
Forschungs-Institut der Feuerfest-Industrie, Bonn
Untersuchungen des Zusammenhangs zwischen Leistung und Kohlenverbrauch von Kammeröfen zum Brennen von feuerfesten Materialien
1954, 42 Seiten, 6 Abb., DM 8,30

HEFT 92
Techn.-Wissenschaftl. Büro für die Bastfaserindustrie, Bielefeld und Laboratorium für textile Meßtechnik, M.-Gladbach
Messungen von Vorgängen am Webstuhl
1954, 76 Seiten, 45 Abb., DM 15,50

HEFT 93
Prof. Dr. W. Kast, Krefeld
Spinnversuche zur Strukturerfassung künstlicher Zellulosefasern
1954, 82 Seiten, 39 Abb., 6 Tabellen, DM 16,—

HEFT 94
Prof. Dr. G. Winter, Bonn
Die Heilpflanzen des MATTHIOLUS (1611) gegen Infektionen der Harnwege und Verunreinigung der Wunden bzw. zur Förderung der Wundheilung im Lichte der Antibiotikaforschung
1954, 58 Seiten, 1 Abb., 2 Tabellen, DM 11,50

HEFT 95
Prof. Dr. G. Winter, Bonn
Untersuchungen über die flüchtigen Antibiotika aus der Kapuziner- (Tropaeolum maius) und Gartenkresse (Lepidium sativum) und ihr Verhalten im menschlichen Körper bei Aufnahme von Kapuziner- bzw. Gartenkressensalat per os
1955, 74 Seiten, 9 Abb., 25 Tabellen, DM 14,—

HEFT 96
Dr.-Ing. P. Koch, Dortmund
Austritt von Exoelektronen aus Metalloberflächen unter Berücksichtigung der Verwendung des Effektes für die Materialprüfung
1954, 34 Seiten, 13 Abb., DM 7,—

HEFT 97
Ing. H. Stein, Laboratorium für textile Meßtechnik, M.-Gladbach
Untersuchung der Verzugsvorgänge an den Streckwerken verschiedener Spinnereimaschinen
2. Bericht: Ermittlung der Haft-Gleiteigenschaften von Faserbändern und Vorgarnen
1955, 98 Seiten, 54 Abb., DM 21,—

HEFT 98
Fachverband Gesenkschmieden, Hagen
Die Arbeitsgenauigkeit beim Gesenkschmieden unter Hämmern
1955, 132 Seiten, 55 Abb., 9 Tabellen, DM 24,75

HEFT 99
Prof. Dr.-Ing. G. Garbotz, Aachen
Der Kraft- und Arbeitsaufwand sowie die Leistungen beim Biegen von Bewehrungsstählen in Abhängigkeit von den Abmessungen, den Formen und der Güte der Stähle (Ermittlung von Leistungsrichtlinien)
1955, 136 Seiten, 53 Abb., 3 Anlagen, 18 Tabellen, DM 30,—

HEFT 100
Prof. Dr.-Ing. H. Opitz, Aachen
Untersuchungen von elektrischen Antrieben, Steuerungen und Regelungen an Werkzeugmaschinen
1955, 166 Seiten, 71 Abb., 3 Tabellen, DM 31,30

HEFT 101
Prof. Dr.-Ing. H. Opitz, Aachen
Wirtschaftlichkeitsbetrachtungen beim Außenrundschleifen
1955, 100 Seiten, 56 Abb., 3 Tabellen, DM 19,30

HEFT 102
Dr. P. Hölemann, Ing. R. Hasselmann und Ing. G. Dix, Dortmund
Untersuchungen über die thermische Zündung von explosiblen Acetylenzersetzungen in Kapillaren
1954, 44 Seiten, 5 Abb., 4 Tabellen, DM 8,60

HEFT 103
Prof. Dr. W. Weizel, Bonn
Durchführung von experimentellen Untersuchungen über den zeitlichen Ablauf von Funken in komprimierten Edelgasen sowie zu deren mathematischen Berechnung
1955, 46 Seiten, 12 Abb., DM 9,10

HEFT 104
Prof. Dr. W. Weizel, Bonn
Über den Einfluß der Elektroden auf die Eigenschaften von Cadmium-Sulfid-Widerstands-Photozellen
1955, 48 Seiten, 12 Abb., DM 9,45

HEFT 105
Dr.-Ing. R. Meldau, Harsewinkel/Westf.
Auswertung von Gekörn — Analysen des Musterstaubes „Flugasche Fortuna I"
1955, 42 Seiten, 14 Abb., DM 8,50

HEFT 106
ORR. Dr.-Ing. W. Küch, Dortmund
Untersuchungen über die Einwirkung von feuchtigkeitsgesättigter Luft auf die Festigkeit von Leimverbindungen
1954, 60 Seiten, 10 Abb., 6 Tabellen, DM 11,40

HEFT 107
Prof. Dr. H. Lange und Dipl.-Phys. P. St. Pütter, Köln
Über die Konstruktion von Laboratoriumsmagneten
1955, 66 Seiten, 19 Abb., 1 Tabelle, DM 12,30

HEFT 108
Prof. Dr. W. Fuchs, Aachen
Untersuchungen über neue Beizmethoden und Beizabwässer
I. Die Entzunderung von Drähten mit Natriumhydrid
II. Die Aufbereitung von Beizabwässern
1955, 82 S., 15 Abb., 14 Tabellen, 1 Falttafel, DM 15,25

HEFT 109
Dr. P. Hölemann und Ing. R. Hasselmann, Dortmund
Untersuchungen über die Löslichkeit von Azetylen in verschiedenen organischen Lösungsmitteln
1954, 42 Seiten, 10 Abb., 8 Tabellen, DM 8,30

HEFT 110
Dr. P. Hölemann und Ing. R. Hasselmann, Dortmund
Untersuchungen über den Druckverlauf bei der explosiblen Zersetzung von gasförmigem Azetylen
1955, 54 Seiten, 10 Abb., 5 Tabellen, DM 11,—

HEFT 111
Fachverband Steinzeugindustrie, Köln
Die Entwicklung eines Gerätes zur Beschickung seitlicher Feuer von Steinzeug-Einzelkammeröfen mit festen Brennstoffen
1955, 46 Seiten, 16 Abb., DM 9,40

HEFT 112
Prof. Dr.-Ing. H. Opitz, Aachen
Verschleißmessungen beim Drehen mit aktivierten Hartmetallwerkzeugen
1954, 44 Seiten, 17 Abb., 6 Tabellen, DM 8,80

HEFT 113
Prof. Dr. O. Graf, Dortmund
Erforschung der geistigen Ermüdung und nervösen Belastung: Studien über die vegetative 24-Stunden-Rhythmik in Ruhe und unter Belastung
1955, 40 Seiten, 12 Abb., DM 8,20

HEFT 114
Prof. Dr. O. Graf, Dortmund
Studien über Fließarbeitsprobleme an einer praxisnahen Experimentieranlage
1954, 34 Seiten, 6 Abb., DM 7,—

HEFT 115
Prof. Dr. O. Graf, Dortmund
Studium über Arbeitspausen in Betrieben bei freier und zeitgebundener Arbeit (Fließarbeit) und ihre Auswirkung auf die Leistungsfähigkeit
1955, 50 Seiten, 13 Abb., 2 Tabellen, DM 9,80

HEFT 116
Prof. Dr.-Ing. E. Siebel und Dr.-Ing. H. Weiss, Stuttgart
Untersuchungen an einigen Problemen des Tiefziehens — I. Teil
1955, 74 Seiten, 50 Abb., 5 Tabellen, DM 14,50

HEFT 117
Dr.-Ing. H. Beißwänger, Stuttgart, und Dr.-Ing. S. Schwandt, Trier
Untersuchungen an einigen Problemen des Tiefziehens — II. Teil
1955, 92 Seiten, 34 Abb., 8 Tabellen, DM 17,70

HEFT 118
Prof. Dr. E. A. Müller und Dr. H. G. Wenzel, Dortmund
Neuartige Klima-Anlage zur Erzeugung ungleicher Luft- und Strahlungstemperaturen in einem Versuchsraum
1955, 68 Seiten, 10 z. T. mehrfarb. Abb., DM 14,—

HEFT 119
Dr.-Ing. O. Viertel, Krefeld
Wäscherei- und energietechnische Untersuchung einer Gemeinschafts-Waschanlage
1955, 50 Seiten, 18 Abb., DM 10,20

HEFT 120
Dipl.-Ing. A. Weisbecker, Lüdenscheid
Über Anfressung an Reinstaluminium-Schweißnähten bei der elektrolytischen Oxydation
Gebr. Hörstermann GmbH., Velbert
Entwicklung und Erprobung eines neuartigen Gummibandförderers
1955, 46 Seiten, 18 Abb., DM 9,70

HEFT 121
Dr. H. Krebs, Bonn
I. Die Struktur und die Eigenschaften der Halbmetalle
II. Die Bestimmung der Atomverteilung in amorphen Substanzen
III. Die chemische Bindung in anorganischen Festkörpern und das Entstehen metallischer Eigenschaften
1955, 124 Seiten, 36 Abb., 13 Tabellen, DM 22,90

HEFT 122
Prof. Dr. W. Fuchs, Aachen
Untersuchungen zur Verbesserung der Wasseraufbereitung und Wasseranalyse:
Über die Schnellbewertung von Ionenaustauscher
1955, 62 Seiten, 32 Abb., DM 12,30

HEFT 123
Dipl.-Ing. J. Emondts, Aachen
Über Bodenverformungen bei stark gestörtem und mächtigem, wasserführendem Deckgebirge im Aachener Steinkohlengebiet
1955, 196 Seiten, 37 Abb., 10 Tabellen, DM 28,80

HEFT 124
Prof. Dr. R. Seyffert, Köln
Wege und Kosten der Distribution der Hausratwaren im Lande Nordrhein-Westfalen
1955, 74 Seiten, 25 Tabellen, DM 9,—

WESTDEUTSCHER VERLAG · KÖLN UND OPLADEN

HEFT 125
Prof. Dr. E. Kappler, Münster
Eine neue Methode zur Bestimmung von Kondensations-Koeffizienten von Wasser
1955, 46 Seiten, 11 Abb., 1 Tabelle, DM 9,10

HEFT 126
Prof. Dr.-Ing. J. Mathieu, Aachen
Arbeitszeitvergleich
Grundlagen, Methodik und praktische Durchführung
1955, 70 Seiten, DM 13,—

HEFT 127
Güteschutz Betonstein e. V., Arbeitskreis Nordrhein-Westfalen, Dortmund
Die Betonwaren-Gütesicherung im Lande Nordrhein-Westfalen
1955, 58 Seiten, 15 Abb., 3 Tabellen, DM 11,50

HEFT 128
Prof. Dr. O. Schmitz-DuMont, Bonn
Untersuchungen über Reaktionen in flüssigem Ammoniak
1955, 96 Seiten, 11 Abb., 6 Tabellen, DM 17,75

HEFT 129
Prof. Dr.-Ing. J. Mathieu und Dr. C. A. Roos, Aachen
Die Anlernung von Industriearbeitern
I. Ergebnisse einer grundsätzlichen Untersuchung der gegenwärtigen Industriearbeiter-Kurzanlernung
1955, 106 Seiten, DM 19,70

HEFT 130
Prof. Dr.-Ing. J. Mathieu und Dr. C. A. Roos, Aachen
Die Anlernung von Industriearbeitern
II. Beiträge zur Methodenfrage der Kurzanlernung
1955, 108 Seiten, DM 19,90

HEFT 131
Dr. W. Hoerburger, Köln
Versuche zur Biosynthese von Eiweiß aus Kohlenwasserstoff
1955, 34 Seiten, 2 Abb., DM 6,90

HEFT 132
Prof. Dr. W. Seith, Münster
Über Diffusionserscheinungen in festen Metallen
1955, 42 Seiten, 19 Abb., 4 Tabellen, DM 9,10

HEFT 133
Prof. Dr. E. Jenckel, Aachen
Über einen für Schwermetalle selektiven Ionenaustauscher
1955, 48 Seiten, 8 Abb., 13 Tabellen, DM 9,50

HEFT 134
Prof. Dr.-Ing. H. Winterhager, Aachen
Über die elektrochemischen Grundlagen der Schmelzfluß-Elektrolyse von Bleisulfid in geschmolzenen Mischungen mit Bleichlorid
1955, 54 Seiten, 20 Abb., 5 Tabellen, DM 11,80

HEFT 135
Prof. Dr.-Ing. K. Krekeler und Dr.-Ing. H. Peukert, Aachen
Die Änderung der mechanischen Eigenschaften thermoplastischer Kunststoffe durch Warmrecken
1955, 54 Seiten, 27 Abb., DM 11,10

HEFT 136
Dipl.-Phys. P. Pilz, Remscheid
Über spezielle Probleme der Zerkleinerungstechnik von Weichstoffen
1955, 58 Seiten, 19 Abb., 2 Tabellen, DM 11,50

HEFT 137
Prof. Dr. W. Baumeister, Münster
Beiträge zur Mineralstoffernährung der Pflanzen
1955, 64 Seiten, 6 Tabellen, DM 11,80

HEFT 138
Dr. P. Hölemann und Ing. R. Hasselmann, Dortmund
Untersuchungen über die Zersetzungswärme von gasförmigem und in Azeton gelöstem Azetylen
1955, 54 Seiten, 8 Abb., 7 Tabellen, DM 10,40

HEFT 139
Prof. Dr. W. Fuchs, Aachen
Studien über die thermische Zersetzung der Kohle und die Kohlendestillatprodukte
1955, 64 Seiten, 20 Abb., 22 Tabellen, DM 11,80

HEFT 140
Dr.-Ing. G. Hausberg, Essen
Modellversuche an Zyklonen
1955, 78 Seiten, 24 Abb., DM 15,70

HEFT 141
Dr. J. van Calker und Dr. R. Wienecke, Münster
Untersuchungen über den Einfluß dritter Analysenpartner auf die spektrochemische Analyse
1955, 42 Seiten, 15 Abb., DM 9,10

HEFT 142
Dipl.-Ing. G. M. F. Wiebel, Hannover, A. Konermann und A. Ottenheym, Sennelager
Entwicklung eines Kalksandleichtsteines
1955, 38 Seiten, 4 Abb., DM 8,—

HEFT 143
Prof. Dr. F. Wever, Dr. A. Rose und Dipl.-Ing. W. Straßburg, Düsseldorf
Härtbarkeit und Umwandlungsverhalten der Stähle
1955, 50 Seiten, 12 Abb., 3 Tabellen, DM 10,70

HEFT 144
Prof. Dr. H. Wurmbach, Bonn
Steuerung von Wachstum und Formbildung
1955, 48 Seiten, 19 Abb., DM 10,30

HEFT 145
Dr. G. Hennemann, Werdohl (Westf.)
Beitrag zur Interpretation der modernen Atomphysik
1955, 34 Seiten, DM 10,—

HEFT 146
Dr.-Ing. F. Gruß, Düsseldorf
Sterilisation mit Heißluft
1955, 34 Seiten, 10 Abb., DM 7,70

HEFT 147
Dr.-Ing. W. Rudisch, Unna
Untersuchung einer drehelastischen Elektromagnet-Synchronkupplung
1955, 82 Seiten, 65 Abb., DM 17,70

HEFT 148
Prof. Dr. H. Bittel u. Dipl.-Phys. L. Storm, Münster
Untersuchungen über Widerstandsrauschen
1955, 40 Seiten, 5 Abb., DM 8,40

HEFT 149
Dipl.-Ing. K. Konopicky und Dipl.-Chem. P. Kampa, Bonn
I. Beitrag zur flammenphotometrischen Bestimmung des Calciums.
Dr.-Ing. K. Konopicky, Bonn
II. Die Wanderung von Schlackenbestandteilen in feuerfesten Baustoffen
1955, 54 Seiten, 10 Abb., 5 Tabellen, DM 11,—

HEFT 150
Prof. Dr.-Ing. O. Kienzle und Dipl.-Ing. W. Timmerbeil, Hannover
Das Durchziehen enger Kragen an ebenen Fein- und Mittelblechen
1955, 52 Seiten, 20 Abb., 8 Tabellen, DM 11,30

HEFT 151
Dipl.-Ing. P. Karabasch, Aachen
Feststellung des optimalen Gasgehaltes von Bronzen zur Erzielung druckdichter Gußstücke
1956, 64 Seiten, 31 Abb., 5 Tabellen, DM 13,90

HEFT 152
Dipl.-Ing. G. Müller, Köln
Ermittlung der Laufeigenschaften (Vergießbarkeit) von Bronze und Rotguß mittels der Schneider-Gießspirale
1955, 60 Seiten, 33 Abb., DM 13,30

HEFT 153
Prof. Dr. F. Wever, Dr.-Ing. W. A. Fischer und Dipl.-Ing. J. Engelbrecht, Düsseldorf
I. Die Reduktion sauerstoffhaltiger Eisenschmelzen im Hochvakuum mit Wasserstoff und Kohlenstoff
II. Einfluß geringer Sauerstoffgehalte auf das Gefüge und Alterungsverhalten von Reineisen
1955, 54 Seiten, 15 Abb., 2 Tabellen, DM 12,40

HEFT 154
Prof. Dr.-Ing. P. Bardenheuer und Dr.-Ing. W. A. Fischer, Düsseldorf
Die Verschlackung von Titan aus Stahlschmelzen im sauren und basischen Hochfrequenzofen unter verschiedenen Schlacken
1955, 36 Seiten, 10 Abb., 1 Tabelle, DM 7,95

HEFT 155
Dipl.-Phys. K. H. Schirmer, München
Die auf Grau abgestimmte Farbwiedergabe im Dreifarbenbuchdruck
1955, 46 Seiten, 17 Abb., 2 Farbtafeln, DM 10,—

HEFT 156
Prof. Dr.-Ing. B. von Borries und Mitarbeiter, Düsseldorf
Die Entwicklung regelbarer permanentmagnetischer Elektronenlinsen hoher Brechkraft und eines mit ihnen ausgerüsteten Elektronenmikroskopes neuer Bauart
1956, 102 Seiten, 52 Abb., DM 22,55

HEFT 157
Dr. W. Jawtusch, Dr. G. Schuster und Prof. Dr.-Ing. R. Jaeckel, Bonn
Untersuchungen über die Stoßvorgänge zwischen neutralen Atomen und Molekülen
1955, 48 Seiten, 15 Abb., 3 Tabellen, DM 10,50

HEFT 158
Dipl.-Ing. W. Rosenkranz, Meinerzhagen
Ein Beitrag zum Problem der Spannungskorrosion bei Preßprofilen und Preßteilen aus Aluminium-Legierungen
1956, 112 Seiten, 61 Abb., 5 Tabellen, DM 27,40

HEFT 159
Dr.-Ing. O. Viertel und O. Oldenroth, Krefeld
Das Bleichen von Weißwäsche mit Wasserstoffsuperoxyd bzw. Natriumhypochlorit beim maschinellen Waschen
1955, 54 Seiten, 23 Abb., 2 Tabellen, DM 11,45

HEFT 160
Prof. Dr. W. Klemm, Münster
Über neue Sauerstoff- und Fluor-haltige Komplexe
1955, 50 Seiten, 13 Abb., 7 Tabellen, DM 10,80

HEFT 161
Prof. Dr. W. Weltzien und Dr. G. Hauschild, Krefeld
Über Silikone und ihre Anwendung in der Textilveredlung
1955, 162 Seiten, 22 Abb., 10 Tabellen, DM 27,—

HEFT 162
Prof. Dr. F. Wever, Prof. Dr. A. Kochendörfer und Dr.-Ing. Chr. Rohrbach, Düsseldorf
Kennzeichnung der Sprödbruchneigung von Stählen durch Messung der Fließspannung, Reißspannung und Brucheinschnürung an dreiachsig beanspruchten Proben
1955, 58 Seiten, 26 Abb., DM 13,—

HEFT 163
Dipl.-Ing. W. Rohs und Text.-Ing. H. Griese, Bielefeld
Untersuchungsarbeiten zur Verbesserung des Leinenwebstuhls III
1955, 80 Seiten, 15 Abb., 18 Tabellen, DM 15,80

HEFT 164
Dr.-Ing. H. Schmachtenberg, Köln
Neuartige Prüfeinrichtungen für Kraftfahrzeuge
1955, 44 Seiten, 23 Abb., DM 9,60

HEFT 165
Dr.-Ing. W. Wilhelm, Aachen
Instationäre Gasströmung im Auspuffsystem eines Zweitaktmotors
1955, 62 Seiten, 31 Abb., 8 Tabellen, DM 13,60

HEFT 166
Prof. Dr. M. v. Stackelberg, Dr. H. Heindze, Dr. H. Hübschke und Dr. K. H. Frangen, Bonn
Kolloidchemische Untersuchungen
1955, 106 Seiten, 8 Abb., 13 Tabellen, DM 21,25

HEFT 167
Prof. Dr.-Ing. F. Schuster, Essen
I. Über die Heißkarburierung von Brenngasen mit Ölen und Teeren
II. Die Strahlungsvorgänge in brennstoffbeheizten Öfen bei verschiedenen Verbrennungsatmosphären
1955, 38 Seiten, 8 Abb., DM 8,30

HEFT 168
Prof. Dr.-Ing. F. Schuster, Essen
I. Luftvorwärmung an Gasfeuerungen
II. Heizwerthöhe von Brenngasen und Wirkungsgrad sowie Gasverbrauch bei der Gasverwendung
III. Sauerstoffangereicherte Luft und feuerungstechnische Kenngrößen von Brenngasen
1955, 60 Seiten, 18 Abb., DM 12,50

HEFT 169
Forschungsinstitut für Pigmente und Lacke, Stuttgart
Arbeiten über die Bestimmung des Gebrauchswertes von Lackfilmen durch physikalische Prüfungen
1955, 70 Seiten, 23 Abb., 4 Tabellen, DM 15,—

HEFT 170
Prof. Dr. F. Wever, Dr. A. Rose und Dipl.-Ing L. Rademacher, Düsseldorf
Anwendung der Umwandlungsschaubilder auf Fragen der Werkstoffauswahl beim Schweißen und Flammhärten
1955, 64 Seiten, 25 Abb., DM 13,70

WESTDEUTSCHER VERLAG · KÖLN UND OPLADEN

HEFT 171
Wäschereiforschung Krefeld
Untersuchung der Wäscheentwässerung mit Hilfe von Zentrifugen und Pressen
1955, 42 Seiten, 16 Abb., 4 Tabellen, DM 9,70

HEFT 172
Dipl.-Ing. W. Rohs, Dr.-Ing. G. Satlow und Text.-Ing. G. Heller, Bielefeld
Trocknung von Hanfgarnen. Kreuzspultrocknung
1955, 60 Seiten, 7 Abb., 4 Tabellen, DM 10,30

HEFT 173
Prof. Dr. R. Hosemann und Dipl.-Phys. G. Schoknecht, Berlin, vorgelegt von Prof. Dr. W. Kast, Krefeld
Lichtoptische Herstellung und Diskussion der Faltungsquadrate parakristalliner Gitter
1955, 108 Seiten, 63 Abb., 6 Tabellen, DM 24,70

HEFT 174
Prof. Dr. W. von Fragstein, Dr. J. Meingast und H. Hoch, Köln
Herstellung von Solen einheitlicher Teilchengröße und Ermittlung ihrer optischen Eigenschaften
1955, 78 Seiten, 80 Abb., 4 Tabellen, DM 18,25

HEFT 175
Dr.-Ing. H. Zeller, Aachen
Beitrag zur eindimensionalen stationären und nichtstationären Gasströmung mit Reibung und Wärmeleitung, insbesondere in Rohren mit unstetigen Querschnittsänderungen.
1956, 138 Seiten, 56 Abb., DM 29,30

HEFT 176
Dipl.-Ing. H. Schöberl, Duisburg
Über die Methoden zur Ermittlung der Verbrennungstemperatur von Brennstoffen und ein Vorschlag zu ihrer Verbesserung
1955, 30 Seiten, 3 Abb., DM 6,50

HEFT 177
Dipl.-Ing. H. Stüdemann, Solingen, und Dr.-Ing. W. Müchler, Essen
Entwicklung eines Verfahrens zur zahlenmäßigen Bestimmung der Schneideigenschaften von Messerklingen
1956, 104 Seiten, 68 Abb., 4 Tabellen, DM 22,20

HEFT 178
Prof. Dr. M. von Stackelberg u. Dr. W. Hans, Bonn
Untersuchungen zur Ausarbeitung und Verbesserung von polarographischen Analysenmethoden
1955, 46 Seiten, 14 Abb., DM 10,50

HEFT 179
Dipl.-Ing. H. F. Reineke, Bochum
Entwicklungsarbeiten auf dem Gebiete der Meß- und Regeltechnik
1955, 46 Seiten, 10 Abb., DM 10,—

HEFT 180
Dr.-Ing. W. Piepenburg, Dipl.-Ing. B. Bübling und Bauing. J. Behnke, Köln
Putzarbeiten im Hochbau und Versuche mit aktiviertem Mörtel und mechanischem Mörtelauftrag
1955, 116 Seiten, 31 Abb., 68 Tabellen, DM 23,—

HEFT 181
Prof. Dr. W. Franz, Münster
Theorie der elektrischen Leitvorgänge in Halbleitern und isolierenden Festkörpern bei hohen elektrischen Feldern
1955, 28 Seiten, 2 Abb., 1 Tabelle, DM 6,20

HEFT 182
Dr.-Ing. P. Schenk u. Dr. K. Osterloh, Düsseldorf
Katalytisch-thermische Spaltung von gasförmigen und flüssigen Kohlenwasserstoffen zur Spitzengaserzeugung
1955, 50 Seiten, 11 Abb., 11 Tabellen, DM 10,90

HEFT 183
Dr. W. Bornheim, Köln
Entwicklungsarbeiten an Flaschen- und Ampullen-Behandlungsmaschinen für die pharmazeutische Industrie
1956, 48 Seiten, 24 Abb., DM 11,70

HEFT 184
Dr.-Ing. E. Printz, Kettwig
Vollhydraulische Parallel-Kupplung für Ackerschlepper
1955, 32 Seiten, 4 Abb., DM 7,80

HEFT 185
Dipl.-Ing. W. Rohs und Text.-Ing. G. Heller, Bielefeld
Studien an einem neuzeitlichen Kreuzspultrockner für Bastfasergarne mit Wiederbefeuchtungszone
1955, 52 Seiten, 9 Abb., 3 Tabellen, DM 10,70

HEFT 186
Dr. E. Wedekind, Krefeld
Untersuchungen zur Arbeitsbestgestaltung bei der Fertigstellung von Oberhemden in gewerblichen Wäschereien
1955, 124 Seiten, 28 Abb., 6 Tabellen, 2 Falttaf., DM 12,—

HEFT 187
Dipl.-Ing. F. Göttgens, Essen
Über die Eigenarten der Bimetall-, Thermo- und Flammenionisationssicherungsmethode in ihrer Anwendung auf Zündsicherungen
1955, 40 Seiten, 6 Abb., 4 Tabellen, DM 8,40

HEFT 188
W. Kinnebrock, Langenberg (Rhld.)
Der Einfluß des Austausches gleicher Gaskochbrenner bzw. Gaskochbrennerteile auf den Wirkungsgrad und insbesondere auf den CO-Gehalt der Verbrennungsgase
1955, 42 Seiten, 7 Tabellen, DM 8,80

HEFT 189
Fa. E. Leybold's Nachfolger, Köln
I. Ausgewählte Kapitel aus der Vakuumtechnik
II. Zum Verlust anorganisch-nichtflüchtiger Substanzen während der Gefriertrocknung
1955, 52 Seiten, 16 Abb., 3 Tabellen, DM 11,20

HEFT 190
Prof. Dr. A. Neuhaus, Prof. Dr. O. Schmitz-DuMont und Dipl.-Chem. H. Reckhard, Bonn
Zur Kenntnis der Alkalititanate
1955, 60 Seiten, 13 Abb., 1 Tabelle, DM 12,20

HEFT 191
Dr. H. Söhngen, Darmstadt
Schwingungsverhalten eines Schaufelkranzes im Vakuum
1955, 36 Seiten, 7 Abb., DM 7,80

HEFT 192
Dipl.-Phys. E. M. Schneider, München
Kohlebogenlampen für Aufnahme und Kopie
1955, 48 Seiten, 21 Abb., 3 Tabellen, DM 10,60

HEFT 193
Prof. Dr. O. Schmitz-DuMont, Bonn
Untersuchungen über neue Pigmentfarbstoffe
1956, 50 Seiten, 16 Abb., 8 Tabellen, DM 11,20

HEFT 194
Dr. K. Hecht, Köln
Entwicklung neuartiger physikalischer Unterrichtsgeräte
1955, 42 Seiten, 16 Abb., DM 9,90

HEFT 195
Dr.-Ing. E. Rößger, Köln
Gedanken über einen neuen deutschen Luftverkehr
1955, 342 Seiten, 29 Abb., 122 Tabellen, DM 50,—

HEFT 196
Dipl.-Ing. W. Rohs und Text.-Ing. H. Griese, Bielefeld
Auswirkungen von Garnfehlern bei der Verarbeitung von Leinengarnen
1955, 36 Seiten, 3 Abb., 6 Tabellen, DM 7,80

HEFT 197
Dr. E. Wedekind, Krefeld
Untersuchungen zur Bestimmung der optimalen Arbeitsplatzgröße bei Mehrstuhlarbeit in der Weberei
1955, 92 Seiten, 34 Abb., DM 18,50

HEFT 198
Prof. Dr. J. Weissinger, Karlsruhe
Zur Aerodynamik des Ringflügels. Die Druckverteilung dünner, fast drehsymmetrischer Flügel in Unterschallströmung
1955, 42 Seiten, 5 Abb., DM 9,—

HEFT 199
Textilforschungsanstalt Krefeld
Die Messung von Gewebetemperaturen mittels Temperaturstrahlung
1955, 50 Seiten, 12 Abb., DM 10,90

HEFT 200
R. Seipenbusch, Langenberg (Rhld.)
Spitzengas durch Zusatz von Flüssiggas-Wassergas- und Flüssiggas-Generatorgas-Gemischen zu Stadtgas
1955, 48 Seiten, 21 Tabellen, DM 10,35

HEFT 201
Dr.-Ing. E. W. Pleines, Frankfurt/Main
Die Sicherheit im Luftverkehr
1956, 194 Seiten, 39 Abb., 19 Tabellen, DM 39,50

HEFT 202
Dipl.-Ing. D. Fiecke, Stuttgart/Zuffenhausen
Die Bestimmung der Flugzeugpolaren für Entwurfszwecke. I Teil: Unterlagen
1956, 216 Seiten, 171 Diagr., DM 59,70

HEFT 203
Dr. G. Wandel, Bonn
Uferbewachsung und Lebendverbauung an den Nordwestdeutschen Kanälen und ihren Zuflüssen sowie an der Ruhr *1956, 122 Seiten, 88 Abb., DM 25,70*

HEFT 204
Dipl.-Ing. B. Naendorf, Langenberg (Rhld.)
Bestimmung der Brenneigenschaften und des Brennverhaltens verschiedener Gasarten und Einfluß verschiedener Düsengestaltung
1955, 32 Seiten, DM 7,10

HEFT 205
Dr. C. Schaarwächter, Düsseldorf
Über plastische Kupfer-Eisen-Phosphor-Legierungen
1936, 36 Seiten, 10 Abb., 10 Tabellen, DM 8,30

HEFT 206
Dr. P. Hölemann, Ing. R. Hasselmann und Ing. G. Dix, Dortmund
Untersuchungen über die Vorgänge bei der Zersetzung von in Azeton gelöstem Azetylen
1956, 74 Seiten, 7 Abb., 7 Tabellen, DM 15,55

HEFT 207
Prof. Dr.-Ing. H. Opitz, Dipl.-Ing. K. H. Fröhlich und Dipl.-Ing. H. Siebel, Aachen
Richtwerte für das Fräsen von unlegierten und legierten Baustählen mit Hartmetall. I. Teil
1956, 48 Seiten, 27 Abb., 3 Tabellen, DM 11,10

HEFT 208
Prof. Dr.-Ing. H. Müller, Essen
Untersuchung von Elektrowärmegeräten für Laienbedienung hinsichtlich Sicherheit und Gebrauchsfähigkeit. I. Untersuchungen an Kochplatten
1956, 100 Seiten, 76 Abb., 7 Tabellen, DM 22,70

HEFT 209
Dr. K. Bunge, Leverkusen
Materialabbau in Funkenentladungen. Untersuchungen an Zinkkathoden
1956, 54 Seiten, 10 Abb., 5 Tabellen, DM 11,40

HEFT 210
Dr. W. Porschen und Prof. Dr. W. Riezler, Bonn
Langlebige Alphaaktivitäten bei natürlichen Elementen
1955, 40 Seiten, 5 Abb., 4 Tabellen, DM 8,80

HEFT 211
Prof. Dipl.-Ing. W. Sturtzel und Dr.-Ing. W. Graff, Duisburg
Die Versuchsanstalt für Binnenschiffbau, Duisburg
1956, 48 Seiten, 22 Abb., 11,—

HEFT 212
Dipl.-Ing. H. Spodig, Selm
Untersuchung zur Anwendung der Dauermagnete in der Technik *1955, 44 Seiten, 25 Abb., DM 9,80*

HEFT 213
Dipl.-Ing. K. F. Rittinghaus, Aachen
Zusammenstellung eines Meßwagens für Bau- und Raumakustik
1957, 96 Seiten 17 Abb., 7 Tabellen DM 19,80

HEFT 214
Dr.-Ing. J. Endres, München
Berechnung der optimalen Leistungen, Kraftstoffverbräuche und Wirkungsgrade von Einkreis-Turbolader-Strahltriebwerken am Boden und in der Höhe bei Fluggeschwindigkeiten von 0—2000 km/h
1956, 72 Seiten, 18 Abb., 8 Tabellen, DM 15,40

HEFT 215
Prof. Dr.-Ing. H. Opitz und Dr.-Ing. G. Weber, Aachen
Einfluß der Wärmebehandlung von Baustählen auf Spanentstehung, Schnittkraft- und Standzeitverhalten
1956, 80 Seiten, 30 Abb., 10 Tabellen, DM 18,40

HEFT 216
Dr. E. Kloth, Köln
Untersuchungen über die Ausbreitung kurzer Schallimpulse bei der Materialprüfung mit Ultraschall
1956, 90 Seiten, 60 Abb., 4 Tabellen, DM 19,40

HEFT 217
Rationalisierungskuratorium der Deutschen Wirtschaft (RKW), Frankfurt/Main
Typenvielzahl bei Haushaltgeräten und Möglichkeiten einer Beschränkung
1956, 328 Seiten, 2 Abb., 181 Tabellen, DM 49,50

HEFT 218
Dr. F. Keune, Aachen
Bericht über eine Theorie der Strömung um Rotationskörper ohne Anstellung bei Machzahl Eins
1955, 40 Seiten, 8 Abb., 5 Formelblätter, DM 8,80

WESTDEUTSCHER VERLAG · KÖLN UND OPLADEN

HEFT 219
Prof. Dr. W. Fuchs, Aachen
Untersuchungen zur Holzabfallverwertung und zur Chemie des Lignins
1955, 54 Seiten, 11 Abb., 15 Tabellen DM 11,40

HEFT 220
Prof. Dr. W. Fuchs, Aachen
Die Entwicklung neuer Regel- und Kontroll-Apparate zur coulometrischen Analyse
1956, 76 Seiten, 17 Abb. 23 Tabellen, DM 15,50

HEFT 221
Dr. W. Meyer-Eppler, Bonn
Experimentelle Untersuchungen zum Mechanismus von Stimme und Gehör in der lautsprachlichen Kommunikation
1955, 56 Seiten, 24 Abb., DM 13,45

HEFT 222
Dr. L. Köllner, Münster, und Dipl.-Volkswirt M. Kaiser, Bochum
Die internationale Wettbewerbsfähigkeit der westdeutschen Wollindustrie *1956, 214 Seiten, DM 39,50*

HEFT 223
Dr.-Ing. K. Alberti und Dr. F. Schwarz, Köln
Über das Problem Hartbrand-Weichbrand
1956, 54 Seiten, 25 Abb., 14 Tabellen, DM 12,10

HEFT 224
Dipl.-Ing. H. Stüdemann und Ing. R. Beu, Solingen
Verfahren zur Prüfung der Korrosionsbeständigkeit von Messerklingen aus rostfreiem Stahl
1956, 82 Seiten, 28 Abb., DM 16,90

HEFT 225
Dr.-Ing. E. Barz, Remscheid
Der Spannungszustand von Gattersägeblättern
1956, 74 Seiten, 54 Abb., DM 16,50

HEFT 226
Technisch-wissenschaftliches Büro für die Bastfaserindustrie, Bielefeld
Untersuchungen zur Verbesserung des Leinenwebstuhles IV
Die Wirkung verschiedener Kettbaumbremsen auf die Verwebung von Leinengarnen
1956, 64 Seiten, 9 Abb., 4 Tabellen, DM 13,50

HEFT 227
Prof. Dr. F. Wever, Düsseldorf und Dr. W. Wepner, Köln
Untersuchung der Alterungsneigung von weichen unlegierten Stählen durch Härteprüfung bei Temperaturen bis 300 Grad C
1956, 34 Seiten, 20 Abb., 3 Tabellen, DM 7,95

HEFT 228
Prof. Dr. F. Wever, Dr. W. Koch, Düsseldorf, und Dr. B. A. Steinkopf, Dortmund
Spektrochemische Grundlagen der Analyse von Gemischen aus Kohlenmonoxyd, Wasserstoff und Stickstoff *1956, 42 Seiten, 18 Abb., 1 Tabelle, DM 9,90*

HEFT 229
Prof. Dr. F. Wever, Dr. W. Koch und Dr.-Ing. H. Malissa, Düsseldorf
Über die Anwendung disubstituierter Dithiocarbamate der analytischen Chemie
1956, 44 Seiten, 30 Abb., 5 Tabellen, DM 10,50

HEFT 230
Prof. Dr. F. Wever, Düsseldorf, und Dr. W. Wepner, Köln
Bestimmung kleiner Kohlenstoffgehalte im Alpha-Eisen durch Dämpfungsmessung
1956, 34 Seiten, 5 Abb., 2 Tabellen, DM 7,70

HEFT 231
Dr.-Ing. W. Küch, Dortmund
Über die Wechselwirkung zwischen Holzschutzbehandlung und Verleimung
1956, 48 Seiten, 10 Abb., 8 Tabellen, DM 10,40

HEFT 232
Prof. Dr.-Ing. O. Kienzle, Hannover, und Dr.-Ing. H. Münnich, Schweinfurt
Feststellung der Spannungen und Dehnungen und Bruchdrehzahlen der unter Fliehkraft und Bearbeitungskraft beanspruchten Schleifkörper
in Vorbereitung

HEFT 233
Dr. H. Haase, Hamburg
Infrarot-Bibliographie *1956, 90 Seiten, DM 17,80*

HEFT 234
Dr.-Ing. K. G. Speith und Dr.-Ing. A. Bungeroth, Duisburg
Versuche zur Steigerung des Kokillen-Schluckvermögens beim Stranggießen von Stahl
1956, 26 Seiten, 5 Abb., DM 6,15

HEFT 235
Prof. Dr.-Ing. K. Leist und Dipl.-Ing. W. Dettmering, Aachen
Turbinenschaufeln aus Kunststoff für Kaltluftversuchsanlagen
1956, 46 Seiten, 43 Abb., 3 Tabellen, DM 12,30

HEFT 236
Dr.-Ing. O. Viertel und S. Lucas, Krefeld
Ergebnisse einer Hausfrauenbefragung über Wascheinrichtungen und Waschmethoden in städtischen Haushaltungen
1956, 34 Seiten, 4 Abb., DM 7,60

HEFT 237
Dr. P. Endler und Dr. H. Ludes, Köln
Bericht über eine Studienreise zur Orientierung der heutigen Behandlung der Lungentuberkulose in den Vereinigten Staaten von Nordamerika
1956, 32 Seiten, DM 7,10

HEFT 238
Institut für textile Meßtechnik, M.-Gladbach, e. V.
Untersuchungen der Verzugsvorgänge an den Streckwerken verschiedener Spinnereimaschinen. 3. Bericht: Theoretische Betrachtungen über den Einfluß schlagender Zylinder und Druckrollen
1956, 66 Seiten, 21 Abb., DM 14,10

HEFT 239
Prof. Dr.-Ing. K. Leist, Dipl.-Ing. H. Scheele, Aachen, und Dipl.-Ing. F. H. Flottmann, Herne
Versuche an einem neuartigen luftgekühlten Hochleistungs-Kolbenkompressor
1956, 72 Seiten, 19 Abb., 7 Tabellen, DM 14,40

HEFT 240
Prof. Dr.-Ing. K. Leist und Dipl.-Ing. H. Scheele, Aachen
Temperaturmessungen an einem einstufigen luftgekühlten 4-Zylinder-Kolbenkompressor mit Kühlgebläse
1956, 74 Seiten, 36 Abb., DM 14,80

HEFT 241
Prof. Dr.-Ing. K. Leist und Dipl.-Ing. M. Pötke, Aachen
Leistungsversuche an einem Kühlluftgebläse
1956, 60 Seiten, 13 Abb., DM 11,70

HEFT 242
Prof. Dr.-Ing. K. Leist und Dipl.-Ing. K. Graf, Aachen
Straßenfahrzeuge mit Gasturbinenantrieb
1956, 82 Seiten, 63 Abb., DM 17,20

HEFT 243
Prof. Dr.-Ing. K. Leist und Dipl.-Ing. S. Förster, Aachen
Die französische Kleingasturbine Artouste — 1. Teil
1956, 80 Seiten, 41 Abb., DM 15,85

HEFT 244
Prof. Dr. F. Wever, Dr. W. Koch und Dr. S. Eckhard, Düsseldorf
Erfahrungen mit der spektrochemischen Analyse von Gefügebestandteilen des Stahles
1956, 32 Seiten, 8 Abb., 2 Tabellen, DM 7,80

HEFT 245
Prof. Dr.-Ing. habil. K. Krekeler, Aachen
Das Verbinden von Metallen durch Kunstharzkleber. Teil I: Eigenschaften und Verwendung der Metallklebstoffe *1956, 48 Seiten, 8 Abb., DM 10,25*

HEFT 246
Prof. Dr.-Ing. habil. K. Krekeler, Aachen
Das Verbinden von Metallen durch Kunstharzkleber. Teil II: Untersuchungen an geklebten Leichtmetall-Verbindungen *1956, 80 Seiten, 40 Abb., DM 17,50*

HEFT 247
Dr. H. Söhngen, Darmstadt
Strömung vor einem Überschall-Laufrad
1956, 26 Seiten, 4 Abb., DM 7,60

HEFT 248
Rheinische Aktiengesellschaft für Braunkohlenbergbau und Brikettfabrikation, Köln
Untersuchungen der Bindemitteleigenschaften von Braunkohlenfilteraschen
1956, 176 Seiten, 26 Abb., 30 Tabellen, DM 35,60

HEFT 249
Dr. M.-E. Meffert, Essen
Weitere Kulturversuche Scenedesmus obliquus
1956, 36 Seiten, 5 Abb., 10 Tabellen, DM 8,—

HEFT 250
Dr. F. Schwarz und Dr.-Ing. K. Alberti, Köln
Entwicklung von Untersuchungsverfahren zur Güteheurteilung von Industriekalken
1956, 36 Seiten, 9 Abb., DM 16,50

HEFT 251
Prof. Dr. H. Bittel, Münster
Zur Statistik der ferromagnetischen Elementarvorgänge und ihren Einfluß auf das Barkhausenrauschen
1956, 52 Seiten, 14 Abb., DM 11,65

HEFT 252
Dipl.-Ing. H. Frings, Geilenkirchen
Die Wirkung abfallender Wetterführung auf Wettertemperatur, Grubengasgehalt und Staubbildung
1957, 126 Seiten, 23 Abb., 13 Falttafeln, 38 Tab., DM 35,70

HEFT 253
Dipl.-Ing. S. Schirmanski, Berghausen
Stand und Auswertung der Forschungsarbeiten über Temperatur- und Feuchtigkeitsgrenzen bei der bergmännischen Arbeit
1957, 80 Seiten, 24 Abb., 12 Tab., DM 17,10

HEFT 254
Prof. Dr. R. Danneel, Bonn
Quantitative Untersuchungen über die Entwicklung des Ehrlich-Ascitestumors bei Inzuchtmäusen
1956, 52 Seiten, 17 Tabellen, DM 11,75

HEFT 255
Ing. B. v. Schlippe, Bad Nauheim
Strömung von Flüssigkeiten mit temperaturabhängiger Zähigkeit (Kühlung von Öfen)
1956, 54 Seiten, 12 Abb., 4 Tabellen, DM 11,70

HEFT 256
Prof. Dr. C. Schmieden und Dipl.-Math. K. H. Müller, Darmstadt
Die Strömung einer Quellstrecke im Halbraum — eine strenge Lösung der Navier-Stokes-Gleichungen
1956, 40 Seiten, 9 Abb., DM 8,80

HEFT 257
Prof. Dr. G. Lehmann und Dr. J. Tamm, Dortmund
Die Beeinflussung vegetativer Funktionen des Menschen durch Geräusche
1956, 48 Seiten, 25 Abb., 3 Tabellen, DM 11,20

HEFT 258
Dr. H. Paul, Linz (Rhein), und Prof. Dr. O. Graf, Dortmund
Zur Frage der Unfälle im Bergbau
1956, 52 Seiten, 9 Abb., 22 Tabellen, DM 11,20

HEFT 259
Prof. D. W. Linke, Aachen
Strömungsvorgänge in künstlich belüfteten Räumen
1956, 52 Seiten, 37 Abb., 1 Tabelle, DM 11,80

HEFT 260
Prof. Dr. W. Kast, Freiburg (Br.), Prof. Dr. A. H. Stuart und Dipl.-Phys. H. G. Fendler, Hannover
Lichtzerstreuungsmessungen an Lösungen hochpolymerer Stoffe
1956, 70 Seiten, 25 Abb., 5 Tabellen, DM 15,60

HEFT 261
Prof. Dr. W. Kast, Freiburg (Br.)
Feinstruktur-Untersuchungen an künstlichen Zellulosefasern verschiedener Herstellungsverfahren. Teil II: Der Kristallisationszustand
1956, 80 Seiten, 27 Abb., 11 Tabellen, DM 17,20

HEFT 262
Dr.-Ing. W. Batel, Aachen
Untersuchungen zur Absiebung feuchter, feinkörniger Haufwerke und Schwingsieben
1956, 100 Seiten, 45 Abb., 5 Tabellen, DM 23,40

HEFT 263
Prof. Dr. H. Lange und Dipl.-Phys. R. Kohlhaas, Köln
Über die Wärmeleitfähigkeit von Stählen bei hohen Temperaturen: Teil I: Literaturbericht
1956, 48 Seiten, 26 Abb., 8 Tabellen, DM 10,70

HEFT 264
Prof. Dr. W. Weizel, Bonn
Durch schnelle Funkenzusammenbrüche ausgelöste Signale auf einer Leitung
1956, 26 Seiten, 4 Abb., 3 Tabellen, DM 6,10

HEFT 265
Prof. Dr. F. Micheel und Dr. R. Engel, Münster
Eine Apparatur zur elektrophoretischen Trennung von Stoffgemischen
1956, 38 Seiten, 21 Abb., DM 9,20

HEFT 266
Fliesen-Beratungsstelle Bad Godesberg-Mehlem
Güteeigenschaften keramischer Wand- und Bodenfliesen und deren Prüfmethoden
1956, 32 Seiten, DM 7,10

HEFT 267
Prof. Dr. W. Weizel und B. Brandt, Bonn
Zur Stabilität stromstarker Glimmentladungen
1956, 36 Seiten, 7 Abb., DM 8,40

WESTDEUTSCHER VERLAG · KÖLN UND OPLADEN

HEFT 268
Prof. Dr.-Ing. G. Vogelpohl, Göttingen
Über die Tragfähigkeit von Gleitlagern und ihre Berechnung
1956, 76 Seiten, 24 Abb., 7 Tabellen, DM 16,85

HEFT 269
Markscheider R. Bals, Bochum
Eignung des Gebirgsankerausbaus zur Erleichterung des Streckenvortriebs im Steinkohlenbergbau
1956, 84 Seiten, 41 Abb., DM 18,75

HEFT 270
Dr. H. Krebs und Mitarbeiter, Bonn
Die Trennung von Racematen auf chromatographischem Wege
1956, 62 Seiten, 18 Tabellen, DM 12,95

HEFT 271
Prof. Dr.-Ing. H. Opitz und Dipl.-Ing. H. Axer, Aachen
Beeinflussung des Verschleißverhaltens bei spanenden Werkzeugen durch flüssige und gasförmige Kühlmittel und elektrische Maßnahmen
1956, 46 Seiten, 28 Abb., DM 10,70

HEFT 272
Prof. Dr. W. Fuchs und Dr. H. Dresia, Aachen
Untersuchungen über die Schnellverbrennung und Schnellvergasung fester Brennstoffe
1956, 56 Seiten, 14 Abb., 3 Tabellen, DM 11,90

HEFT 273
Fa. K. W. Tacke G.m.b.H., Wuppertal-Barmen
Erfahrungen beim Verspinnen von Perlonfasern und bei der Herstellung von Trikotagen aus gesponnenem Perlon
1956, 36 Seiten, DM 7,90

HEFT 274
Prof. Dr.-Ing. K. Krekeler, Aachen
Qualitative Untersuchungen bei Verbindungsschweißungen mittels Lichtbogenschweißautomaten unter Verwendung von Blankdraht und Zugabe von ferromagnetischem Pulver als Umhüllung
1956, 68 Seiten, 40 Abb., 8 Tabellen, DM 15,45

HEFT 275
Prof. Dr.-Ing. habil. K. Krekeler, Aachen, und Dipl.-Ing. H. Verhoeven, Aachen
Quantitative Untersuchungen von Punktschweißverbindungen an Tiefzieh- und Aluminiumblechen, die nach dem Argonarc-Punktschweißverfahren hergestellt werden
1956, 64 Seiten, 45 Abb., DM 14,60

HEFT 276
Fa. E. Haage, Mülheim (Ruhr)
Entwicklungsarbeiten im Apparatebau für Laboratorien
1956, 48 Seiten, 18 Abb., DM 10,50

HEFT 277
Dr.-Ing. W. Müchler, Essen
Untersuchung und zahlenmäßige Bestimmung der Schneideigenschaften von Messern mit besonderer Berücksichtigung rostfreier Messerstähle
1956, 60 Seiten, 27 Abb., 5 Tabellen, DM 13,20

HEFT 278
Dipl.-Ing. J. Stelter und Dipl.-Ing. H. Kickert, Aachen
I. Sichtbarmachung von Ultraschallfeldern unter Verwendung photographischer Emulsionsschichten
II. Methode zur Bestimmung der wirklichen Temperaturverhältnisse in Flüssigkeiten während der Beschallung (Nach einer Diplom-Arbeit von H. Schnitzler)
1956, 54 Seiten, 24 Abb., DM 12,75

HEFT 279
Dr. F. Keune, Aachen
Der gewölbte und verwundene Tragflügel ohne Dicke in Schallnähe
1956, 42 Seiten, 15 Abb., DM 9,25

HEFT 280
Dipl.-Ing. J. Stelter und Dipl.-Ing. E. Pfende, Aachen
Über Störerscheinungen bei Schallgeschwindigkeitsmessungen mittels der Interferometermethode
1956, 42 Seiten, 13 Abb., DM 9,60

HEFT 281
Prof. Dr.-Ing. K. Lürenbaum, Aachen
Der Meßwagen des Instituts für Maschinen-Dynamik der Deutschen Versuchsanstalt für Luftfahrt, Aachen
1956, 34 Seiten, 17 Abb., DM 8,60

HEFT 282
Bergrat a. D. Scherer, Bochum
Das B. T.-Schwelverfahren und seine Anwendung auf der Anlage Marienau
1956, 44 Seiten, 7 Abb., DM 9,60

HEFT 283
Prof. Dr. F. Wever und Dr.-Ing. W. Lueg, Düsseldorf
Warmstauchversuche zur Ermittlung der Formänderungsfestigkeit von Gesenkschmiede-Stählen
1956, 44 Seiten, 19 Abb., DM 9,90

Heft 284
Prof. Dr. F. Wever, Düsseldorf, Dr.-Ing. H. J. Wiester, Essen, Dr.-Ing. F. W. Straßburg, Duisburg, Prof. Dr.-Ing. H. Opitz, Aachen, und Dr.-Ing. K. H. Fröhlich, Köln
Einfluß des Gefüges auf die Zerspanbarkeit von Einsatz- und Vergütungsstählen
1957, 88 Seiten, 126 Abb., 11 Tab., DM 22,45

HEFT 285
Prof. Dr.-Ing. O. Kienzle, Dr.-Ing. K. Lange, Hannover, und Dipl.-Ing. H. Meinert, Osterode
Einfluß der Oberfläche auf das Verschleißverhalten von Schmiedegesenken
1956, 62 Seiten, 29 Abb., 8 Tabellen, DM 14,60

HEFT 286
Dr.-Ing. K. Lange, Hannover, Dipl.-Ing. H. Meinert, Osterode, unter Mitarbeit von Dr.-Ing. H. Arend, Mülheim (Ruhr)
Verschleißverhalten hartverchromter Schmiedegesenke
1956, 74 Seiten, 53 Abb., 6 Tabellen, DM 17,65

HEFT 287
Prof. Dr.-Ing. habil. K. Krekeler, Aachen
Änderungen der mechanischen Eigenschaftswerte thermoplastischer Kunststoffe bei Beanspruchung in verschiedenen Medien
1956, 62 Seiten, 23 Abb., 5 Tabellen, DM 13,70

HEFT 288
Dr. K. Brücker-Steinkuhl, Düsseldorf
Anwendung mathematisch-statischer Verfahren in der Industrie
1956, 103 Seiten, 27 Abb., 14 Tabellen, DM 24,20

HEFT 289
Prof. Dr.-Ing. H. Winterhager, Aachen
Kombinierter Widerstands- und Lichtbogen-Vakuumofen zur Verarbeitung von Titanschwamm
Prof. Dr. Dr. h. c. R. Schwarz, Aachen
Erforschung neuer Wege zur Darstellung von Titanmetall
1957, 42 Seiten, 18 Abb., DM 9,70

HEFT 290
Dr. D. Horstmann, Düsseldorf
I. Der verstärkte Angriff des Zinks auf Eisen im Temperaturgebiet um 500° C
II. Einfluß eines Antimongehaltes auf den Angriff von Zinkschmelzen auf Eisen
1956, 48 Seiten, 33 Abb., 3 Tabellen, DM 11,90

HEFT 291
Dr.-Ing. H. J. Wiester und Dr. D. Horstmann, Düsseldorf
Der Angriff eisengesättigter Zinkschmelzen auf silizium- und manganhaltiges Eisen
1956, 52 Seiten, 45 Abb., 8 Tabellen, DM 12,60

HEFT 292
Dipl.-Ing. W. Robs und Text.-Ing. H. Griese, Bielefeld
Webversuche an Leinenwebstühlen mit verbesserter Schaftbewegung
1956, 34 Seiten, 3 Abb., 2 Tabellen, DM 7,60

HEFT 293
Prof. J. W. Korte, unter Mitarbeit von Dipl.-Ing. P. A. Mäcke und Dipl.-Ing. W. Leutzbach, Aachen
Die Leistungsfähigkeit von Verkehrsanlagen des motorisierten städtischen Straßenverkehrs
1956, 98 Seiten, 35 Abb., 5 Tabellen, 1 Falttafel, DM 22,50

HEFT 294
Dipl.-Ing. B. Naendorf, Essen
Untersuchungen industrieller Gasbrenner
1956, 58 Seiten, 6 Abb., 3 Tabellen, DM 12,40

HEFT 295
Prof. Dr.-Ing. H. Opitz und Dipl.-Ing. H. Axer, Aachen
Untersuchung und Weiterentwicklung neuartiger elektrischer Bearbeitungsverfahren
1956, 42 Seiten, 27 Abb., 10 Tabellen, DM 10,30

HEFT 296
Prof. Dr.-Ing. H. Opitz, Aachen
I. Untersuchungen an elektronischen Regelantrieben
II. Statische Untersuchungen zur Ausnutzung von Drehbänken
1956, 46 Seiten, 18 Abb., DM 10,40

HEFT 297
Dr. K. Schaarwächter, Düsseldorf
Die Reduktion von Siliziumtetrachlorid im Lichtbogen zur nachfolgenden Silizierung von Eisenblechen
1958, 30 Seiten, 12 Abb., DM 8,20

HEFT 298
Prof. Dr.-Ing. E. Oehler, Aachen
Untersuchung von kritischen Drehzahlen, die durch Kreiselmomente verursacht werden
1956, 50 Seiten, 35 Abb., DM 13,15

HEFT 299
Dr. J. Fassbender und W. Hoppe, Bonn
Eine photoelektrische Nachlaufeinrichtung für Analogie-Rechenmaschinen
1956, 20 Seiten, 8 Abb., DM 7,65

HEFT 300
Prof. Dr. E. Schutz und Privatdozent Dr. H. Caspers, Münster
Tierexperimentelle Untersuchungen über die Alkoholwirkungen auf die Erregbarkeit und bioelektrische Spontanaktivität der Hirnrinde
1956, 44 Seiten, 6 Abb., 1 Tabelle, DM 9,55

HEFT 301
Prof. Dr. W. Weltzien, Dr. G. Cossmann und P. Diehl, Krefeld
Über die fraktionierte Füllung von Polyamiden (II)
1956, 54 Seiten, 1 Abb., 16 Tabellen, DM 11,30

HEFT 302
Prof. Dr.-Ing. W. Wegener und Dipl.-Ing. W. Zahn, Aachen
Untersuchungen von gesponnenen Garnen auf ihre Gleichmäßigkeit nach verschiedenen Meßmethoden
1957, 58 Seiten, 34 Abb., DM 15,20

HEFT 303
Prof. Dr. Ing. S. Kiesskalt, Aachen
Das Institut der Forschungsgesellschaft Verfahrenstechnik e. V. an der Technischen Hochschule Aachen
1956, 76 Seiten, 20 Abb., 3 Tabellen, DM 16,40

HEFT 304
Prof. Dr.-Ing. K. Krekeler, Düsseldorf, und Dipl.-Ing. A. Kleine-Albers, Aachen
Beitrag zur thermoelastischen Warmformbarkeit von Hart-PVC
1957, 72 Seiten, 29 Abb., DM 17,70

HEFT 305
Prof. Dr.-Ing. K. Krekeler, Düsseldorf, Dr.-Ing. H. Peukert, Aachen, und Dipl.-Ing. W. Schmitz, Siegburg
Heißgas-Schweißung von Hart-Polyvinylchlorid mit Zusatzwerkstoff
1956, 44 Seiten, 27 Abb., 5 Tabellen, DM 12,50

HEFT 306
Prof. Dr. B. Rensch, Münster
Elektrophysiologische Untersuchungen zur Analysierung der Bildung von Assoziationen und Gedächtnisspuren in Gehirn und Rückenmark
Prof. Dr. A. Loeser, Münster
Akute und chronische Giftwirkungen sauerstoffhaltiger Lösungsmittel
1956, 36 Seiten, 9 Abb., DM 8,90

HEFT 307
Privatdozent Dr. J. Juilfs, Krefeld
Vergleichende Untersuchungen zur elastischen und bleibenden Dehnung von Fasern
1956, 36 Seiten, 11 Abb., DM 8,30

HEFT 308
Privatdozent Dr. J. Juilfs, Krefeld
Zur Messung der Fadenglätte
1956, 22 Seiten, 10 Abb., 2 Tabellen, DM 8,—

HEFT 309
Prof. Dr. K. Cruse und Mitarbeiter, Clausthal-Zellerfeld
Aufbau und Arbeitsweise eines universell verwendbaren Hochfrequenz-Titrationsgerätes
1957, 48 Seiten, 29 Abb., DM 11,90

HEFT 310
Dr. P. F. Müller, Bonn
Die Integrieranlage des Rheinisch-Westfälischen Instituts für Instrumentelle Mathematik in Bonn
1956, 62 Seiten, 6 Abb., 30 Satzskizzen, DM 14,45

HEFT 311
Prof. Dr. F. Wever und Dr. M. Hempel, Düsseldorf
Dauerschwingfestigkeit von Stählen bei erhöhten Temperaturen
Teil I: Erkenntnisse aus bisherigen Dauerschwingversuchen in der Wärme
1956, 48 Seiten, 19 Abb., 2 Tabellen, DM 10,90

HEFT 312
Prof. Dr. F. Wever und Dr. M. Hempel, Düsseldorf
Dauerschwingfestigkeit von Stählen bei erhöhten Temperaturen
Teil II: Zug-Druck-Dauerschwingversuche an zwei warmfesten Stählen bei Temperaturen von 500 bis 650°
1956, 48 Seiten, 20 Abb., 3 Tabellen, DM 13,—

WESTDEUTSCHER VERLAG · KÖLN UND OPLADEN

HEFT 313
Prof. Dr. F. Wever, Dr. W. Koch und Dipl.-Phys. H. Rohde, Düsseldorf
Änderungen des Habitus und der Gitterkonstanten des Zementits in Chromstählen bei verschiedenen Wärmebehandlungen
1956, 88 Seiten, 29 Abb., 8 Tabellen, DM 20,90

HEFT 314
Prof. Dr. F. Wever, Dr.-Ing. A. Krisch, Düsseldorf, und Dr.-Ing. H.-J. Wiester, Essen
Veränderungen im Gefügeaufbau von Chrom-Nickel-Molybdän-Stählen bei langzeitiger Beanspruchung im Zeitstandversuch bei 500°
1956, 48 Seiten, 26 Abb., 5 Tabellen, DM 11,70

HEFT 315
Prof. Dr. F. Wever und Dr.-Ing. A. Krisch, Düsseldorf
Metallkundliche Untersuchungen an Zeitstandproben
1956, 38 Seiten, 12 Abb., DM 9,15

HEFT 316
Dr. F. Keune, Aachen
Zusammenfassende Darstellung und Erweiterung des Aequivalenzsatzes für schallnahe Strömung
1956, 80 Seiten, 22 Abb., DM 17,90

HEFT 317
Dr.-Ing. J. Stelter, Aachen
Mikrobiologische Ultraschallwirkungen
1957, 106 Seiten, 41 Abb., 12 Tab., DM 23,90

HEFT 318
Dipl.-Ing. H. Kickert, Aachen
Über die Ausbreitung von Ultraschall in Luft
1957, 78 Seiten, 51 Abb., 7 Tab., DM 19,20

HEFT 319
Prof. Dr. C. Kröger, Aachen
Gemengereaktionen und Glasschmelze
1957, 118 Seiten, 53 Abb., 16 Tab., DM 26,—

HEFT 320
Dr. H.-E. Caspary, Köln
Verwendung von Szintillationszählern an Stelle von Zahlrohren zur zerstörungsfreien Materialprüfung
1956, 42 Seiten, 13 Abb., 2 Tabellen, DM 10,10

HEFT 321
Prof. Dr. F. Wever, Düsseldorf, und Dr. W. Wepner, Köln
Gleichzeitige Bestimmung kleiner Kohlenstoff- und Stickstoffgehalte im a-Eisen durch Dämpfungsmessung
1956, 30 Seiten, 3 Abb., 4 Tabellen, DM 6,80

HEFT 322
Prof. Dr.-Ing. F. Bollenrath und Dipl.-Ing. W. Domke, Aachen
Eigenspannungen in vergüteten, dickwandigen Stahlzylindern nach Oberflächenhärtung mit induktiver Erwärmung
1956, 30 Seiten, 9 Abb., 2 Tabellen, DM 6,90

HEFT 323
Prof. Dr. R. Seyffert, Köln
Wege und Kosten der Distribution der Textilien, Schuh- und Lederwaren
1956, 98 Seiten, 37 Tabellen, 1 Falttaf., DM 12,—

HEFT 324
Prof. Dr.-Ing. H. Opitz, Dr.-Ing. E. Saljé und Dipl.-Ing. K. E. Schwartz, Aachen
Richtwerte für das Außenrund-Längs- und Einstechschleifen
1956, 62 Seiten, 44 Abb., 2 Tabellen, DM 13,85

HEFT 325
Prof. Dr. E. Schratz, Münster
Pharmakognostische Untersuchungen am Medizinal-Rhabarber
1957, 62 Seiten, 29 Abb., 3 Tabellen, DM 17,90

HEFT 326
Prof. Dr.-Ing. E. Essers und Mitarbeiter, Aachen
Deichselkräfte an Lastzügen
1957, 96 Seiten, 34 Abb., DM 22,10

HEFT 327
Prof. Dr.-Ing. habil. K. Krekeler und Dr.-Ing. H. Peukert, Aachen
Beitrag zur thermoelastischen Formbarkeit von Polyäthylen
1956, 56 Seiten, 49 Abb., 9 Tabellen, DM 12,80

HEFT 328
Dr. H. Maeder, Belo Horizonte
Schweißen von Temperguß
1957, 92 Seiten, 59 Abb., 42 Tabellen, DM 25,50

HEFT 329
Dipl.-Ing. A. Kruger, Karlsruhe, und Feuerwehr-Ing. R. Radusch, Dortmund
Wasserzerstaubung im Strahlrohr
1956, 86 Seiten, 21 Abb., 3 Tabellen, DM 18,65

HEFT 330
Dipl.-Physiker E. Pepping, Aachen
Die Durchflußzahl des Rechteckschlitzes in einer sehr großen Wand
1957, 54 Seiten, 21 Abb., DM 12,35

HEFT 331
Dipl.-Ing. G. Bretschneider, Ruit
Die Messung der wiederkehrenden Spannung mit Hilfe des Netzmodelles
1957, 46 Seiten, 21 Abb., 2 Tab., DM 11,20

HEFT 332
Prof. Dr.-Ing. R. Jaeckel und Dr. G. Reich, Bonn
Messung von Dampfdrucken im Gebiet unter 10^{-2} Torr
1956, 42 Seiten, 16 Abb., 2 Tabellen, DM 10,40

HEFT 333
Prof. Dipl.-Ing. W. Sturtzel und Dr.-Ing. W. Graff, Duisburg
I. Der Flachwassereinfluß auf den Form- und Reibungswiderstand von Binnenschiffen
II. Der Flachwassereinfluß auf die Nachstrom- und Sogverhältnisse bei Binnenschiffen
1956, 44 Seiten, 14 Abb., DM 9,80

HEFT 334
Prof. Dr. W. Weizel und Dr. G. Meister, Bonn
Spektralanalyse durch Messung des Interferenz-Kontrastes
1956, 42 Seiten, DM 9,30

HEFT 335
Prof. Dr. W. Weizel und H. Hornberg, Bonn
Untersuchungen der anodischen Teile einer Glimmentladung
1957, 62 Seiten, 14 Farbabb., 21 Abb., 1 Tab., DM 32,80

HEFT 336
Dr. Tung-ping Yao, Aachen
Die Viskosität metallischer Schmelzen
1957, 64 Seiten, 28 Abb., 2 Tab., DM 14,40

HEFT 337
Dr. R. Hoeppener und Dr. W. Biertber, Bonn
Tektonik und Lagerstätten im Rheinischen Schiefergebirge
1957, 66 Seiten, 14 Abb., DM 16,25

HEFT 338
Prof. Dr.-Ing. W. Wegener, Aachen, und Dipl.-Ing. J. Schneider, M.-Gladbach
Die Bedeutung der Knotenart für die Herabminderung der Fadenbrüche
1957, 40 Seiten, 6 Abb., DM 9,80

HEFT 339
Prof. Dr.-Ing. W. Wegener und Dipl.-Ing. W. Zahn, Aachen
Vergleich des normalen mit verschiedenen abgekürzten Baumwollspinnverfahren in bezug auf Gleichmäßigkeit und Sortierungsstreuung der Garne
1956, 56 Seiten, 17 Abb., 17 Tabellen, DM 12,70

HEFT 340
Dipl.-Ing. W. Rohs und Dipl.-Ing. R. Otto, Bielefeld
Das Naßspinnen von Bastfasergarnen mit Spinnbadzusätzen unter Ausnutzung einer zentralen Spinnwasserversorgungsanlage
1956, 56 Seiten, 2 Abb., 6 Tabellen, DM 11,60

HEFT 341
Prof. Dr.-Ing. H. Winterhager und Dipl.-Ing. L. Werner, Aachen
Präzisions-Meßverfahren zur Bestimmung des elektrischen Leitvermögens geschmolzener Salze
1956, 44 Seiten, 19 Abb., 1 Tabelle, DM 10,60

HEFT 342
Prof. Dr.-Ing. H. Winterhager und Dipl.-Ing. W. Barthel, Aachen
Die Gewinnung von Titanschlackenkonzentraten aus eisenreichen Ilmeniten
1957, 60 Seiten, 30 Abb., 6 Tab., DM 13,30

HEFT 343
Prof. Dr.-Ing. W. Petersen, Aachen, und Dipl.-Ing. S. Wawroschek, Aachen
Die zweckmäßigsten Gütebestimmungsverfahren und Brikettierungsbedingungen bei der Erzeugung von Braunkohlen-Eisenerz-Briketts
1956, 64 Seiten, 28 Abb., 13,95

HEFT 344
Prof. Dr.-Ing. W. Fucks, Aachen
Zur Deutung einfachster mathematischer Sprachcharakteristiken
1956, 38 Seiten, 12 Abb., DM 7,80

HEFT 345
Dipl.-Ing. G. Cerbe und Dipl.-Ing. H. Monstadt, Essen
Konvektive Trocknung mit gasbeheizter Luft und Trocknung durch Gasstrahler
1957, 46 Seiten, 16 Abb., DM 10,40

HEFT 346
Dipl.-Ing. O. Arnold, Aachen
Erfahrungen mit Kernbohrungen zur Lagerstattenuntersuchung im Erzbergbau
1957, 36 Seiten, 2 Abb., 3 Falttaf. 6 Tab., DM 8,80

HEFT 347
S. Ruff, F. Kipp, H. Hansteen und G. Muller, Bonn
Untersuchungen zur Frage der Gehorschädigungen des fliegenden Personals der Propellerflugzeuge
1957, 50 Seiten, 27 Abb., 3 Tab., DM 11,10

HEFT 348
Prof. Dr.-Ing. E. Piwowarsky und Dr.-Ing. E. G. Nickel, Aachen
Metallurgie eines hochwertigen Gußeisens mit kompakter bis kugelförmiger Graphitausbildung
1957, 54 Seiten, 27 Abb., 5 Tab., DM 13,30

HEFT 349
Dr.-Ing. W. A. Fischer, Dr.-Ing. H. Treppschuh und Dr.-Ing. K. H. Köthemann, Düsseldorf
Tiegel aus Schmelzmagnesia für Vakuuminduktionsofen
1957, 34 Seiten, 14 Abb., DM 8,40

HEFT 350
Prof. Dr.-Ing. habil. K. Krekeler und Dr.-Ing. H. Peukert, Aachen
Das Spannungsverhalten der Kunststoffe bei der Verarbeitung
1958, 32 Seiten, 12 Abb., DM 20,—

HEFT 351
Prof. Dr.-Ing. H. Opitz, Dipl.-Ing. H. Axer und Dipl.-Ing. H. Rhode, Aachen
Zerspanbarkeit hochwarmfester und nichtrostender Stähle. Teil I
1957, 96 Seiten, 73 Abb., 2 Tab., DM 21,80

HEFT 352
Dipl.-Ing. H. Fauser, Aachen
Fahrdynamik und Batterie-Arbeitsverbrauch von Akkumulatorenlokomotiven im Untertagebetrieb
1957, 152 Seiten, 78 Abb., DM 36,10

HEFT 353
Forschungsinstitut für Rationalisierung, Aachen
Schlagwortregister zur Rationalisierung
1957, 376 Seiten, DM 56,—

HEFT 354
Dipl.-Ing. D. Wagener, Aachen
Auswirkungen neuer Gaserzeugungs-Verfahren unter Berücksichtigung der Auswirkung auf den Kokereibetrieb
in Vorbereitung

HEFT 355
Prof. Dr.-Ing. habil. K. Krekeler, Dr.-Ing. H. Peukert und Dipl.-Ing. A. Kleine-Albers, Aachen
Heißgas-Schweißungen von Weich-Polyvinylchlorid mit Zusatzwerkstoff
1957, 44 Seiten, 19 Abb., DM 11,—

HEFT 356
Dipl.-Phys. G. Gurke, Aachen
Aufbau einer Meßanlage für Untersuchungen elektrischer Gasentladung im Bereiche großer p. d.-Werte
1956, 38 Seiten, 13 Abb., DM 8,65

HEFT 357
Prof. Dr.-Ing. W. Fucks, Aachen
Mathematische Analyse der Formalstruktur von Musik
1958, 54 Seiten, 29 Abb., 16 Tabellen, DM 13,60

HEFT 358
Prof. Dr. rer. nat. W. Weltzien, Dipl.-Chem. P. Ringel und Text.-Ing. H. Kirchhoff, Krefeld
Die Waschechtheit von Färbungen. Vergleichende Untersuchungen auf dem Gebiete der Echtheitsprüfung
1958, 62 Seiten, 12 farb. Abb., DM 58,—

HEFT 359
Dr.-Ing. F. J. Meister, Düsseldorf
Veränderung der Hörschärfe, Lautheitsempfindung und Sprachaufnahme während des Arbeitsprozesses bei Lärmarbeitern
1957, 84 Seiten, 11 Abb., 40 Audiogramme, 41 Tab., DM 19,90

HEFT 360
Dr.-Ing. E. Barz, Remscheid
Fertigungsverfahren und Spannungsverlauf bei Kreissägeblättern für Holz
1957, 72 Seiten, 40 Abb., DM 17,—

HEFT 361
Dipl.-Ing. H. F. Klein, Aachen
Die nichtstationären Strömungsvorgänge und der Wärmeübergang in einem Schwingfeuergerät
1957, 84 Seiten, 34 Abb., 4 Falttafeln, DM 25,90

HEFT 362
Prof. Dr. med. G. Lehmann und Dipl.-Phys. D. Dieckmann, Dortmund
Die Wirkung mechanischer Schwingungen (0,5 bis 100 Hertz) auf den Menschen
1957, 100 Seiten, 53 Abb., 6 Tab., DM 22,50

WESTDEUTSCHER VERLAG · KÖLN UND OPLADEN

HEFT 363
Dr.-Ing. U. Domm, Frankenthal (Pfalz)
Über eine Hypothese, die den Mechanismus der Turbulenz-Entstehung betrifft
1956, 28 Seiten, 4 Abb., DM 6,45

HEFT 364
Prof. Dr. Th. Beste, Köln
Die Mehrkosten bei der Herstellung ungängiger Erzeugnisse im Vergleich zur Herstellung vereinheitlichter Erzeugnisse
1957, 352 Seiten, DM 50,—

HEFT 365
Sozialforschungsstelle an der Universität Münster, Dortmund
Standort und Wohnort
1957, Textband: 350 Seiten, 28 Karten, 73 Tab.
Anlageband: 15 Karten, 21 Tab., DM 99,—

HEFT 366
Versuchsanstalt für Binnenschiffbau e. V., Duisburg
Bei Flachwasserfahrten durch die Strömungsverteilung am Boden und an den Seiten stattfindende Beeinflussung des Reibungswiderstandes von Schiffen
1957, 96 Seiten, 39 Abb., 28 Tab., DM 20,40

HEFT 367
Dr. rer. nat. D. Horstmann, Düsseldorf
Der Angriff eisengesättigter Zinkschmelzen auf kohlenstoff-, schwefel- und phosphorhaltiges Eisen
1957, 52 Seiten, 22 Abb., 6 Tab., DM 12,85

HEFT 368
Prof. Dr. phil. H. Kaiser, Dortmund
Entwicklung betriebsmäßiger spektrochemischer Analysenverfahren für technische Gläser
1957, 40 Seiten, 11 Abb., DM 9,10

HEFT 369
Prof. Dr.-Ing. R. Jaeckel und Dipl.-Phys. F. J. Schittko, Bonn
Gasabgabe von Werkstoffen ins Vakuum
1957, 48 Seiten, 20 Abb., 6 Tab., DM 13,30

HEFT 370
Dr. phil. habil. F. Schwarz, Köln
Physikochemische Grundlagen der Bildsamkeit von Kalken unter Einbeziehung des Begriffes der aktiven Oberfläche
in Vorbereitung

HEFT 371
Dr. phil. W. Lejeune, Köln
Beitrag zur statistischen Verifikation der Minderheiten-Theorie
1958, 80 Seiten, 14 Abb., DM 17,90

HEFT 372
Prof. Dr. phil. M. von Stackelberg, Bonn
Untersuchungen zur Ausarbeitung und Verbesserung von polarographischen Analysenmethoden. 2. Bericht
1957, 44 Seiten, 9 Abb., 7 Tab., DM 10,10

HEFT 373
Dipl.-Ing. H. J. Koch, Essen
Druckgasfeuerung — ein Verfahren zum Betrieb von Gasfeuerstätten
1957, 38 Seiten, 8 Abb., 10 Tab., DM 8,50

HEFT 374
Dr. E. Paproth, Krefeld
Paläontologische Bearbeitung der in den devonischen Schichten des Siegerlandes enthaltenen Faunen
1957, 38 Seiten, 3 Tab., DM 8,30

HEFT 375
Technischer Überwachungsverein e. V., Essen
Wanddickenmessungen mittels radioaktiver Strahlen und Zählrohrgerät
1958, 38 Seiten, 15 Abb., DM 9,55

HEFT 376
Technischer Überwachungsverein e. V., Essen
Wasserumlaufprobleme an Hochdruckkesseln
1958, 140 Seiten, 56 Abb., 8 Tabellen DM 32,60

HEFT 377
Technischer Überwachungsverein e. V., Essen
Versuche an Wanderrostkesseln mit befeuchteter Verbrennungsluft
1958, 50 Seiten, 19 Abb., 3 Tabellen., DM 12,20

HEFT 378
Oberingenieur H. Stein, M.-Gladbach
Beobachtung und maßtechnische Erfassung der Vorgänge im Spinn- und Aufwindefeld von Ringspinn- und Ringzwirnmaschinen
1957, 104 Seiten, 88 Abb., 3 Tabellen, DM 26,90

HEFT 379
Laboratorium für textile Meßtechnik, M.-Gladbach
Schußfadenspannung beim Weben
1957, 76 Seiten, 17 Abb., 3 Tabellen, DM 18,60

HEFT 380
Dipl.-Phys. R. Trappenberg, Karlsruhe
Theoretische und experimentelle Untersuchungen zur Staubverteilung einer Rauchfahne
1957, 64 Seiten, 7 Abb., 18 Tabellen, DM 14,90

HEFT 381
Dr. J. Juilfs, Krefeld
Zur Dichtebestimmung von Fasern. Methoden und Beispiele der praktischen Anwendung
1957, 76 Seiten, 34 Abb., 18 Tabellen, DM 17,—

HEFT 382
Dr. phil. habil. P. Hölemann, Ing. R. Hasselmann und Ing. G. Dix, Dortmund
Die Messung von Flammen und Detonationsgeschwindigkeiten bei der explosiven Zersetzung von Acetylen in Rohren
1957, 36 Seiten, 7 Abb., 4 Tab., DM 8,10

HEFT 383
Dr. phil. habil. P. Hölemann und Ing. R. Hasselmann, Dortmund
Verlauf von Azetylenexplosionen in Rohren bei Gegenwart von porösen Massen
1957, 68 Seiten, 10 Abb., 15 Tabellen, DM 16,60

HEFT 384
Prof. Dr.-Ing. H. Opitz, Aachen
Schwingungsuntersuchungen an Werkzeugmaschinen
in Vorbereitung

HEFT 385
Prof. Dr.-Ing. H. Opitz, Aachen
Zerspanbarkeit hochwarmfester und nichtrostender Stähle. Teil II
1957, 86 Seiten, 54 Abb., 5 Tabellen, DM 19,30

HEFT 386
Prof. Dr.-Ing. H. Opitz, Aachen
Standzeituntersuchungen und Verschleißmessungen mit radioaktiven Isotopen
1958, 50 Seiten, 33 Abb., 3 Tabellen, DM 12,75

HEFT 387
Prof. Dr. med. W. Kikuth und Dozent Dr. med. L. Grün, Düsseldorf
Die Verhütung von Infektion durch Desinfektion des Raumes und der Raumluft
1957, 96 Seiten, 14 Abb., 20 Tab., DM 22,50

HEFT 388
Prof. Dr. rer. nat. habil. W. Baumeister und Dr. rer. nat. H. Burghardt, Münster
Die Bedeutung der Elemente Zink und Fluor für das Pflanzenwachstum
1957, 48 Seiten, 17 Tab. DM 10,20

HEFT 389
Prof. Dr.-Ing. habil. H. Fink und K. W. Hoppenhaus, Köln
Die biologische Eiweiß-Synthese von höheren und niederen Pilzen und die alimentäre Lebernekrose der Ratte
1957, 76 Seiten, 2 Abb., 24 Tab., DM 15,60

HEFT 390
Dr.-Ing. J. Endres und Dr.-Ing. G. Hiebel, München
Berechnung der optimalen Leistungen, Kraftstoffverbräuche und Wirkungsgrade von Luftfahrt-Gasturbinen-Triebwerken am Boden und in der Höhe bei Fluggeschwindigkeiten von 0–2000 km/h und bei vorgegebenen Düsenausströmgeschwindigkeiten
1958, 130 Seiten, 16 Abb., DM 24,90

HEFT 391
Prof. Dr. phil. F. Wever, Dr. phil. W. Koch und Dipl.-Chem. F. Stricker, Düsseldorf
Die quantitative spektrographische Analyse von Gasgemischen aus Kohlenmonoxyd, Wasserstoff und Stickstoff
1957, 48 Seiten, 21 Abb., 3 Tab., DM 11,30

HEFT 392
Prof. Dr. phil. F. Wever u. a., Düsseldorf
Untersuchungen über den Konverterrauch im Hinblick auf die spektrale Überwachung des Thomasprozesses
1957, 48 Seiten, 14 Abb., 4 Tab., DM 12,10

HEFT 393
Dr.-Ing. O. Viertel und S. Bruckner-Lucas, Krefeld
Arbeitszeitstudien an Haushaltwaschmaschinen
1957, 74 Seiten, 8 Abb., 13 Tab., DM 17,30

HEFT 394
Privatdozent Dr. med. W. Koch, Münster
Die Ablagerung radioaktiver Substanzen im Knochen
1958, 264 Seiten, 147 Abb., DM 51,00

HEFT 395
Dipl.-Ing. L. Hahn, Clausthal-Zellerfeld
Untersuchungen zur Frage des optimalen Bohrloch- und Patronendurchmessers
1957, 132 Seiten, 49 Abb., 19 Tab., DM 31,25

HEFT 396
Prof. Dr.-Ing. F. Schultz-Grunow, Dr.-Ing. A. Jogerich, Essen, Dipl.-Ing. H. Meyer, cand. ing. P. Sand, Aachen
Untersuchungen des Luftwiderstandes von Güterwagen
1957, 42 Seiten, 18 Abb., 5 Tab., DM 10,90

HEFT 397
Techn.-Wissenschaftliches Büro für die Bastfaserindustrie, Bielefeld
Ungleichmäßigkeiten in Bändern von Bastfaserkarden, ihre Ursachen und Auswirkungen
1957, 60 Seiten, 18 Abb., 1 Tab., DM 14,80

HEFT 398
Prof. Dr. habil. H. E. Schwiete, Aachen, u. a.
Einlagerungsversuche an synthetischem Mullit I. — Die Zusammensetzung der Schmelzphase in Schamottesteinen I
1957, 58 Seiten, 6 Abb., 9 Tab., DM 14,40

HEFT 399
Prof. Dr. habil. H. E. Schwiete und Dr.-Ing. R. Vinkeloe, Aachen
Möglichkeiten der quantitativen Mineralanalyse mit dem Zählrohrgerät unter besonderer Berücksichtigung der Mineralgehaltsbestimmung von Tonen
1958, 102 Seiten, 34 Abb., 1 Tabelle, DM 26,70

HEFT 400
Prof. Dr. phil. W. Fuchs und Dipl.-Chem. H. Weyerstrass, Aachen
Entwicklung eines Heißfilters zur Reinigung von Gichtgas eines mit Kohle betriebenen Niederschachtofens
1958, 88 Seiten, 30 Abb., DM 20,20

HEFT 401
Prof. Dr.-Ing. M. Lipp und Dipl.-Chem. G. Frielingsdorf, Aachen
Darstellung reaktionsfähiger Verbindungen des Camphansystems und Versuche zu deren Fluorierung
1957, 84 Seiten, DM 17,—

HEFT 402
Prof. Dr. W. Linke, Aachen
Die Wärmeübertragung durch Thermopane-Fenster
1958, 44 Seiten, 17 Abb., 2 Tabellen, DM 10,80

HEFT 403
Prof. Dr.-Ing. P. Denzel und Dipl.-Ing. W. Cremer, Aachen
Verbesserung der Benutzungsdauer der Höchstlast in ländlichen Netzen durch Anwendung elektrischer Geräte in der Landwirtschaft
1957, 46 Seiten, 23 Abb., DM 12,10

HEFT 404
Prof. Dr. R. Jaeckel und Dipl.-Phys. F. Gross, Bonn
Die Löslichkeit von Gasen in schwerflüchtigen organischen Flüssigkeiten
1957, 46 Seiten, 17 Abb., 1Tab., DM 11.50

HEFT 405
Prof. Dr.-Ing. H. Opitz und Dipl.-Ing. H. Schuler, Aachen
Untersuchungen für einen Wirtschaftlichkeitsvergleich der Feinbearbeitungsverfahren
1958, 72 Seiten, 43 Abb., DM 17,90

HEFT 406
W. Kirsch, Remscheid
Entwicklungsarbeiten auf dem Gebiete des Korrosionsschutzes
1957, 86 Seiten, 28 Abb., 11 Tabellen, DM 19,—

HEFT 407
Prof. Dr.-Ing. H. Schenk, Aachen, und Dr.-Ing. W. Wenzel, Bad Godesberg
Entwicklungsarbeiten auf dem Gebiete der Verhüttung von Erzstaub in Schmelzkammern
1957, 82 Seiten, 9 Abb., 18 Tabellen, DM 17,10

HEFT 408
Prof. Dr. phil. F. Wever, Dr.-Ing. W. Lueg und Dr.-Ing. H. G. Müller, Düsseldorf
Kraft- und Arbeitsbedarf beim Warmscheren von Stahl in Abhängigkeit von Temperatur und Schnittgeschwindigkeit
1957, 46 Seiten, 15 Abb., 3 Tab., DM 11,35

WESTDEUTSCHER VERLAG · KÖLN UND OPLADEN

HEFT 409
Prof. Dr. phil. F. Wever, Dr. phil. W. Koch, Dr. rer. nat. Ch. Ilschner-Gensch und Dipl.-Phys. H. Rohde, Düsseldorf
Das Auftreten eines kubischen Nitrids in aluminiumlegierten Stählen
1957, 38 Seiten, 12 Abb., 3 Tabellen, DM 10,10

HEFT 410
Prof. Dr. phil. F. Wever, Prof. Dr. rer. techn. A. Kochendörfer, Dr. phil. nat. M. Hempel, Düsseldorf und Dipl.-Phys. E. Hillenhagen, Köln
Biegewechselversuche mit Flachproben aus Alpha-Eisen-Einkristallen zur Bestimmung der Wechselfestigkeit und der Gleitspuren
1957, 112 Seiten, 58 Abb., 3 Tabellen, DM 30,—

HEFT 411
Prof. Dr. W. Halbsguth und Dr. L. Sommer, Frankfurt/M.
Grundlegende Versuche zur Keimungsphysiologie von Pilzsporen
1957, 100 Seiten, 13 Abb., 32 Tabellen., DM 22,70

HEFT 412
Prof. Dr.-Ing. H. Opitz, Aachen
Kennwerte und Leistungsbedarf für Werkzeugmaschinengetriebe
1958, 72 Seiten, 35 Abb., DM 17,20

HEFT 413
Prof. Dr.-Ing. H. Opitz, Aachen
Richtwerte für das Fräsen von unlegierten und legierten Baustählen mit Hartmetall, Teil II
1957, 56 Seiten, 35 Abb., 4 Tabellen, DM 14,40

HEFT 414
Dr. med. H.-K. Parchwitz und Dr. med. C. Winkler, Bonn
Speicherung organischer Farbstoffe und künstlich radioaktiver Substanzen in Geschwulsten
1958, 46 Seiten, 14 Abb., DM 13,35

HEFT 415
Prof. Dr.-Ing. W. Paul, Dr. rer. nat. O. Osberghaus und Dipl.-Phys. E. Fischer, Bonn
Ein Ionenkäfig
1958, 56 Seiten, 18 Abb., DM 13,65

HEFT 416
Oberreg.-Gewerberat Dipl.-Ing. G. Steinicke, Hamburg
Die Wirkung von Lärm auf den Schlaf des Menschen
1957, 46 Seiten, 14 Abb., 8 Tab., DM 11,60

HEFT 417
Prof. Dr.-Ing. habil. E. Rößger, Berlin
I. Teil: Die Entwicklung des Weltluftverkehrs, Ergänzungsbericht 1954
II. Teil: Die zivile Luftfahrtpolitik der USA
1957, 230 Seiten, 6 Abb., 83 Tab., DM 48,—

HEFT 418
O. Gdaniec, Mülheim/Ruhr
Über die Randlochkarte als Hilfsmittel in der Dokumentation
1957, 44 Seiten, 15 Abb., 8 Tab., DM 10,10

HEFT 419
Dipl.-Ing. K. Brooks
Die Messungen der Reflexionseigenschaften künstlicher und natürlicher Materialien mit quasi-optischen Methoden bei Mikrowellen
1957, 78 Seiten, 52 Abb., DM 20,35

HEFT 420
Dipl.-Ing. M. Vogel, Oberpfaffenhofen
Das Spektralgebiet zwischen dem langwelligen Ultrarot und Mikrowellen
1957, 66 Seiten, 2 Abb., DM 13,50

HEFT 421
ORR Dipl.-Volkswirt Dr. H. Rogmann, Düsseldorf
Die Erforschung der Verkehrskonjunktur und der langzeitigen Dynamik in der Verkehrswirtschaft (Zusammenfassung der eingegangenen Stellungnahmen und Vorschläge)
1957, 168 Seiten, 3 Falttafeln, DM 26,60

HEFT 422
Prof. Dr.-Ing. K. Leist und Dipl.-Ing. W. Dettmering, Aachen
Prüfstände zur Messung der Druckverteilung an rotierenden Schaufeln
in Vorbereitung

HEFT 423
Prof. Dr.-Ing. K. Leist und Dr.-Ing. O. Thun, Aachen
Strömungsmessungen über Brennkammer-Wirkungsgrade
in Vorbereitung

HEFT 424
Prof. Dr.-Ing. K. Leist und Dipl.-Ing. I. Weber, Aachen
Spannungsoptische Untersuchungen von rotierenden Scheiben mit exzentrischen Bohrungen
1958, 74 Seiten, 80 Abb., 7 Tab., DM 22,65

HEFT 425
Dipl.-Ing. H. Lübke, Hamburg
Gasturbinen und Strahlantriebe für Hubschrauber
1958, 120 Seiten, 70 Abb., 9 Falttafeln, 1 Tab., DM 30,40

HEFT 426
Prof. Dr.-Ing. H. Opitz und Dipl.-Ing. W. Scholz, Aachen
Untersuchungen über den Raumvorgang
1957, 74 Seiten, 36 Abb., 7 Tab., DM 16,55

HEFT 427
Dr.-Ing. J. Endres, München
Kinematische Untersuchung eines Zweitakt-Hochleistungs-Dieseltriebwerks mit achsparallelen Zylindern und gegenläufigen Kolben
1958, 46 Seiten, 15 Abb., DM 11,55

HEFT 428
Dr.-Ing. J. Endres, München
Untersuchungen der Beschleunigungsverhältnisse eines Zweitakt-Hochleistungs-Dieseltriebwerks mit achsparallelen Zylindern und gegenläufigen Kolben
in Vorbereitung

HEFT 429
Prof. Dr. O. Kuhn, Köln
Selektive Wirkung verschiedener Stoffgruppen auf tierische Gewebe
1957, 54 Seiten, 32 Abb., DM 13,15

HEFT 430
Prof. Dr. G. Garbotz, Aachen und Dr.-Ing. G. Dress, Cadiz
Untersuchungen über das Kräftespiel an Flachbagger-Schneidwerkzeugen in Mittelsand und schwach bindigem, sandigem Schluff unter besonderer Berücksichtigung der Planierschilde und ebenen Schürfkübelschneiden
1958, 156 Seiten, 81 Abb., DM 37,50

HEFT 431
Prof. Dr.-Ing. H. Winterhager, Dr.-Ing. R. Kammel und Dipl.-Ing. W. Barthel, Aachen
Fortschritte auf dem Gebiet der Titanmetallurgie 1950—1955
1957, 160 Seiten, DM 34,50

HEFT 432
Dipl.-Phys. R. Werz, Bonn
Die Entwicklung einer Synchrozyklotron-Ionenquelle
1958, 122 Seiten, 90 Abb., 1 Tabelle, DM 30,30

HEFT 433
Dr.-Ing. G. Satlow, Aachen
Über einige physikalische und chemische Eigenschaften der Wolle von der gewaschenen Wolle bis zum Kammzug
1957, 72 Seiten, 15 Abb., 19 Tab., DM 15,25

HEFT 434
Dipl.-Ing. W. Rohs und Dr. J. Geurten, Bielefeld
Schlichten für Baumwollgarne
1957, 108 Seiten, 3 Abb., zahlreiche Tab., DM 23,70

HEFT 435
Dipl.-Ing. W. Rohs und Dipl.-Ing. L. Steinmetz, Bielefeld
Die Masseungleichmäßigkeit von Flachstreckenbändern in Abhängigkeit von Verzug und Dopplung
1957, 42 Seiten, 4 Abb., 2 Tabellen, DM 9,90

HEFT 436
Priv.-Doz. Dr. habil. J. Juilfs, Krefeld
Zur Bestimmung der Reißlast (Zugfestigkeit) von Fasern, Fäden und Garnen
in Vorbereitung

HEFT 437
Prof. Dr. G. Schmölders und Dr. I. Meyer, Köln
Geldwertbewußtsein und Münzpolitik. — Das sogenannte Gresham'sche Gesetz im Lichte der ökonomischen Verhaltensforschung
1957, 92 Seiten, DM 20,30

HEFT 438
Prof. Dr.-Ing. H. Winterhager und Dr.-Ing. L. Werner, Aachen
Bestimmung des elektrischen Leitvermögens geschmolzener Fluoride
1957, 52 Seiten, 18 Abb., 10 Tab., DM 11,90

HEFT 439
Prof. Dr. phil. H. Lange, Köln und Dr. rer. nat. R. Kohlhaas, Neuß/Rh.
Anwendung der thermomagnetischen Analyse zum Studium des Umwandlungsverhaltens von Eisenwerkstoffen im Temperaturbereich von —150°C bis +1500°C
1958, 108 Seiten, 72 Abb., 2 Tabellen, DM 27,10

HEFT 440
Dr.-Ing. H. Wolf, Aachen
Gekoppelte Hochfrequenzleitungen als Richtkoppler
1958, 122 Seiten, 44 Abb., DM 31,60

HEFT 441
Dr. phil. habil. P. Hölemann und Ing. R. Hasselmann, Düsseldorf
Messung des Temperatur- und Druckverlaufes beim Füllen und Entspannen von Dissousgas
1957, 52 Seiten, 6 Abb., 7 Tab., DM 11,25

HEFT 442
Dipl.-Ing. W. Rohs, Text.-Ing. Griese und Text.-Ing. W. Lauer, Bielefeld
Die Auswirkungen der Trocknungsart naßgesponnener Leinengarne auf deren Verarbeitungswirkungsgrad sowie auf die Festigkeits- und Dehnungseigenschaften der Garne und Gewebe
1957, 28 Seiten, 2 Abb., 3 Tab., DM 6,50

HEFT 443
Prof. Dr. phil. W. Weizel und K. Kluth, Bonn
Über die Struktur der positiven Gleitentladungen
1957, 44 Seiten, 30 Abb., DM 12,20

HEFT 444
Dr.-Ing. W. Wilhelm, Aachen
Einfluß der Saugrohrabmessung, der Einlaßsteuerlage und der Größe des Kurbelkastenvolumens auf den Ladungswechsel eines Einzylinder-Zweitakt-Dieselmotors
1958, 104 Seiten, 22 Abb., DM 22,40

HEFT 445
Dr.-Ing. E. Barz, Remscheid
Fertigungs- und Prüfverfahren für Feilen
vergriffen

HEFT 446
Dr. med. G. Schafer
Glutationsstoffwechsel und Sauerstoffmangel
1957, 28 Seiten, 5 Tab., DM 6,40

HEFT 447
Prof. Dr.-Ing. F. Bollenrath, Aachen, Dr.-Ing. H. Füllenbach, Seesen/Harz und Dipl.-Ing. J. Schumacher, Neubeckum/Westf.
Entwicklung rationell arbeitender Spritzkabinen
1958, 56 Seiten, 26 Abb., DM 13,55

HEFT 448
Dr. med. C. Winkler, Bonn
Ein Koinzidenz-Szintillometer zum Zwecke der Schilddrüsenfunktionsdiagnostik und der Tumordiagnostik
1957, 32 Seiten, 12 Abb., DM 8,35

HEFT 449
Priv.-Doz. Oberbaurat Dr.-Ing. W. Meyer zur Capellen und Mitarbeiter, Aachen
Bewegungsverhältnisse an der geschränkten Schubkurbel
in Vorbereitung

HEFT 450
Prof. Dr.-Ing. W. Paul, Bonn, und Dipl.-Phys. H. P. Reinhard, M.-Gladbach
Das elektrische Massenfilter als Isotopentrenner
1958, 56 Seiten, 20 Abb., DM 13,50

HEFT 451
Prof. Dr. G. Schmölders, Köln
Rationalisierung und Steuersystem
1957, 78 Seiten, DM 17,15

HEFT 452
Prof. Dr. rer. nat. W. Weltzien und Dr. phil. K. Windeck, Krefeld
Veränderungen an Fasern bei der Bleiche mit Natriumchlorid und über einige Vergilbungserscheinungen
1957, 64 Seiten, 3 Abb., 13 Tabellen, DM 14,85

HEFT 453
Forschungsinstitut der Feuerfest-Industrie, Bonn
Die Arbeiten der technisch-wissenschaftlichen Kommission der PRE (Vereinigung der europäischen Feuerfest-Industrie)
1957, 62 Seiten, 9 Abb., 18 Tabellen, DM 14,75

HEFT 454
Dr.-Ing. W. Piepenburg, Dipl.-Ing. B. Bühling und Bauing. J. Behnke, Köln
Haftfestigkeit der Putzmörtel
1958, 128 Seiten, 6 Abb., 63 Tabellen, DM 28,30

WESTDEUTSCHER VERLAG · KÖLN UND OPLADEN

HEFT 455
Dr.-Ing. W. A. Fischer, Dr.-Ing. H. Treppschuh und Dipl.-Phys. R. H. Köthemann, Düsseldorf
Erschmelzung von Reinsteisen nach dem Kohlenstoffproduktionsverfahren und Kerbschlagzähigkeit-Temperatur-Kurven dieses Eisens
1957, 38 Seiten, 7 Abb., 6 Tabellen, DM 9,35

HEFT 456
Priv.-Doz. Dir. Dr.-Ing. K. Bungardt, Essen
Zeitstandversuche an austenitischen Stählen und Legierungen
in Vorbereitung

HEFT 457
Prof. Dr. phil. F. Wever, Düsseldorf und Dr. phil. W. Wepner, Köln
Dämpfungsmessungen an schwach gereckten Eisen-Kohlenstoff-Legierungen
1957, 34 Seiten, 7 Abb., 3 Tab., DM 8,40

HEFT 458
Prof. Dr.-Ing. H. Schenck und Dr.-Ing. E. Schmidtmann, Aachen
Das Frischen von Thomas-Roheisen mit Sauerstoff-Wasserdampf-Gemischen und die Eigenschaften der damit erblasenen Stähle
1957, 62 Seiten, 56 Abb., DM 16,35

HEFT 459
Prof. Dr. phil. F. Wever, Dr. phil. O. Krisement und Hanna Schädler, Düsseldorf
Ein isothermes Mikrokalorimeter zur kinetischen Messung von Umwandlungs- und Ausscheidungsvorgängen in Legierungen
1957, 44 Seiten, 14 Abb., DM 10,75

HEFT 460
Prof. Dr. phil. F. Wever und Dr. rer. nat. B. Ilschner, Düsseldorf
Ein isothermes Lösungskalorimeter zur Bestimmung thermo-dynamischer Zustandsgrößen von Legierungen
1957, 44 Seiten, 7 Abb., 4 Tabellen, DM 10,40

HEFT 461
Prof. Dr.-Ing. habil. E. Piwowarski †, Prof. Dr.-Ing. W. Patterson und Dipl.-Ing. F. W. Iske, Aachen
Verbesserung der Zähigkeitseigenschaften von Bessemer-Stahlguß
1958, 54 Seiten, 15 Abb., 16 Tabellen, DM 12,75

HEFT 462
Prof. Dr. rer. nat. J. Weissinger
Zur Aerodynamik des Ringflügels — II. Die Ruderwirkung
Zur Aerodynamik des Ringflügels — III. Der Einfluß der Profildicken
1957, 82 Seiten, 7 Abb., 6 Tabellen, DM 18,20

HEFT 463
Dipl.-Ing. G. Plüss, Essen-Steele
Die Aufteilung der verbrennlichen Bestandteile in Verbrennungsgasen auf CO und H_2 bei Verbrennung mit Luftunterschuß und bei Luftüberschuß und künstlicher Flammenkühlung
1957, 34 Seiten, 7 Abb., 2 Tabellen, DM 8,40

HEFT 464
Dr. phil. habil. P. Hölemann und Ing. R. Hasselmann, Dortmund
Die Möglichkeit der Zündung von Acetylen in Rohrleitungen beim Ausblasen mit Stickstoff
1957, 38 Seiten, 6 Abb., 6 Tabellen, DM 9,20

HEFT 465
Dr.-Ing. R. Koch, Köln
Amerikanische Fertigungsunterlagen und ihre Werkstattreifmachung für deutsche Betriebe
in Vorbereitung

HEFT 466
Prof. Dr.-Ing. J. Mathieu, Aachen
Überbetrieblicher Verfahrensvergleich
1958, 68 Seiten, 16 Abb., DM 16,65

HEFT 467
Prof. Dr. Dr. h. c. E. Klenk und Dr. phil. H. Faillard, Köln
Neue Erkenntnisse über den Mechanismus der Zellinfektion durch Influenzavirus
Die Bedeutung der Neuraminsäure als Zellreceptor für das Influenzavirus
1957, 52 Seiten, 5 Abb., DM 14,40

HEFT 468
Prof. Dr. med. Dr. med. dent. G. Korkhaus und Dr. med. R. Alfter, Bonn
Die Vakuumwurzelbehandlung
1958, 52 Seiten, 51 Abb., DM 16,55

HEFT 469
Dr. sc. agr. F. Riemann und Dipl.-Volksw. R. Hengstenberg, Göttingen
Zur Industrialisierung kleinbäuerlicher Räume
1957, 138 Seiten, 4 Karten, 23 Tab., DM 27,—

HEFT 470
O. Wehrmann
Hitzdrahtmessungen in einer aufgespaltenen Kármánschen Wirbelstraße
1957, 42 Seiten, 14 Abb., 4 Tabellen, DM 10,90

HEFT 471
Prof. Dr. phil. habil. A. Naumann, Dr.-Ing. A. Heyser und Dr. phil. Dipl.-Ing. W. Trommsdorf, Aachen
Der Überdruck-Windkanal in Aachen
1957, 44 Seiten, 20 Abb., DM 11,—

HEFT 472
Dipl.-Ing. A. Freitag, Essen-Steele
Verhalten von Katalytstrahlern bei Betrieb mit Luftvormischung zum Gas und der Verbrennung von Luft gegen eine Gasatmosphäre
1958, 44 Seiten, 18 Abb., 1 Tabelle, DM 11,10

HEFT 473
Prof. Dr. phil. F. Wever, Dr.-Ing. W. Lueg und Dipl.-Ing. P. Funke jr. Düsseldorf
Versuche an einer hydraulischen 25 t-Stangenziehbank
1957, 34 Seiten, 11 Abb., DM 8,95

HEFT 474
Dr.-Ing. R. Ibing und Dipl.-Ing. G. Meier, Hannover
Eichung und Entwicklung von Staubentnahmesonden
1958, 32 Seiten, 9 Abb., 2 Tabellen, DM 8,65

HEFT 475
Prof. Dipl.-Ing. W. Sturtzel, Obering. Helm und Dipl.-Ing. Heuser, Duisburg
Systematische Ruderversuche mit einem Schleppkahn und einem Binnenselbstfahrer vom Typ „Gustav Koenigs"
1958, 84 Seiten, 38 Abb., 4 Tabellen, DM 20,10

HEFT 476
Prof. Dipl.-Ing. W. Sturtzel und Dipl.-Ing. Schmidt-Stiebitz, Duisburg
Einfluß der Hinterschiffsform auf das Manövrieren von Schiffen auf flachem Wasser
in Vorbereitung

HEFT 477
Dr. K. Utermann, Dortmund
Freizeitprobleme bei der männlichen Jugend einer Zechengemeinde
1957, 56 Seiten, DM 12,75

HEFT 478
Prof. Dr.-Ing. habil. W. Petersen und Dr.-Ing. S. Wawroschek, Aachen
Brikettierungsversuche zur Erzeugung von Möllerbriketts unter Verwendung von Braunkohle
1957, 102 Seiten, 42 Abb., 6 Tabellen, DM 24,25

HEFT 479
Prof. Dr.-Ing. W. Wegener, Aachen, und Dipl.-Ing. H. Fourné, Bochum
Ursachen des Überschreitens der Toleranzgrenze nach oben oder unten (Meter pro Gramm) an der Strecke
1958, 60 Seiten, 17 Abb., 3 Tabellen, DM 14,60

HEFT 480
Dr. phil. K. Brücker-Steinkuhl, Düsseldorf
Anwendung mathematisch-statistischer Verfahren bei der Fabrikationsüberwachung
in Vorbereitung

HEFT 481
Oberbaurat Dr.-Ing. W. Meyer zur Capellen, Aachen
Fünf- und sechspunktige Geradführung in Sonderlagen des ebenen Gelenkvierecks
in Vorbereitung

HEFT 482
Dipl.-Ing. R. Pels-Leusden und Dr. K. Bergmann, Essen
Die Frostbeständigkeit von Ziegeln; Einflüsse der Materialzusammensetzung und des Brandes
1958, 84 Seiten, 31 Abb., 4 Tab., DM 20,45

HEFT 483
Prof. Dr.-Ing. habil. F. A. F. Schmidt, Aachen
Gemischbildungs-, Selbstzündungs- und Verbrennungsvorgänge als Grundlage für Entwicklungsarbeiten an Gasturbinenbrennkammern
in Vorbereitung

HEFT 484
Prof. Dr. habil. H. E. Schwiete und Dr. G. Schwiete, Aachen
Beitrag zur Struktur des Montmorillonit
in Vorbereitung

HEFT 485
Prof. Dr. phil. E. Jenckel, Aachen, Dr. H. Wilsing, Dormagen, Dr. H. Dörffurt, Wesseling/Bez. Köln und Dipl.-Phys. H. Rinkens, Eschweiler
Kristallisation der Hochpolymeren
in Vorbereitung

HEFT 486
Doz. Dr. med. E. Lerche und Dr. med. J. Schulze, Aachen
Hörermüdung und Adaptation im Tierexperiment
1958, 44 Seiten, 12 Abb., DM 10,55

HEFT 487
Prof. Dipl.-Ing. W. Blume, Duisburg
Festigkeitseigenschaften kombinierter Leichtbaustoffe im Hinblick auf die Verkehrstechnik, insbesondere des Flugzeugbaus
1958, 102 Seiten, 31 Abb., 2 Tabellen, DM 25,50

HEFT 488
Prof. Dr. habil. H. E. Schwiete und Dipl.-Chem. H. Westmark
Beitrag zur Kennzeichnung der Texturen von Schamottesteinen
1958, 62 Seiten, 34 Abb., 7 Tab., DM 16,80

HEFT 489
Dipl.-Math. K. H. Müller
Strenge Lösungen der Navier-Stokes-Gleichung für rotationssymmetrische Strömungen
1957, 64 Seiten, 23 Abb., DM 14,85

HEFT 490
Hauptstelle für Staub- und Silikosebekämpfung des Steinkohlenbergbauvereins, Essen-Rüttenscheid
Zur Staub- und Silikosebekämpfung im Steinkohlenbergbau
in Vorbereitung

HEFT 491
Prof. Dr. Fr. Lotze und K. Kötter, Münster
Chloridgehalte des oberen Emsgebietes und ihre Beziehungen zur Hydrogeologie
in Vorbereitung

HEFT 492
Prof.-Dr. phil. J. Meixner und B. Manz, Aachen
Zur Theorie der irreversiblen Prozesse in α-Eisen
1958, 22 Seiten, 1 Abb., DM 5,70

HEFT 493
Prof. Dr. phil. habil. A. Naumann und Dipl.-Ing. H. Pfeiffer, Aachen
Versuche an Wirbelstraßen hinter Zylindern bei hohen Geschwindigkeiten
1958, 46 Seiten, 19 Abb., DM 11,65

HEFT 494
Dipl.-Ing. W. Rohs und Text.-Ing. Griese, Bielefeld
Entwicklung und Erprobung eines verbesserten elektrischen Kettfadenwächtergeschirrs für die Leinen- und Halbleinenweberei
1957, 56 Seiten, 9 Abb., 11 Tabellen, DM 13,—

HEFT 495
Prof. Dr. phil. E. Asmus und Dr. rer. nat. H.-F. Kurandt, Berlin
Einige analytische Anwendungen der Zincke-Königschen Reaktion
1958, 46 Seiten, 14 Abb., 7 Tabellen, DM 11,45

HEFT 496
Dipl.-Chem. P. Vogel, Krefeld
Färberische Eigenschaften von zur Herstellung von Verdickungen in der Stoffdruckerei bestimmten Stoffen
1957, 38 Seiten, 3 Abb., 3 Tabellen, DM 9,30

HEFT 497
Oberarzt Dr. med. G. Mußgnug, Bottrop
Die Knochenveränderungen und der Knochenstoffwechsel beim Sudeck-Syndrom
1958, 58 Seiten, 18 Abb., DM 13,85

HEFT 498
Prof. Dr.-Ing. H. Zahn und Dr. rer. nat. W. Gerstner, Aachen
Herstellung säurefester technischer Gewebe
1957, 40 Seiten, 8 Tabellen, DM 9,65

HEFT 499
Priv.-Doz. Dr. J. Juilfs, Krefeld
Die Bestimmung des Wasserrückhaltevermögens (bzw. des Quellwertes) von Fasern
1958, 42 Seiten, 8 Abb., 8 Tabellen, DM 10,35

WESTDEUTSCHER VERLAG · KÖLN UND OPLADEN

HEFT 500
Priv.-Doz. Dr. J. Juilfs, Krefeld
Vergleichende Untersuchungen am Schopper-Scheuerprüfgerät
1958, 74 Seiten, 34 Abb., verschied. Tab., DM 18,10

HEFT 501
Dipl.-Ing. W. Rohs und Dr. J. Geurten, Bielefeld
Untersuchungen in der Leinengarnbleiche
1958, 50 Seiten, 5 Abb., 5 Tabellen, DM 11,50

HEFT 502
Prof. Dr. M. Diem und Dr. R. Trappenberg, Karlsruhe
Berechnung der Ausbreitung von Staub und Gas
1957, 200 Seiten, mit zahlreichen Diagr., DM 37,30

HEFT 503
Dr. rer. nat. J. Faßbender, Bonn
Untersuchungen über die Eigenschaften von Cadmiumsulfid-Sandwich-Zellen
1957, 36 Seiten, 8 Abb., DM 8,80

HEFT 504
Prof. Dr. phil. F. Wever, Dr. phil. W. Wink und Dr. rer. nat. W. Jellinghaus, Düsseldorf
Versuchsanordnung zur Messung der Suszeptibilität paramagnetischer Stoffe und Meßergebnisse an Nickel-Chrom- und Kobalt-Nickel-Chrom-Werkstoffen
1958, 38 Seiten, 10 Abb., 2 Tabellen, DM 9,95

HEFT 505
Prof. Dr.-Ing. F. A. F. Schmidt und Dipl.-Ing. H. Heitland, Aachen
Einfluß des Selbstzündungsverhaltens der Kraftstoffe auf den Verbrennungsablauf, Wirkungsgrad und Druckverlust von Hochleistungsbrennkammern
in Vorbereitung

HEFT 506
Prof. Dr.-Ing. W. Meyer zur Capellen, Aachen
Der Flächeninhalt von Koppelkurven. — Ein Beitrag zu ihrem Formenwandel
in Vorbereitung

HEFT 507
Prof. Dr. H. Kaiser, Dr. G. Bergmann und Dr. G. Gresze, Dortmund
Kartei zur Dokumentation in der Molekülspektroskopie
in Vorbereitung

HEFT 508
Dr. H. Schmidt-Ries, Krefeld
Limnologische Untersuchungen des Rheinstromes I (Hydrobiologische und physiographische Untersuchungen)
1958, 76 Seiten, DM 33,90

HEFT 509
Dr. Schmidt-Ries, Krefeld
Limnologische Untersuchungen des Rheinstromes I (Tabellenwerk)
in Vorbereitung

HEFT 510
Prof. Dr. rer. nat. W. Groth und Dr.-Ing. K. Bayerle, Bonn
Anreicherung der Uranisotope nach dem Gaszentrifugenverfahren
1958, 88 Seiten, 43 Abb., DM 21,20

HEFT 511
H. Wahl, G. Kantenwein und W. Schäfer, Essen
Gesteinsbohr-Modellversuche zur Frage des Drehbohrens, Schlagbohrens und Drehschlagbohrens
in Vorbereitung

HEFT 512
Prof. Dr. H. Strassl, Bonn
Azimut-Monogramme für alle Stundenwinkel und Deklinationen im Bereich der geographischen Breiten von —80° bis +80°
in Vorbereitung

HEFT 513
Prof. Dr. W. Schmitz und Dr. rer. F. Schmitt, Mülheim/Ruhr
Die Verwendung des Magnetbandgerätes zur Speicherung des Kurvenverlaufs elektrischer Ströme
1958, 68 Seiten, 35 Abb., DM 17,65

HEFT 514
Dr. rer. nat. M.-E. Meffert, Essen
Die Kultur von Scenedesmus obliquus in Abwasser
1957, 46 Seiten, 7 Abb., 7 Tabellen, DM 10,85

HEFT 515
Prof. Dr. habil. H. E. Schwiete und Dr.-Ing. Chr. Hummel, Aachen
Thermochemische Untersuchungen im System SiO_2 und Na_2O—SiO_2
1958, 122 Seiten, 29 Abb., 28 Tabellen, DM 28,00

HEFT 516
Prof. Dr.-Ing. H. Müller, Dipl.-Ing. F. Reinke und Dipl.-Ing. W. Sorgenicht, Essen
Gesamtstrahlungsmessungen der Temperaturstrahlung
in Vorbereitung

HEFT 517
Prof. Dr. med. G. Lehmann und Dr. med. J. Meyer-Delius, Dortmund
Gefäßreaktionen der Körperperipherie bei Schalleinwirkung
1958, 36 Seiten, 12 Abb., DM 9,15

HEFT 518
Dr.-Ing. H. Scheffler, Dortmund
Funktionelle Zusammenhänge der dynamischen Einflußgrößen beim handgeführten Druckluft-Abbauhammer und ihre Berücksichtigung für die Konstruktion rückstoßarmer Hämmer
in Vorbereitung

HEFT 519
Prof. Dr. phil. F. Wever, Dr. phil. W. Koch und Dr. phil. S. Eckhard, Düsseldorf
Die spektrographische Bestimmung der Spurenelemente in Stahl ohne vorherige Abbrennung
1958, 50 Seiten, 22 Abb., DM 12,60

HEFT 520
Prof. Dr.-Ing. H. Opitz, Dipl.-Ing. H. Obrig und Dipl.-Ing. P. Kips, Aachen
Untersuchung neuartiger elektrischer Bearbeitungsverfahren
1958, 58 Seiten, 35 Abb., DM 14,70

HEFT 521
Prof. Dr.-Ing. H. Opitz und Dipl.-Ing. K. E. Schwartz, Aachen
Das Abrichten von Schleifscheiben mit Diamanten
1958, 72 Seiten, 34 Abb., 3 Tabellen, DM 17,15

HEFT 522
J. Lorentz und K. Brocks
Elektrische Meßverfahren in der Geodäsie
1958, 118 Seiten, 49 Abb., 5 Tab., DM 28,—

HEFT 523
K. Eberts
Entwicklungen einiger Meßverfahren und einer Frequenz- und amplitudenstabilisierten Meßeinrichtung zur gleichzeitigen Bestimmung der komplexen Dielektrizitäts- und Permeabilitätskonstante von festen und flüssigen Materialien im rechteckigen Hohlleiter und im freien Raum bei Frequenzen von 9200 und 33000 MHz
1958, 132 Seiten, 37 Abb., DM 30,20

HEFT 524
Dr. rer. nat. S. Lockau, Emlichheim
Versuche zur Gewinnung von Kartoffeleiweiß
1958, 56 Seiten, 2 Abb., DM 12,70

HEFT 525
Prof. Dr. Dr. h.c. H. P. Kaufmann und Dr. F. Weghorst, Münster
Beiträge zur Chemie und Technologie der Fetthärtung I
in Vorbereitung

HEFT 526
Dr. phil. habil. P. Hölemann und Ing. R. Hasselmann, Dortmund
Einfluß der Oberflächenbeschaffenheit der Wandung auf den Ablauf von Azetylenexplosionen
1958, 62 Seiten, 8 Abb., 10 Tabellen, DM 14,50

HEFT 527
Dr. rer. nat. K. G. Müller, Hanau/W.
Wärmeübertragung auf eine Flugstaubströmung im senkrechten Rohr sowie auf eine durchströmte Schüttgutschicht
in Vorbereitung

HEFT 528
Dr. P. Ney und Dr. F. Schwarz, Köln
Physikochemische Grundlagen der Bildsamkeit von Kaolken unter Einbeziehung des Begriffs der aktiven Oberfläche
Kristallchemische Betrachtung der Bildsamkeit
1958, 110 Seiten, 34 Abb., 6 Tabellen, DM 26,75

HEFT 529
Dr. phil. G. Riedel, Dortmund
Messung und Regelung des Klimazustandes durch eine die Erträglichkeit für den Menschen anzeigende Klimasonde
1958, 78 Seiten, 35 Abb., DM 17,95

HEFT 530
Prof. Dr. med. O. Graf, Dortmund
Nervöse Belastung im Betrieb — I. Teil: Nachtarbeit und nervöse Belastung
in Vorbereitung

HEFT 531
Prof. Dr.-Ing. habil. K. Krekeler, Dipl.-Ing. H. Verhoeven und Dipl.-Ing. H. Ernenputsch, Aachen
Autogenes Entspannen bei niedrigen Temperaturen
in Vorbereitung

HEFT 532
Prof. Dr.-Ing. habil. K. Krekeler, Dipl.-Ing. H. Verhoeven und Dipl.-Ing. W. Krieweth, Aachen
Schutzgasschweißen mit kontinuierlich abschmelzender Elektrode von niedriglegierten Kohlenstoffstählen (Sigma-Schweißen)
in Vorbereitung

HEFT 533
Prof. Dr.-Ing. H. Opitz und Dipl.-Ing. W. Hölken, Aachen
Untersuchung von Ratterschwingungen an Drehbänken
1958, 84 Seiten, 44 Abb., 2 Tab., DM 19,70

HEFT 534
Oberbergamtsdirektor H. Sanders, Dortmund
Seismische Forschungsarbeiten im Ostteil des Grubenfeldes König Ludwig
in Vorbereitung

HEFT 535
Dr.-Ing. J. Lennertz, Köln
Einfluß des Ausbaugrades und Benutzungsgrades nachrichtentechnischer Einrichtungen auf die Gesamtwirtschaft
in Vorbereitung

HEFT 536
Dr. rer. nat. C. W. Czernin-Chudenitz, Krefeld
Limnologische Untersuchungen des Rheinstromes. — Quantitative Phytoplanktonuntersuchungen
in Vorbereitung

HEFT 537
Dr.-Ing. N. Gössl, Frankfurt/M.
Probleme der Zugförderung im Zusammenhang mit der Ausnutzung der Atom-Energie
in Vorbereitung

HEFT 538
Prof. Dr. K. Hinsberg, Düsseldorf
Reaktion zur Frühdiagnose von Krebserkrankungen
1958, 28 Seiten, 1 Abb., 3 Tabellen, DM 7,00

HEFT 539
Prof. Dr. L. v. Ubisch, Norwegen
Die philogenetischen Symmetrieveränderungen bei den Seeigeln
in Vorbereitung

HEFT 540
Prof. Dr. rer. nat. H. Krebs, Bonn
Die katalytische Aktivierung des Schwefels
in Vorbereitung

HEFT 541
Prof. Dr. O. Schmitz-DuMont, Bonn
Reaktionen in flüssigem Ammoniak zur Gewinnung von 1. Titanylamid, 2. Oxykobalt (III)-amiden, 3. Ammonobasischen Kobalt (III)-benzylaten
in Vorbereitung

HEFT 542
Dr. phil. nat. G. Zapf, Schwelm
Entwicklung eines Verfahrens zur Herstellung von Formteilen aus Sintermessing
in Vorbereitung

HEFT 543
Prof. Dr. phil. habil. H. E. Schwiete, Dr. phil. H. Müller-Hesse und Dipl.-Ing. G. Gelsdorf, Aachen
Einlagerungsversuche an synthetischem Mullit. Teil II
1958, 42 Seiten, 5 Abb., 10 Tab., DM 10,—

HEFT 544
Prof. Dr. phil. habil. H. E. Schwiete, Dr.-Ing. A. K. Bose und Dr. phil. H. Müller-Hesse, Aachen
Die Schmelzphase in Schamottesteinen. — Teil II
in Vorbereitung

HEFT 545
Prof. Dr. phil. habil. H. E. Schwiete, Dr. rer. nat. G. Ziegler und Dipl.-Ing. Ch. Kliesch, Aachen
Thermochemische Untersuchungen über die Dehydration des Montmorillonits
in Vorbereitung

HEFT 546
Prof. Dr.-Ing. K. Leist und K. Graf, Aachen
Vergleich von Gleichdruck- und Verpuffungsgasturbinen
in Vorbereitung

HEFT 547
Prof. Dr.-Ing. K. Leist, K. Graf und D. Stojek, Aachen
Das betriebliche Verhalten von Gasturbinen-Fahrzeugen
in Vorbereitung

WESTDEUTSCHER VERLAG · KÖLN UND OPLADEN

HEFT 548
Prof. Dr.-Ing. K. Leist und J. Weber, Aachen
Spannungsoptische Untersuchungen von Turbinenscheiben mit angefrästen und eingesetzten Schaufeln
in Vorbereitung

HEFT 549
Dr.-Ing. R. Merten, Duisburg
Resonanzanpassung bei einem Tiefpaß
1958, 36 Seiten, 16 Abb., DM 9,—

HEFT 550
Dr. H. Stephan, Bonn
Elektrisches Standhöhenmeßgerät für Flüssigkeiten
1958, 40 Seiten, 13 Abb., 2 Tab., DM 10,10

HEFT 551
Prof. Dr. phil. W. Weizel und Dipl.-Phys. B. Brandt, Bonn
Betriebsbedingungen einer stromstarken Glimmentladung
1958, 68 Seiten, 18 Abb., DM 16,00

HEFT 552
Dr.-Ing. G. Leiber und Dipl.-Ing. D. Schauwinhold, Duisburg-Hamborn
Versuche zur Erzeugung halbberuhigten Stahles
1958, 42 Seiten, 23 Abb., 6 Tabellen, DM 11,30

HEFT 553
Prof. Dr. rer. pol. G. Garbotz und Dipl.-Ing. J. Theiner, Aachen
Untersuchungen der Walzverdichtungsvorgänge auf Lößlehm, Kies und Schotter
in Vorbereitung

HEFT 554
Prof. Dr.-Ing. H. Müller, Essen
Untersuchung von Elektrowärmegeräten für Laienbedienung hinsichtlich Sicherheit und Gebrauchsfähigkeit. — Teil II: Temperaturen an und in schmiegsamen Elektrogeräten
in Vorbereitung

HEFT 555
Prof. Dr. med. H. Elbel und Dipl.-Phys. K. Sellier, Bonn
Der Nachweis kleinster CO-Mengen in Körperflüssigkeiten
1958, 36 Seiten, 12 Abb., DM 9,10

HEFT 556
Prof. Dr. A. Gütgemann und Dr. med. G. Karcher, Bonn
Klinische und experimentelle Untersuchungen mit Hilfe einer künstlichen Niere
1958, 28 Seiten, 4 Abb., DM 7,10

HEFT 557
Dr.-Ing. H. Schiffers, Dipl.-Ing. D. Ammann, Dipl.-Ing. E. Brugger und R. Dicke, Aachen
Härtbarkeit von Gußeisen mit Lamellen- und Kugelgraphit in Abhängigkeit von Zusammensetzung und Gefüge
1958, 44 Seiten, 24 Abb., 1 Tab., DM 11,—

HEFT 558
Dr. phil. C. A. Roos, Aachen
Menschlich bedingte Fehlleistungen im Betrieb und Möglichkeiten ihrer Verringerung
in Vorbereitung

HEFT 559
Prof. Dr. H. E. Schwiete und Dipl.-Chem. R. Gauglitz, Aachen
Die Verflüssigung von Montmorillonitschlämmen
in Vorbereitung

HEFT 560
Prof. Dr. med. J. Vonkennel und Dr. G. Froitzheim, Köln
Zur Prüfung silikonhaltiger Hautschutzsalben
in Vorbereitung

HEFT 561
Prof. Dipl.-Ing. W. Sturtzel und Dr.-Ing. Schmidt-Stiebitz, Duisburg
Verbesserung des Wirkungsgrades von Düsenpropellern durch zusätzlich angeordnete Mischdüsen
in Vorbereitung

HEFT 562
Prof. Dr.-Ing. H. Schenck, Prof. Dr. phil. habil N. G. Schmahl und Dr.-Ing. G. Funke, Aachen
Die Reduzierbarkeit von Eisenerzen
in Vorbereitung

HEFT 563
Dr. D. v. Oppen, Dortmund
Beiträge zur Soziologie der Gemeinde im Ruhrgebiet.— II. Familien in ihrer Umwelt
in Vorbereitung

HEFT 565
Dr. K. Hahn und Dr. R. Mackensen, Dortmund
Beiträge zur Soziologie der Gemeinde im Ruhrgebiet. — IV. Die kommunale Neuordnung des Ruhrgebietes, dargestellt am Beispiel Dortmunds
in Vorbereitung

HEFT 566
Dr. H. Klages, Dortmund
Der Nachbarschaftsgedanke und die nachbarliche Wirklichkeit in der Großstadt
in Vorbereitung

HEFT 567
Dr. rer. nat. K. Sauerwein, Düsseldorf
Anwendungen radioaktiver Isotope in der Technik
in Vorbereitung

HEFT 568
Prof. Dr. Alde, Dipl.-Chem. M. Dollhausen und Dipl.-Chem. M. Tremery, Köln
Über einige neue Reaktionen des Indens
in Vorbereitung

HEFT 569
Dr. phil. habil. P. Hölemann, Ing. R. Hasselmann und J. Strootmann, Düsseldorf
Acetylenverluste an Naßentwicklern
in Vorbereitung

HEFT 570
Prof. Dr.-Ing. habil. K. Krekeler, Dr.-Ing. H. Peukert und Dipl.-Ing. O. Schwarz, Aachen
Kerbempfindlichkeit thermoplastischer Kunststoffe abhängig von der Kerbform und der Beanspruchungstemperatur
in Vorbereitung

HEFT 571
Privatdozent Dr. med. W. Klosterkötter, Münster
Wirkung der Kieselsäure bei der Entstehung der Silikose
1958, 166 Seiten, 98 Abb., DM 41,95

HEFT 572
Dipl.-Kaufmann Dipl.-Volksw. Jean-Baptiste Felten, Köln
Wert und Bewertung ganzer Unternehmungen unter besonderer Berücksichtigung der Energiewirtschaft
in Vorbereitung

HEFT 573
Prof. Dr. phil. F. Wever, Dr. rer. nat. W. Jellinghaus und Dr.-Ing. Toshimori Shuin, Düsseldorf
Gemischt-keramische Sinterwerkstoffe aus Aluminiumoxyd und Eisen oder Eisenlegierungen
in Vorbereitung

HEFT 574
Dr.-Ing. habil. H. Klingelböffer, München
Trocknungsvorgänge beim Beschichten von Papier und Pappen mit Kunststoffdispersionen
in Vorbereitung

HEFT 575
Prof. Dr. phil. habil. C. Kröger, Aachen
Verkokungsverhalten der Steinkohlenmacerale und ihrer Mischungen
in Vorbereitung

HEFT 576
Prof. Dr. F. Micheel und Dr. H. G. Bussmann, Münster
Untersuchung synthetischer Kohlenhydrat-Eiweißverbindungen mit der Ultracentrifuge bei der Elektrophorese
in Vorbereitung

HEFT 577
S. Ruff u. a.
Untersuchungen zur therapeutischen Anwendung des Sauerstoffmangels
1958, 128 Seiten, 30 Abb., DM 29,10

HEFT 578
G. Fellner
Der Einfluß der Fluggeschwindigkeit auf die Wirtschaftlichkeit von Durch- und Ausstromtriebwerk
in Vorbereitung

HEFT 579
Dipl.-Ing. H. J. Koch, Essen
Untersuchungen über den Abhebedruck von Brenngasen
in Vorbereitung

HEFT 580
Prof. Dr.-Ing. A. Götte und Dipl.-Chem. G. Scholz, Aachen
Unterstützung der Entwässerung von Feinkohle durch chemische Hilfsmittel
in Vorbereitung

HEFT 581
Obermedizinalrat a. D. Dr. med. F. Bassermann, Regensburg
Elektronenoptische Untersuchungen an Ultradünnschnitten des Tuberkulose-Erregers sowie der käsigen Gewebsnekrose und zum Problem des Vorkommens einer mycobakteriellen L-Phase
in Vorbereitung

HEFT 582
Dr. phil. C. A. Roos, Aachen
Arbeitsleistung und Arbeitsgüte
in Vorbereitung

HEFT 583
Prof. Dr. phil. F. Kirchner, Dipl.-Phys. H. Baron und Dipl.-Phys. H. Kirchner, Köln
Verwendbarkeit von Zählrohren zu massenspektrometrischen Untersuchungen
in Vorbereitung

HEFT 584
G. Kroebel, Köln
Maßnahmen der Nachwuchs- und Talentförderung im Deutschen Gewerkschaftsbund
1958, 72 Seiten, DM 16,35

HEFT 585
Dr. phil. M. Simoneit, Köln
Gedanken und Vorschläge zur Auslese technischer Talente
in Vorbereitung

HEFT 586
Dr.-Ing. W. A. Fischer und Dr. rer. nat. A. Hoffmann, Düsseldorf
Verhalten von Eisen- und Stahlschmelzen im Hochvakuum
in Vorbereitung

HEFT 587
Dipl.-Ing. H. Schmidt, Krefeld
Auswirkung der Strömungsverhältnisse in Trommelwaschmaschinen unter besonderer Berücksichtigung des Durchlaufspülens
in Vorbereitung

HEFT 588
Dr.-Ing. W. Wilhelm, Aachen
Untersuchungen über den Einfluß der Auspuffrohrabmessungen auf den Ladungswechsel einer Einzylinder-Zweitakt-Vergasermaschine mit Kurbelkastenspülung
in Vorbereitung

HEFT 589
Prof. Dr. phil. habil. C. Kröger, Aachen
Wärmebedarf der Silikatglasbildung
in Vorbereitung

HEFT 590
Übergabe des Synchro-Zyklotrons an das Institut für Strahlen- und Kernphysik der Universität Bonn am 8. Mai 1957
in Vorbereitung

HEFT 591
Dr. Schairer, Köln
Aufgabe, Struktur und Entwicklung der Stiftungen
in Vorbereitung

HEFT 592
Verein zur Förderung des Forschungsinstituts für Rationalisierung an der Rhein.-Westf. Technischen Hochschule Aachen
Das Forschungsinstitut für Rationalisierung an der Rhein.-Westf. Technischen Hochschule Aachen
in Vorbereitung

HEFT 593
Dr. phil. C. A. Roos, Aachen
Berufseignung und Berufseinsatz — I. Teil
in Vorbereitung

HEFT 594
Prof. Dr. A. Nikuradse, München
Energieabsorption von Atomkernstrahlen in organischen Stoffen und durch sie hervorgerufene Reaktionsprozesse
in Vorbereitung

HEFT 595
Prof. Dr. A. Nikuradse und Dipl.-Phys. K. Kugler, München
Einfluß der molekularen bzw. atomaren Beschaffenheit der Festwandoberflächenschicht auf die Wechselwirkung zwischen auftreffenden Gasmolekülen und der Wand
in Vorbereitung

HEFT 596
Dipl.-Ing. K.-H. Hardieck, Aachen
Theoretische und experimentelle Untersuchungen der stationären Vorgänge in magnetischen Verstärkern
in Vorbereitung

HEFT 597
Prof. Dr. phil. F. Wever, Dr. phil. W. Wink und Dr. rer. nat. W. Jellinghaus, Düsseldorf
Suszeptibilitätsmessungen an hochwarmfesten Legierungen auf Nickel-Chrom- und Kobalt-Nickel-Chrom-Grundlage
in Vorbereitung

HEFT 598
Prof. Dr.-Ing. F. A. F. Schmidt, Aachen
Hydrodynamische und mechanische Gesetzmäßigkeit eines nach dem Scheibenverteilerprinzip arbeitenden Einspritzsystems für Ottomotore
in Vorbereitung

WESTDEUTSCHER VERLAG · KÖLN UND OPLADEN

HEFT 599
Dr. phil. W. Koch und Dipl.-Phys. Dr. phil. H. Sundermann, Düsseldorf
Elektrochemische Grundlagen der Isolierung von Gefügebestandteilen in metallischen Werkstoffen
in Vorbereitung

HEFT 600
Dr. phil. W. Koch, Dr. phil. S. Eckhard und Dr. rer. nat. F. Stricker, Düsseldorf
Die lichtelektrische Spektralanalyse der Gase im Stahl
in Vorbereitung

HEFT 601
W. Barho und E. Stiller, Köln
Die Lage des Technisch-Wissenschaftlichen Nachwuchses und der Technisch-Wissenschaftlichen Hochschulen in der Bundesrepublik
in Vorbereitung

HEFT 602
H. von Stebut, Köln
Die Hochschulen in der Aufwärtsentwicklung Westdeutschlands
in Vorbereitung

HEFT 603
Prof. Dr.-Ing. L. Engel und Dr.-Ing. J. Foerster, Clausthal-Zellerfeld
Gummielastische Stoffe als Dämpfungselemente an schlagenden Werkzeugen
in Vorbereitung

HEFT 604
Dipl.-Ing. H. Gröttrup, Aachen
Studienanalyse halbautomatischer Dokumentationsselektoren
in Vorbereitung

HEFT 605
Ing. L. Bommes, M.-Gladbach
Bestimmung von Leistung und Wirkungsgrad eines Ventilators
in Vorbereitung

HEFT 606
Oberbaurat Prof. Dr.-Ing. W. Meyer zur Capellen, Aachen
Eine Getriebegruppe mit stationärem Geschwindigkeitsverlauf
in Vorbereitung

HEFT 607
Prof. Dr. rer. pol. H. Jecht, Münster
Die Wettbewerbslage der westdeutschen Juteindustrie
in Vorbereitung

HEFT 608
Prof. Dr. habil. W. Linke und Dipl.-Ing. W. Hufschmidt, Aachen
Wärmeübergang bei pulsierender Strömung
in Vorbereitung

HEFT 609
Technisch-Wissenschaftliches Büro für die Bastfaserindustrie, Bielefeld
Verteilung der Bastfasern im Verzugsfeld einer Nadelstabstrecke
1958, 56 Seiten, 10 Abb., 2 Tab., DM 13,45

HEFT 610
Prof. J. W. Korte, Dr.-Ing. P. A. Mäcke und Dipl.-Ing. R. Lapierre
Gestaltung von Straßenverkehrsanlagen
in Vorbereitung

HEFT 611
Dr. R. Schairer, Köln
Aufgaben der Talentförderung
in Vorbereitung

HEFT 612
Dr. H. Bauer, Köln
Der Betrieb als Bildungsfaktor
in Vorbereitung

HEFT 613
Prof. Dr. phil. habil. E. Graeser, Göttingen
Vergleichende Studien über die Art, die Bedeutung und den Erfolg der Ausbildung von Ingenieuren, Mathematikern und Naturwissenschaftlern in der sogenannten Deutschen Demokratischen Republik und in der Bundesrepublik
in Vorbereitung

HEFT 614
Prof. Dr. W. Weltzien, Krefeld
Die Textilforschungsanstalt Krefeld 1920—1958
Ein Bericht zur Einweihung ihres Neubaus Frankenring 2
1958, 100 Seiten, 16 Abb., 23,50

HEFT 615
Prof. Dr. W. Weizel und Duk Hyun Whang, Bonn
Stromverteilung auf der Kathode einer Glimmentladung in Spalten bei hohen Drucken und abseits stehender Anode
in Vorbereitung

HEFT 616
Prof. Dr. W. Weizel und W. Ohlendorf, Bonn
Die Glimmentladung in spaltartigen Entladungsräumen
in Vorbereitung

HEFT 617
Prof. Dipl.-Ing. W. Sturtzel und Dr.-Ing. W. Graff, Duisburg
Systematische Untersuchungen von Kleinschiffsformen auf flachem Wasser im unter- und überkritischen Geschwindigkeitsbereich
in Vorbereitung

HEFT 618
Prof. Dipl.-Ing. W. Sturtzel, Dr.-Ing. W. Graff, Duisburg
Untersuchungen der in stehendem und strömendem Wasser festgestellten Änderungen des Schiffswiderstandes durch Druckmessungen
in Vorbereitung

HEFT 619
Prof. Dr. med. O. Graf, Dr. med. Dr. phil. J. Rutenfranz, Dortmund
Zur Frage der Belastung von Jugendlichen
in Vorbereitung

HEFT 620
Dr. rer. nat. D. Horstmann, Düsseldorf
Der Einfluß von Aluminium im Eisen- und im Zinkbad auf den Zinkangriff
in Vorbereitung

HEFT 621
Techn.-Wissensch. Büro für die Bastfaser-Industrie, Bielefeld
Untersuchungen zur Verbesserung des Leinenwebstuhles V
in Vorbereitung

HEFT 622
Prof. Dr. W. Franz, Münster
Theorie der Elektronenbeweglichkeit in Halbleitern
in Vorbereitung

HEFT 623
Dr. phil. C. A. Roos, Aachen
Berufseignung und Berufseinsatz, II. Teil
in Vorbereitung

HEFT 624
Prof. Dr. G. Schmölders, Köln
Progression und Regression
in Vorbereitung

HEFT 625
Prof. Dr.-Ing. habil. W. Petersen und Dr.-Ing. S. Wawroscheck, Aachen
Brikettierungsversuche zur Erzeugung von Möllerbriketts für die Schwelverhüttung
in Vorbereitung

HEFT 626
Deutsches Krankenhaus-Institut e.V., Düsseldorf
Arbeitsabläufe auf Krankenstationen
in Vorbereitung

HEFT 627
Prof. Dr. phil. H. Wurmbach, Bonn
Steuerung von Wachstum und Formbildung
in Vorbereitung

HEFT 628
Prof. Dr.-Ing. E. Siebel, Düsseldorf
Die Ermittlung der Fließkurven von Schraubenwerkstoffen
in Vorbereitung

WESTDEUTSCHER VERLAG · KÖLN UND OPLADEN

If you have any concerns about our products,
you can contact us on
ProductSafety@springernature.com

In case Publisher is established outside the EU,
the EU authorized representative is:
**Springer Nature Customer Service Center GmbH
Europaplatz 3, 69115 Heidelberg, Germany**

Printed by Libri Plureos GmbH
in Hamburg, Germany